机器人学译丛

[法] 吕克·若兰（Luc Jaulin） 著

谢广明 译

移动机器人原理与设计

(原书第2版)

MOBILE ROBOTICS

SECOND EDITION

机械工业出版社
China Machine Press

图书在版编目（CIP）数据

移动机器人原理与设计：原书第2版/（法）吕克·若兰（Luc Jaulin）著；谢广明译．-- 北京：机械工业出版社，2021.8
（机器人学译丛）
书名原文：Mobile Robotics, Second Edition
ISBN 978-7-111-68860-0

I. ①移… II. ①吕… ②谢… III. ①移动式机器人 - 研究 IV. TP242

中国版本图书馆 CIP 数据核字（2021）第156643号

本书版权登记号：图字 01-2020-4210

本书介绍设计移动机器人的不同工具和方法，主要内容包括三维建模、反馈线性化、无模型控制、导引、实时定位、辨识、卡尔曼滤波器和贝叶斯滤波器等，涵盖执行器、传感器、导航和控制理论等方面。相比上一版，本版新增了贝叶斯滤波器的内容，在线性和高斯情况下，贝叶斯滤波等价于卡尔曼滤波，了解贝叶斯滤波有助于读者更好地学习卡尔曼滤波。

本书适合作为高等院校工程应用型机器人课程的教材，也适合该领域的技术人员参考。

出版发行：机械工业出版社（北京市西城区百万庄大街22号 邮政编码：100037）
责任编辑：王 颖 张梦玲　　责任校对：马荣敏
印 刷：北京市荣盛彩色印刷有限公司　　版 次：2021年8月第1版第1次印刷
开 本：185mm×260mm 1/16　　印 张：16.5
书 号：ISBN 978-7-111-68860-0　　定 价：89.00元

客服电话：（010）88361066 88379833 68326294　　投稿热线：（010）88379604
华章网站：www.hzbook.com　　读者信箱：hzjsj@hzbook.com

译者序

对于移动机器人而言，建立精确的数学模型并设计控制器精准地控制其位姿是要解决的核心问题，这其中包括工作空间坐标变换、机器人运动学与动力学建模、移动控制算法设计、空间定位与导航、信号滤波等关键技术。

本书阐述了机器人学中用于移动机器人设计的相关工具和方法，从大量实际案例的角度出发，阐明了移动机器人建模的基本原理和控制的一系列方法，每一章都包含大量具有针对性的习题和实际应用案例（包括陆地移动机器人、空中移动机器人以及水下移动机器人等）。

类似于本书这样基于实际案例而展开理论分析，并辅以实践效果来验证的移动机器人类书籍并不多见。本书对于高等院校研究移动机器人理论与应用的师生而言大有裨益，同时可为从事机器人产业化的工程技术人员提供很好的借鉴。

译文难免有纰漏，欢迎读者批评指正。

前　言

可以将移动机器人定义为一个能够在其所处环境中自主移动的机械系统。为了实现这个目标，它必须装备：

1）传感器　用于收集周围环境的信息（对于这些信息，机器人或多或少知道一些）并确定自身位置。

2）执行器　让机器人能够动作起来。

3）智能（或算法、调节器）依据传感器收集到的数据，计算出控制指令并发送到执行器，以便完成给定的任务。

最后，还要考虑移动机器人所处的环境和它的使命，前者对应于机器人演化所处的世界，后者对应于机器人必须要完成的任务。自 21 世纪以来，移动机器人已在军事领域（空中无人机 [BEA 12]、水下机器人 [CRE 14] 等），乃至医疗和农业领域持续不断地发展。在执行对人类而言痛苦或者危险的任务时，对移动机器人的需求特别高，例如这样一些情形：扫雷行动、在海底搜索失事飞机的黑匣子以及行星探测等。人造卫星、发射器（如阿里安五号运载火箭）、无人驾驶地铁和自动电梯都是移动机器人的典型案例。飞机、火车和汽车正逐渐向自主系统演化，并且在未来几十年内很有可能变成移动机器人。

移动机器人学是着眼于移动机器人设计的学科 [LAU 01]，并以自动控制、信号处理、力学、计算和电子等其他学科为基础。本书的主要目的是概述机器人学中用于移动机器人设计的相关工具和方法。机器人将由状态方程（即一组一阶（通常为非线性的）微分方程）建模，而状态方程可利用力学定律推导得出。但我们的目的并不是详细讲述机器人的建模方法（可查阅 [JAU 05] 和 [JAU 15] 获得更多相关主题的信息），而只是回顾相关基本原理。对于建模，我们期望获得对应的状态方程，这一步对于机器人仿真和控制器设计至关重要。不过，在第 1 章中我们会刻意举一些三维（3D）案例来阐述建模的基本原理，这样做是为了介绍机器人学中的一些重要的基本概念，如欧拉角和旋转矩阵。例如，我们将研究一个车轮的动力学和一个水下机器人的运动学。移动机器人是强非线性系统，并且只能用一类非线性方法构造有效的控制器，这类构造过程是第 2 章和第 3 章的主旨。其中，第 2 章主要以依赖于机器人模型的控制方法为基础，通过多个案例对其进行阐述，依赖于机器人模型的方法会利用反馈线性化的概念。第 3 章提出了更实用的方法，因为该类方法不会用到机器人的状态模型，所以将其归为无模型或者模仿方法。另外，该类方法对机器人的描述更直观，适用于机器人相对简单从而可以远程控制的情形，例如车辆、帆船或者飞机。第 4 章着眼于导航问题，导航位于比控制更高的层面，换句话说，该章将重点放在引导和监控那些由第 2 章和第 3 章所列工具控制的系统上。也就是说，第 4 章将着重强调如何获得指令并将其提供给控制器，以便机器人能够完成给定的任务。而导航还不得不考虑机器人周边环境的信息、障碍物的有无以及环形的地球表面问题。非线性控制和导航方法需要对系统状态变量有很好的了解，如定义机器人位置的状态变量。这些位置变量是最难获得的，因此第 5 章将关注定位问题。该章介绍了一些经典的非线性方法，包括观测信标、星象、使用罗盘或者累计步数，人们已经将这些方法应用于定位之中很长时间了。尽管可以将定位看作状态观测的一种特殊情形，但其特定的方法值得独立列为一章。第 6 章（辨识）专注于从另外一些可量测的量中获得不可量测的量（参数和位置），并保有一定的精度。为了实现这种辨识，该章主要关注最小二乘方法。该方法通过寻找变量的向量使得误差的平方和达到最小。第 7 章介绍卡尔曼滤波器。该滤波器可以看作一个含有时变参数的线性动态系统的状态观测器。第 8 章将卡尔曼滤波器推广到函数为非线性且噪声为非高斯的情形，并将所得观测器称为贝叶斯滤波器，其可用于计算特定时刻状态向量的概率密度函数。

与本书的一些习题相关的 MATLAB 和 Python 代码及相关说明视频可从下述网站获得：

www.ensta-bretagne.fr/jaulin/isterob.html

目　录

Mobile Robotics, Second Edition

第 1 章

三维建模

本章将介绍刚性（非关节型）机器人的三维（3D）建模，可以用这样的模型来代表一架飞机、一个四轴飞行器、一个潜艇等。通过这种模型引出一些机器人学中的基本概念，如状态描述、旋转矩阵和欧拉角。一般情况下，不管是移动型的、可操控型的或者关节型的机器人，都可以将其转化为如下形式的状态描述：

$$\begin{cases} \dot{\mathbf{x}}(t) = \mathbf{f}(\boldsymbol{x}(t), \mathbf{u}(t)) \\ \mathbf{y}(t) = \mathbf{g}(\boldsymbol{x}(t), \mathbf{u}(t)) \end{cases}$$

式中，$\mathbf{x}$ 为状态向量，$\mathbf{u}$ 为输入向量，$\mathbf{y}$ 为度量向量 [JAU 05]。所谓建模，其步骤包括找出问题中所指机器人的一个较为精确的状态描述。一般而言，常数参量可能会出现在状态方程中（例如物体的质量和转动惯量、黏稠度等）。在这种情况下，经证明辨识可能是很有必要的，在此假设所有的参数都是已知的。当然，并没有一种可以对移动机器人进行建模的系统方法。本章的目标是介绍一种方法，该方法可以使读者获得 3D 刚体机器人的状态描述，并获得一些对机器人建模时有用的经验。这些建模也会使我们回顾一些欧几里得几何中的重要概念，而这些概念在移动机器人学中也是十分重要的。本章将从回顾一些运动学中对建模有用的重要概念开始。

1.1 旋转矩阵

1

对于 3D 建模，有必要对本节所提到的与旋转矩阵相关的概念有很好的理解。只有利用这种方法，才能实现坐标系的转换和空间内物体的定位。

1.1.1 定义

回顾一下，$\mathbb{R}^n \to \mathbb{R}^n$ 的线性应用矩阵的第 j 列表示标准基下的第 j 个向量 $\mathbf{e}_j$ 的投影（见图 1.1），因此在 $\mathbb{R}^2$ 平面上，角 θ 的旋转矩阵表达式由下式给出：

$$\mathbf{R} = \begin{pmatrix} \cos\theta & -\sin\theta \\ \sin\theta & \cos\theta \end{pmatrix}$$

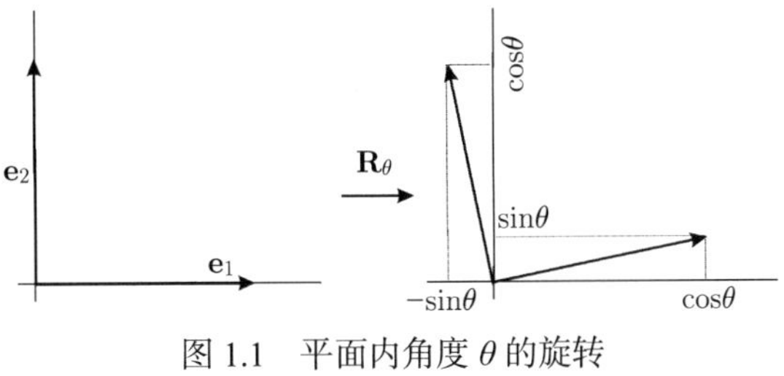

图 1.1　平面内角度 θ 的旋转

关于空间 $\mathbb{R}^3$ 内的旋转（见图 1.2），指定其旋转轴相当重要。在此区分如下三种主要的旋转：绕 O_x 轴旋转、绕 O_y 轴旋转和绕 O_z 轴旋转。

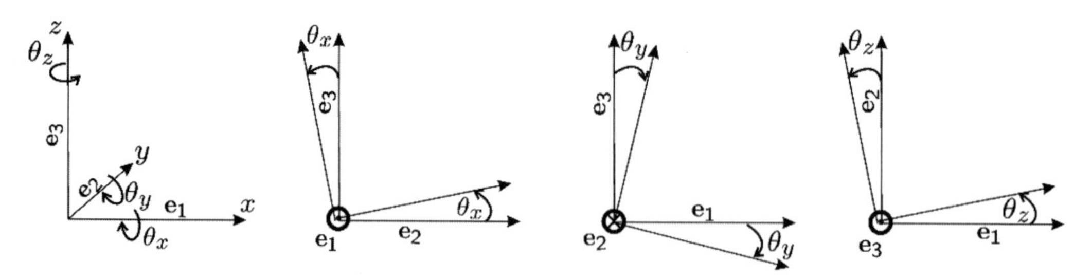

2

图 1.2　空间 $\mathbb{R}^3$ 内不同视角的旋转变换

相应的旋转矩阵分别表示如下：

$$\mathbf{R}_x = \begin{pmatrix} 1 & 0 & 0 \\ 0 & \cos\theta_x & -\sin\theta_x \\ 0 & \sin\theta_x & \cos\theta_x \end{pmatrix}, \mathbf{R}_y = \begin{pmatrix} \cos\theta_y & 0 & \sin\theta_y \\ 0 & 1 & 0 \\ -\sin\theta_y & 0 & \cos\theta_y \end{pmatrix},$$

$$\mathbf{R}_z = \begin{pmatrix} \cos\theta_z & -\sin\theta_z & 0 \\ \sin\theta_z & \cos\theta_z & 0 \\ 0 & 0 & 1 \end{pmatrix}$$

现在我们回顾一下旋转的标准定义。旋转就是一个线性变换，该线性变换是一个等距算子（换句话说，它是保持内积的）和正的（它不会改变空间朝向）。

定理：一个矩阵 $\mathbf{R}$ 是旋转矩阵，当且仅当满足：

$$\mathbf{R}^{\mathrm{T}} \cdot \mathbf{R} = \mathbf{I},\ \det\mathbf{R} = 1$$

证明：$\mathbf{R}$ 是保持内积的，如果对于 $\mathbb{R}^n$ 内的任意 $\mathbf{u}$ 和 $\mathbf{v}$，都有：

$$(\mathbf{Ru})^{\mathrm{T}} \cdot (\mathbf{Rv}) = \mathbf{u}^{\mathrm{T}}\mathbf{R}^{\mathrm{T}}\mathbf{Rv} = \mathbf{u}^{\mathrm{T}}\mathbf{v}$$

因此，$\mathbf{R}^{\mathrm{T}}\mathbf{R}=\mathbf{I}$。关于某个平面的对称性，以及其他所有的非正常等距算子（改变空间朝向的等距同构，例如反射）也能验证性质 $\mathbf{R}^{\mathrm{T}}\mathbf{R}=\mathbf{I}$。条件 $\det\mathbf{R}=1$ 将其限定于直接等距算子之中。 ■

1.1.2　李群

$\mathbb{R}^n$ 的旋转矩阵的集合形成了一个关于乘法的群，称为一个特殊的正交群（特殊是因为 $\det\mathbf{R}=1$，正交是由于 $\mathbf{R}^{\mathrm{T}}\mathbf{R}=\mathbf{I}$），用 $SO(n)$ 表示。非常容易得出 $(SO(n),\cdot)$ 是一个群，其中 $\mathbf{I}$ 是零元素。此外，乘法和逆运算都是平滑的。这使得 $SO(n)$ 成了一个李群，它是矩阵集 $\mathbb{R}^{n\times n}$ 的流形。

$n\times n$ 矩阵的矩阵集 $\mathbb{R}^{n\times n}$ 是 n^2 维的，由于矩阵 $\mathbf{R}^{\mathrm{T}}\cdot\mathbf{R}$ 总是对称的，因此，矩阵方程 $\mathbf{R}^{\mathrm{T}}\mathbf{R}=\mathbf{I}$）可以分解成 $\frac{n(n+1)}{2}$ 个独立的标量方程。例如，当 $n=2$ 时，可得 $\frac{2(2+1)}{2}=3$ 个标量方程为：

$$\begin{pmatrix} a & b \\ c & d \end{pmatrix} \cdot \begin{pmatrix} a & b \\ c & d \end{pmatrix}^{\mathrm{T}} = \begin{pmatrix} 1 & 0 \\ 0 & 1 \end{pmatrix} \Leftrightarrow \begin{cases} a^2+b^2=1 \\ ac+bd=0 \\ c^2+d^2=1 \end{cases}$$

3

因此，集合 $SO(n)$ 形成了一个 $d=n^2-\dfrac{n(n+1)}{2}$ 的流形。

当 n=1 时，可得 d=0，集合 $SO(1)$ 是一个包含单个旋转因子 R=1 的单元素集合。

当 n=2 时，可得 d=1，则需要一个唯一的参数（或角度）来表示 $SO(2)$。

当 n=3 时，可得 d=3，则需要三个参数（或角度）来表示 $SO(3)$。

1.1.3 李代数

代数是一个基于 $\mathbb{K}$ 之上的代数结构 $(\mathcal{A},+,\times,\cdot)$，如果：① $(\mathcal{A},+,\cdot)$ 是 $\mathbb{K}$ 上的一个向量空间；② $\mathcal{A}\times\mathcal{A}\to\mathcal{A}$ 的乘法规则 $\times$ 是左右分配的 $+$；③对于所有的 $\alpha,\beta\in\mathbb{K}$ 和全部的 $x,y\in\mathcal{A},\alpha\cdot x\times\beta\cdot y$ 以及 $(\alpha\beta)\cdot(x\times y)$。值得注意的是，一般情况下代数是不满足交换律 $(x\times y\neq y\times x)$ 和结合律 $((x\times y)\times z\neq x\times(y\times z))$ 的。李代数 $(\mathcal{G},+,[],\cdot)$ 是不满足交换律和结合律的，其中，乘法用所谓的李括号表示。可得：① $[\cdot,\cdot]$ 是双线性的，即对每个变量都是线性的；② $[x,y]=-[y,x]$（反对称性）；③ $[x,[y,z]]+[y,[z,x]]+[z,[x,y]]=0$（雅可比关系式）。

对于李群，可以定义其相关的李代数。通过李代数，便可以考虑给定元素（即旋转矩阵）周围的无穷小运动，以便使用导数或微分方法。

考虑到 $SO(n)$ 的旋转矩阵 $\mathbf{I}$ 对应于单位矩阵，如果通过增加一个小矩阵 $\mathbb{R}^{n\times n}$ 的 $\mathbf{A}\cdot\mathrm{d}t$ 来移动 $\mathbf{I}$，通常不会获得一个旋转矩阵。对于矩阵 $\mathbf{A}$ 而言，$\mathbf{I}+\mathbf{A}\cdot\mathrm{d}t\in SO(n)$，由此可得：

$$(\mathbf{I}+\mathbf{A}\cdot\mathrm{d}t)^{\mathrm{T}}\cdot(\mathbf{I}+\mathbf{A}\cdot\mathrm{d}t)=\mathbf{I},\ \text{即}\ \mathbf{A}\cdot\mathrm{d}t+\mathbf{A}^{\mathrm{T}}\cdot\mathrm{d}t=\mathbf{0}+o(\mathrm{d}t)$$

因此，$\mathbf{A}$ 是斜对称的。这意味着，我们可以通过增加一个不是 $SO(n)$ 元素的无限小的斜对称矩阵 $\mathbf{A}\cdot\mathrm{d}t$，在 $SO(n)$ 中的 $\mathbf{I}$ 周围移动。这对应于 $SO(n)$ 中的一个新运算，该运算并不是之前所做过的乘法运算。形式上，将与 $SO(n)$ 相关联的李代数定义如下：

$$\mathrm{Lie}\,(SO(n))=\left\{\mathbf{A}\in\mathbb{R}^{n\times n}\,|\,\mathbf{I}+\mathbf{A}\cdot\mathrm{d}t\in SO(n)\right\}$$

其对应于斜对称矩阵 $\mathbb{R}^{n\times n}$。

如果想要在 $SO(n)$ 内的任意矩阵 $\mathbf{R}$ 周围移动，则需生成一个绕 $\mathbf{I}$ 的旋转矩阵并将其传递给 $\mathbf{R}$。可得 $\mathbf{R}(\mathbf{I}+\mathbf{A}\cdot\mathrm{d}t)$，其中 $\mathbf{A}$ 是斜对称的，这意味着将矩阵 $\mathbf{R}\cdot\mathbf{A}\cdot\mathrm{d}t$ 加到 $\mathbf{R}$ 上。

4

在机器人学中，李群通常用来描述变换（如平移或旋转），李代数对应于速度或等价于无穷小的变换。李群理论是很有用的，但需要一些超出了本书知识范畴的重要的数学背景。我们将尝试聚焦于 $SO(3)$，或使用一些更为经典的方法，诸如欧拉角和旋转向量等，这些方法可能不常见，但是足以实现控制的目的。

1.1.4 旋转向量

如果 $\mathbf{R}$ 是一个依赖于时间 t 的旋转矩阵，通过对 $\mathbf{R}^{\mathrm{T}}\mathbf{R}=\mathbf{I}$ 求微分，可得：

$$\dot{\mathbf{R}}\cdot\mathbf{R}^{\mathrm{T}}+\mathbf{R}\cdot\dot{\mathbf{R}}^{\mathrm{T}}=\mathbf{0}$$

因此，矩阵 $\dot{\mathbf{R}}\cdot\mathbf{R}^{\mathrm{T}}$ 就是一个反对称矩阵（即满足 $\mathbf{A}^{\mathrm{T}}=-\mathbf{A}$，因此其对角线元素只含有 0，

同时对于 $\mathbf{A}$ 的每一个元素，均有 a_{ij}=$-a_{ji}$)。于是，当 $\mathbf{R}$ 是一个 3×3 矩阵时，可以写出：

$$\dot{\mathbf{R}}\cdot\mathbf{R}^{\mathrm{T}}=\begin{pmatrix}0&-\omega_z&\omega_y\\\omega_z&0&-\omega_x\\-\omega_y&\omega_x&0\end{pmatrix}\tag{1.1}$$

将向量 $\boldsymbol{\omega}=(w_x,w_y,w_z)$ 称为与 $(\mathbf{R},\dot{\mathbf{R}})$ 相关的旋转向量。必须要指出的是，$\dot{\mathbf{R}}$ 不是一个具有良好性能的矩阵（例如它是一个反对称矩阵）。但是，矩阵 $\dot{\mathbf{R}}\cdot\mathbf{R}^{\mathrm{T}}$ 具有式（1.1）所示的结构，这便使我们能够在实现旋转的坐标系内进行定位，这是由于利用 $\mathbf{R}^{\mathrm{T}}$ 进行了基坐标的变换。将两个向量 $\boldsymbol{\omega}$ 和 $\mathbb{R}^3$ 间的向量积定义如下：

$$\boldsymbol{\omega}\wedge\mathbf{x}=\begin{pmatrix}\omega_x\\\omega_y\\\omega_z\end{pmatrix}\wedge\begin{pmatrix}x_1\\x_2\\x_3\end{pmatrix}=\begin{pmatrix}x_3\omega_y-x_2\omega_z\\x_1\omega_z-x_3\omega_x\\x_2\omega_x-x_1\omega_y\end{pmatrix}=\begin{pmatrix}0&-\omega_z&\omega_y\\\omega_z&0&-\omega_x\\-\omega_y&\omega_x&0\end{pmatrix}\begin{pmatrix}x_1\\x_2\\x_3\end{pmatrix}$$

5

1.1.5　伴随矩阵

对于每个向量 $\boldsymbol{\omega}=(w_x,w_y,w_z)$，均可得到其反对称矩阵为：

$$\mathbf{Ad}(\boldsymbol{\omega})\overset{\text{def}}{=}\begin{pmatrix}0&-\omega_z&\omega_y\\\omega_z&0&-\omega_x\\-\omega_y&\omega_x&0\end{pmatrix}$$

可将其理解为一个与向量 $\boldsymbol{\omega}$ 的向量积相关的矩阵。通常也将矩阵 $\mathbf{Ad}(\boldsymbol{\omega})$ 写为 $\boldsymbol{\omega}\wedge$。

命题：如果 $\mathbf{R}(t)$ 是一个依赖于时间 t 的旋转矩阵，则其旋转向量可由下式给出：

$$\boldsymbol{\omega}=\mathbf{Ad}^{-1}\left(\dot{\mathbf{R}}\cdot\mathbf{R}^{\mathrm{T}}\right)\tag{1.2}$$

证明：该关系式是由方程式（1.1）直接推导出的结果。■

命题：如果 $\mathbf{R}$ 是 $\mathbb{R}^3$ 内的一个旋转矩阵，同时 $\mathbf{a}$ 为 $\mathbb{R}^3$ 内的一个向量，则有：

$$\mathbf{Ad}(\mathbf{R}\cdot\mathbf{a})=\mathbf{R}\cdot\mathbf{Ad}(\mathbf{a})\cdot\mathbf{R}^{\mathrm{T}}\tag{1.3}$$

上式也可写为：

$$(\mathbf{R}\cdot\mathbf{a})\wedge=\mathbf{R}\cdot(\mathbf{a}\wedge)\cdot\mathbf{R}^{\mathrm{T}}$$

证明：令 $\mathbf{x}$ 为 $\mathbb{R}^3$ 内的一个向量，则有：

$$\begin{aligned}\mathbf{Ad}(\mathbf{R}\cdot\mathbf{a})\cdot\mathbf{x}&=(\mathbf{R}\cdot\mathbf{a})\wedge\mathbf{x}=(\mathbf{R}\cdot\mathbf{a})\wedge\left(\mathbf{R}\cdot\mathbf{R}^{\mathrm{T}}\mathbf{x}\right)\\&=\mathbf{R}\cdot\left(\mathbf{a}\wedge\mathbf{R}^{\mathrm{T}}\cdot\mathbf{x}\right)=\mathbf{R}\cdot\mathbf{Ad}(\mathbf{a})\cdot\mathbf{R}^{\mathrm{T}}\cdot\mathbf{x}\end{aligned}$$ ■

命题（二元性）：有如下关系：

$$\mathbf{R}^{\mathrm{T}}\dot{\mathbf{R}}=\mathbf{Ad}(\mathbf{R}^{\mathrm{T}}\boldsymbol{\omega})\tag{1.4}$$

上述关系表达了一个事实，即 $\mathbf{R}^{\mathrm{T}}\cdot\dot{\mathbf{R}}$ 是与旋转矩阵 $\boldsymbol{\omega}$ 相关的。但是表示在与 $\mathbf{R}$ 相关的坐

标系内时，是与 $\mathbf{R}(t)$ 相关的；然而表示在标准基坐标系内时，$\dot{\mathbf{R}}\cdot\mathbf{R}^{\mathrm{T}}$ 是与同一个向量相关的。

证明：如下式：

$$\mathbf{R}^{\mathrm{T}}\dot{\mathbf{R}} = \mathbf{R}^{\mathrm{T}}\left(\dot{\mathbf{R}}\cdot\mathbf{R}^{\mathrm{T}}\right)\mathbf{R} \overset{\text{式 (1.2)}}{=} \mathbf{R}^{\mathrm{T}}\cdot\mathbf{Ad}\left(\boldsymbol{\omega}\right)\cdot\mathbf{R} \overset{\text{式 (1.3)}}{=} \mathbf{Ad}\left(\mathbf{R}^{\mathrm{T}}\boldsymbol{\omega}\right)$$

■ 6

1.1.6 罗德里格斯旋转公式

矩阵指数。给定一个 n 维方阵 $\mathbf{M}$，其指数可以定义为：

$$e^{\mathbf{M}} = \mathbf{I}_n + \mathbf{M} + \frac{1}{2!}\mathbf{M}^2 + \frac{1}{3!}\mathbf{M}^3 + \cdots = \sum_{i=0}^{\infty}\frac{1}{i!}\mathbf{M}^i$$

式中，$\mathbf{I}_n$ 为 n 维单位矩阵。而 $e^{\mathbf{M}}$ 和 $\mathbf{M}$ 是同维的。在此有一些关于矩阵指数的重要性质。如果 $\mathbf{0}_n$ 是 $n\times n$ 的零矩阵，且 $\mathbf{M}$ 和 $\mathbf{N}$ 为两个 $n\times n$ 的矩阵，则：

$$\begin{aligned}&e^{\mathbf{0}_n} = \mathbf{I}_n\\&e^{\mathbf{M}}.e^{\mathbf{N}} = e^{\mathbf{M}+\mathbf{N}}\text{（如果交换矩阵）}\\&\frac{\mathrm{d}}{\mathrm{d}t}\left(e^{\mathbf{M}t}\right) = \mathbf{M}e^{\mathbf{M}t}\end{aligned}$$

矩阵对数。给定一个矩阵 $\mathbf{M}$，如果 $e^{\mathbf{L}}$=$\mathbf{M}$，则称矩阵 $\mathbf{L}$ 是 $\mathbf{M}$ 的矩阵对数。对复数而言，其指数函数并不是一对一的方程，矩阵可能有多个指数。利用幂级数，可将方阵的对数定义为：

$$\log\mathbf{M} = \sum_{i=1}^{\infty}\frac{(-1)^{i+1}}{i}\left(\mathbf{M}-\mathbf{I}_n\right)^i$$

当 $\mathbf{M}$ 趋于单位矩阵时，其和是收敛的。

罗德里格斯公式。$\mathbf{R}\leftrightarrow(\mathbf{n},\alpha)$ 在某一旋转矩阵 $\mathbf{R}$ 中，会存在一个由单位向量 $\mathbf{n}$ 表示的轴和相对于该轴的角 α，通过单位向量 $\mathbf{n}$ 和角度 α 亦可生成该矩阵 $\mathbf{R}$。该关系 $\mathbf{R}\leftrightarrow(\boldsymbol{n},\alpha)$ 可由如下罗德里格斯公式得到：

$$\begin{aligned}\mathbf{R} &= e^{\alpha\mathbf{n}\wedge} \quad \text{(i)}\\ \alpha\mathbf{n} &= \log\mathbf{R} \quad \text{(ii)}\end{aligned} \tag{1.5}$$

第一个公式 (i) 可见习题 1.4，公式 (ii) 是公式 (i) 的倒数。在这些公式中，符号 $\alpha\mathbf{n}\wedge$ 表示矩阵 $\mathbf{Ad}(\alpha\mathbf{n})$，见习题 1.4。$\mathbf{R}$=$e^{\alpha\mathbf{n}\wedge}$ 是一旋转矩阵，$\mathbf{n}$ 是一个与 $\mathbf{R}$ 的特征值 1 相关联的特征向量。

旋转矩阵的轴和角。给定某一旋转矩阵 $\mathbf{R}$，其轴可用特征值 λ=1 的归一化特征向量 $\mathbf{n}$ 表示（可以找到其中两个，但在此只需其中一个）。在此，可利用式 $\alpha\mathbf{n}$=log$\mathbf{R}$ 去计算 α 和 $\mathbf{n}$，如果 $\mathbf{R}$ 趋于单位矩阵，则该式计算效果很好。一般情况下，更适合使用以下定理：

7

定理：给定某一旋转矩阵 $\mathbf{R}$，则有 $\mathbf{R}$=$e^{\alpha\mathbf{n}\wedge}$，其中：

$$\begin{aligned}\alpha &= \operatorname{acos}\left(\frac{\operatorname{tr}(\mathbf{R})-1}{2}\right)\\ \mathbf{n} &= \frac{1}{2\sin\alpha}\cdot\operatorname{Ad}^{-1}\left(\mathbf{R}-\mathbf{R}^{\mathrm{T}}\right)\end{aligned} \tag{1.6}$$

证明：取一旋转矩阵 $\mathbf{R}$，其特征值为 $1,\lambda_1,\lambda_2$，特征向量为 $\mathbf{n},\mathbf{v}_1,\mathbf{v}_2$，考虑该广义多项式 $f(x)=x-x^{-1}$，其中 x 是不确定的。根据特征值 / 向量的对应定理，$f(\mathbf{R})=\mathbf{R}-\mathbf{R}^{-1}=\mathbf{R}-\mathbf{R}^{\mathrm{T}}$ 的特征值为 $f(1)=0,f(\lambda_2),f(\lambda_3)$，但其特征向量仍为 $\mathbf{n},\mathbf{v}_1,\mathbf{v}_2$。由于 $f(\mathbf{R})$ 是斜对称的，且 $f(\mathbf{R})\cdot\boldsymbol{n}=0$, 则有 $f(\mathbf{R})\propto\mathbf{Ad}\mathbf{n}$。因此，向量 $\mathbf{Ad}^{-1}(\mathbf{R}-\mathbf{R}^{\mathrm{T}})$ 为矩阵 $\mathbf{R}$ 的与特征值 1 相对应的特征向量。$\mathbf{R}$ 的轴便由其给出。利用矩阵的迹是相似不变的性质便可得到角度 α，即对于任何可逆矩阵 $\mathbf{P}$，有 $\mathrm{tr}(\mathbf{R})=\mathrm{tr}(\mathbf{P}^{-1}\cdot\mathbf{R}\cdot\mathbf{P})$。以 $\mathbf{P}$ 为旋转矩阵，使 $\mathbf{R}$ 绕第一轴旋转。可得：

$$\mathrm{tr}(\mathbf{R})=\mathrm{tr}\begin{pmatrix}1 & 0 & 0\\ 0 & \cos\alpha & -\sin\alpha\\ 0 & \sin\alpha & \cos\alpha\end{pmatrix}=1+2\cos\alpha$$

该式给出了旋转角度。习题 1.5 从几何上证明了该定理。■

1.1.7　坐标系变换

令 $\mathcal{R}_0:(\mathbf{o}_0,\mathbf{i}_0,\mathbf{j}_0,\mathbf{k}_0)$ 和 $\mathcal{R}_1:(\mathbf{o}_1,\mathbf{i}_1,\mathbf{j}_1,\mathbf{k}_1)$ 为两个坐标系，$\mathbf{u}$ 为 $\mathbb{R}^3$ 内的一个向量（见图 1.3），则有如下关系：

$$\begin{aligned}\mathbf{u}&=x_0\mathbf{i}_0+y_0\mathbf{j}_0+z_0\mathbf{k}_0\\&=x_1\mathbf{i}_1+y_1\mathbf{j}_1+z_1\mathbf{k}_1\end{aligned}$$

式中，(x_0,y_0,z_0) 和 (x_1,y_1,z_1) 分别为坐标系 $\mathcal{R}_0$ 和 $\mathcal{R}_1$ 中 $\mathbf{u}$ 的坐标。

那么，对于任意向量 $\mathbf{v}$，均有：

$$\langle x_0\mathbf{i}_0+y_0\mathbf{j}_0+z_0\mathbf{k}_0,\mathbf{v}\rangle=\langle x_1\mathbf{i}_1+y_1\mathbf{j}_1+z_1\mathbf{k}_1,\mathbf{v}\rangle$$

分别取 $\mathbf{v}=\mathbf{i}_0,\mathbf{j}_0,\mathbf{k}_0$，可得如下三个关系式：

$$\begin{cases}\langle x_0\mathbf{i}_0+y_0\mathbf{j}_0+z_0\mathbf{k}_0,\mathbf{i}_0\rangle &=\langle x_1\mathbf{i}_1+y_1\mathbf{j}_1+z_1\mathbf{k}_1,\mathbf{i}_0\rangle\\ \langle x_0\mathbf{i}_0+y_0\mathbf{j}_0+z_0\mathbf{k}_0,\mathbf{j}_0\rangle &=\langle x_1\mathbf{i}_1+y_1\mathbf{j}_1+z_1\mathbf{k}_1,\mathbf{j}_0\rangle\\ \langle x_0\mathbf{i}_0+y_0\mathbf{j}_0+z_0\mathbf{k}_0,\mathbf{k}_0\rangle &=\langle x_1\mathbf{i}_1+y_1\mathbf{j}_1+z_1\mathbf{k}_1,\mathbf{k}_0\rangle\end{cases}$$

8

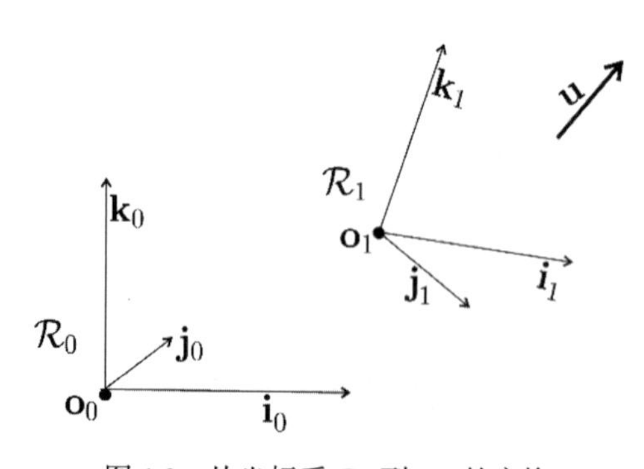

图 1.3　从坐标系 $\mathcal{R}_0$ 到 $\mathcal{R}_1$ 的变换

然而，由于 $\mathcal{R}_0$ 的基 $(\mathbf{i}_0,\mathbf{j}_0,\mathbf{k}_0)$ 是标准正交的，且 $\langle\mathbf{i}_0,\mathbf{i}_0\rangle=\langle\mathbf{j}_0,\mathbf{j}_0\rangle=\langle\mathbf{k}_0,\mathbf{k}_0\rangle=1$ 以及 $\langle\mathbf{i}_0,\mathbf{j}_0\rangle=$

$\langle \mathbf{j}_0,\mathbf{k}_0 \rangle = \langle \mathbf{i}_0,\mathbf{k}_0 \rangle = 0$，因此可将上述三个关系式转化为：

$$\begin{cases} x_0 = x_1 \cdot \langle \mathbf{i}_1, \mathbf{i}_0 \rangle + y_1 \cdot \langle \mathbf{j}_1, \mathbf{i}_0 \rangle + z_1 \cdot \langle \mathbf{k}_1, \mathbf{i}_0 \rangle \\ y_0 = x_1 \cdot \langle \mathbf{i}_1, \mathbf{j}_0 \rangle + y_1 \cdot \langle \mathbf{j}_1, \mathbf{j}_0 \rangle + z_1 \cdot \langle \mathbf{k}_1, \mathbf{j}_0 \rangle \\ z_0 = x_1 \cdot \langle \mathbf{i}_1, \mathbf{k}_0 \rangle + y_1 \cdot \langle \mathbf{j}_1, \mathbf{k}_0 \rangle + z_1 \cdot \langle \mathbf{k}_1, \mathbf{k}_0 \rangle \end{cases}$$

或用矩阵形式表示为：

$$\underbrace{\begin{pmatrix} x_0 \\ y_0 \\ z_0 \end{pmatrix}}_{=\mathbf{u}|_{\mathcal{R}_0}} = \underbrace{\begin{pmatrix} \langle \mathbf{i}_1, \mathbf{i}_0 \rangle & \langle \mathbf{j}_1, \mathbf{i}_0 \rangle & \langle \mathbf{k}_1, \mathbf{i}_0 \rangle \\ \langle \mathbf{i}_1, \mathbf{j}_0 \rangle & \langle \mathbf{j}_1, \mathbf{j}_0 \rangle & \langle \mathbf{k}_1, \mathbf{j}_0 \rangle \\ \langle \mathbf{i}_1, \mathbf{k}_0 \rangle & \langle \mathbf{j}_1, \mathbf{k}_0 \rangle & \langle \mathbf{k}_1, \mathbf{k}_0 \rangle \end{pmatrix}}_{=\mathbf{R}_{\mathcal{R}_0}^{\mathcal{R}_1}} \cdot \underbrace{\begin{pmatrix} x_1 \\ y_1 \\ z_1 \end{pmatrix}}_{=\mathbf{u}|_{\mathcal{R}_1}} \tag{1.7}$$

从上式可以看出，存在一个旋转矩阵 $\mathbf{R}_{\mathcal{R}_0}^{\mathcal{R}_1}$，表示在绝对坐标系 $\mathcal{R}_0$ 中时，其列的坐标为 $\mathbf{i}_1,\mathbf{j}_1,\mathbf{k}_1$。有：

$$\mathbf{R}_{\mathcal{R}_0}^{\mathcal{R}_1} = \left(\left| \mathbf{i}_1|_{\mathcal{R}_0} \right| \mathbf{j}_1|_{\mathcal{R}_0} \left| \mathbf{k}_1|_{\mathcal{R}_0} \right| \right)$$

该矩阵是随时间变化的，并将坐标系 $\mathcal{R}_1$ 和 $\mathcal{R}_0$ 关联起来。由于 $\mathbf{R}_{\mathcal{R}_0}^{\mathcal{R}_1}$ 中包含这两个坐标系的基向量的方向余弦，因此通常将其称为*方向余弦矩阵*。同样地，如果有多个坐标系 $\mathcal{R}_0,\mathcal{R}_1,\cdots,\mathcal{R}_n$（见图 1.4），则有：

$$\mathbf{u}|_{\mathcal{R}_0} = \mathbf{R}_{\mathcal{R}_0}^{\mathcal{R}_1} \cdot \mathbf{R}_{\mathcal{R}_1}^{\mathcal{R}_2} \cdot \ \ldots \ \cdot \mathbf{R}_{\mathcal{R}_{n-1}}^{\mathcal{R}_n} \cdot \mathbf{u}|_{\mathcal{R}_n}$$

航位推测法。例如，考虑一个机器人在 3D 环境中移动的情况。引入 $\mathcal{R}_0{:}(\mathbf{o}_0,\mathbf{i}_0,\mathbf{j}_0,\mathbf{k}_0)$ 作为其参考坐标系（比如，初始时刻该机器人的坐标系）。用坐标系 $\mathcal{R}_0$ 中的向量 $\mathbf{p}(t)$ 表示机器人的位置，用旋转矩阵 $\mathbf{R}(t)$ 表示其姿态（即其方向）。该旋转矩阵 $\mathbf{R}(t)$ 代表在 t 时刻，$\mathcal{R}_0$ 中所表示机器人的坐标系 $\mathcal{R}_1$ 中向量 $\mathbf{i}_1,\mathbf{j}_1,\mathbf{k}_1$ 的坐标，由此可得：

$$\mathbf{R}(t) = \left(\left| \mathbf{i}_1|_{\mathcal{R}_0} \right| \mathbf{j}_1|_{\mathcal{R}_0} \left| \mathbf{k}_1|_{\mathcal{R}_0} \right| \right) = \mathbf{R}_{\mathcal{R}_0}^{\mathcal{R}_1}(t)$$

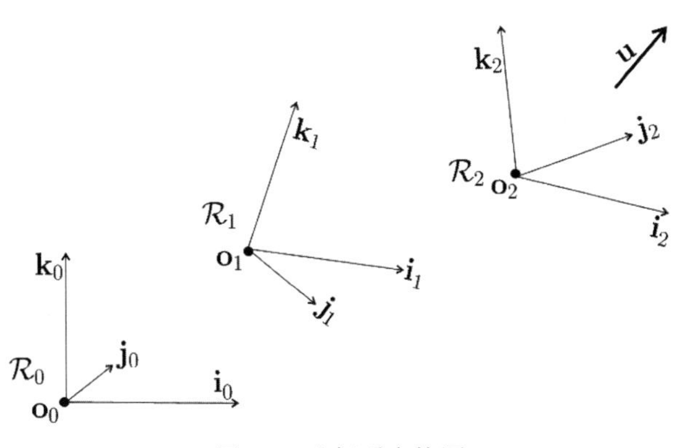

图 1.4　坐标系变换图

该矩阵可通过一个安装在机器人上的精确姿态单元得到。如果该机器人也装备有一个多普勒计程仪（DVL），它可为机器人返回一个表示在坐标系 $\mathcal{R}_1$ 中的，相对于地面或者海底的速度向量 $\mathbf{v}_\mathrm{r}$，那么该机器人的速度向量 $\mathbf{v}$ 满足：

10

$$\underbrace{\mathbf{v}|_{\mathcal{R}_0}}_{\dot{\mathbf{p}}(t)} \stackrel{\text{式 (1.7)}}{=} \underbrace{\mathbf{R}_{\mathcal{R}_0}^{\mathcal{R}_1}}_{\mathbf{R}(t)} \cdot \underbrace{\mathbf{v}|_{\mathcal{R}_1}}_{\mathbf{v}_\mathrm{r}(t)}$$

即

$$\dot{\mathbf{p}}(t) = \mathbf{R}(t) \cdot \mathbf{v}_\mathrm{r}(t) \tag{1.8}$$

航位推测法便是由 $\mathbf{R}(t)$ 和 $\mathbf{v}_\mathrm{r}(t)$ 合并而来的该状态方程组成。

1.2　欧拉角

1.2.1　定义

在相关文献中，1770 年欧拉为了表示空间内刚体的方向，提出了一些没有明确定义的角度。在此主要区别横滚—偏航—横滚、横滚—俯仰—横滚以及横滚—俯仰—偏航三种表达。因为要将其施加于移动机器人语言中，所以后文将对其进行选择。在横滚—俯仰—偏航规划中，欧拉角有时被称为卡尔丹角。$\mathbb{R}^3$ 内的任意旋转矩阵可以用以下三个矩阵内积的形式来表示：

$$\mathbf{R}(\varphi,\theta,\psi) = \underbrace{\begin{pmatrix} \cos\psi & -\sin\psi & 0 \\ \sin\psi & \cos\psi & 0 \\ 0 & 0 & 1 \end{pmatrix}}_{\mathbf{R}_\psi} \cdot \underbrace{\begin{pmatrix} \cos\theta & 0 & \sin\theta \\ 0 & 1 & 0 \\ -\sin\theta & 0 & \cos\theta \end{pmatrix}}_{\mathbf{R}_\theta} \cdot \underbrace{\begin{pmatrix} 1 & 0 & 0 \\ 0 & \cos\varphi & -\sin\varphi \\ 0 & \sin\varphi & \cos\varphi \end{pmatrix}}_{\mathbf{R}_\varphi}$$

其合并形式为：

$$\begin{pmatrix} \underbrace{\begin{matrix}\cos\theta\cos\psi \\ \cos\theta\sin\psi \\ -\sin\theta\end{matrix}}_{\mathbf{i}_1|_{\mathcal{R}_0}} & \underbrace{\begin{matrix}-\cos\varphi\sin\psi+\sin\theta\cos\psi\sin\varphi \\ \cos\psi\cos\varphi+\sin\theta\sin\psi\sin\varphi \\ \cos\theta\sin\varphi\end{matrix}}_{\mathbf{j}_1|_{\mathcal{R}_0}} & \underbrace{\begin{matrix}\sin\psi\sin\varphi+\sin\theta\cos\psi\cos\varphi \\ -\cos\psi\sin\varphi+\sin\theta\cos\varphi\sin\psi \\ \cos\theta\cos\varphi\end{matrix}}_{\mathbf{k}_1|_{\mathcal{R}_0}} \end{pmatrix} \tag{1.9}$$

角度 φ,θ,ψ 就是欧拉角，并将其分别称为自转角、章动角和进动角。而横滚角、俯仰角和偏航角则是一组常用术语，并分别对应于自转角、章动角和进动角。

11

万向节死锁。当 $\theta=\dfrac{\pi}{2}$（即 $\cos\theta=0$），可得：

$$
\begin{aligned}
\mathbf{R}(\varphi,\theta,\psi) &= \begin{pmatrix} \cos\psi & -\sin\psi & 0 \\ \sin\psi & \cos\psi & 0 \\ 0 & 0 & 1 \end{pmatrix} \cdot \underbrace{\begin{pmatrix} 0 & 0 & 1 \\ 0 & 1 & 0 \\ -1 & 0 & 0 \end{pmatrix} \cdot \begin{pmatrix} 1 & 0 & 0 \\ 0 & \cos\varphi & -\sin\varphi \\ 0 & \sin\varphi & \cos\varphi \end{pmatrix}}_{=\begin{pmatrix} 0 & \sin\varphi & \cos\varphi \\ 0 & \cos\varphi & -\sin\varphi \\ -1 & 0 & 0 \end{pmatrix}} \\
&= \begin{pmatrix} \cos\psi & -\sin\psi & 0 \\ \sin\psi & \cos\psi & 0 \\ 0 & 0 & 1 \end{pmatrix} \cdot \overbrace{\begin{pmatrix} \cos\varphi & \sin\varphi & 0 \\ -\sin\varphi & \cos\varphi & 0 \\ 0 & 0 & -1 \end{pmatrix} \cdot \begin{pmatrix} 0 & 0 & 1 \\ 0 & 1 & 0 \\ -1 & 0 & 0 \end{pmatrix}} \\
&= \begin{pmatrix} \cos(\psi-\varphi) & -\sin(\psi-\varphi) & 0 \\ \sin(\psi-\varphi) & \cos(\psi-\varphi) & 0 \\ 0 & 0 & -1 \end{pmatrix} \begin{pmatrix} 0 & 0 & 1 \\ 0 & 1 & 0 \\ -1 & 0 & 0 \end{pmatrix}
\end{aligned}
$$

因此：

$$
\frac{\mathrm{d}\mathbf{R}}{\mathrm{d}\psi} = -\frac{\mathrm{d}\mathbf{R}}{\mathrm{d}\varphi}
$$

这对应于一个奇异点，即当 $\theta=\dfrac{\pi}{2}$ 时，便无法用欧拉角在旋转矩阵 $SO(3)$ 的流形上实现全方位移动。这意味着一些轨迹 $\mathbf{R}(t)$ 便不能跟随欧拉角。

欧拉角的旋转矩阵。给定某一旋转矩阵 $\mathbf{R}$，可根据式（1.9）很容易解出这三个欧拉角，其公式如下：

$$
\begin{cases} -\sin\theta = r_{31} \\ \cos\theta\sin\varphi = r_{32} \quad \cos\theta\cos\varphi = r_{33} \\ \cos\theta\cos\psi = r_{11} \quad \cos\theta\sin\psi = r_{21} \end{cases}
$$

通过限定其取值范围 $\theta\in\left[-\dfrac{\pi}{2},\dfrac{\pi}{2}\right], \varphi\in[-\pi,\pi], \psi\in[-\pi,\pi]$，可得：

$$
\theta = -\arcsin r_{31},\ \varphi = \operatorname{atan2}(r_{32}, r_{33}),\ \psi = \operatorname{atan2}(r_{21}, r_{11})
$$

此时，atan2 是二变量的反正切函数，可由下式定义：

$$
\alpha = \operatorname{atan2}(y,x) \Leftrightarrow \alpha \in]-\pi,\pi], \exists r>0 \mid \begin{cases} x = r\cos\alpha \\ y = r\cos\alpha \end{cases} \tag{1.10}
$$

12

1.2.2　运动欧拉矩阵的旋转向量

考虑下述情况，一个刚体在坐标系 $\mathcal{R}_0$ 中运动，$\mathcal{R}_1$ 为刚体上固连的坐标系（见图 1.5）。此处所选约定为造船与轮机工程师协会（SNAME）的一些相关约定。假设这两个坐标系都是标准正交的，令 $\mathbf{R}(t)=\mathbf{R}(\psi(t),\theta(t),\varphi(t))$ 为连接两个坐标系的旋转矩阵，则需得到该刚体相对于 $\mathcal{R}_0$ 的瞬时旋转向量 $\boldsymbol{\omega}$，并将其表示为关于 $\psi,\theta,\varphi,\dot{\psi},\dot{\theta},\dot{\varphi}$ 的函数。则有：

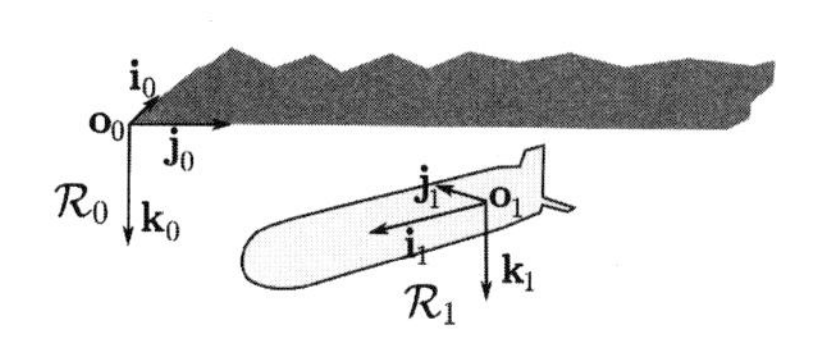

图 1.5　机器人上的固定坐标系 $\mathcal{R}_1$:$(\mathbf{o}_1,\mathbf{i}_1,\mathbf{j}_1,\mathbf{k}_1)$

$$\begin{aligned}
\boldsymbol{\omega}|_{\mathcal{R}_0} &\overset{式(1.2)}{=} \mathbf{Ad}^{-1}\left(\dot{\mathbf{R}}\cdot\mathbf{R}^{\mathrm{T}}\right)\\
&\overset{式(1.9)}{=} \mathbf{Ad}^{-1}\left(\frac{\mathrm{d}}{\mathrm{d}t}\left(\mathbf{R}_{\psi}\cdot\mathbf{R}_{\theta}\cdot\mathbf{R}_{\varphi}\right)\cdot\mathbf{R}_{\varphi}^{\mathrm{T}}\cdot\mathbf{R}_{\theta}^{\mathrm{T}}\cdot\mathbf{R}_{\psi}^{\mathrm{T}}\right)\\
&= \mathbf{Ad}^{-1}\left(\left(\dot{\mathbf{R}}_{\psi}\cdot\mathbf{R}_{\theta}\cdot\mathbf{R}_{\varphi}+\mathbf{R}_{\psi}\cdot\dot{\mathbf{R}}_{\theta}\cdot\mathbf{R}_{\varphi}+\mathbf{R}_{\psi}\cdot\mathbf{R}_{\theta}\cdot\dot{\mathbf{R}}_{\varphi}\right)\cdot\mathbf{R}_{\varphi}^{\mathrm{T}}\cdot\mathbf{R}_{\theta}^{\mathrm{T}}\cdot\mathbf{R}_{\psi}^{\mathrm{T}}\right)\\
&= \mathbf{Ad}^{-1}\left(\dot{\mathbf{R}}_{\psi}\cdot\mathbf{R}_{\psi}^{\mathrm{T}}+\mathbf{R}_{\psi}\cdot\dot{\mathbf{R}}_{\theta}\cdot\mathbf{R}_{\theta}^{\mathrm{T}}\cdot\mathbf{R}_{\psi}^{\mathrm{T}}+\mathbf{R}_{\psi}\cdot\mathbf{R}_{\theta}\cdot\dot{\mathbf{R}}_{\varphi}\cdot\mathbf{R}_{\varphi}^{\mathrm{T}}\cdot\mathbf{R}_{\theta}^{\mathrm{T}}\cdot\mathbf{R}_{\psi}^{\mathrm{T}}\right)\\
&\overset{式(1.2)}{=} \mathbf{Ad}^{-1}\left(\dot{\psi}\mathbf{Ad}(\mathbf{k})+\mathbf{R}_{\psi}\cdot\left(\dot{\theta}\mathbf{Ad}(\mathbf{j})\right)\cdot\mathbf{R}_{\psi}^{\mathrm{T}}+\mathbf{R}_{\psi}\cdot\mathbf{R}_{\theta}\cdot(\dot{\varphi}\mathbf{Ad}(\mathbf{i}))\cdot\mathbf{R}_{\theta}^{\mathrm{T}}\cdot\mathbf{R}_{\psi}^{\mathrm{T}}\right)\\
&\overset{式(1.3)}{=} \mathbf{Ad}^{-1}\left(\dot{\psi}\cdot\mathbf{Ad}(\mathbf{k})+\dot{\theta}\cdot\mathbf{Ad}(\mathbf{R}_{\psi}\cdot\mathbf{j})+\dot{\varphi}\cdot\mathbf{Ad}(\mathbf{R}_{\psi}\cdot\mathbf{R}_{\theta}\cdot\mathbf{i})\right)\\
&= \dot{\psi}\cdot\mathbf{k}+\dot{\theta}\cdot\mathbf{R}_{\psi}\cdot\mathbf{j}+\dot{\varphi}\cdot\mathbf{R}_{\psi}\cdot\mathbf{R}_{\theta}\cdot\mathbf{i}.
\end{aligned}$$

那么，在坐标系 $\mathcal{R}_0$ 中计算出量 $\mathbf{k},\mathbf{R}_{\psi}\mathbf{j}$ 以及 $\mathbf{R}_{\psi}\cdot\mathbf{R}_{\theta}\cdot\mathbf{i}$ 之后，可得：

$$\boldsymbol{\omega}|_{\mathcal{R}_0}=\dot{\psi}\cdot\begin{pmatrix}0\\0\\1\end{pmatrix}+\dot{\theta}\cdot\begin{pmatrix}-\sin\psi\\\cos\psi\\0\end{pmatrix}+\dot{\varphi}\cdot\begin{pmatrix}\cos\theta\cos\psi\\\cos\theta\sin\psi\\-\sin\theta\end{pmatrix}$$

基于此，可得到如下结果：

$$\boldsymbol{\omega}|_{\mathcal{R}_0}=\begin{pmatrix}\cos\theta\cos\psi & -\sin\psi & 0\\\cos\theta\sin\psi & \cos\psi & 0\\-\sin\theta & 0 & 1\end{pmatrix}\begin{pmatrix}\dot{\varphi}\\\dot{\theta}\\\dot{\psi}\end{pmatrix} \tag{1.11}$$

13

注意，当 $\cos\theta=0$ 时，该矩阵是一个奇异矩阵。因此，必须确保不会有等于 $\pm\dfrac{\pi}{2}$ 的俯仰角 θ。

1.3 惯性单元

假设我们被封闭在一个靠近地球的盒子里，看不见外面的环境，在盒子里，我们可以进行一些惯性实验，比如观察物体的平移或旋转。这些实验使我们能够间接地测量切向加速度和盒子在其自身坐标系内的角速度，惯性单元的原理是在假设初始姿态已知的条件下，仅根据这些惯性测量（称为本体感觉测量）来估计盒子的姿态（位置和方向）。

为此，我们将用一个运动学模型来描述盒子的运动，它的输入是切向加速度和角速度，这些量在盒子的坐标系中是可以直接测量的。其状态向量是由向量 $\mathbf{P}=(p_x,p_y,p_z)$、三个欧拉角 (ψ,θ,φ) 和速度向量 $\mathbf{v}_{\mathrm{r}}$ 组成的，其中向量 $\mathbf{P}=(p_x,p_y,p_z)$ 给出了绝对惯性坐标系 $\mathcal{R}_0$ 中的盒子中心坐标；而机器人的速度向量 $\mathbf{v}_{\mathrm{r}}$ 则是表示在其自身坐标系 $\mathcal{R}_1$ 内的。该系统的输入有两个，其一为表示在其自身坐标系内的机器人中心的加速度 $\mathbf{a}_{\mathrm{r}}=\mathbf{a}_{\mathcal{R}_1}$，其二则是表示在机器人坐标系 $\mathcal{R}_1$ 内机器人相对于坐标系 $\mathcal{R}_0$ 的旋转向量 $\boldsymbol{\omega}_{\mathrm{r}}=\boldsymbol{\omega}_{\mathcal{R}_1/\mathcal{R}_0|\mathcal{R}_1}=(\omega_x,\omega_y,\omega_z)$。因为机器人自身可通过其上安装的传感器去测量 $\mathbf{a},\boldsymbol{\omega}$，所以较为常见的就是将这些量表示在机器人坐标系中。第一个状态方程为：

$$\dot{\mathbf{p}}\overset{式(1.8)}{=}\mathbf{R}(\varphi,\theta,\psi)\cdot\mathbf{v}_{\mathrm{r}}$$

对该方程求导可得：

$$\ddot{\mathbf{p}}=\dot{\mathbf{R}}\cdot\mathbf{v}_{\mathrm{r}}+\mathbf{R}\cdot\dot{\mathbf{v}}_{\mathrm{r}}$$

式中，$\mathbf{R}=\mathbf{R}(\psi,\theta,\varphi)$，则将其用另一种形式表示为：

$$\dot{\mathbf{v}}_{\mathrm{r}} = \underbrace{\mathbf{R}^{\mathrm{T}} \cdot \ddot{\mathbf{p}}}_{\mathbf{a}_{\mathrm{r}}} - \mathbf{R}^{\mathrm{T}}\dot{\mathbf{R}} \cdot \mathbf{v}_{\mathrm{r}} \overset{\text{式(1.4)}}{=} \mathbf{a}_{\mathrm{r}} - \boldsymbol{\omega}_{\mathrm{r}} \wedge \mathbf{v}_{\mathrm{r}}$$

上式构成了第二个状态方程。图 1.6 给出了一个机器人以恒定速度沿圆周运动的情况。速度向量 $\mathbf{v}_{\mathrm{r}}$ 为一常量而 $\mathbf{a}_{\mathrm{r}}$ 不为 0。 [14]

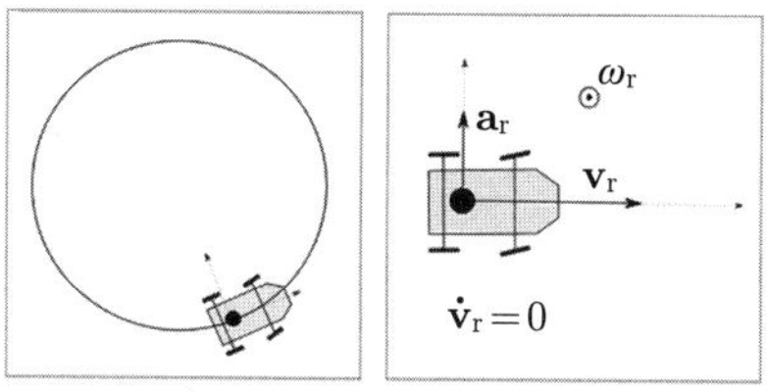

a） b）

图 1.6 当 $\dot{\mathbf{v}}_{\mathrm{r}}=0$ 时，式 $\dot{\mathbf{v}}_{\mathrm{r}}=\mathbf{a}_{\mathrm{r}}-\omega_{\mathrm{r}} \wedge \mathbf{v}_{\mathrm{r}}$ 的图解

a）机器人跟随一个圆；b）机器人坐标系下的向量表示

此外，还需将 $\dot{\psi}, \dot{\theta}, \dot{\varphi}$ 表示为一个关于状态变量的方程，根据方程式（1.11）可得下式：

$$\boldsymbol{\omega}_{|\mathcal{R}_0} = \mathbf{R}(\varphi, \theta, \psi) \cdot \boldsymbol{\omega}_{|\mathcal{R}_1}$$

转换为：

$$\begin{pmatrix} \cos\theta\cos\psi & -\sin\psi & 0 \\ \cos\theta\sin\psi & \cos\psi & 0 \\ -\sin\theta & 0 & 1 \end{pmatrix} \begin{pmatrix} \dot{\varphi} \\ \dot{\theta} \\ \dot{\psi} \end{pmatrix} = \mathbf{R}(\varphi, \theta, \psi) \cdot \boldsymbol{\omega}_{\mathrm{r}}$$

通过在该表达式中提取向量 $(\dot{\psi}, \dot{\theta}, \dot{\varphi})$，可得第三个状态方程。将如上三个状态方程联立起来，便可得到该机器人航星机械化方程 [FAR 08]：

$$\begin{cases} \dot{\mathbf{p}} & = \mathbf{R}(\varphi, \theta, \psi) \cdot \mathbf{v}_{\mathrm{r}} \\ \dot{\mathbf{v}}_{\mathrm{r}} & = \mathbf{a}_{\mathrm{r}} - \boldsymbol{\omega}_{\mathrm{r}} \wedge \mathbf{v}_{\mathrm{r}} \\ \begin{pmatrix} \dot{\varphi} \\ \dot{\theta} \\ \dot{\psi} \end{pmatrix} & = \begin{pmatrix} 1 & \tan\theta\sin\varphi & \tan\theta\cos\varphi \\ 0 & \cos\varphi & -\sin\varphi \\ 0 & \frac{\sin\varphi}{\cos\theta} & \frac{\cos\varphi}{\cos\theta} \end{pmatrix} \cdot \boldsymbol{\omega}_{\mathrm{r}} \end{cases} \tag{1.12}$$

在水平面上。对于一个机器人在水平面上运动，有 $\psi=\theta=0$。由式（1.11）可知 $\dot{\psi} = \omega_{\mathrm{r}3}$, $\dot{\theta} = \omega_{\mathrm{r}2}$ 以及 $\dot{\varphi} = \omega_{\mathrm{r}1}$。在这种情况下，便有了一个 $\boldsymbol{\omega}_{\mathrm{r}}$ 各元素和欧拉角的微分之间的完美对应关系。同时也会有一些奇异的情况，例如当 $\theta=\frac{\pi}{2}$ 时（这是机器人指向上方时的情形），无法定义欧拉角的微分。但旋转向量通常不会存在这种奇异性，因此成了首选。 [15]

航位推测法。对于航位推测法（即没有外部传感器），通常会有一些非常精密的激光陀螺测试仪（旋转速度为 0.001deg/s），这些仪器利用的是萨格纳克效应（在一个环形光纤绕其自身回转的过程中，光循行一个完整来回所花费的时间是依赖于其路径方向的）。使用三种光纤，那么这些陀螺测试仪就会产生向量 $\boldsymbol{\omega}_{\mathrm{r}}=(w_x, w_y, w_z)$，同时也会有一些能够以很高精度测量加速度 $\mathbf{a}_{\mathrm{r}}$ 的加速度计。在纯惯性模型中，仅利用表示在机器人坐标系内的加速度 $\mathbf{a}_{\mathrm{r}}$ 和旋转速度 $\boldsymbol{\omega}_{\mathrm{r}}$ 对式（1.12）进行求导便可得到位置信息。在利用 DVL 测量 $\mathbf{v}_{\mathrm{r}}$（同样表示在机器人坐标系内）时，仅需对这三个方程中的第一个和第三个方程求积分即可。最后，如果该机器人是一个有合适压载的潜艇或者一个在相对平整地面上移动的地面机器人时，可以得出

一个推论，即横滚角和俯仰角的平均值等于 0。因此，为了限制定位偏移，利用卡尔曼滤波器来处理该信息。而一个有效的惯性单元包含了所有可用信息的集合。

惯性单元。一个纯惯性单元（没有杂质也不考虑地球引力）代表了一个如图 1.7 所示的运动学模型的机器人，而其自身状态方程由式（1.12）给出。该系统可以写为 $\dot{\mathbf{x}} = f(\mathbf{x},\mathbf{u})$ 的形式，其中 $\mathbf{u}=(\mathbf{a}_\mathrm{r},\boldsymbol{\omega}_\mathrm{r})$ 为所测量的惯性输入向量（通过地面的一个观测器检测其加速度和旋转速度，并将其表示在机器人坐标系内），$\mathbf{x}=(\mathbf{p},\mathbf{v}_\mathrm{r},\psi,\theta,\varphi)$ 为状态向量。此时，可利用类似于欧拉法的数值积分方法，将微分方程 $\dot{\mathbf{x}} = f(\mathbf{x},\mathbf{u})$ 用如下循环代替：

$$\boldsymbol{x}(t+\mathrm{d}t) = \boldsymbol{x}(t) + \mathrm{d}t \cdot \boldsymbol{f}\left(\boldsymbol{x}(t), \boldsymbol{u}(t)\right)$$

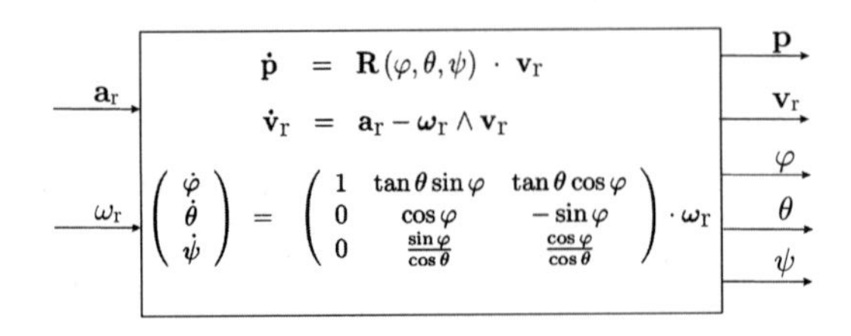

16

图 1.7 航行机械化方程

重力作用下。在存在依赖于 $\mathbf{p}$ 的重力 $\mathbf{g}(\mathbf{p})$ 的情况下，实际加速度 $\mathbf{a}_\mathrm{r}$ 为重力加上测得的加速度 $\mathbf{a}_\mathrm{r}^\mathrm{mes}$，此时，惯性单元可由以下状态方程描述：

$$\left\{\begin{array}{lcl}\dot{\mathbf{p}} & = & \mathbf{R}(\varphi,\theta,\psi) \cdot \mathbf{v}_\mathrm{r} \\ \begin{pmatrix}\dot\varphi\\\dot\theta\\\dot\psi\end{pmatrix} & = & \begin{pmatrix}1 & \tan\theta\sin\varphi & \tan\theta\cos\varphi\\0 & \cos\varphi & -\sin\varphi\\0 & \frac{\sin\varphi}{\cos\theta} & \frac{\cos\varphi}{\cos\theta}\end{pmatrix}\cdot\boldsymbol{\omega}_\mathrm{r} \\ \dot{\mathbf{v}}_\mathrm{r} & = & \mathbf{R}^\mathrm{T}(\varphi,\theta,\psi)\cdot\mathbf{g}(\mathbf{p}) + \mathbf{a}_\mathrm{r}^\mathrm{mes} - \boldsymbol{\omega}_\mathrm{r} \wedge \mathbf{v}_\mathrm{r}\end{array}\right. \tag{1.13}$$

这种情况下，系统的输入是由加速度计和陀螺仪获得的 $\mathbf{a}_\mathrm{r}^\mathrm{mes}$ 和 $\boldsymbol{\omega}_\mathrm{r}$。对该状态方程进行积分以实现定位，则需知道初始状态和一个重力图 $\mathbf{g}(\mathbf{p})$。

用旋转矩阵代替欧拉角：由式（1.4）可得 $\dot{\mathbf{R}}=\mathbf{R}\cdot\mathbf{Ad}(\mathbf{R}^\mathrm{T}\boldsymbol{\omega})$，因此，在无任何欧拉角的前提下，可将状态方程（1.13）写为：

$$\left\{\begin{array}{lcl}\dot{\mathbf{p}} & = & \mathbf{R}\cdot\mathbf{v}_\mathrm{r} \\ \dot{\mathbf{R}} & = & \mathbf{R}\cdot(\boldsymbol{\omega}_\mathrm{r}\wedge) \\ \dot{\mathbf{v}}_\mathrm{r} & = & \mathbf{R}^\mathrm{T}\cdot\mathbf{g}(\mathbf{p}) + \mathbf{a}_\mathrm{r}^\mathrm{mes} - \boldsymbol{\omega}_\mathrm{r}\wedge\mathbf{v}_\mathrm{r}\end{array}\right. \tag{1.14}$$

这种表示方法的优势在于不存在 $\cos\theta=0$ 时式（1.13）中的奇异点。但相反，因利用 9 维矩阵 $\mathbf{R}$ 替代了这三个欧拉角，导致存在冗余。由于数值原因，当长时积分时，矩阵 $\mathbf{R}(t)$ 有可能会丢失 $\mathbf{R}\cdot\mathbf{R}^\mathrm{T}=\mathbf{I}$ 的性质。为避免这种情况，每次迭代都需要进行归一化处理，即当前矩阵 $\mathbf{R}$ 应投影到 $SO(3)$。一种可能性就是利用 QR 因式分解。方阵 $\mathbf{M}$ 的 QR 分解可得两个矩阵 $\mathbf{Q},\mathbf{R}$，使得 $\mathbf{M}=\mathbf{Q}\cdot\mathbf{R}$，其中 $\mathbf{Q}$ 为旋转矩阵，$\mathbf{R}$ 为三角矩阵。当 $\mathbf{M}$ 近似为旋转矩阵且 $\mathbf{R}$ 近似为一个三角旋转矩阵时，即在 $\mathbf{R}$ 的对角线上，所有项均近似为 ±1，除此之外的项均为 0；如下 Python 代码执行了 $\mathbf{M}$ 到 $SO(3)$ 的投影，并生成了旋转矩阵 $\mathbf{M}_2$。

```
Q,R = numpy.linalg.qr(M)
v=diag(sign(R))
M2=Q@diag(v)
```

1.4 动力学建模

1.4.1 原理

机器人（飞机、潜艇、船）通常可以看作一个刚体，其输入是（切向和角向）加速度。[17] 这些方程为机器人移动原点力的解析方程。对于潜艇的动力学建模，参考 Fossen 的这本书 [FOS 02]，但相关概念也可用于其他类型的刚体机器人，如飞机、船或四旋翼机。为了获得一个动力学模型，只需得到其运动学方程，并考虑由力和动态特性所产生的角加速度和切向加速度就足够了，而这些量便成了系统的新输入变量，加速度和力之间的关系可由牛顿第二定律得出（或者动力学基本原理）。因此，如果用 f 代表由外力引起的并表示在惯性坐标系中的合外力，m 为机器人的质量，则有：

$$m\ddot{\mathbf{p}} = \mathbf{f}$$

由于速度和加速度通常由系统内置的传感器测量得到，通常在机器人坐标系下表示速度和加速度：

$$m\mathbf{a}_{\mathrm{r}} = \mathbf{f}_{\mathrm{r}}$$

式中，$\mathbf{f}_{\mathrm{r}}$ 为机器人坐标系下所表示的作用力向量。同样类型的关系，存在于旋转中时，称为欧拉旋转方程。由下式给出：

$$\mathbf{I}\dot{\boldsymbol{\omega}}_{\mathrm{r}} + \boldsymbol{\omega}_{\mathrm{r}} \wedge (\mathbf{I}\boldsymbol{\omega}_{\mathrm{r}}) = \boldsymbol{\tau}_{\mathrm{r}} \tag{1.15}$$

式中，$\boldsymbol{\tau}_{\mathrm{r}}$ 为作用力矩；$\boldsymbol{\omega}_{\mathrm{r}}$ 为旋转向量；均表示在机器人坐标系中。惯性力矩 $\mathbf{I}$ 是固定于机器人上的（即在机器人坐标系中计算的），通常选择的机器人坐标系能使 $\mathbf{I}$ 对角化。该关系是欧拉第二定律的结果，即在惯性系中，角动量的时间导数等于所施加的力矩。在惯性系中，可将其表示为：

$$\begin{aligned}
& \frac{\mathrm{d}}{\mathrm{d}t}(\mathbf{R}\cdot\mathbf{I}\cdot\boldsymbol{\omega}_{\mathrm{r}}) = \mathbf{R}\cdot\boldsymbol{\tau}_{\mathrm{r}} \\
\Leftrightarrow\ & \dot{\mathbf{R}}\mathbf{I}\cdot\boldsymbol{\omega}_{\mathrm{r}} + \mathbf{R}\cdot\mathbf{I}\cdot\dot{\boldsymbol{\omega}}_{\mathrm{r}} = \mathbf{R}\cdot\boldsymbol{\tau}_{\mathrm{r}} \\
\Leftrightarrow\ & \mathbf{R}^{\mathrm{T}}\dot{\mathbf{R}}\mathbf{I}\cdot\boldsymbol{\omega}_{\mathrm{r}} + \mathbf{I}\cdot\dot{\boldsymbol{\omega}}_{\mathrm{r}} = \boldsymbol{\tau}_{\mathrm{r}} \\
\Leftrightarrow\ & \boldsymbol{\omega}_{\mathrm{r}} \wedge (\mathbf{I}\boldsymbol{\omega}_{\mathrm{r}}) + \mathbf{I}\dot{\boldsymbol{\omega}}_{\mathrm{r}} = \boldsymbol{\tau}_{\mathrm{r}}.
\end{aligned}$$

1.4.2 四旋翼建模

以一个四旋翼为例（见图 1.8），建立其动力学模型。该机器人有四个可以独立调节的螺旋桨，通过改变螺旋桨的速度来控制机器人的姿态和位置。

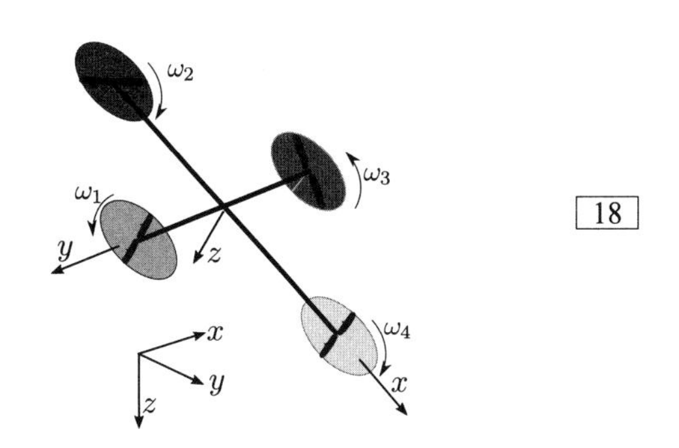

图 1.8 四旋翼（有关此图的彩色版本，请参见 www.iste.co.uk/jaulin/robotics.zip）

[18] 在此区分了前 / 后螺旋桨（蓝色和黑色）、顺时针旋转和右 / 左螺旋桨（红色和绿色）、逆时针旋转。第 i 个螺旋桨产生的力的值与转子速度的平方成正比，即等于 $\beta\cdot\omega_i\cdot|\omega_i|$，式中 β 为推力系数。用 δ 表示阻力系数，用 ℓ 表示任意转子到机器人中心的距离。机器人产生的力

和力矩为：

$$\begin{pmatrix}\tau_0\\\tau_1\\\tau_2\\\tau_3\end{pmatrix}=\begin{pmatrix}\beta&\beta&\beta&\beta\\-\beta\ell&0&\beta\ell&0\\0&-\beta\ell&0&\beta\ell\\-\delta&\delta&-\delta&\delta\end{pmatrix}\cdot\begin{pmatrix}\omega_1\cdot|\omega_1|\\\omega_2\cdot|\omega_2|\\\omega_3\cdot|\omega_3|\\\omega_4\cdot|\omega_4|\end{pmatrix}$$

式中，τ_0 为螺旋桨产生的总推力；τ_1,τ_2,τ_3 为螺旋桨转速差异所产生的转矩。

四旋翼的状态方程为：

$$\left\{\begin{array}{lcll}\dot{\mathbf{p}}&=&\mathbf{R}(\varphi,\theta,\psi)\cdot\mathbf{v}_{\mathrm{r}}&\text{(i)}\\\begin{pmatrix}\dot{\varphi}\\\dot{\theta}\\\dot{\psi}\end{pmatrix}&=&\begin{pmatrix}1&\tan\theta\sin\varphi&\tan\theta\cos\varphi\\0&\cos\varphi&-\sin\varphi\\0&\frac{\sin\varphi}{\cos\theta}&\frac{\cos\varphi}{\cos\theta}\end{pmatrix}\cdot\boldsymbol{\omega}_{\mathrm{r}}&\text{(ii)}\\\dot{\mathbf{v}}_{\mathrm{r}}&=&\mathbf{R}^{\mathrm{T}}(\varphi,\theta,\psi)\cdot\begin{pmatrix}0\\0\\g\end{pmatrix}+\begin{pmatrix}0\\0\\-\frac{\tau_0}{m}\end{pmatrix}-\boldsymbol{\omega}_{\mathrm{r}}\wedge\mathbf{v}_{\mathrm{r}}&\text{(iii)}\\\dot{\boldsymbol{\omega}}_{\mathrm{r}}&=&\mathbf{I}^{-1}\cdot\left(\begin{pmatrix}\tau_1\\\tau_2\\\tau_3\end{pmatrix}-\boldsymbol{\omega}_{\mathrm{r}}\wedge(\mathbf{I}\cdot\boldsymbol{\omega}_{\mathrm{r}})\right)&\text{(iv)}\end{array}\right.$$

19

式中，p 为位置，并且 (φ,θ,ψ) 是机器人的欧拉角。前三个方程（i)、(ii)、(iii）对应于已经推导出来的运动学方程（见式（1.12））。注意，在方程（iii）中，加速度（在机器人坐标系中表示）由牛顿第二定律得到，合力由 τ_0 和重量 mg 组成：

$$m\mathbf{a}_{\mathrm{r}}=\mathbf{R}^{\mathrm{T}}(\varphi,\theta,\psi)\cdot\begin{pmatrix}0\\0\\mg\end{pmatrix}+\begin{pmatrix}0\\0\\-\tau_0\end{pmatrix}$$

因为重力向量是在惯性系中自然表达的（与力 τ_0 相反），则须用欧拉旋转矩阵 $\mathbf{R}^{\mathrm{T}}(\varphi,\theta,\psi)$ 乘以重力向量。方程（iv）由欧拉旋转方程（1.15）推出：

$$\dot{\boldsymbol{\omega}}_{\mathrm{r}}=\mathbf{I}^{-1}\cdot(\boldsymbol{\tau}_{\mathrm{r}}-\boldsymbol{\omega}_{\mathrm{r}}\wedge(\mathbf{I}\cdot\boldsymbol{\omega}_{\mathrm{r}}))$$

式中，$\tau_{\mathrm{r}}=(\tau_1,\tau_2,\tau_3)$ 为转矩向量。

该关系是从惯性坐标系中得到的，但却表示在机器人坐标系内，由该关系可得 $m\mathrm{a}_{\mathrm{r}}=\mathbf{R}^{\mathrm{T}}\mathbf{f}$，用另一种形式表示为：

$$\mathbf{a}_{\mathrm{r}}=\frac{1}{m}\mathbf{R}^{\mathrm{T}}\cdot\mathbf{f}$$

因此，可得切向加速度（将其作为运动学模型的一个输入）是一个关于施加于机器人上的力的代数方程。

1.5 习题

习题 1.1 伴随矩阵的性质

考虑向量 $\boldsymbol{\omega}=(\omega_x,\omega_y,\omega_z)$ 及其伴随矩阵 $\mathbf{Ad}(\boldsymbol{\omega})$。

1）证明：$\mathbf{Ad}(\boldsymbol{\omega})$ 的特征值为 $\{0,\|\boldsymbol{\omega}\|i,-\|\boldsymbol{\omega}\|i\}$，并给出一个与 0 相对应的特征向量，并

讨论。

2）证明：$\mathbf{Ad}(\boldsymbol{\omega})\mathbf{x}=\boldsymbol{\omega}\wedge\mathbf{x}$ 为一个垂直于 $\boldsymbol{\omega}$ 和 $\mathbf{x}$ 的向量，则该三面体 $(\boldsymbol{\omega},\mathbf{x},\boldsymbol{\omega}\wedge\mathbf{x})$ 为正三面体。

3）证明：$\boldsymbol{\omega}\wedge\mathbf{x}$ 的范数是由 $\boldsymbol{\omega}$ 和 $\mathbf{x}$ 形成的平行四边形 $\mathcal{A}$ 的表面积。

习题 1.2　雅可比恒等式

可将雅可比恒等式写为：

$$\mathbf{a}\wedge(\mathbf{b}\wedge\mathbf{c})+\mathbf{c}\wedge(\mathbf{a}\wedge\mathbf{b})+\mathbf{b}\wedge(\mathbf{c}\wedge\mathbf{a})=\mathbf{0}$$

1）证明这个恒等式等价于：

$$\mathbf{Ad}(\mathbf{a}\wedge\mathbf{b})=\mathbf{Ad}(\mathbf{a})\,\mathbf{Ad}(\mathbf{b})-\mathbf{Ad}(\mathbf{b})\,\mathbf{Ad}(\mathbf{a})$$

20

2）在斜对称矩阵空间中，将李氏括号定义如下：

$$[\mathbf{A},\mathbf{B}]=\mathbf{A}\cdot\mathbf{B}-\mathbf{B}\cdot\mathbf{A}$$

证明：

$$\mathbf{Ad}(\mathbf{a}\wedge\mathbf{b})=[\mathbf{Ad}(\mathbf{a}),\mathbf{Ad}(\mathbf{b})]$$

3）在习题 1.4 中，将证明在斜对称矩阵 $\mathbf{A}$ 之后的一个无穷小旋转为 $\exp(\mathbf{A}\cdot\mathrm{d}t)\simeq\mathbf{I}+\mathbf{A}\cdot\mathrm{d}t+\dfrac{\mathbf{A}^2}{2}\cdot\mathrm{d}t^2+\circ(\mathrm{d}t^2)$。考虑两个斜对称矩阵 $\mathbf{A}$，$\mathbf{B}$，并定义两个无穷小的旋转矩阵为：

$$\mathbf{R}_a=\mathrm{e}^{\mathbf{A}\cdot\mathrm{d}t},\mathbf{R}_b=\mathrm{e}^{\mathbf{B}\cdot\mathrm{d}t}$$

计算与旋转相关的二阶泰勒展开式：

$$\mathbf{R}_a^{-1}\mathbf{R}_b^{-1}\mathbf{R}_a\mathbf{R}_b$$

根据该结果，解释说明李氏括号 $[\mathbf{A},\mathbf{B}]=\mathbf{AB}-\mathbf{BA}$。

4）证明集合 $(\mathbb{R}^3,+,\wedge,\cdot)$ 构成一个李代数。

习题 1.3　范力农公式

考虑如下情况，一个重心保持在伽利略坐标系原点的刚体，正绕轴 Δ 以一个旋转向量 $\boldsymbol{\omega}$ 旋转，请给出刚体上一点 $\mathbf{x}$ 的轨迹方程。

习题 1.4　罗德里格斯公式

考虑如下情况，一个重心保持在伽利略坐标系原点的刚体，正绕轴 Δ 旋转，刚体上一点 $\mathbf{x}$ 的位置满足该状态方程（范力农公式）：

$$\dot{\mathbf{x}}=\boldsymbol{\omega}\wedge\boldsymbol{x}$$

式中，$\boldsymbol{\omega}$ 与该旋转轴 Δ 平行，$\|\boldsymbol{\omega}\|$ 为刚体的回转速度（单位 $\mathrm{rad.s^{-1}}$）。

1）证明可将该状态方程写为如下形式：

$$\dot{\mathbf{x}}=\mathbf{A}\mathbf{x}$$

21

并解释为什么通常将矩阵 $\mathbf{A}$ 记作 $\boldsymbol{\omega}\wedge$。

2）请给出该状态方程解的表达式。

3）由此可以推断出：绕 $\boldsymbol{\omega}$ 且旋转角为 $\|\boldsymbol{\omega}\|$ 的旋转矩阵 $\mathbf{R}$ 可由下式表示，并称之为罗德里格斯公式。

$$\mathbf{R} = \mathrm{e}^{\boldsymbol{\omega}\wedge}$$

4）计算出 $\mathbf{A}$ 的特征值，证明 $\boldsymbol{\omega}$ 是与 0 特征值相对应的特征向量，并讨论。

5）$\mathbf{R}$ 的特征值是多少？

6）利用之前的问题，请给出绕向量 $\boldsymbol{\omega}=(1,0,0)$ 旋转 α 角的旋转表达式。

7）用 MATLAB 编写一段程序，`eulermat(phi,theta,psi)` 利用罗德里格斯公式返回欧拉矩阵。

习题 1.5　罗德里格斯公式的几何逼近

考虑绕单位向量 $\mathbf{n}$ 旋转角度 φ 的一个旋转 $\mathcal{R}_{\mathbf{n},\varphi}$。令 $\mathbf{u}$ 为一个服从该旋转的向量，则可将其分解为如下形式：

$$\mathbf{u} = \underbrace{<\mathbf{u},\mathbf{n}> \cdot\mathbf{n}}_{\mathbf{u}_{||}} + \underbrace{\mathbf{u} - <\mathbf{u},\mathbf{n}> \cdot\mathbf{n}}_{\mathbf{u}_{\perp}}$$

式中，$\mathbf{u}_{||}$ 与 $\mathbf{n}$ 共线，$\mathbf{u}_{\perp}$ 在平面 $P_{\perp}$ 上并正交于 $\mathbf{n}$（见图 1.9）。

1）证明罗德里格斯公式可表示为：

$$\mathcal{R}_{\mathbf{n},\varphi}(\mathbf{u}) = <\mathbf{u},\mathbf{n}> \cdot\mathbf{n} + (\cos\varphi)(\mathbf{u} - <\mathbf{u},\mathbf{n}> \cdot\mathbf{n}) + (\sin\varphi)(\mathbf{n}\wedge\mathbf{u})$$

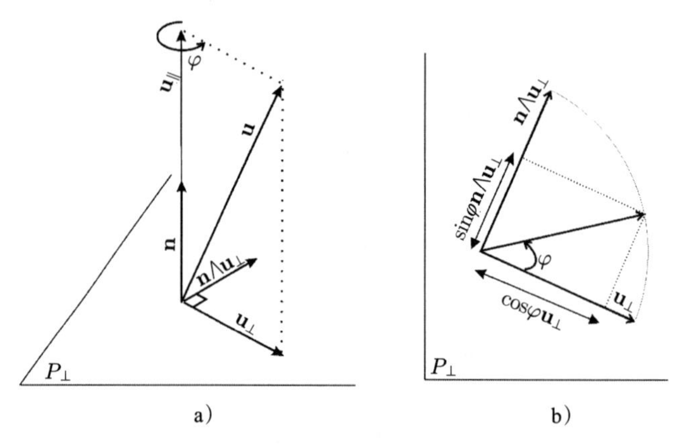

图 1.9　向量 $\mathbf{u}$ 绕向量 $\mathbf{n}$ 的旋转

a) 透视图；b) 俯视图

2）利用二重向量积公式 $\mathbf{a}\wedge(\mathbf{b}\wedge\mathbf{c})=(\mathbf{a}^{\mathrm{T}}\mathbf{c})\cdot\mathbf{b}-(\mathbf{a}^{\mathrm{T}}\mathbf{b})\cdot\mathbf{c}$，在元素 $\mathbf{n}\wedge(\mathbf{n}\wedge\mathbf{u})$ 上证明可将罗德里格斯公式写为：

$$\mathcal{R}_{\mathbf{n},\varphi}(\mathbf{u}) = \mathbf{u} + (1-\cos\varphi)(\mathbf{n}\wedge(\mathbf{n}\wedge\mathbf{u})) + (\sin\varphi)(\mathbf{n}\wedge\mathbf{u})$$

由此推断，与该线性算子 $\mathcal{R}_{\mathbf{n},\varphi}$ 相关的矩阵可写为：

$$\mathbf{R}_{\mathbf{n},\varphi} = \begin{pmatrix} 1 & 0 & 0 \\ 0 & 1 & 0 \\ 0 & 0 & 1 \end{pmatrix} + (1-\cos\varphi)\begin{pmatrix} -n_y^2-n_z^2 & n_x n_y & n_x n_z \\ n_x n_y & -n_x^2-n_z^2 & n_y n_z \\ n_x n_z & n_y n_z & -n_x^2-n_y^2 \end{pmatrix}$$
$$+ (\sin\varphi)\begin{pmatrix} 0 & -n_z & n_y \\ n_z & 0 & -n_x \\ -n_y & n_x & 0 \end{pmatrix}$$

3）相反地，给定一个旋转矩阵 $\mathbf{R}_{\mathbf{n},\varphi}$，得到旋转轴 $\mathbf{n}$ 和旋转角 φ。给出 $\mathbf{R}_{\mathbf{n},\varphi}-\mathbf{R}_{\mathbf{n},\varphi}^{\mathrm{T}}$ 的表达式，并用它来得到 $\mathbf{n}$ 和 φ 关于 $\mathbf{R}_{\mathbf{n},\varphi}$ 的方程，图 1.10 给出了其几何图示。

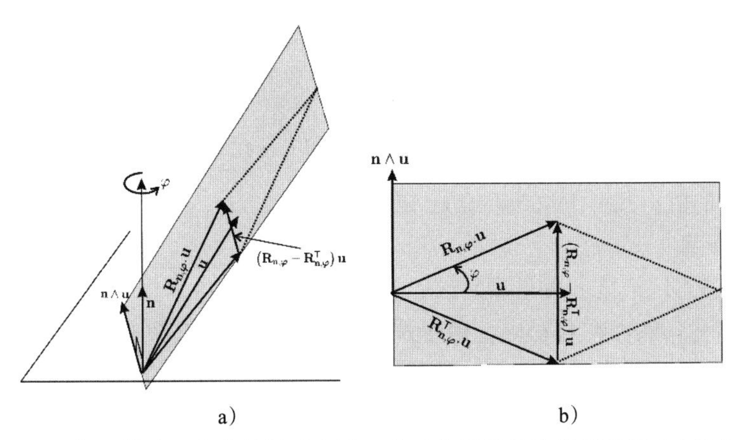

a） b）

图 1.10 a）为绕 $\mathbf{n}$ 转动 φ 角的旋转示意图；b）为与罗德里格斯菱形相对应部分的示意图

23

4）推导一种可找出两个旋转矩阵 $\mathbf{R}_a,\mathbf{R}_b$ 之间的插值轨迹矩阵的方法，使得 $\mathbf{R}(0)=\mathbf{R}_a$ 且 $\mathbf{R}(1)=\mathbf{R}_b$。

5）利用由 $\sin\varphi$ 和 $\cos\varphi$ 演变而来的麦克劳林级数，证明：

$$\mathbf{R}_{\mathbf{n},\varphi}=\exp\left(\varphi\cdot\mathbf{Ad}\left(\mathbf{n}\right)\right)$$

有时可将其写为：

$$\mathbf{R}_{\mathbf{n},\varphi}=\exp\left(\varphi\cdot\mathbf{n}\wedge\right)$$

习题 1.6 四元数

用 W.R.Hamilton 所提出的四元数来表示三维空间中的旋转（见 [COR 11]）。四元数 $\mathring{q}$ 为复数的拓展，对应于标量 s 加上 $\mathbb{R}^3$ 中的向量 $\mathbf{v}$。本书采用下述等效符号：

$$\mathring{q}=s+v_1i+v_2j+v_3k=s+<v_1,v_2,v_3>=s+<\mathbf{v}>$$

其中：$i^2=j^2=k^2=ijk=-1$

1）根据这些关系，填写以下乘法表：

$\cdot$	1	i	j	k
1	1	i	j	k
i	i	?	?	?
j	j	?	?	?
k	k	?	?	?

2）单位四元数 $\mathring{q}$ 为单位值的四元数：

$$|\mathring{q}|^2=s^2+v_1^2+v_2^2+v_3^2=1$$

考虑一种绕单位向量 $\mathbf{v}$ 旋转 θ 的旋转情况，由罗德里格斯公式可得，相应的旋转表示为 $\exp(\theta\cdot\mathbf{v}\wedge)$，对于此旋转，将四元数与之关联为：

$$\mathring{q}=\cos(\frac{\theta}{2})+\sin(\frac{\theta}{2})\cdot<\mathbf{v}>$$

24

检查此四元数是否具有单位值。

3）证明四元数 $\mathring{q}$ 及其相反数 $-\mathring{q}$ 均对应于 $\mathbb{R}^3$ 中的相同旋转。

4）假设旋转的合成对应于四元数的乘法，则证明：

$$(s+<\mathbf{v}>)^{-1}=s+<-\mathbf{v}>$$

5）考虑 $\psi=\theta=\varphi=\frac{\pi}{2}$ 的欧拉旋转矩阵，对应于以 α 角绕单位向量 $\mathbf{v}$ 旋转。请通过三种方法给出 $\mathbf{v}$ 和 α 的值：几何方法（手绘）、矩阵和四元数。

习题 1.7　舒勒振荡

惯性装置的基本组成之一就是测斜仪，该传感器可以测出垂直方向。传统方法是用钟摆（或铅垂线）来测量。然而在移动时，由于加速度的影响，钟摆开始振荡，因此不能再用其测量垂直方向。在此，思考设计一个钟摆，使得任何水平加速度都不会导致其振荡。考虑一种两端质量为 2m 的钟摆，两端与光杆的旋转轴之间的距离分别为 ℓ_1 和 ℓ_2（见图 1.11），该旋转轴在地球表面上移动。假设 ℓ_1 和 ℓ_2 远小于地球半径 r。

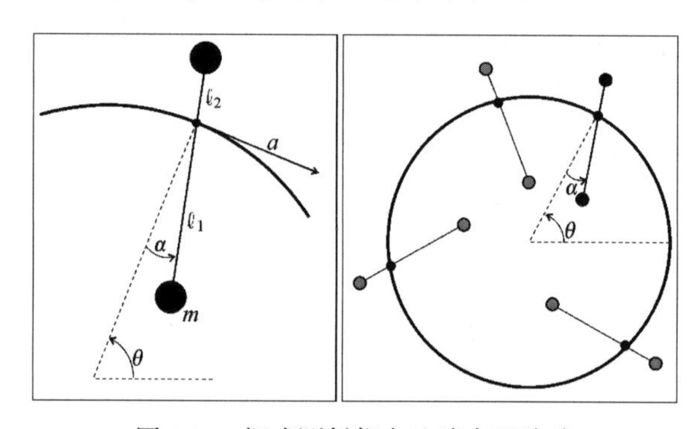

25

图 1.11　摆式测斜仪在地球表面移动

1）请给出该系统的状态方程。

2）假设 $\alpha=\dot{\alpha}=0$，对于该钟摆的任意水平运动，ℓ_1 和 ℓ_2 取何值时，该钟摆保持垂直？如果令 $\ell_1=1\text{m}$，地球半径 $r=6400\text{km}$，则 ℓ_1 的应为何值？

3）假设该钟摆由于扰动而开始振荡，则将这类振荡的周期称为舒勒周期，请计算该周期。

4）将一类高斯白噪声作为该系统的加速度输入，对其进行精确仿真。由于该系统是保守系统，因此使用欧拉积分法的效果并不好（该钟摆将获得能量），故而应该采用诸如龙格库塔法的一类高阶积分法，如下式所示：

$$\begin{aligned}\mathbf{x}(t+\mathrm{d}t)\simeq{}&\mathbf{x}(t)+\mathrm{d}t\\&\times\left(\frac{\mathbf{f}\left(\mathbf{x}(t),\mathbf{u}(t)\right)}{4}+\tfrac{3}{4}\mathbf{f}(\mathbf{x}(t)+\frac{2\mathrm{d}t}{3}\,\mathbf{f}(\mathbf{x}(t),\mathbf{u}(t)),\mathbf{u}(t+\tfrac{2}{3}\mathrm{d}t))\right)\end{aligned}$$

令 $r=10\text{m}$、$\ell_1=1\text{m}$、$g=10\text{ms}^{-2}$，以便得到更简洁的表达式，并讨论该结果。

习题 1.8　制动检测器

在此，研究一类包含基变换和旋转矩阵的问题。一辆车 m 在另一辆车之前（可将其视为一个点）。在该车上固连一个如图 1.12 所示的坐标系 $\mathcal{R}_1{:}(\mathbf{o}_1,\mathbf{i}_1,\mathbf{j}_1)$，假设 $\mathcal{R}_0{:}(\mathbf{o}_0,\mathbf{i}_0,\mathbf{j}_0)$ 为固定的地面坐标系。

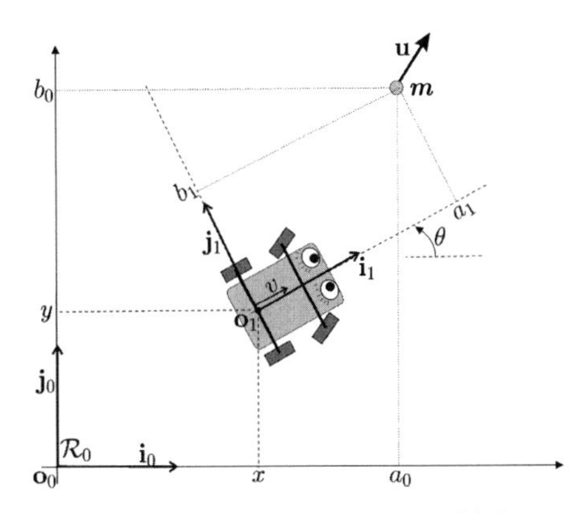

图 1.12　车辆探测点 $\boldsymbol{m}$ 是否制动

该车装备有以下传感器：

1）几个位于后轮的里程计，以便测量后桥中心的速度；

2）一个陀螺仪，用以提供车辆的角速度 $\dot{\theta}$ 和角加速度 $\ddot{\theta}$；

3）一个位于 $\mathbf{o}_1$ 处的加速度计，用以测量表示在坐标系 $\mathcal{R}_1$ 内的 $\mathbf{o}_1$ 的加速度向量 (α,β)；

4）前方装有两个雷达，使车辆能够测量（间接地）点 $\boldsymbol{m}$ 在坐标系 $\mathcal{R}_1$ 内的坐标 (a_1,b_1) 和其前两阶导数 $(\dot{a}_1,\dot{b}_1)$ 和 $(\ddot{a}_1,\ddot{b}_1)$。

26

然而，该车并没有配备能够获取 $x,y,\dot{x},\dot{y}$ 信息的定位系统（如全球定位系统，GPS），也没有可以测量角度 θ 的指南针，相关系统变量如下：

已测变量：$v,\dot{\theta},a_1,b_1,\alpha,\beta$。

未知变量：$x,y,\dot{x},\dot{y},\theta,a_0,b_0$。

假设当测得一个变量时，也会测得其微分，但是反之不可以。例如当测得 a_1,b_1 后，可认为 $\dot{a}_1,\dot{b}_1\ddot{a}_1,\ddot{b}_1$ 也被同时测得了，但是当测得 $\dot{\theta}$ 时，并不代表也测得了 θ 的值。在此并不知道本车的状态方程，该问题旨在寻求与所测变量（及其导数）相关的一种条件，据此可获得前车是否制动的信息。那么即使是前车的后刹车灯看不见（雾天，无刹车灯的拖车）或故障时，也可根据这样的一个条件为后车建立一个警告信息，提示前车正在刹车。

1）通过在坐标系 $\mathcal{R}_0$ 内表示沙勒定理 $(\mathbf{o}_0\mathbf{m}=\mathbf{o}_0\mathbf{o}_1+\mathbf{o}_1\mathbf{m})$，给出其基变换公式：

$$\begin{pmatrix} a_0 \\ b_0 \end{pmatrix} = \begin{pmatrix} x \\ y \end{pmatrix} + \mathbf{R}_\theta \begin{pmatrix} a_1 \\ b_1 \end{pmatrix}$$

27

式中，$\mathbf{R}_\theta$ 为旋转矩阵。

2）证明 $\mathbf{R}_\theta^{\mathrm{T}}\dot{\mathbf{R}}_\theta$ 为一个反对称矩阵，并给出其表达式。

3）令 $\mathbf{u}$ 为固定观测器所观测到的点 $\mathbf{m}$ 的速度向量，求出该速度向量 $\mathbf{u}$ 在坐标系 $\mathcal{R}_1$ 内的表达式 $\mathbf{u}|\mathcal{R}_1$，将其表示为关于已测变量 $v,\dot{\theta},a_1,\dot{a}_1,b_1,\dot{b}_1$ 的方程。

4）在此，使用车辆上的加速度计，获得坐标系 $\mathcal{R}_1$ 内 $\mathbf{o}_1$ 的加速度向量 (α,β)。在坐标系 $\mathcal{R}_0$ 内，通过求 $\mathbf{m}|\mathcal{R}_0$ 的二阶微分，得到 $\mathbf{m}$ 的加速度 $\mathbf{a}|\mathcal{R}_0$ 的表达式。据此，推导出其在坐标系 $\mathcal{R}_1$ 内的表达式 $\mathbf{a}|\mathcal{R}_1$，并将其仅表示为关于已测变量的方程。

5）给出一个关于测量值 $(v,\dot{\theta},a_1,b_1,\dot{a}_1,\dot{b}_1,\ddot{a}_1,\ddot{b}_1,\alpha,\beta)$ 的条件，使后车能以此探测前车是否刹车。

习题 1.9 水下机器人建模

在此所要建模的机器人是水下无人扫雷潜航器 Redermor（用布里多尼语说就是水中灰狗），如图 1.13 所示。它是一个完全自主的水下机器人，该机器人由 GESMA（大西洋水下研究小组）研发，长 6m、直径 1m、重 3800kg，并配备非常高效的推进和控制系统，用以探测海床上的水雷。

图 1.13 由 GESMA（大西洋水下研究小组）研发的水下无人扫雷潜航器 Redermor 在其发射船附近的水面上

28

在该机器人上方建立一个随其移动的局部坐标系 $\mathcal{R}_0$:($\mathbf{o}_0$,$\mathbf{i}_0$,$\mathbf{j}_0$,$\mathbf{k}_0$)，其原点 $\mathbf{o}_0$ 位于海洋表面，$\mathbf{i}_0$ 指向北方，$\mathbf{j}_0$ 指向东方，$\mathbf{k}_0$ 指向地球中心。令 $\mathbf{p}=(p_x,p_y,p_z)$ 为坐标系 $\mathcal{R}_0$ 内机器人的中心点坐标。在坐标系 $\mathcal{R}_0$ 内，该水下机器人的状态变量为位姿 $\mathbf{p}$、切向速度 v 及其三个欧拉角 ψ,θ,φ。系统输入为其切向加速度 $\dot{v}$ 和三个操纵面，分别为 $\omega_x,\omega_y,\omega_z$，更正式地将其表示为：

$$\begin{cases} u_1 &= \dot{v} \\ vu_2 &= \omega_y \\ vu_3 &= \omega_z \\ u_4 &= \omega_x \end{cases}$$

式中，u_2,u_3 前面的系数 v 表示当该机器人在前进时，才能够向左 / 向右（通过 u_3）或向上 / 向下（通过 u_2）转动。请给出该系统的运动学状态模型。

习题 1.10 三维机器人图形

在机器人学的仿真中，广泛用到在屏幕上绘制二维、三维机器人或物体。经典方法（OPENGL 所使用的）依赖于利用一系列如下形式的仿射变换（旋转、平移和同位变换）对物体姿态的建模：

$$\mathbf{f}_i : \begin{array}{ll} \mathbb{R}^n & \to \mathbb{R}^n \\ \mathbf{x} & \mapsto \mathbf{A}_i\mathbf{x} + \mathbf{b}_i \end{array}$$

式中，$n=2$ 或 3。然而，仿射函数各组成部分的处理并没有线性应用的那么简单，在齐次坐标系中，该转换的理念是将一个仿射方程的系统转化为一个线性方程的系统。首先应注意的是，可将一个形为 $\boldsymbol{y}=\mathbf{A}\boldsymbol{x}+\boldsymbol{b}$ 的仿射方程写为：

$$\begin{pmatrix} \boldsymbol{y} \\ 1 \end{pmatrix} = \begin{pmatrix} \mathbf{A} & \boldsymbol{b} \\ 0 & 1 \end{pmatrix} \begin{pmatrix} \boldsymbol{x} \\ 1 \end{pmatrix}$$

因此，将一个向量的齐次变换定义如下：

$$\mathbf{x} \mapsto \mathbf{x}_{\mathrm{h}} = \begin{pmatrix} \boldsymbol{x} \\ 1 \end{pmatrix}$$

那么，一个如此形式的方程为：

$$\boldsymbol{y} = \mathbf{A}_3 \left(\mathbf{A}_2 \left(\mathbf{A}_1 \boldsymbol{x} + \boldsymbol{b}_1 \right) + \boldsymbol{b}_2 \right) + \boldsymbol{b}_3$$

29

包含三个仿射变换部分在内，并可将其写为：

$$\boldsymbol{y}_{\mathrm{h}} = \begin{pmatrix} \mathbf{A}_3 & \boldsymbol{b}_3 \\ 0 & 1 \end{pmatrix} \begin{pmatrix} \mathbf{A}_2 & \boldsymbol{b}_2 \\ 0 & 1 \end{pmatrix} \begin{pmatrix} \mathbf{A}_1 & \boldsymbol{b}_1 \\ 0 & 1 \end{pmatrix} \boldsymbol{x}_{\mathrm{h}}$$

一个模型就是一个有两行或三行（行数取决于该物体是处在平面上还是空间内）、n 列的矩阵，n 列表示可以包容该物体的一个刚体多边形的 n 个顶点。尤为重要的是，由该模型的两个连续点形成的所有部分的合集形成了所要表达的多边形的所有顶点。

1）考虑在齐次坐标系中，该水下机器人（或自主水下车辆（AUV））的模型如下式所示：

$$\mathbf{M} = \begin{pmatrix} 0 & 0 & 10 & 0 & 0 & 10 & 0 & 0 \\ -1 & 1 & 0 & -1 & -0.2 & 0 & 0.2 & 1 \\ 0 & 0 & 0 & 0 & 1 & 0 & 1 & 0 \\ 1 & 1 & 1 & 1 & 1 & 1 & 1 & 1 \end{pmatrix}$$

请在一张纸上绘制该模型的透视图。

2）该机器人的状态方程如下：

$$\begin{cases} \dot{p}_x &= v \cos\theta \cos\psi \\ \dot{p}_y &= v \cos\theta \sin\psi \\ \dot{p}_z &= -v \sin\theta \\ \dot{v} &= u_1 \\ \dot{\varphi} &= -0.1\ \sin\varphi \cdot \cos\theta + \tan\theta \cdot v \cdot (\sin\varphi \cdot u_2 + \cos\varphi \cdot u_3) \\ \dot{\theta} &= \cos\varphi \cdot v \cdot u_2 - \sin\varphi \cdot v \cdot u_3 \\ \dot{\psi} &= \frac{\sin\varphi}{\cos\theta} \cdot v \cdot u_2 + \frac{\cos\varphi}{\cos\theta} \cdot v \cdot u_3 \end{cases}$$

式中，(φ,θ,ψ) 为三个欧拉角。该系统的输入为切向加速度 u_1、俯仰角 u_2 和偏航角 u_3。因此，其状态向量 $\mathbf{x} = (p_x, p_y, p_z, v, \psi, \theta, \varphi)$。请给出一个能够在平面 x-y 内绘制出该机器人的三维模型及其投影的 MATLAB 函数。通过依次移动该机器人的六个自由度，证明如上绘图的正确性。绘制一个如图 1.14 所示的三维模型。

3）利用如下关系：

$$\omega|_{\mathcal{R}_0} = \begin{pmatrix} \cos\theta\cos\psi & -\sin\psi & 0 \\ \cos\theta\sin\psi & \cos\psi & 0 \\ -\sin\theta & 0 & 1 \end{pmatrix} \begin{pmatrix} \dot{\varphi} \\ \dot{\theta} \\ \dot{\psi} \end{pmatrix}$$

绘制该机器人的瞬时旋转向量。

4）用欧拉法对机器人在各种情况下的运动进行仿真。

30

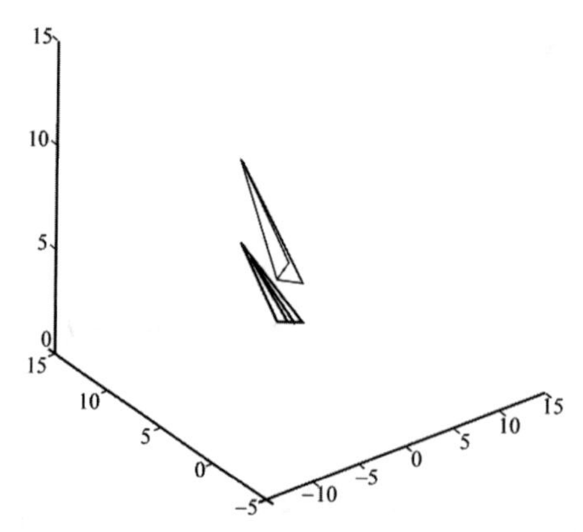

图 1.14　机器人的三维模型及其在水平面内的投影

习题 1.11　机械手

如图 1.15 所示的史陶比尔机械手，由几个刚性手臂组成。通过一系列几何变换便可获得该机器人的末端执行器坐标。可以证明的是，用四自由度的参数化法能够表示出这些变换，而这样的参数化法有很多，同时各有优劣，其中应用最广的便是 Denavit–Hartenberg 参数化法。在机械手关节都是旋转关节 (就像该史陶比尔机械手的关节可以转动) 的情况下，经证明如图所示的参数化法或许是非常实用的，因为这可以使该机械手的绘制变得更为简单。该变换是由四个基本变换组成：①沿 z 轴长度为 r 的变换；②沿 x 轴长度为 d 的变换；③绕 y 轴角度为 α 的旋转；④角度为 θ 的旋转（绕 z 轴）。利用所绘制的这些手臂的图片和该机械手的照片，对该机器人的运动进行实际模拟。

31

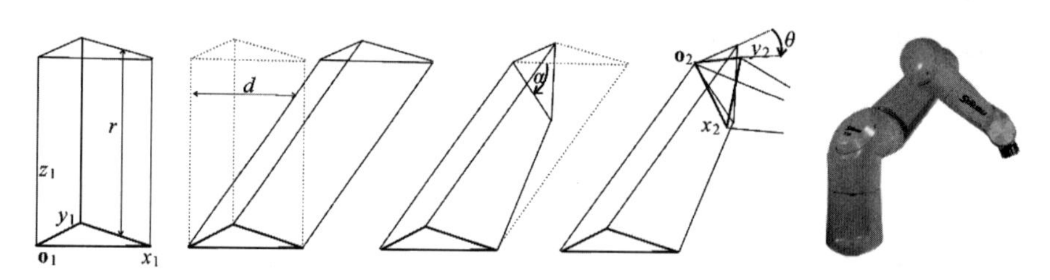

图 1.15　机械手的直接几何模型的参数化法

习题 1.12　浮轮

考虑图 1.16 所示的轮子在空间中漂浮和旋转的情形。

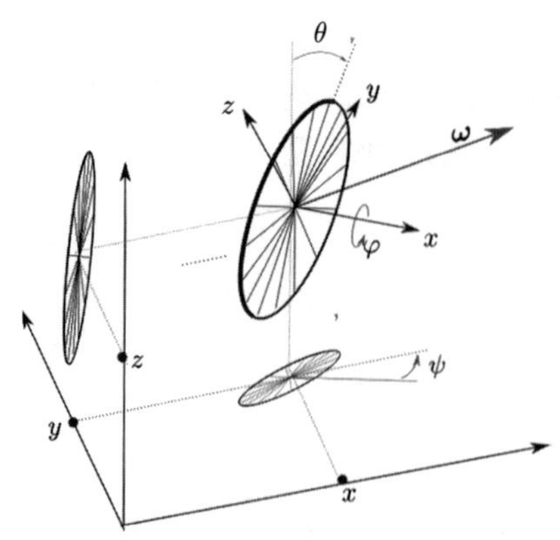

图 1.16　浮轮（有关此图的彩色版本，请参见 www.iste.co.uk/jaulin/robotics.zip）

假设车轮是实心的，类似于质量 $m=1$，半径 $\rho=1$ 的均质圆盘。其惯性矩阵为：

$$\mathbf{I}=\begin{pmatrix}\frac{m\rho^2}{2} & 0 & 0\\ 0 & \frac{m\rho^2}{4} & 0\\ 0 & 0 & \frac{m\rho^2}{4}\end{pmatrix}$$

1）给出该浮轮的状态方程，所选状态变量为①浮轮中心坐标 $\boldsymbol{p}=(x,y,z)$，②浮轮的方向 (φ,θ,ψ)，③浮轮坐标系下的浮轮中心点速度向量 $\mathbf{v}_\mathrm{r}$，④浮轮坐标系下的旋转向量 $\boldsymbol{\omega}_\mathrm{r}$。由此可得一个 12 级系统。 32

2）当角速度向量随时间改变方向时，出现无力矩进动。请通过仿真解释说明该进动。

3）通过仿真验证角动量 $\mathcal{L}=\mathbf{R}\cdot\mathbf{I}\cdot\mathbf{R}^\mathrm{T}\cdot\boldsymbol{\omega}$ 和动能 $E_K=\frac{1}{2}\mathcal{L}^\mathrm{T}\cdot\boldsymbol{\omega}$ 均为常数。

4）利用符号计算点 $\mathbf{x}_0=(0,0,0,0,0,0,0,0,0,\omega_x,\omega_y,\omega_z)^\mathrm{T}$ 处的演化函数 f 的雅可比矩阵，并解释说明。

习题 1.13　惯性系中的舒勒振荡

假设地球静止不转动，存在直接指向中心的重力场，重力加速度为 $g=9.81\mathrm{ms}^{-2}$。一惯性单元固定在机器人 $\mathcal{R}_1$ 中，该机器人位于半径为 r 的地球表面。如图 1.17 所示，其位置为 $\mathbf{p}=(r,0,0)$，欧拉角速度为 $(\varphi,\theta,\psi)=(0,0,0)$。在该题中，机器人 $\mathcal{R}_1$ 将一直静止不动。

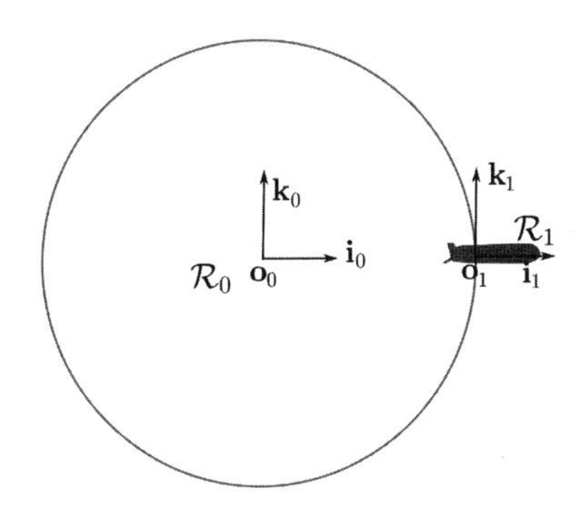

图 1.17　机器人内的惯性单元是静止不动的 33

1）请给出由 $\mathcal{R}_1$ 的惯性单元所得到 $\mathbf{a}_\mathrm{r}^\mathrm{mes}$ 和 $\boldsymbol{\omega}_\mathrm{r}$ 的值。

2）在此，通过在不同位置的 $\mathcal{R}_2$ 中初始化该机器人诱导惯性单元，并找到一个轨迹使得惯性单元始终固定于 $\mathcal{R}_1$。更准确地说，找到一个 $\mathcal{R}_2$ 的移动 $\mathbf{p}(t)=(x(t),y(t),z(t))$，使得惯性单元能精确地感知 $\mathcal{R}_1$ 的输入 $\mathbf{a}_\mathrm{r}^\mathrm{mes},\boldsymbol{\omega}_\mathrm{r}$。为此，假设在 $t=0$ 时刻，对于 $\mathcal{R}_2$，有 $(\varphi,\theta,\psi)=(0,0,0)$。为简化起见，还可假设 $\mathcal{R}_2$ 保持在平面 $y=0$ 上，请在上述情形下，简化 $\mathcal{R}_2$ 的状态方程。

3）请在 $\mathbf{p}(0)=(r,0,1)^\mathrm{T}$ 的初始化条件下，给出 $\mathcal{R}_2$ 的一个轨迹模拟，并解释。

4）在对应于 $\mathcal{R}_1$ 的状态向量处线性化 $\mathcal{R}_2$ 的状态方程。计算特征值并解释说明。

5）假设惯性单元没有完全初始化，针对相应的误差传播能得出什么结论？

习题 1.14　控制用李氏括号

考虑 $\mathbb{R}^n$ 中的两个分别对应于状态方程 $\dot{\mathbf{x}}=\mathbf{f}(\boldsymbol{x})$ 和 $\dot{\mathbf{x}}=\mathbf{g}(\boldsymbol{x})$ 的向量场 $\mathbf{f}$ 和 $\mathbf{g}$，将这两个向量场之间的李氏括号定义为

$$[\mathbf{f},\mathbf{g}]=\frac{\mathrm{d}\mathbf{g}}{\mathrm{d}\mathbf{x}}\cdot\mathbf{f}-\frac{\mathrm{d}\mathbf{f}}{\mathrm{d}\mathbf{x}}\cdot\mathbf{g}$$

可以证明带有李氏括号的向量场集是李代数，该证明并不困难，但较为烦琐，在此不做要求。

1）考虑在线性向量场 $\mathbf{f}(\boldsymbol{x})=\mathbf{A}\cdot\boldsymbol{x},\mathbf{g}(\boldsymbol{x})=\mathbf{B}\cdot\boldsymbol{x}$ 中，计算 $[\mathbf{f},\mathbf{g}](\boldsymbol{x})$。

2）考虑如下系统：

$$\dot{\mathbf{x}}=\mathbf{f}(\boldsymbol{x})\cdot u_1+\mathbf{g}(\boldsymbol{x})\cdot u_2$$

建议采用以下循环序列：

$$\begin{array}{cccccc} t\in[0,\delta] & t\in[\delta,2\delta] & t\in[2\delta,3\delta] & t\in[3\delta,4\delta] & t\in[4\delta,5\delta] & \cdots \\ \boldsymbol{u}=(1,0) & \boldsymbol{u}=(0,1) & \boldsymbol{u}=(-1,0) & \boldsymbol{u}=(0,-1) & \boldsymbol{u}=(1,0) & \cdots \end{array}$$

式中，δ 是无穷小的时间周期 δ。用 $\{(1,0),(0,1),(-1,0),(0,-1)\}$ 表示该周期性序列。

证明：

34

$$\mathbf{x}(t+2\delta)=\mathbf{x}\left(t-2\delta\right)+[\mathbf{f},\mathbf{g}]\left(\mathbf{x}(t)\right)\delta^2+o\left(\delta^2\right)$$

3）请问应该采用哪一个周期序列来跟踪 $\nu\cdot[\mathbf{f},\mathbf{g}]$？首先考虑 $\nu\geqslant0$ 的情况，然后考虑 $\nu\leqslant0$ 的情况。

4）请给出一个控制器，使系统变为：

$$\dot{\mathbf{x}}=\mathbf{f}(\boldsymbol{x})\cdot a_1+\mathbf{g}(\boldsymbol{x})\cdot a_2+[\mathbf{f},\mathbf{g}]\left(\boldsymbol{x}\right)\cdot a_3$$

式中，$\mathbf{a}=(a_1,a_2,a_3)$ 为新输入向量。

5）考虑一个由以下状态方程描述的 Dubins 车：

$$\begin{cases}\dot{x} &= u_1\cos\theta\\ \dot{y} &= u_1\sin\theta\\ \dot{\theta} &= u_2\end{cases}$$

式中，u_1 为汽车的速度，θ 为其方向，（x,y）为其中心坐标。使用李氏括号，为系统增加一个新输入，即新的控制方向。

6）设计一个仿真模拟来检查控制器的行为好坏。为此，取足够小的 δ，使其与二阶泰勒近似一致，但对于采样时间 $\mathrm{d}t$，δ 较大。例如，取 $\delta=\sqrt{\mathrm{d}t}$，初始状态向量取为 $\mathbf{x}(0)=(0,0,1)$。

7）设计一个可以使汽车上升的控制器，这样汽车就可以上升了。考虑同样的问题，分别是汽车在哪里向下，向右和向左。

习题 1.15　跟踪赤道

考虑一个移动体绕半径为 ρ_E 的地球垂直轴以 $\dot{\psi}_E$ 的旋转速率转动的情形。

1）在图 1.18 所示各坐标系下，在 $\boldsymbol{p}$ 点绘制一个绕静止物体旋转的地球。

（1）$\mathcal{R}_0$ 为固定在地球中心的惯性坐标系。

（2）$\mathcal{R}_1$ 是地球坐标系，与地球以旋转速度 $\dot{\psi}_E$ 转动。

（3）$\mathcal{R}_2$ 是导航坐标系，以自我为中心，指向天空。

（4）$\mathcal{R}_3$ 机器人以自我为中心的坐标系。

针对该仿真，取 $\dot{\psi}_E=0.2\text{rad/s}, \rho_E=10\text{m}$。

2）给出该物体的运动状态方程，状态变量取 $(\mathbf{p},\boldsymbol{R}_3,\mathbf{v}_3)$，其中 $\mathbf{p}$ 为物体在 $\mathcal{R}_0$ 中的位置；$\mathcal{R}_3$ 为物体的方向；$\mathbf{v}_3$ 表示在 $\mathcal{R}_3$ 中的，从 $\mathcal{R}_0$ 所得到的物体的速度。选择输入为 ω_3，即物体和 $\mathbf{a}_3$ 的旋转向量。所测得的加速度均表示在 $\mathcal{R}_3$ 中，请给出地球自转和物体在空间中运动的仿真模拟，重力由 $\mathbf{g}(\boldsymbol{p})=-9.81\cdot\ \rho_T^2\dfrac{\mathbf{p}}{\|\mathbf{p}\|^3}$ 给出。

35

3）现在假设这颗行星是由水构成的，它的身体是一个水下机器人，配备有执行器（如螺旋桨）在水中移动。重力由 $\mathbf{g}(\mathbf{p})=-\dfrac{9.81}{\rho_T}\mathbf{p}$ 给出。旋转行星的水通过摩擦力（切向和旋转）来拖动机器人。此外，与周围流体具有相同密度的机器人，会受到向上的阿基米德浮力。请给出描述该机器人运动的动力学模型，输入为表示在 $\mathcal{R}_3$ 中的旋转加速度 $\mathbf{u}_{\omega3}$ 和切向加速度 $\mathbf{u}_{a3}$。这些加速度由于执行器的作用，在机器人上产生力和力矩。请给出一个模拟仿真来说明所有这些效果。

4）该机器人的行为就像一个 3D Dubins 小车模型。更准确地说，它配备了一个可以推动机器人前进但不能控制速度的螺旋桨。取 $\mathbf{u}_{a3}=(1,0,0)^{\mathrm{T}}$，假设机器人可以使用方向舵、喷射泵或惯性轮来选择其旋转向量。设计一个控制器让机器人沿着赤道向东走，并进行仿真验证。

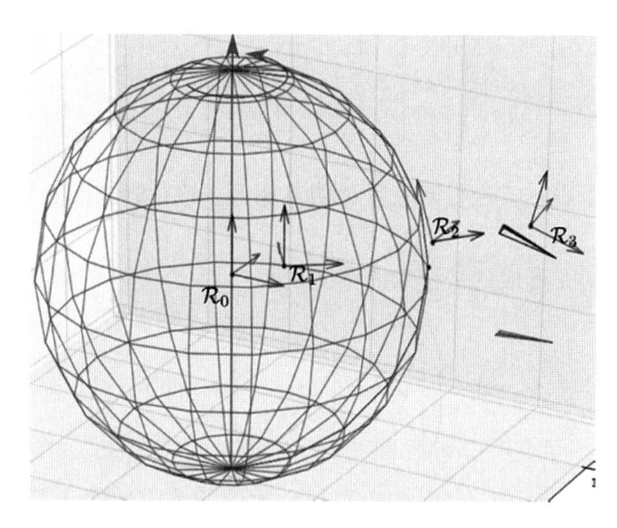

图 1.18　不同坐标系中的地球（已将帧的原点进行了更大程度的可视化移动。有关此图的彩色版本，请参见 www.iste.co.uk/jaulin/robotics.zip）

36

1.6　习题参考答案

习题 1.1 参考答案　（伴随矩阵的性质）

1）矩阵 $\mathbf{Ad}(\omega)$ 的特征多项式计算起来相对简单，如下式所示：

$$s^3+\left(\omega_x^2+\omega_y^2+\omega_z^2\right)s=s\left(s^2+\left(\omega_x^2+\omega_y^2+\omega_z^2\right)\right)$$

由此可得其特征值为 $\{0,\|\omega\|i,-\|\omega\|i\}$。最后可得：

$$\begin{pmatrix} 0 & -\omega_z & \omega_y \\ \omega_z & 0 & -\omega_x \\ -\omega_y & \omega_x & 0 \end{pmatrix}\begin{pmatrix} \omega_x \\ \omega_y \\ \omega_z \end{pmatrix}=\begin{pmatrix} 0 \\ 0 \\ 0 \end{pmatrix}$$

因此，与 0 对应的特征向量为 ω。矩阵 $\mathbf{Ad}(\omega)$ 是与一个绕 ω 的旋转坐标系的速度向量场相关的。因为轴 ω 不会移动，所以 $\mathbf{Ad}(\omega)\cdot\omega=0$。

2）①证明 $\mathbf{x}\perp(\boldsymbol{\omega}\wedge\mathbf{x})$。为此，完全可以证明 $\mathbf{x}^{\mathrm{T}}\mathbf{Ad}(\boldsymbol{\omega})\mathbf{x}=0$，由此可得 $\mathbf{x}\perp\mathbf{Ad}(\boldsymbol{\omega})\mathbf{x}$，则有：

$$\begin{aligned} 2\mathbf{x}^{\mathrm{T}}\mathbf{Ad}(\boldsymbol{\omega})\mathbf{x} &= \mathbf{x}^{\mathrm{T}}\mathbf{Ad}(\boldsymbol{\omega})\mathbf{x}+\mathbf{x}^{\mathrm{T}}\mathbf{Ad}^{\mathrm{T}}(\boldsymbol{\omega})\mathbf{x} && \text{（因为它们是纯量矩阵）} \\ &= \mathbf{x}^{\mathrm{T}}\left(\mathbf{Ad}(\boldsymbol{\omega})+\mathbf{Ad}^{\mathrm{T}}(\boldsymbol{\omega})\right)\mathbf{x} \\ &= 0 && \text{（因为 } \mathbf{Ad}(\boldsymbol{\omega}) \text{ 是反对称矩阵）} \end{aligned}$$

②因为：

$$\begin{aligned} \boldsymbol{\omega}^{\mathrm{T}}\mathbf{Ad}(\boldsymbol{\omega})\mathbf{x} &= \mathbf{x}^{\mathrm{T}}\mathbf{Ad}^{\mathrm{T}}(\boldsymbol{\omega})\boldsymbol{\omega} \\ &= -\mathbf{x}^{\mathrm{T}}\mathbf{Ad}(\boldsymbol{\omega})\boldsymbol{\omega} && (\mathbf{Ad}(\boldsymbol{\omega}) \text{ 是不对称的）} \\ &= 0 && (\boldsymbol{\omega} \text{ 是 } \mathbf{Ad}(\boldsymbol{\omega}) \text{ 的 0 特征向量）} \end{aligned}$$

可得 $\boldsymbol{\omega}\perp(\boldsymbol{\omega}\wedge\mathbf{x})$。

③很容易证明：

$$\det\left(\begin{vmatrix} \boldsymbol{\omega} & \mathbf{x} & \boldsymbol{\omega}\wedge\mathbf{x} \end{vmatrix}\right)=\|\boldsymbol{\omega}\wedge\mathbf{x}\|^2$$

为此，需要对上述两个表达式进行转化并证明其相等。该行列式的正性表明该三面体 $(\boldsymbol{\omega},\mathbf{x},\boldsymbol{\omega}\wedge\mathbf{x})$ 是正三面体。

3）由 $\boldsymbol{\omega}$、$\mathbf{x}$ 和 $\boldsymbol{\omega}\wedge\mathbf{x}$ 形成的平行六面体体积为：

$$v=\det\left(\begin{vmatrix} \boldsymbol{\omega} & \mathbf{x} & \boldsymbol{\omega}\wedge\mathbf{x} \end{vmatrix}\right)=\|\boldsymbol{\omega}\wedge\mathbf{x}\|^2$$

37

然而，由于 $\boldsymbol{\omega}\wedge\mathbf{x}$ 正交于 $\boldsymbol{\omega}$ 和 $\mathbf{x}$，因此该平行六面体的体积便等于其底面积 $\mathcal{A}$ 乘以高 $h=\|\boldsymbol{\omega}\wedge\mathbf{x}\|$，即

$$v=\mathcal{A}\cdot\|\boldsymbol{\omega}\wedge\mathbf{x}\|$$

令 v 的上述两个表达式相等，可得 $\mathcal{A}=\|\boldsymbol{\omega}\wedge\mathbf{x}\|$。

习题 1.2 参考答案 （雅可比恒等式）

1）已知：

$$\underbrace{\mathbf{a}\wedge(\mathbf{b}\wedge\mathbf{c})}_{=\mathbf{Ad}(\mathbf{a})\mathbf{Ad}(\mathbf{b})\cdot\mathbf{c}}+\underbrace{\mathbf{c}\wedge(\mathbf{a}\wedge\mathbf{b})}_{=-(\mathbf{a}\wedge\mathbf{b})\wedge\mathbf{c}=-\mathbf{Ad}(\mathbf{a}\wedge\mathbf{b})\cdot\mathbf{c}}+\underbrace{\mathbf{b}\wedge(\mathbf{c}\wedge\mathbf{a})}_{=-\mathbf{b}\wedge(\mathbf{a}\wedge\mathbf{c})=-\mathbf{Ad}(\mathbf{b})\mathbf{Ad}(\mathbf{a})\cdot\mathbf{c}}=\mathbf{0}$$

因此，对所有 $\mathbf{c}$ 而言，都有：

$$\mathbf{Ad}(\mathbf{a})\,\mathbf{Ad}(\mathbf{b})\cdot\mathbf{c}-\mathbf{Ad}(\mathbf{a}\wedge\mathbf{b})\cdot\mathbf{c}-\mathbf{Ad}(\mathbf{b})\,\mathbf{Ad}(\mathbf{a})\cdot\mathbf{c}=\mathbf{0}$$

即

$$\mathbf{Ad}(\mathbf{a}\wedge\mathbf{b})=\mathbf{Ad}(\mathbf{a})\,\mathbf{Ad}(\mathbf{b})-\mathbf{Ad}(\mathbf{b})\,\mathbf{Ad}(\mathbf{a})$$

2）将上式简写为：

$$\mathbf{Ad}(\mathbf{a}\wedge\mathbf{b})=\mathbf{Ad}(\mathbf{a})\,\mathbf{Ad}(\mathbf{b})-\mathbf{Ad}(\mathbf{b})\,\mathbf{Ad}(\mathbf{a})=[\mathbf{Ad}(\mathbf{a}),\mathbf{Ad}(\mathbf{b})]$$

3）已知：

$$\begin{aligned}
\mathbf{R}_b &= \mathbf{I}+\mathbf{B}\cdot\mathrm{d}t+\tfrac{1}{2}\mathbf{B}^2\cdot\mathrm{d}t^2+\circ\left(\mathrm{d}t^2\right)\\
\mathbf{R}_a\mathbf{R}_b &= \left(\mathbf{I}+\mathbf{A}\cdot\mathrm{d}t+\tfrac{1}{2}\mathbf{A}^2\cdot\mathrm{d}t^2+\circ\left(\mathrm{d}t^2\right)\right)\cdot\mathbf{R}_b\\
&= \mathbf{I}+(\mathbf{A}+\mathbf{B})\cdot\mathrm{d}t+\left(\tfrac{1}{2}\mathbf{A}^2+\tfrac{1}{2}\mathbf{B}^2+\mathbf{AB}\right)\cdot\mathrm{d}t^2+\circ\left(\mathrm{d}t^2\right)\\
\mathbf{R}_b^{-1}\mathbf{R}_a\mathbf{R}_b &= \left(\mathbf{I}-\mathbf{B}\cdot\mathrm{d}t+\tfrac{1}{2}\mathbf{B}^2\cdot\mathrm{d}t^2\right)\cdot\mathbf{R}_a\mathbf{R}_b\\
&= \mathbf{I}+\mathbf{A}\cdot\mathrm{d}t+\left(\tfrac{1}{2}\mathbf{A}^2+\mathbf{AB}-\mathbf{BA}\right)\cdot\mathrm{d}t^2+\circ\left(\mathrm{d}t^2\right)\\
\mathbf{R}_a^{-1}\mathbf{R}_b^{-1}\mathbf{R}_a\mathbf{R}_b &= \left(\mathbf{I}-\mathbf{A}\cdot\mathrm{d}t+\tfrac{1}{2}\mathbf{A}^2\cdot\mathrm{d}t^2\right)\cdot\mathbf{R}_b^{-1}\mathbf{R}_a\mathbf{R}_b\\
&= \left(\mathbf{I}+(\mathbf{AB}-\mathbf{BA})\cdot\mathrm{d}t^2\right)+\circ\left(\mathrm{d}t^2\right)
\end{aligned}$$

因此，$\mathbf{R}_a^{-1}\mathbf{R}_b^{-1}\mathbf{R}_a\mathbf{R}_b$ 对应于一个跟随斜对称矩阵 $[\mathbf{A},\mathbf{B}]=\mathbf{AB}-\mathbf{BA}$ 无限小的旋转。

综上，如果在一个空间探测器中，只能用惯性盘产生两个跟随 $\mathbf{A}$ 和 $\mathbf{B}$ 的旋转运动，便可生成一个跟随 $[\mathbf{A},\mathbf{B}]$ 的旋转，该无穷小旋转关于 $\mathbf{B},\mathbf{A},-\mathbf{B},-\mathbf{A},\mathbf{B},\mathbf{A},-\mathbf{B},-\mathbf{A},\cdots$ 交替进行。 38

4）验证烦琐，在此不做说明。值得注意的是，通过这个结果能够推导出具有加法、括号和标准外积的斜对称矩阵的集合也是一个李代数。

习题 1.3 参考答案 （范力农公式）

该刚体上的一点 $\mathbf{x}$ 的位置满足状态方程：

$$\dot{\mathbf{x}}=\mathbf{Ad}(\boldsymbol{\omega})\cdot\mathbf{x}$$

式中，$\boldsymbol{w}$ 平行于旋转轴Δ，$\|\boldsymbol{\omega}\|$ 为该实体的旋转速度（单位 $\mathrm{rad.s^{-1}}$），通过对该状态方程求积分可得：

$$\mathbf{x}(t)=\mathrm{e}^{\mathbf{Ad}(\boldsymbol{\omega})t}\cdot\mathbf{x}(0)$$

也可利用在习题 1.4 中所学的罗德里格斯公式得到该公式。该项性质可以用如下事实解释，即 $\mathbf{Ad}(\boldsymbol{\omega})$ 表示一个旋转运动，然而它的导数却表示了该运动的结果（即一个旋转）。

习题 1.4 参考答案 （罗德里格斯公式）

1）完全可以证明：

$$\boldsymbol{\omega}\wedge\mathbf{x}=\begin{pmatrix}0&-\omega_z&\omega_y\\ \omega_z&0&-\omega_x\\ -\omega_y&\omega_x&0\end{pmatrix}\mathbf{x}$$

2）该状态方程的解为：

$$\mathbf{x}(t)=\mathrm{e}^{\mathbf{A}t}\mathbf{x}(0)$$

3）在 t 时刻，该实体已经旋转了 $\|\boldsymbol{\omega}\|\cdot t$ 的角度，那么当 t=1 时，它便旋转了角度 $\|\boldsymbol{\omega}\|$。因此，绕轴 $\boldsymbol{\omega}$ 且角度为 $\|\boldsymbol{\omega}\|$ 的旋转 $\mathbf{R}$ 可由下式给出：

39

$$\mathbf{R}=\mathrm{e}^{\mathbf{A}}=\mathrm{e}^{\omega\wedge}$$

4）$\mathbf{A}$ 的特征多项式为 $s^3+(\omega_x^2+\omega_y^2+\omega_z^2)s$，特征值为 0，$i\|\boldsymbol{\omega}\|$，$-i\|\boldsymbol{\omega}\|$。特征值 0 所对应的特征向量与 ω 共线，由于在旋转轴上点的速度为 0，故而这是合乎逻辑的。

5）可以通过特征值对应定理得到 $\mathbf{R}$ 的特征值，因此等价于 0，$i\|\boldsymbol{\omega}\|$，$-i\|\boldsymbol{\omega}\|$。

6）一个绕向量 $\boldsymbol{\omega}$=(1,0,0) 且角度 α 的旋转表达式为：

$$\mathbf{R}=\exp\begin{pmatrix}0&0&0\\0&0&-\alpha\\0&\alpha&0\end{pmatrix}=\begin{pmatrix}1&0&0\\0&\cos\alpha&-\sin\alpha\\0&\sin\alpha&\cos\alpha\end{pmatrix}$$

7）罗德里格斯公式表明绕向量 $\boldsymbol{\omega}$ 角度为 $\varphi=\|\boldsymbol{\omega}\|$ 的旋转矩阵可由下式表示：

$$\mathbf{R}_{\boldsymbol{\omega}}=\exp\begin{pmatrix}0&-\omega_z&\omega_y\\\omega_z&0&-\omega_x\\-\omega_y&\omega_x&0\end{pmatrix}$$

习题 1.5 参考答案 （罗德里格斯公式的几何逼近）

1）已知：

$$\begin{aligned}\mathcal{R}_{\mathbf{n},\varphi}(\mathbf{u})&=\mathcal{R}_{\mathbf{n},\varphi}\left(\mathbf{u}_{||}+\mathbf{u}_{\perp}\right)\\&=\mathcal{R}_{\mathbf{n},\varphi}\left(\mathbf{u}_{||}\right)+\mathcal{R}_{\mathbf{n},\varphi}\left(\mathbf{u}_{\perp}\right)\text{（由旋转操作符的线性度决定）}\\&=\mathbf{u}_{||}+(\cos\varphi)\,\mathbf{u}_{\perp}+(\sin\varphi)\,(\mathbf{n}\wedge\mathbf{u}_{\perp})\\&=<\mathbf{u},\mathbf{n}>\cdot\mathbf{n}+(\cos\varphi)\,(\mathbf{u}-<\mathbf{u},\mathbf{n}>\cdot\mathbf{n})+(\sin\varphi)\,(\mathbf{n}\wedge(\mathbf{u}-<\mathbf{u},\mathbf{n}>\cdot\mathbf{n}))\\&=<\mathbf{u},\mathbf{n}>\cdot\mathbf{n}+(\cos\varphi)\,(\mathbf{u}-<\mathbf{u},\mathbf{n}>\cdot\mathbf{n})+(\sin\varphi)\,(\mathbf{n}\wedge\mathbf{u})\end{aligned}$$

因此，罗德里格斯公式为：

$$\mathcal{R}_{\mathbf{n},\varphi}(\mathbf{u})=(\cos\varphi)\cdot\mathbf{u}+(1-\cos\varphi)\,(<\mathbf{u},\mathbf{n}>\cdot\mathbf{n})+(\sin\varphi)\,(\mathbf{n}\wedge\mathbf{u})$$

2）已知：

$$\begin{aligned}\mathbf{n}\wedge(\mathbf{n}\wedge\mathbf{u})&=\left(\mathbf{n}^{\mathrm{T}}\mathbf{u}\right)\cdot\mathbf{n}-\left(\mathbf{n}^{\mathrm{T}}\mathbf{n}\right)\cdot\mathbf{u}=\left(\mathbf{n}\cdot\mathbf{u}^{\mathrm{T}}\right)\mathbf{n}-\|\mathbf{n}\|^2\mathbf{u}\\&=<\mathbf{u},\mathbf{n}>\mathbf{n}-\mathbf{u}\end{aligned}$$

因此：

40

$$<\mathbf{u},\mathbf{n}>\cdot\mathbf{n}=\mathbf{n}\wedge(\mathbf{n}\wedge\mathbf{u})+\mathbf{u}$$

故而，罗德里格斯公式也可写为：

$$\begin{aligned}\mathcal{R}_{\mathbf{n},\varphi}(\mathbf{u})&=\mathbf{n}\wedge(\mathbf{n}\wedge\mathbf{u})+\mathbf{u}+(\cos\varphi)\,(\mathbf{u}-\mathbf{n}\wedge(\mathbf{n}\wedge\mathbf{u})+\mathbf{u})+(\sin\varphi)\,(\mathbf{n}\wedge\mathbf{u})\\&=\mathbf{u}+(1-\cos\varphi)\,(\mathbf{n}\wedge(\mathbf{n}\wedge\mathbf{u}))+(\sin\varphi)\,(\mathbf{n}\wedge\mathbf{u})\end{aligned}$$

可以通过如下式所示的旋转矩阵去表示算子 $\mathcal{R}_{\mathbf{n},\varphi}$：

$$\mathbf{R}_{\mathbf{n},\varphi}=\mathbf{I}+(1-\cos\varphi)\left(\mathbf{Ad}^2(\mathbf{n})\right)+(\sin\varphi)\,(\mathbf{Ad}(\mathbf{n}))$$

或用其改进形式：

$$\mathbf{R}_{\mathbf{n},\varphi}=\begin{pmatrix}1&0&0\\0&1&0\\0&0&1\end{pmatrix}+(1-\cos\varphi)\begin{pmatrix}-n_y^2-n_z^2&n_xn_y&n_xn_z\\n_xn_y&-n_x^2-n_z^2&n_yn_z\\n_xn_z&n_yn_z&-n_x^2-n_y^2\end{pmatrix}+(\sin\varphi)\begin{pmatrix}0&-n_z&n_y\\n_z&0&-n_x\\-n_y&n_x&0\end{pmatrix}$$

3）已知：

$$\mathbf{R}_{\mathbf{n},\varphi}-\mathbf{R}_{\mathbf{n},\varphi}^{\mathrm{T}}=2(\sin\varphi)\begin{pmatrix}0&-n_z&n_y\\n_z&0&-n_x\\-n_y&n_x&0\end{pmatrix}.$$

向量 $\mathcal{R}_{\mathbf{n},\varphi}\cdot\mathbf{u}$ 和 $\mathcal{R}_{\mathbf{n},\varphi}^{\mathrm{T}}\cdot\mathbf{u}$ 形成了菱形（罗德里格斯菱形）的两边，其向量：

$$(\mathbf{R}_{\mathbf{n},\varphi}-\mathbf{R}_{\mathbf{n},\varphi}^{\mathrm{T}})\mathbf{u}=2(\sin\varphi)\cdot\mathbf{n}\wedge\mathbf{u}$$

对应于菱形的对角线。

4）该轨迹形式为 $\mathbf{R}(t)=\exp(t\mathbf{A})\cdot\mathbf{R}_a$，且必须要找出一个斜对称的 $\mathbf{A}$（使 $\exp(t\mathbf{A})$ 是一个旋转矩阵），对于 $t=0$，有 $\mathbf{R}(0)=\mathbf{R}_a$，对于 $t=1$，有 $\mathbf{R}(1)=\mathbf{R}_b$。因此，必须要解出 $\exp(\mathbf{A})\cdot\mathbf{R}_a$ 或 $\exp(\mathbf{A})=\mathbf{R}_b\cdot\mathbf{R}_a^{-1}$，其中 $\mathbf{A}$ 是斜对称的。可写为 $\mathbf{A}=\log(\mathbf{R}_b\cdot\mathbf{R}_a^{-1})$，但矩阵的对数不是唯一的。在该练习题中，假定所有矩阵均为 3×3 维的。为找出两个旋转矩阵 $\mathbf{R}_a$, $\mathbf{R}_b$ 之间的插值轨迹矩阵，我们取前一个问题的结果并执行以下操作：

41

$$\begin{array}{rcll}\mathbf{R}_{ab}&=&\mathbf{R}_b\cdot\mathbf{R}_a^{-1}&(\text{由 }\mathbf{R}_a\text{ 转为 }\mathbf{R}_b)\\x_1&=&\operatorname{tr}(\mathbf{R}_{ab})-1&(\text{与 }2\cos\varphi\text{ 一致})\\\boldsymbol{\omega}&=&\operatorname{Ad}^{-1}(\mathbf{R}_{ab}-\mathbf{R}_{ab}^{\mathrm{T}})&\\y_1&=&\|\boldsymbol{\omega}\|&(\text{与 }2\sin\varphi\text{ 一致})\\\varphi&=&\operatorname{atan2}(y_1,x_1)&\\\mathbf{n}&=&\frac{\boldsymbol{\omega}}{\|\boldsymbol{\omega}\|}&\\\mathbf{A}&=&\varphi\cdot\mathbf{n}\wedge&(\text{斜矩阵})\end{array}$$

进而可得 $\mathbf{R}(t)=\exp(t\mathbf{A})\cdot\mathbf{R}_a$。在此可清晰地看出，找到一个矩阵 $\mathbf{A}$ 使得 $\exp(\mathbf{A})=\mathbf{R}_b\cdot\mathbf{R}_a^{-1}$ 的解不唯一。例如，本可采用 $\mathbf{A}=(\varphi+2k\pi)\mathbf{n}\wedge$，$k\neq0$，但此时从 $\mathbf{R}_a$ 到 $\mathbf{R}_b$ 必须绕几个弯才行。

5）回顾正弦和余弦公式的麦克劳林级数展开为：

$$\begin{aligned}\sin\varphi&=\varphi-\frac{\varphi^3}{3!}+\frac{\varphi^5}{5!}-\frac{\varphi^7}{7!}+\cdots\\\cos\varphi&=1-\frac{\varphi^2}{2!}+\frac{\varphi^4}{4!}-\frac{\varphi^6}{6!}+\cdots\end{aligned}$$

令 $\mathbf{H}=\mathbf{Ad}(\mathbf{n})$，由于 $\mathbf{n}$ 为矩阵 $\mathbf{H}$ 的一个对应于特征值 0 的特征向量，则有 $\mathbf{H}(\mathbf{n}\cdot\mathbf{n}^{\mathrm{T}})=0$。此外：

$$\mathbf{H}^2=(\mathbf{n}\cdot\mathbf{n}^{\mathrm{T}}-\mathbf{I})$$

因此：

$$
\begin{aligned}
\mathbf{H}^3 &= \mathbf{H}\cdot\ \left(\mathbf{n}\cdot\ \mathbf{n}^{\mathrm{T}}-\mathbf{I}\right)=-\mathbf{H}\\
\mathbf{H}^4 &= \mathbf{H}\cdot\ \mathbf{H}^3=-\mathbf{H}^2\\
\mathbf{H}^5 &= \mathbf{H}\cdot\ \mathbf{H}^4=\mathbf{H}\left(-\mathbf{H}^2\right)=-\mathbf{H}^3=\mathbf{H}\\
\mathbf{H}^6 &= \mathbf{H}\cdot\ \mathbf{H}^5=\mathbf{H}^2\\
\mathbf{H}^7 &= \mathbf{H}\cdot\mathbf{H}^6=\mathbf{H}^3=-\mathbf{H}\quad\ldots
\end{aligned}
$$

那么，可将罗德里格斯公式写为：

$$
\begin{aligned}
\mathbf{R}_{\mathbf{n},\varphi} &= \mathbf{I}+(\sin\varphi)\cdot\mathbf{H}+(1-\cos\varphi)\cdot\mathbf{H}^2\\
&= \mathbf{I}+\left(\varphi-\frac{\varphi^3}{3!}+\frac{\varphi^5}{5!}-\frac{\varphi^7}{7!}+\cdots\right)\cdot\mathbf{H}+\left(\frac{\varphi^2}{2!}-\frac{\varphi^4}{4!}+\frac{\varphi^6}{6!}+\cdots\right)\cdot\mathbf{H}^2\\
&= \mathbf{I}+\varphi\cdot\mathbf{H}+\frac{\varphi^2}{2!}\cdot\mathbf{H}^2-\frac{\varphi^3}{3!}\cdot\mathbf{H}-\frac{\varphi^4}{4!}\cdot\mathbf{H}^2+\frac{\varphi^5}{5!}\cdot\mathbf{H}+\frac{\varphi^6}{6!}\cdot\mathbf{H}^2-\frac{\varphi^7}{7!}\cdot\mathbf{H}+\cdots\\
&= \mathbf{I}+\varphi\cdot\mathbf{H}+\frac{\varphi^2}{2!}\cdot\mathbf{H}^2+\frac{\varphi^3}{3!}\cdot\mathbf{H}^3+\frac{\varphi^4}{4!}\cdot\mathbf{H}^4+\frac{\varphi^5}{5!}\cdot\mathbf{H}^5+\frac{\varphi^6}{6!}\cdot\mathbf{H}^6+\cdots\\
&= \exp(\varphi\cdot\mathbf{H})
\end{aligned}
$$

42

即

$$
\mathbf{R}_{\mathbf{n},\varphi}=\exp\left(\varphi\cdot\mathbf{Ad}\left(\mathbf{n}\right)\right)=\exp\left(\varphi\cdot\mathbf{n}\wedge\right)
$$

习题 1.6 参考答案 （四元数）

1）可得：

$\cdot$	1	i	j	k
1	1	i	j	k
i	i	-1	k	$-j$
j	j	$-k$	-1	i
k	k	j	$-i$	-1

注意，乘法是不可交换的。

2）可得：

$$
|\mathring{q}|^2=\left(\cos\frac{\theta}{2}\right)^2+\left(\sin\frac{\theta}{2}\right)^2\cdot\left(v_1^2+v_2^2+v_3^2\right)=\left(\cos\frac{\theta}{2}\right)^2+\left(\sin\frac{\theta}{2}\right)^2=1
$$

3）因两四元数 $\mathring{q}=\cos\left(\dfrac{\theta}{2}\right)+\sin\left(\dfrac{\theta}{2}\right).<\mathbf{v}>$ 和 $\mathring{q}'=\cos\left(\dfrac{\theta+2\pi}{2}\right)+\sin\left(\dfrac{\theta+2\pi}{2}\right).<\mathbf{v}>$ 对应于相同旋转，则：

$$
\mathring{q}'=\cos\left(\frac{\theta+2\pi}{2}\right)+\sin\left(\frac{\theta+2\pi}{2}\right)\cdot<\mathbf{v}>=-\cos\left(\frac{\theta}{2}\right)-\sin\left(\frac{\theta}{2}\right)\cdot<\mathbf{v}>=-\mathring{q}
$$

4）可得：

$$
\begin{aligned}
&(s+<\mathbf{v}>)\cdot(s+<-\mathbf{v}>)\\
=&\ (s+v_1i+v_2j+v_3k)\cdot(s-v_1i-v_2j-v_3k)\\
=&\ s^2-sv_1i-sv_2j-sv_3k+v_1is-v_1^2i^2-v_1v_2ij-v_1v_3ik+v_2js\\
&-v_2v_1ji-v_2^2j^2-v_2v_3jk+v_3ks-v_3v_1ki-v_3v_2kj-v_3^2k^2
\end{aligned}
$$

$$
\begin{aligned}
&= s^2 - sv_1i - sv_2j - sv_3k + v_1is + v_1^2 - v_1v_2k + v_1v_3j + \\
&\quad v_2js + v_2v_1k + v_2^2 - v_2v_3i + v_3ks - v_3v_1j + v_3v_2i + v_3^2 \\
&= s^2 + v_1^2 + v_2^2 + v_3^2 = 1 = 1 + \langle \mathbf{0} \rangle
\end{aligned}
$$

5）①由于旋转很简单，第一种方法是直接通过手动移动一个简单的对象来得到结果。可获得一个相对于 (0,1,0)，角度为 $\frac{\pi}{2}$ 的旋转。

43

②关联与 $\varphi=\theta=\psi=\frac{\pi}{2}$ 建立旋转欧拉矩阵 $\mathbf{R}$。可得：

$$
\begin{aligned}
\mathbf{R}(\varphi,\theta,\psi) = & \begin{pmatrix} 0 & -1 & 0 \\ 1 & 0 & 0 \\ 0 & 0 & 1 \end{pmatrix} \cdot \begin{pmatrix} 0 & 0 & 1 \\ 0 & 1 & 0 \\ -1 & 0 & 0 \end{pmatrix} \\
& \cdot \begin{pmatrix} 1 & 0 & 0 \\ 0 & 0 & -1 \\ 0 & 1 & 0 \end{pmatrix} = \begin{pmatrix} 0 & 0 & 1 \\ 0 & 1 & \\ -1 & 0 & 0 \end{pmatrix}
\end{aligned}
$$

然后取 $\mathbf{R}$ 的一个与特征值 $\lambda=1$ 相关联的归一化特征向量 $\mathbf{v}=(0,1,0)^{\mathrm{T}}$，旋转 $\mathbf{R}$ 可以通过一个绕 $\mathbf{v}$ 的角度为 α 的旋转得到，可利用式（1.9）计算角度 α：

$$
\alpha = \pm\arccos((\mathrm{tr}(\mathbf{R}) - 1))
$$

式中，所选符号满足 $\mathrm{e}^{\alpha\cdot\mathbf{v}\wedge}=\mathbf{R}$，可得 $\alpha=\frac{\pi}{2}$。

③在此，利用四元数法可得：

$$
\begin{aligned}
\left(\tfrac{1}{\sqrt{2}} + \tfrac{1}{\sqrt{2}}k\right) \cdot \left(\tfrac{1}{\sqrt{2}} + \tfrac{1}{\sqrt{2}}j\right) \cdot \left(\tfrac{1}{\sqrt{2}} + \tfrac{1}{\sqrt{2}}i\right) &= \tfrac{1}{2\sqrt{2}}(1+k)\cdot(1+j)\cdot(1+i) \\
\tfrac{1}{2\sqrt{2}}(1+k+j+kj+i+ki+ji+kji) &= \tfrac{1}{2\sqrt{2}}(1+k+j+-i+i+j-k+1) \\
\tfrac{1}{2\sqrt{2}}(2+2j) &= \left(\tfrac{1}{\sqrt{2}} + \tfrac{1}{\sqrt{2}}j\right)
\end{aligned}
$$

运用所有方法，可得一个绕 $\mathbf{v}=(0,1,0)$ 角度为 $\frac{\pi}{2}$ 的旋转。

习题 1.7 参考答案（舒勒振荡）

1）状态向量为 $\mathbf{x}=(\theta,\alpha,\dot{\theta},\dot{\alpha})$，为了实现水平运动，则需一个水平力 f，根据动力学基本定理，可得：

$$
J\left(\ddot{\theta} + \ddot{\alpha}\right) = -mg\ell_1\sin\alpha + mg\ell_2\sin\alpha + f\,\frac{\ell_1 - \ell_2}{2}\,\cos\alpha
$$

式中，$J=m(\ell_1^2+\ell_2^2)$ 且 $f=2ma$。由于 $\ddot{\theta}=\frac{a}{r}$，则该系统的状态方程可写为：

$$
\begin{cases}
\dot{\theta} &= \dot{\theta} \\
\dot{\alpha} &= \dot{\alpha} \\
\ddot{\theta} &= \frac{a}{r} \\
\ddot{\alpha} &= -\frac{a}{r} + \frac{\ell_2-\ell_1}{\ell_1^2+\ell_2^2}\left(g\sin\alpha - a\cos\alpha\right)
\end{cases}
$$

44

2）如果钟摆保持水平，则对于 $\alpha=0$，便有 $\ddot{\alpha}=0$。即：

$$-\frac{a}{r}+\frac{\ell_2-\ell_1}{\ell_1^2+\ell_2^2}\left(g\sin\alpha-a\cos\alpha\right)=0$$

或将其等价为：

$$-\frac{\ell_2-\ell_1}{\ell_1^2+\ell_2^2}=\frac{1}{r}$$

因此，必须使其满足方程 $\ell_2^2+r\ell_2-\ell_1 r+\ell_1^2=0$。求解该方程可得：

$$\ell_2=\frac{-r+\sqrt{r^2+4\left(\ell_1 r-\ell_1^2\right)}}{2}$$

当 $\ell_1=1$ 时，可得：

$$\ell_2=\frac{-64\cdot10^5+\sqrt{(64\cdot10^5)^2+4(64\cdot10^5-1)}}{2}=1-3.1\times10^{-7}\mathrm{m}$$

3）描述该振荡的方程为：

$$\ddot{\alpha}=-\frac{a}{r}-\frac{1}{r}\left(g\sin\alpha-a\cos\alpha\right)$$

当 $a=0$ 时，可得：

$$\ddot{\alpha}=-\frac{g}{r}\sin\alpha$$

该式为一个长 $\ell=r$ 的钟摆方程。通过对其线性化可得其特征多项式为 $s^2+\frac{g}{r}$，因此脉冲为 $\omega=\sqrt{\frac{g}{r}}$。故而，该舒勒周期等于：

$$T=2\pi\sqrt{\frac{r}{g}}=5072\,\mathrm{s}=84\mathrm{min}$$

4）程序如下：

```
1 r := 10; ℓ1 := 1; ℓ2 := (−r+√(r²+4(ℓ1 r−ℓ1²)))/2 /2
2 dt := 0.05;   x = (1, 0.1, 0, 0)^T
3 For t := 0 : dt : 10
4         a := randn(1)
5         x := x + dt · ((1/4) f(x, a) + (3/4) f(x + (2dt/3) f(x, a), a))
```

45　值得注意的是，对于初值 $\alpha=\dot{\alpha}=0$ 而言，该钟摆总是指向地球中心，否则，它便振荡并将该振荡保持在舒勒频率上。可以用现代惯性单元观测该振荡，并有利用其他惯性传感器获取的信息对其进行补偿的方法。

习题 1.8 参考答案 （制动检测器）

1）已知：

$$\begin{aligned}&\mathbf{o}_0\mathbf{m}=\mathbf{o}_0\mathbf{o}_1+\mathbf{o}_1\mathbf{m}\\ \Leftrightarrow\ &a_0\mathbf{i}_0+b_0\mathbf{j}_0=x\mathbf{i}_0+y\mathbf{j}_0+a_1\mathbf{i}_1+b_1\mathbf{j}_1\end{aligned}$$

将其表示在坐标系 $\mathcal{R}_0$ 内为：

$$\begin{pmatrix} a_0 \\ b_0 \end{pmatrix} = \begin{pmatrix} x \\ y \end{pmatrix} + a_1 \begin{pmatrix} \cos\theta \\ \sin\theta \end{pmatrix} + b_1 \begin{pmatrix} -\sin\theta \\ \cos\theta \end{pmatrix}$$

整理为：

$$\begin{pmatrix} a_0 \\ b_0 \end{pmatrix} = \begin{pmatrix} x \\ y \end{pmatrix} + \underbrace{\begin{pmatrix} \cos\theta & -\sin\theta \\ \sin\theta & \cos\theta \end{pmatrix}}_{\mathbf{R}_\theta} \begin{pmatrix} a_1 \\ b_1 \end{pmatrix}$$

2）证明：

$$\mathbf{R}_\theta^{\mathrm{T}} \cdot \dot{\mathbf{R}}_\theta = \dot{\theta} \cdot \begin{pmatrix} \cos\theta & \sin\theta \\ -\sin\theta & \cos\theta \end{pmatrix} \begin{pmatrix} -\sin\theta & -\cos\theta \\ \cos\theta & -\sin\theta \end{pmatrix} = \dot{\theta} \begin{pmatrix} 0 & -1 \\ 1 & 0 \end{pmatrix}$$

3）在坐标系 $\mathcal{R}_0$ 内，可将向量 $\mathbf{u}$ 表示为：

$$\mathbf{u}_{|\mathcal{R}_0} = \begin{pmatrix} \dot{a}_0 \\ \dot{b}_0 \end{pmatrix} = \begin{pmatrix} \dot{x} \\ \dot{y} \end{pmatrix} + \dot{\mathbf{R}}_\theta \begin{pmatrix} a_1 \\ b_1 \end{pmatrix} + \mathbf{R}_\theta \begin{pmatrix} \dot{a}_1 \\ \dot{b}_1 \end{pmatrix}$$

因此：

$$\begin{aligned} \mathbf{u}_{|\mathcal{R}_1} &= \mathbf{R}_\theta^{\mathrm{T}} \cdot \mathbf{u}_{|\mathcal{R}_0} \\ &= \mathbf{R}_\theta^{\mathrm{T}} \cdot \begin{pmatrix} \dot{x} \\ \dot{y} \end{pmatrix} + \mathbf{R}_\theta^{\mathrm{T}} \cdot \dot{\mathbf{R}}_\theta \begin{pmatrix} a_1 \\ b_1 \end{pmatrix} + \begin{pmatrix} \dot{a}_1 \\ \dot{b}_1 \end{pmatrix} \\ &= \mathbf{R}_\theta^{\mathrm{T}} \cdot \begin{pmatrix} \dot{x} \\ \dot{y} \end{pmatrix} + \dot{\theta} \begin{pmatrix} -b_1 \\ a_1 \end{pmatrix} + \begin{pmatrix} \dot{a}_1 \\ \dot{b}_1 \end{pmatrix} \\ &= \begin{pmatrix} v \\ 0 \end{pmatrix} + \dot{\theta} \cdot \begin{pmatrix} -b_1 \\ a_1 \end{pmatrix} + \begin{pmatrix} \dot{a}_1 \\ \dot{b}_1 \end{pmatrix} = \begin{pmatrix} v - \dot{\theta} b_1 + \dot{a}_1 \\ \dot{\theta} a_1 + \dot{b}_1 \end{pmatrix} \end{aligned}$$

46

4）已知：

$$\begin{aligned} \mathbf{a}_{|\mathcal{R}_0} = \begin{pmatrix} \ddot{a}_0 \\ \ddot{b}_0 \end{pmatrix} &= \frac{\mathrm{d}}{\mathrm{d}t} \left(\begin{pmatrix} \dot{x} \\ \dot{y} \end{pmatrix} + \dot{\mathbf{R}}_\theta \begin{pmatrix} a_1 \\ b_1 \end{pmatrix} + \mathbf{R}_\theta \begin{pmatrix} \dot{a}_1 \\ \dot{b}_1 \end{pmatrix} \right) \\ &= \begin{pmatrix} \ddot{x} \\ \ddot{y} \end{pmatrix} + \ddot{\mathbf{R}}_\theta \begin{pmatrix} a_1 \\ b_1 \end{pmatrix} + 2\dot{\mathbf{R}}_\theta \begin{pmatrix} \dot{a}_1 \\ \dot{b}_1 \end{pmatrix} + \mathbf{R}_\theta \begin{pmatrix} \ddot{a}_1 \\ \ddot{b}_1 \end{pmatrix} \end{aligned}$$

因此：

$$\begin{aligned} \mathbf{a}_{|\mathcal{R}_1} &= \mathbf{R}_\theta^{\mathrm{T}}\, \mathbf{a}_{|\mathcal{R}_0} \\ &= \mathbf{R}_\theta^{\mathrm{T}} \begin{pmatrix} \ddot{x} \\ \ddot{y} \end{pmatrix} + \mathbf{R}_\theta^{\mathrm{T}} \ddot{\mathbf{R}}_\theta \begin{pmatrix} a_1 \\ b_1 \end{pmatrix} + 2\mathbf{R}_\theta^{\mathrm{T}} \dot{\mathbf{R}}_\theta \begin{pmatrix} \dot{a}_1 \\ \dot{b}_1 \end{pmatrix} + \begin{pmatrix} \ddot{a}_1 \\ \ddot{b}_1 \end{pmatrix} \end{aligned}$$

然而：

$$\begin{aligned} \mathbf{R}_\theta^{\mathrm{T}} \ddot{\mathbf{R}}_\theta &= \mathbf{R}_\theta^{\mathrm{T}} \frac{\mathrm{d}}{\mathrm{d}t} \dot{\mathbf{R}}_\theta = \mathbf{R}_\theta^{\mathrm{T}} \frac{\mathrm{d}}{\mathrm{d}t} \left(\dot{\theta} \begin{pmatrix} -\sin\theta & -\cos\theta \\ \cos\theta & -\sin\theta \end{pmatrix} \right) \\ &= \begin{pmatrix} \cos\theta & \sin\theta \\ -\sin\theta & \cos\theta \end{pmatrix} \left(\ddot{\theta} \begin{pmatrix} -\sin\theta & -\cos\theta \\ \cos\theta & -\sin\theta \end{pmatrix} + \dot{\theta}^2 \begin{pmatrix} -\cos\theta & \sin\theta \\ -\sin\theta & -\cos\theta \end{pmatrix} \right) \\ &= \ddot{\theta} \begin{pmatrix} 0 & -1 \\ 1 & 0 \end{pmatrix} - \dot{\theta}^2 \begin{pmatrix} 1 & 0 \\ 0 & 1 \end{pmatrix} = \begin{pmatrix} -\dot{\theta}^2 & -\ddot{\theta} \\ \ddot{\theta} & -\dot{\theta}^2 \end{pmatrix} \end{aligned}$$

可得：

$$\mathbf{a}_{|\mathcal{R}_1} = \begin{pmatrix} \alpha \\ \beta \end{pmatrix} + \begin{pmatrix} -\dot{\theta}^2 & -\ddot{\theta} \\ \ddot{\theta} & -\dot{\theta}^2 \end{pmatrix} \begin{pmatrix} a_1 \\ b_1 \end{pmatrix} + 2\dot{\theta} \begin{pmatrix} -\dot{b}_1 \\ \dot{a}_1 \end{pmatrix} + \begin{pmatrix} \ddot{a}_1 \\ \ddot{b}_1 \end{pmatrix}$$

$$= \begin{pmatrix} \alpha - \dot{\theta}^2 a_1 - \ddot{\theta} b_1 - 2\dot{\theta}\dot{b}_1 + \ddot{a}_1 \\ \beta + \ddot{\theta} a_1 - \dot{\theta}^2 b_1 + 2\dot{\theta}\dot{a}_1 + \ddot{b}_1 \end{pmatrix}$$

5）如果满足下述条件，则表示前车正在制动：

$$< \mathbf{a}_{|\mathcal{R}_1}, \mathbf{u}_{|\mathcal{R}_1} > \leqslant 0$$

即满足条件：

$$\begin{pmatrix} \alpha - \dot{\theta}^2 a_1 - \ddot{\theta} b_1 - 2\dot{\theta}\dot{b}_1 + \ddot{a}_1 \\ \beta + \ddot{\theta} a_1 - \dot{\theta}^2 b_1 + 2\dot{\theta}\dot{a}_1 + \ddot{b}_1 \end{pmatrix}^{\mathrm{T}} \cdot \begin{pmatrix} v - \dot{\theta} b_1 + \dot{a}_1 \\ \dot{\theta} a_1 + \dot{b}_1 \end{pmatrix} \leqslant 0$$

47

习题 1.9 参考答案 （水下机器人建模）

该位置向量的导数可由下式得到：

$$\dot{\mathbf{p}} = v\mathbf{i}_1 \overset{\text{式}\,(1.9)}{=} v \begin{pmatrix} \cos\theta\cos\psi \\ \cos\theta\sin\psi \\ -\sin\theta \end{pmatrix}$$

式中，$\mathbf{i}_1$ 对应矩阵（1.9）的第一列。结合方程（1.12），可将潜艇的状态方程写为：

$$\begin{cases} \dot{p}_x &= v\cos\theta\cos\psi \\ \dot{p}_y &= v\cos\theta\sin\psi \\ \dot{p}_z &= -v\sin\theta \\ \dot{v} &= u_1 \\ \dot{\varphi} &= u_4 + \tan\theta\cdot(\sin\varphi\cdot vu_2 + \cos\varphi\cdot vu_3) \\ \dot{\theta} &= \cos\varphi\cdot vu_2 - \sin\varphi\cdot vu_3 \\ \dot{\psi} &= \frac{\sin\varphi}{\cos\theta}\cdot vu_2 + \frac{\cos\varphi}{\cos\theta}\cdot vu_3 \end{cases}$$

此时，便得到了一个运动学模型（即其中没有力或力矩），其中并没有参数，因此如果该水下机器人很结实（即不能被扭曲）且其轨迹与机器人轴线相切，便可认为该模型是正确的。这样的模型将用到非线性控制方法如将在第 2 章提及的反馈线性化。虽然这类方法对于一个很小模型误差的鲁棒性确实很差，但对系统精确模型已知的情况下却非常有效。

习题 1.10 参考答案 （三维机器人图形）

1）略

2）为绘制在状态 $\mathbf{x}=(p_x,p_y,p_z,v,\varphi,\theta,\psi)$ 下的机器人图像，构建模式矩阵：

$$\mathbf{M} = \begin{pmatrix} 0 & 0 & 10 & 0 & 0 & 10 & 0 & 0 \\ -1 & 1 & 0 & -1 & -0.2 & 0 & 0.2 & 1 \\ 0 & 0 & 0 & 0 & 1 & 0 & 1 & 0 \\ 1 & 1 & 1 & 1 & 1 & 1 & 1 & 1 \end{pmatrix}$$

并计算转换后的模式矩阵（待绘制）：

$$\begin{pmatrix} \mathbf{R}(\varphi,\theta,\psi) & \begin{matrix} p_x \\ p_y \\ p_z \end{matrix} \\ 0\ 0\ 0 & 1 \end{pmatrix} \cdot \mathbf{M}$$

48

绘制三维图形的 MATLAB 程序如下：

3）采用图 1.19 所示的欧拉积分法对初始向量 $\mathbf{x}(0)=(-5,-5,12,15,0,1,0)^{\mathrm{T}}$ 和控制变量 $\mathbf{u}=(0,0,0.2)^{\mathrm{T}}$ 进行仿真。该仿真模拟将在习题 2.4 中进行，以执行机器人轨迹的控制。

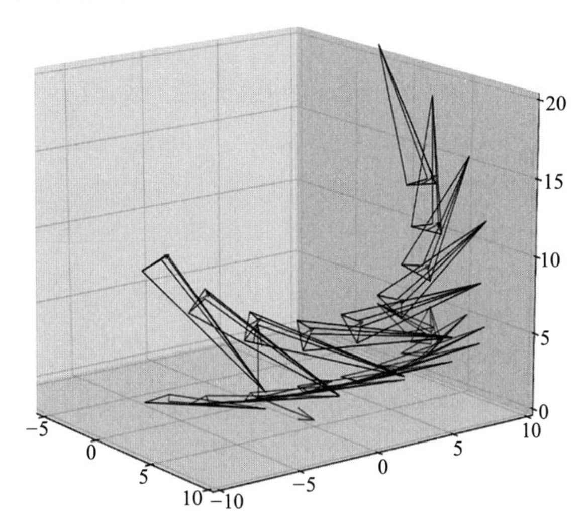

图 1.19 水下机器人的仿真（有关此图的彩色版本，见 www.iste.co.uk/jaulin/robotics.zip）

习题 1.11 参考答案 （机械手）

绘制机械手时必须一个接一个进行，为此，必须建立基于向量 $\mathbf{v}$ 的平移和绕 $\boldsymbol{\omega}$ 角度 $\|\boldsymbol{\omega}\|$ 的旋转。由如下两个矩阵表示：

$$\mathbf{T_v}=\begin{pmatrix}1\ 0\ 0 & v_x\\ 0\ 1\ 0 & v_y\\ 0\ 0\ 1 & v_z\\ 0\ 0\ 0 & 1\end{pmatrix},\ \mathbf{R}_{\boldsymbol{\omega}}=\begin{pmatrix} & 0\\ e^{\boldsymbol{\omega}\wedge} & 0\\ & 0\\ 0\ 0\ 0 & 1\end{pmatrix}$$

49

在该题中，需要沿 z 轴平移长度 r，沿 x 轴平移长度 d，围绕 y 轴旋转 α，旋转 θ。它们分别由 4×4 矩阵给出：

$$\mathbf{T}_{\begin{pmatrix}0\\0\\r\end{pmatrix}},\ \mathbf{T}_{\begin{pmatrix}d\\0\\0\end{pmatrix}},\ \mathbf{R}_{\begin{pmatrix}0\\ \alpha\\0\end{pmatrix}},\ \mathbf{R}_{\begin{pmatrix}0\\0\\ \theta\end{pmatrix}}$$

在坐标系 $\boldsymbol{q}$（其组成部分为关节坐标）中的机器人的七个手臂可以绘制如下：

$$\begin{aligned}\mathbf{R}_0 &= \mathrm{Id}_4\\ \mathbf{R}_j' &= \mathbf{R}_i\cdot\mathbf{T}_{\begin{pmatrix}0\\0\\r_j\end{pmatrix}}\cdot\mathbf{T}_{\begin{pmatrix}d_j\\0\\0\end{pmatrix}}\cdot\mathbf{R}_{\begin{pmatrix}0\\a_j\\0\end{pmatrix}}\\ \mathbf{R}_{j+1} &= \mathbf{R}_j'\cdot\mathbf{R}_{\begin{pmatrix}0\\0\\q_j\end{pmatrix}}\end{aligned}$$

每个手臂均是用两个齐次矩阵 $(\mathbf{R}_j',\mathbf{R}_j)$，$j\in\{1,2,\cdots,7\}$ 对绘制的。图 1.20 对应于具有以下参数向量的机器人的仿真模拟：

$$\mathbf{a}=\begin{pmatrix}0\\ \frac{\pi}{2}\\ 0\\ -\frac{\pi}{2}\\ -\frac{\pi}{2}\\ -\frac{\pi}{2}\\ 0\end{pmatrix},\ \mathbf{d}=\begin{pmatrix}0\\ 0.5\\ 0\\ -0.1\\ -0.3\\ -1\\ 0\end{pmatrix},\ \mathbf{r}=\begin{pmatrix}1\\ 0.5\\ 1\\ 0.1\\ 1\\ 0.2\\ 0.2\end{pmatrix}$$

习题 1.12 参考答案 （浮轮）

1）考虑欧拉旋转方程：

$$\mathbf{I}\dot{\boldsymbol{\omega}}_{\mathrm{r}}+\boldsymbol{\omega}_{\mathrm{r}}\wedge(\mathbf{I}\boldsymbol{\omega}_{\mathrm{r}})=\boldsymbol{\tau}_{\mathrm{r}}$$

50 式中，扭矩 $\boldsymbol{\tau}_r=\mathbf{0}$ 且浮轮没有加速度。由式（1.12）可得：

$$\begin{cases}\dot{\mathbf{p}} &= \mathbf{R}(\varphi,\theta,\psi)\cdot\mathbf{v}_{\mathrm{r}} & \text{(i)}\\ \begin{pmatrix}\dot{\varphi}\\ \dot{\theta}\\ \dot{\psi}\end{pmatrix} &= \begin{pmatrix}1 & \tan\theta\sin\varphi & \tan\theta\cos\varphi\\ 0 & \cos\varphi & -\sin\varphi\\ 0 & \frac{\sin\varphi}{\cos\theta} & \frac{\cos\varphi}{\cos\theta}\end{pmatrix}\cdot\boldsymbol{\omega}_{\mathrm{r}} & \text{(ii)}\\ \dot{\mathbf{v}}_{\mathrm{r}} &= -\boldsymbol{\omega}_{\mathrm{r}}\wedge\mathbf{v}_{\mathrm{r}} & \text{(iii)}\\ \dot{\boldsymbol{\omega}}_{\mathrm{r}} &= -\mathbf{I}^{-1}\cdot(\boldsymbol{\omega}_{\mathrm{r}}\wedge(\mathbf{I}\cdot\boldsymbol{\omega}_{\mathrm{r}})) & \text{(iv)}\end{cases}\tag{1.16}$$

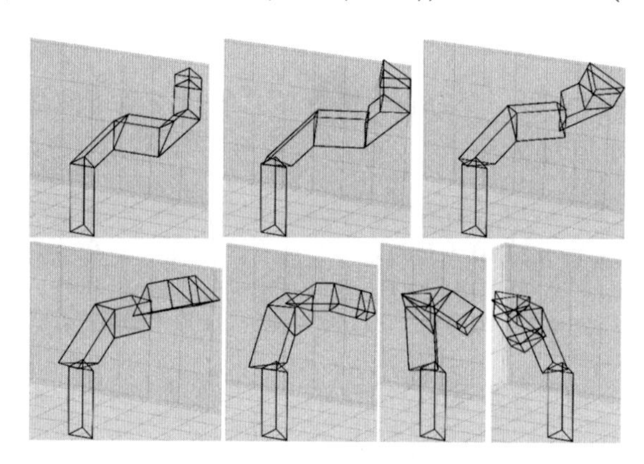

图 1.20　机械手仿真模拟

2）对于仿真模拟，取：

$$\begin{aligned}\mathbf{x}= & \quad(\mathbf{p},\varphi,\theta,\psi,\mathbf{v}_{\mathrm{r}},\boldsymbol{\omega}_{\mathrm{r}})\\ = & \ (\underbrace{0,0,2}_{\mathbf{p}},\underbrace{0,0,0}_{\varphi,\theta,\psi},\underbrace{5,0,0}_{\mathbf{v}_{\mathrm{r}}},\underbrace{5,1,0}_{\boldsymbol{\omega}_{\mathrm{r}}})\end{aligned}$$

其结果如图 1.21 所示，轮子相对于 p_x 平移，可从 p_x 阴影（黑色）中看到旋转轴振荡，这便 51 对应于该进动。

3）已知：$\mathcal{L}=\mathbf{RIR}^{\mathrm{T}}\boldsymbol{\omega}=\mathbf{RI}\boldsymbol{\omega}_{\mathrm{r}}$，因此：

$$\begin{aligned}\dot{\mathcal{L}} &= \dot{\mathbf{R}}\mathbf{I}\boldsymbol{\omega}_{\mathrm{r}}+\mathbf{R}\underbrace{\cdot\dot{\mathbf{I}}\cdot}_{=\mathbf{0}}\boldsymbol{\omega}_{\mathrm{r}}+\mathbf{R}\cdot\mathbf{I}\cdot\underbrace{\dot{\boldsymbol{\omega}}_{\mathrm{r}}}_{=-\mathbf{I}^{-1}\cdot(\boldsymbol{\omega}_{\mathrm{r}}\wedge(\mathbf{I}\cdot\boldsymbol{\omega}_{\mathrm{r}}))}\\ &= \dot{\mathbf{R}}\mathbf{I}\boldsymbol{\omega}_{\mathrm{r}}-\mathbf{R}(\boldsymbol{\omega}_{\mathrm{r}}\wedge(\mathbf{I}\cdot\boldsymbol{\omega}_{\mathrm{r}}))\\ &= \dot{\mathbf{R}}\mathbf{I}\boldsymbol{\omega}_{\mathrm{r}}-\mathbf{R}\mathbf{R}^{\mathrm{T}}\dot{\mathbf{R}}\mathbf{I}\cdot\boldsymbol{\omega}_{\mathrm{r}}\\ &= \dot{\mathbf{R}}\mathbf{I}\boldsymbol{\omega}_{\mathrm{r}}-\dot{\mathbf{R}}\mathbf{I}\cdot\boldsymbol{\omega}_{\mathrm{r}}=\mathbf{0}\end{aligned}$$

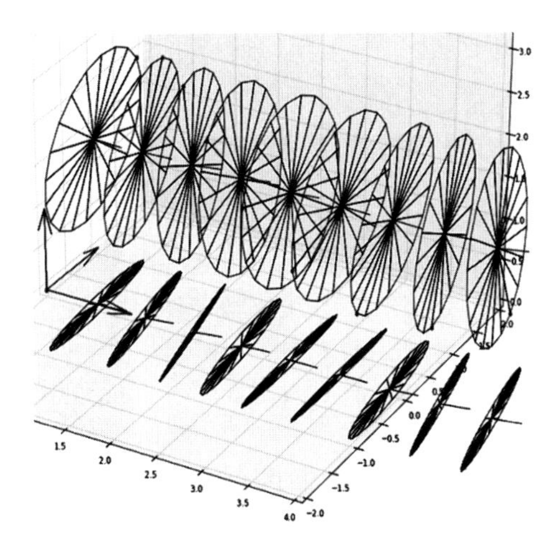

图 1.21 无转矩进动车轮的运动（有关此图的彩色版本请参见 www.iste.co.uk/jaulin/robotics.zip） 52

此外：

$$
\begin{aligned}
\dot{E}_K &= \frac{\mathrm{d}}{\mathrm{d}t}\left(\frac{1}{2}\mathcal{L}^{\mathrm{T}}\mathbf{R}\boldsymbol{\omega}_{\mathrm{r}}\right) \\
&= \frac{1}{2}\underbrace{\dot{\mathcal{L}}^{\mathrm{T}}}_{=\mathbf{0}}\cdot\mathbf{R}\boldsymbol{\omega}_{\mathrm{r}} + \frac{1}{2}\underbrace{\mathcal{L}^{\mathrm{T}}}_{=\boldsymbol{\omega}_{\mathrm{r}}^{\mathrm{T}}\mathbf{I}\mathbf{R}^{\mathrm{T}}}\cdot\left(\dot{\mathbf{R}}\boldsymbol{\omega}_{\mathrm{r}} + \mathbf{R}\dot{\boldsymbol{\omega}}_{\mathrm{r}}\right) \\
&= \frac{1}{2}(\boldsymbol{\omega}_{\mathrm{r}}^{\mathrm{T}}\underbrace{\mathbf{I}\mathbf{R}^{\mathrm{T}}\dot{\mathbf{R}}\cdot\boldsymbol{\omega}_{\mathrm{r}}}_{=\mathbf{0}} + \boldsymbol{\omega}_{\mathrm{r}}^{\mathrm{T}}\mathbf{I}\mathbf{R}^{\mathrm{T}}\mathbf{R}(\overbrace{-\mathbf{I}^{-1}\cdot(\boldsymbol{\omega}_{\mathrm{r}}\wedge(\mathbf{I}\cdot\boldsymbol{\omega}_{\mathrm{r}}))}^{=\dot{\boldsymbol{\omega}}_{\mathrm{r}}})) \quad \text{见式（1.6, iv）} \\
&= -\frac{1}{2}\boldsymbol{\omega}_{\mathrm{r}}^{\mathrm{T}}(\boldsymbol{\omega}_{\mathrm{r}}\wedge(\mathbf{I}\cdot\boldsymbol{\omega}_{\mathrm{r}})) = 0
\end{aligned}
$$

4）使用 SYMPY 库编写以下 Python 代码：

```
from sympy import *
x = MatrixSymbol('x', 12, 1)
wx,wy,wz,rho,m,s=symbols("wx wy wz rho m s")
phi,theta,psi=x[3:6]
vr=Matrix(x[6:9])
wrx,wry,wrz=x[9:12]
wr=Matrix(x[9:12])
ci,si,cj,sj,ck,sk=cos(phi),sin(phi),cos(theta),sin(theta),
                            cos(psi),sin(psi)
Ri = Matrix([[1,0,0],[0,ci,-si],[0,si,ci]])
Rj = Matrix([[cj,0,sj],[0,1,0],[-sj,0,cj]])
Rk = Matrix([[ck,-sk,0],[sk,ck,0],[0,0,1]])
E= Rk*Rj*Ri
dp=E*vr
da= Matrix([[1,si*sj/cj,ci*sj/cj],[0, ci,-si],
        [0,si/cj,ci/cj]])*wr
A=Matrix([[0,-wrz,wry],[wrz,0,-wrx],[-wry,wrx,0]])
dvr=-A*vr
I=(m/2)*rho**2*Matrix([[1,0,0],[0,1/2,0],[0,0,1/2]])
dwr=-(I**-1)*(A*I*wr)
f=Matrix((dp,da,dvr,dwr))
J=f.jacobian(x)
x0=Matrix([[0],[0],[0],[0],[0],[0],[0],[0],[0],[wx],[wy],[wz]])
J=J.subs(x,x0)
```

$\mathbf{x}_0$ 点处的矩阵 $\mathbf{J}$ 如图 1.22 所示。

可通过图 1.23 中的图示来理解带零的黄色块，弧表示差动延迟，例如，节点 $\mathbf{v}_{\mathrm{r}}$ 和 $\mathbf{p}$ 之

53 间的弧意味着 $\dot{\mathbf{p}}$ 在代数上依赖于 $\mathbf{v}_\mathrm{r}$。

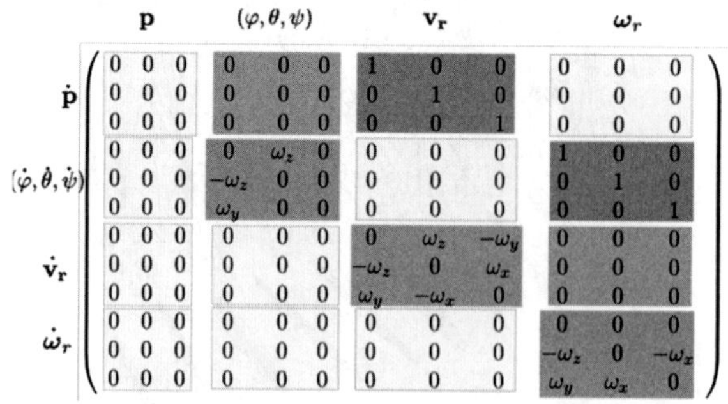

$$
\begin{array}{c} \\ \dot{\mathbf{p}} \\ \\ \\ (\dot{\varphi},\dot{\theta},\dot{\psi}) \\ \\ \\ \dot{\mathbf{v}}_\mathrm{r} \\ \\ \\ \dot{\boldsymbol{\omega}}_\mathrm{r} \\ \\ \end{array}
\begin{array}{c}
\begin{array}{cccc} \mathbf{p} & (\varphi,\theta,\psi) & \mathbf{v}_\mathrm{r} & \boldsymbol{\omega}_\mathrm{r} \end{array} \\
\left(\begin{array}{ccc|ccc|ccc|ccc}
0 & 0 & 0 & 0 & 0 & 0 & 1 & 0 & 0 & 0 & 0 & 0 \\
0 & 0 & 0 & 0 & 0 & 0 & 0 & 1 & 0 & 0 & 0 & 0 \\
0 & 0 & 0 & 0 & 0 & 0 & 0 & 0 & 1 & 0 & 0 & 0 \\
\hline
0 & 0 & 0 & 0 & \omega_z & 0 & 0 & 0 & 0 & 1 & 0 & 0 \\
0 & 0 & 0 & -\omega_z & 0 & 0 & 0 & 0 & 0 & 0 & 1 & 0 \\
0 & 0 & 0 & \omega_y & 0 & 0 & 0 & 0 & 0 & 0 & 0 & 1 \\
\hline
0 & 0 & 0 & 0 & 0 & 0 & 0 & \omega_z & -\omega_y & 0 & 0 & 0 \\
0 & 0 & 0 & 0 & 0 & 0 & -\omega_z & 0 & \omega_x & 0 & 0 & 0 \\
0 & 0 & 0 & 0 & 0 & 0 & \omega_y & -\omega_x & 0 & 0 & 0 & 0 \\
\hline
0 & 0 & 0 & 0 & 0 & 0 & 0 & 0 & 0 & 0 & 0 & 0 \\
0 & 0 & 0 & 0 & 0 & 0 & 0 & 0 & 0 & -\omega_z & 0 & -\omega_x \\
0 & 0 & 0 & 0 & 0 & 0 & 0 & 0 & 0 & \omega_y & \omega_x & 0
\end{array}\right)
\end{array}
$$

图 1.22　$\mathbf{x}_0$ 点处演化函数的雅可比矩阵（有关此图的彩色版本，请参见 www.iste.co.uk/jaulin/robotics.zip）

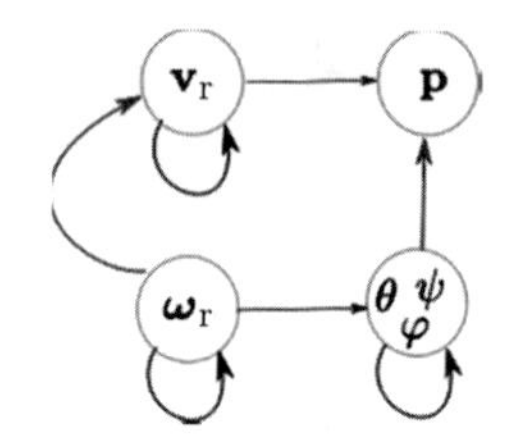

图 1.23　浮轮差动延迟图（有关此图的彩色版本，请参见 www.iste.co.uk/jaulin/robotics.zip）

矩阵 $\mathbf{J}$ 是分块三角形的，可以很容易地计算出特征多项式，由下式给出：

$$P(s) = s^6 \cdot (s^2+\omega_x^2)\cdot(s^2+\omega_z^2)\cdot(s^2+\omega_x^2+\omega_y^2+\omega_z^2)$$

当不存在进动时，项 $(s^2+\omega_x^2+\omega_y^2+\omega_z^2)$ 与事实情况一致，轮子以 $\|\boldsymbol{\omega}_\mathrm{r}\|$ 脉冲绕 $\boldsymbol{\omega}_\mathrm{r}$ 旋转，54 $(s^2+\omega_x^2)$ 和 $(s^2+\omega_z^2)$ 对应于该进动。

如果轮子不是完全实心的，内部摩擦会减弱进动，旋转轴将与 $\mathbf{I}$ 的一个特征向量对齐，该向量可以是车轮平面的一个向量，也可以是车轮的轴（与车轮平面正交）。

习题 1.13 参考答案　（惯性系中的舒勒振荡）

1）因为地球静止不转动，则有：

$$\boldsymbol{a}_\mathrm{r}^{\mathrm{mes}} = \begin{pmatrix} g \\ 0 \\ 0 \end{pmatrix},\ \boldsymbol{\omega}_\mathrm{r} = \mathbf{0}$$

2）$\mathcal{R}_2$ 的所有欧拉角都是常数（对于 $\mathcal{R}_1$）并且等于零，且不再作为状态变量出现。欧拉矩阵 $\mathbf{R}(\varphi,\theta,\psi)$ 为常数。$\mathcal{R}_2$ 的状态方程变为：

$$\begin{array}{rcl} \dot{\mathbf{p}} & = & \mathbf{v}_\mathrm{r} \\ \dot{\mathbf{v}}_\mathrm{r} & = & \underbrace{\mathbf{g}(\mathbf{p})}_{=-g\begin{pmatrix} \frac{x}{\sqrt{x^2+z^2}} \\ 0 \\ \frac{z}{\sqrt{x^2+z^2}} \end{pmatrix}} + \underbrace{\mathbf{a}_\mathrm{r}^{\mathrm{mes}}}_{=\begin{pmatrix} g \\ 0 \\ 0 \end{pmatrix}} - \underbrace{\boldsymbol{\omega}_\mathrm{r} \wedge \mathbf{v}_\mathrm{r}}_{=\mathbf{0}} \end{array}$$

可以将其写为：

$$\begin{cases} \dot{x} &= & v_x \\ \dot{v}_x &= g\left(1-\frac{x}{\sqrt{x^2+z^2}}\right) \\ \dot{z} &= & v_z \\ \dot{v}_z &= & -g\frac{z}{\sqrt{x^2+z^2}} \end{cases}$$

3）所得到的轨迹如图 1.24 所示。从图中观察到一些振荡，称为舒勒振荡。

4）$z=0$，$x=r$，可得：

$$\begin{pmatrix} \dot{x} \\ \dot{v}_x \\ \dot{z} \\ \dot{v}_z \end{pmatrix} = \begin{pmatrix} 0 & 1 & 0 & 0 \\ 0 & 0 & 0 & 0 \\ 0 & 0 & 0 & 1 \\ 0 & 0 & -\frac{g}{r} & 0 \end{pmatrix} \begin{pmatrix} x-r \\ v_x \\ z \\ v_z \end{pmatrix}$$

特征值为$\left(0,0,j\sqrt{\dfrac{g}{r}},-j\sqrt{\dfrac{g}{r}}\right)$，由于在 0 中有两个根，所以这个系统存在一些振荡，是不稳定的。

5）实际上，惯性单元没有完全初始化，因此便可找到一条与 $\mathcal{R}_2$ 相似的轨迹，而对于 $\mathcal{R}_1$ 而言是固定的。由于误差很小，线性近似是很现实的。如图 1.25 所示，惯性单元内部的积分方法返回一些不需要的振荡，对应于一个不是实际的解。这些振荡对应于一个为 $T=2\pi\sqrt{\dfrac{r}{g}}=5072\text{s}=84\text{min}$ 的舒勒周期。对于许多应用（例如在飞机上），大家知道这样的振荡是虚拟的，可以通过改进积分的方法来抑制这些舒勒振荡。

55

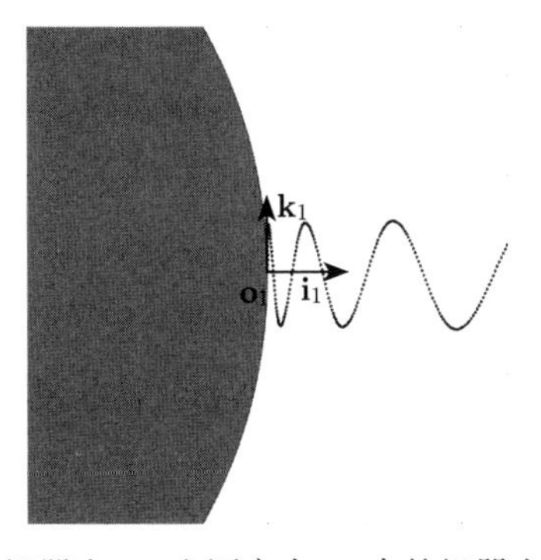

图 1.24　轨迹涂成蓝色的机器人 $\mathcal{R}_2$ 和固定在 $\mathbf{o}_1$ 中的机器人 $\mathcal{R}_1$ 的转速和加速度相同

习题 1.14 参考答案 （控制用李氏括号）

1）可得：

$$\begin{aligned} [\mathbf{f},\mathbf{g}](\mathbf{x}) &= \tfrac{\mathrm{d}\mathbf{g}}{\mathrm{d}\mathbf{x}}\cdot\mathbf{f}(\mathbf{x})-\tfrac{\mathrm{d}\mathbf{f}}{\mathrm{d}\mathbf{x}}\cdot\mathbf{g}(\mathbf{x}) \\ &= \mathbf{B}\cdot\mathbf{A}\cdot\mathbf{x}-\mathbf{A}\cdot\mathbf{B}\cdot\mathbf{x} \\ &= (\mathbf{BA}-\mathbf{AB})\cdot\mathbf{x} \end{aligned}$$

2）在不丧失一般性的情况下，对 $t=0$ 给出其证明，并将使用以下符号：

$$\begin{aligned} \tfrac{\mathrm{d}\mathbf{f}}{\mathrm{d}\mathbf{x}}(\mathbf{x}(t)) &\leftrightarrow \mathbf{A}_t \\ \tfrac{\mathrm{d}\mathbf{g}}{\mathrm{d}\mathbf{x}}(\mathbf{x}(t)) &\leftrightarrow \mathbf{B}_t \end{aligned}$$

56

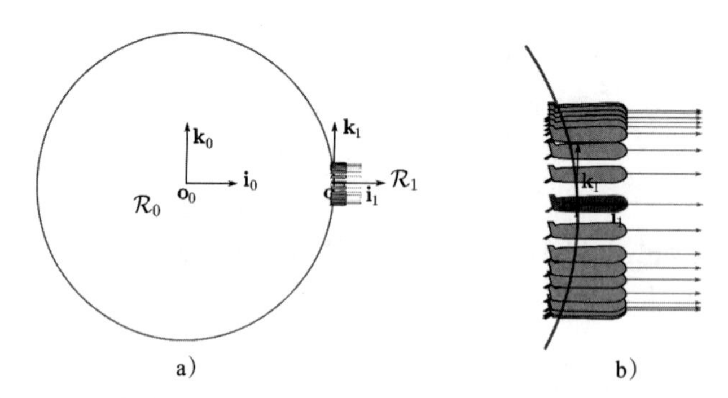

图 1.25 惯性装置返回的假周期轨迹，感觉和 $\mathcal{R}_1$ 一样是静止的。相应的测量加速度 $\mathbf{a}_{\mathrm{r}}^{\mathrm{mes}}$ 涂成红色。b）图对应于 $\mathcal{R}_1$ 的放大（有关此图的彩色版本，请参见 www.iste.co.uk/jaulin/robotics.zip）

对于给定的 t 和一个小的 δ，有：

$$\mathbf{x}(t+\delta)-\mathbf{x}(t)=\dot{\mathbf{x}}(t)\cdot\delta+\ddot{\mathbf{x}}(t)\cdot\frac{\delta^2}{2}+o\left(\delta^2\right) \tag{1.17}$$

其中：

$$\begin{aligned}\dot{\mathbf{x}}(t) &= \mathbf{f}(\mathbf{x}(t))\,u_1+\mathbf{g}(\mathbf{x}(t))\,u_2\\ \ddot{\mathbf{x}}(t) &= (\mathbf{A}_t\cdot u_1+\mathbf{B}_t\cdot u_2)\,\dot{\mathbf{x}}(t) \quad (\text{如果 } \boldsymbol{u} \text{ 为常数})\end{aligned}$$

因此：

$$\begin{aligned}\dot{\mathbf{x}}(0) &= -\mathbf{f}(\mathbf{x}(0))\\ \ddot{\mathbf{x}}(0) &= -\mathbf{A}_0\dot{\mathbf{x}}(0)=\mathbf{A}_0\mathbf{f}(\mathbf{x}(0)) \quad (u_1=-1,u_2=0)\\ \dot{\mathbf{x}}(\delta) &= -\mathbf{g}(\mathbf{x}(\delta))\\ \ddot{\mathbf{x}}(\delta) &= -\mathbf{B}_\delta\dot{\mathbf{x}}(\delta)=\mathbf{B}_\delta\mathbf{g}(\mathbf{x}(\delta)) \quad (u_1=0,u_2=-1)\end{aligned}$$

可得：

$$\begin{aligned}\mathbf{x}(\delta)-\mathbf{x}(0) &\overset{\text{式}(1.17)}{=} -\mathbf{f}(\mathbf{x}(0))\delta+\mathbf{A}_0\cdot\mathbf{f}(\mathbf{x}(0))\cdot\tfrac{\delta^2}{2}+o\left(\delta^2\right)\\ \mathbf{x}(2\delta)-\mathbf{x}(\delta) &\overset{\text{式}(1.17)}{=} -\mathbf{g}(\mathbf{x}(\delta))\delta+\mathbf{B}_\delta\cdot\mathbf{g}(\mathbf{x}(\delta))\cdot\tfrac{\delta^2}{2}+o\left(\delta^2\right)\end{aligned} \tag{1.18}$$

相加可得：

57

$$\begin{aligned}\mathbf{x}(2\delta)-\mathbf{x}(0) = {} & -\mathbf{f}(\mathbf{x}(0))\cdot\delta+\mathbf{A}_0\cdot\mathbf{f}(\mathbf{x}(0))\cdot\tfrac{\delta^2}{2}-\mathbf{g}(\mathbf{x}(\delta))\cdot\delta\\ & +\mathbf{B}_\delta\cdot\mathbf{g}(\mathbf{x}(\delta))\cdot\tfrac{\delta^2}{2}+o\left(\delta^2\right)\end{aligned}$$

此时：

① $\mathbf{g}(\mathbf{x}(\delta)) = \mathbf{g}(\mathbf{x}(0))+\mathbf{B}_0\cdot\underbrace{\dot{\mathbf{x}}(0)}_{=-\mathbf{f}(\mathbf{x}(0))}\cdot\delta+o(\delta)=\mathbf{g}(\mathbf{x}(0))+o(1)$

② $\mathbf{B}_\delta = \mathbf{B}_0+o(1)$

因此，

$$
\begin{aligned}
\mathbf{x}(2\delta)-\mathbf{x}(0) &= -\mathbf{f}(\mathbf{x}(0))\cdot\delta+\mathbf{A}_0\cdot\mathbf{f}(\mathbf{x}(0))\cdot\frac{\delta^2}{2} \\
&- \underbrace{\mathbf{g}(\mathbf{x}(\delta))}_{\overset{(i)}{=}\mathbf{g}(\mathbf{x}(0))-\mathbf{B}_0.\mathbf{f}(\mathbf{x}(0))\cdot\delta+o(\delta)}\cdot\delta+\underbrace{\mathbf{B}_\delta}_{\overset{(ii)}{=}\mathbf{B}_0+o(1)}\cdot\underbrace{\mathbf{g}(\mathbf{x}(\delta))}_{\overset{(i)}{=}\mathbf{g}(\mathbf{x}(0))+o(1)}\cdot\tfrac{\delta^2}{2}+o\left(\delta^2\right) \\
&= -\mathbf{f}(\mathbf{x}(0))\cdot\delta+\mathbf{A}_0\cdot\mathbf{f}(\mathbf{x}(0))\cdot\frac{\delta^2}{2} \\
&-\mathbf{g}(\mathbf{x}(0))\cdot\delta+\mathbf{B}_0\cdot\mathbf{f}(\mathbf{x}(0))\cdot\delta^2+\mathbf{B}_0\cdot\mathbf{g}(\mathbf{x}(0))\cdot\frac{\delta^2}{2}+o\left(\delta^2\right)
\end{aligned}
\tag{1.19}
$$

同理可得：

$$
\begin{aligned}
\mathbf{x}(-2\delta)-\mathbf{x}(0) = & -\mathbf{g}(\mathbf{x}(0))\cdot\delta+\mathbf{B}_0\cdot\mathbf{g}(\mathbf{x}(0))\cdot\tfrac{\delta^2}{2} \\
& -\mathbf{f}(\mathbf{x}(0))\cdot\delta+\mathbf{A}_0.\mathbf{g}(\mathbf{x}(0))\cdot\delta^2+\mathbf{A}_0\cdot\mathbf{f}(\mathbf{x}(0))\cdot\tfrac{\delta^2}{2}+o\left(\delta^2\right)
\end{aligned}
$$

这个结果可以通过重写 $\delta\to-\delta,\mathbf{f}\to-\mathbf{g},\mathbf{g}\to-\mathbf{f},\mathbf{A}_0\to-\mathbf{B}_0,\mathbf{B}_0\to-\mathbf{A}_0$ 直接从式（1.19）中获得，因此：

$$
\mathbf{x}(2\delta)-\mathbf{x}(-2\delta) = \underbrace{(\mathbf{B}_0\cdot\mathbf{f}(\mathbf{x}(0))-\mathbf{A}_0\cdot\mathbf{g}(\mathbf{x}(0)))}_{[\mathbf{f},\mathbf{g}](\mathbf{x}(0))}\delta^2+o\left(\delta^2\right)
$$

其结果是，使用周期序列，便可以沿着 $[\mathbf{f},\mathbf{g}]$ 方向移动。

3）已经证明，在 4δ 的时间周期内，我们向 $[\mathbf{f},\mathbf{g}]$ 方向移动了 $[\mathbf{f},\mathbf{g}]\delta^2$。这意味着我们遵循 $\frac{\delta^2}{4\delta}[\mathbf{f},\mathbf{g}]=\frac{\delta}{4}[\mathbf{f},\mathbf{g}]$ 这个无穷小的场。将循环序列乘以标量 $\alpha\in\mathbb{R}$ 等于用 α 乘以 $\mathbf{f},\mathbf{g}$。那么，不得不用 $\alpha=\sqrt{\frac{4|\nu|}{\delta}}$ 乘以这个序列。如果 ν 为负，则必须改变序列的方向。因此，循环序列为：

$$
\{(\varepsilon\alpha,0),(0,\alpha),(-\varepsilon\alpha,0),(0,-\alpha)\}
$$

58

式中，$\varepsilon=\operatorname{sign}(\nu)$ 更改序列的方向（$\varepsilon=1$ 为顺时针方向，$\varepsilon=-1$ 为逆时针方向）。

4）如果想要跟踪 $a_1\mathbf{f}+a_2\mathbf{g}+a_3[\mathbf{f},\mathbf{g}]$，则须按该序列：

$$
\{(a_1+\varepsilon\alpha,a_2),(a_1,a_2+\alpha),(a_1-\varepsilon\alpha,a_2),(a_1,a_2-\alpha)\}
$$

式中，$\alpha=\sqrt{\frac{4|a_3|}{\delta}}$，且 $\varepsilon=\operatorname{sign}(\nu)$。

5）如果令 $\mathbf{x}=(x,y,\theta)$，则有：

$$
\dot{\mathbf{x}}=\begin{pmatrix}\cos\theta\\ \sin\theta\\ 0\end{pmatrix}\cdot u_1+\begin{pmatrix}0\\0\\1\end{pmatrix}\cdot u_2=\mathbf{f}(\mathbf{x})\cdot u_1+\mathbf{g}(\mathbf{x})\cdot u_2
$$

可得：

$$[\mathbf{f},\mathbf{g}](\mathbf{x}) = \frac{d\mathbf{g}}{d\mathbf{x}}(\mathbf{x})\cdot\mathbf{f}(\mathbf{x}) - \frac{d\mathbf{f}}{d\mathbf{x}}(\mathbf{x})\cdot\mathbf{g}(\mathbf{x})$$
$$= \begin{pmatrix} 0&0&0\\0&0&0\\0&0&0 \end{pmatrix}\begin{pmatrix}\cos\theta\\ \sin\theta\\ 0\end{pmatrix} - \begin{pmatrix} 0&0&-\sin\theta\\0&0&\cos\theta\\0&0&0 \end{pmatrix}\begin{pmatrix}0\\0\\1\end{pmatrix} = \begin{pmatrix}\sin\theta\\ -\cos\theta\\ 0\end{pmatrix}$$

此时便可横向移动汽车了。

6）如果把循环序列作为控制器，可得：

$$\dot{\mathbf{x}} = \begin{pmatrix}\cos\theta\\ \sin\theta\\ 0\end{pmatrix}\cdot a_1 + \begin{pmatrix}0\\0\\1\end{pmatrix}\cdot a_2 + \begin{pmatrix}\sin\theta\\ -\cos\theta\\ 0\end{pmatrix}a_3$$
$$= \mathbf{f}(\mathbf{x})\cdot a_1 + \mathbf{g}(\mathbf{x})\cdot a_2 + [\mathbf{f},\mathbf{g}](\mathbf{x})\cdot a_3$$

针对 $\mathbf{a}$=(0.1,0,0), $\mathbf{a}$=(0,0,0.1), $\mathbf{a}$=(−0.1,0,0), $\mathbf{a}$=(0,0,−0.1) 做了四个仿真模拟。取初始向量 $\mathbf{x}(0)$=(0,0,1), $t\in[0,10]$, dt=0.01，便可得到图 1.26 所示的结果。经过观察，在每次模拟之后，到原点的距离大约为 $0.1\times10=1$。这与 $\mathbf{f}(\mathbf{x})$ 和 [$\mathbf{f}$,$\mathbf{g}$] 的范数等于 1 的事实一致。在此，并未给出 $\mathbf{a}$=(0,±0.1,0) 的仿真，因为没有位移：汽车自己旋转。

7）可得：

$$\dot{\mathbf{x}} = \mathbf{f}(\mathbf{x})\cdot a_1 + \mathbf{g}(\mathbf{x})\cdot a_2 + [\mathbf{f},\mathbf{g}](\mathbf{x})\cdot a_3 = \mathbf{A}(\mathbf{x})\cdot\mathbf{a}$$

59　取 $\mathbf{a}=\mathbf{A}^{-1}(\mathbf{x})\dot{\mathbf{x}}$ 可得 $\dot{\mathbf{x}}=\dot{\mathbf{x}}_d$，式中 $\dot{\mathbf{x}}_d=(\dot{x}_d,\dot{y}_d,\dot{\theta}_d)$。

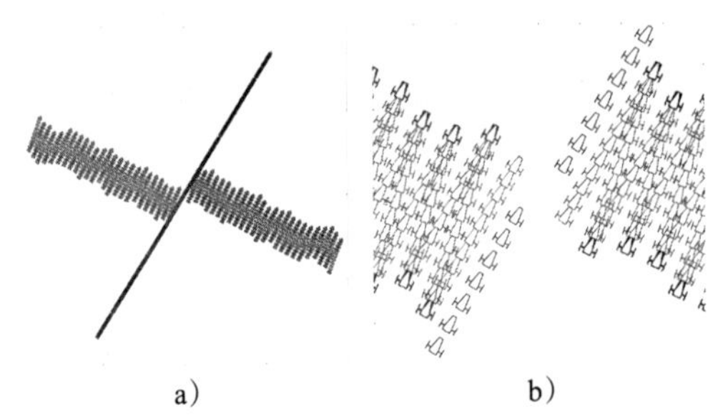

a)　b)

图 1.26　a）基于李氏括号技术的控制器仿真，框架为 [−1,1]×[−1,1]。b）相同的图片，但框架为 [−0.2,0.2]×[−0.2,0.2]。为了避免图片中的重叠，这辆车的尺寸缩小了 1/1000。前后亚通道的长度约为 10cm（有关此图的彩色版本，请参见 www.iste.co.uk/jaulin/robotics.zip）

对于序列所需的方向：$\dot{\mathbf{x}}_d=(1,0,0), \dot{\mathbf{x}}_d=(-1,0,0), \dot{\mathbf{x}}_d=(0,-1,0), \dot{\mathbf{x}}_d=(0,1,0)$。可得图 1.27 所示的结果。

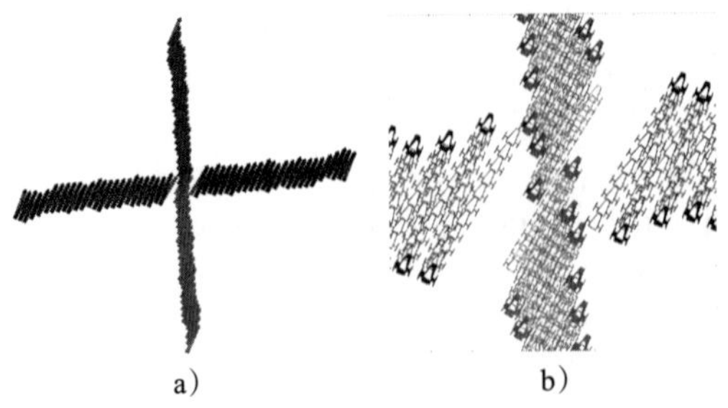

a)　b)

图 1.27　a）汽车从 0 向所有主要方向行驶。框架为 [−1,1]×[−1,1]。b）相同的图片，但框架为 [−0.2,0.2]×[−0.2,0.2]（有关此图的彩色版本，请参见 www.iste.co.uk/jaulin/robotics.zip）

习题 1.15 参考答案 （跟踪赤道）

1）从一帧到另一帧的旋转矩阵为 $\mathbf{R}_{ij}=\mathbf{R}_i^{\mathrm{T}}\mathbf{R}_j$，可得：

$$\begin{aligned}
\mathbf{R}_0 &= \mathbf{I}_3 \\
\mathbf{R}_1 &= \mathbf{R}_{\text{euler}}\left(0,0,\dot{\psi}_E t\right) \\
\mathbf{R}_2 &= \mathbf{R}_{\text{euler}}\left(0,0,\text{atan2}\left(p_2,p_1\right)\right)\cdot\mathbf{R}_{\text{euler}}^{\mathrm{T}}\left(0,-\frac{\pi}{2}+\text{asin}\frac{p_3}{\|\mathbf{p}\|},-\frac{\pi}{2}\right)
\end{aligned}$$

2）式（1.13）所示的运动学方程为：

$$\left\{\begin{array}{lll}
\dot{\mathbf{p}} & = & \mathbf{R}_3\cdot\mathbf{v}_3 \\
\dot{\mathbf{R}}_3 & = & \mathbf{R}_3\cdot(\boldsymbol{\omega}_3\wedge) \\
\dot{\mathbf{v}}_3 & = & \mathbf{a}_3+\mathbf{R}_3^{\mathrm{T}}\cdot\mathbf{g}\left(\mathbf{p}\right)-\boldsymbol{\omega}_3\wedge\mathbf{v}_3
\end{array}\right.$$

在仿真模拟中（见图 1.28），可观察到轨道对应于一个椭圆，这与卫星的行为是一致的。物体的旋转是由初始条件引起的。

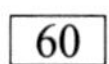

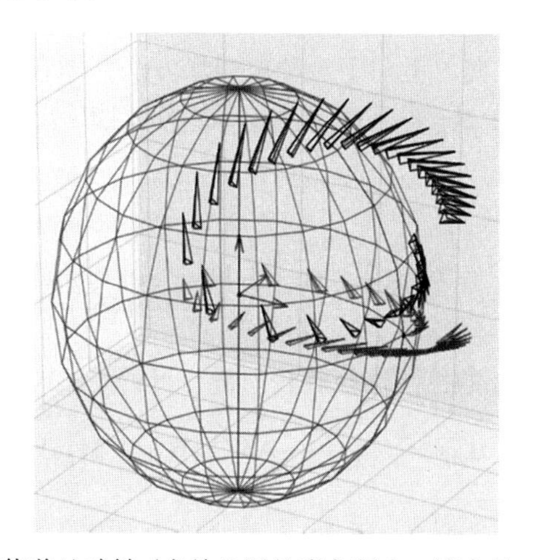

图 1.28　该机器人像卫星一样绕着地球转（有关此图的彩色版本，请参见 www.iste.co.uk/jaulin/robotics.zip）

3）动态模型由运动学模型组成，可在其中添加以下状态方程以生成输入 $\mathbf{a}_3,\boldsymbol{\omega}_3$（见图 1.29）：

$$\left\{\begin{array}{ll}
\dot{\boldsymbol{\omega}}_3 = & -\boldsymbol{\omega}_3+\mathbf{R}_3^{\mathrm{T}}\cdot\boldsymbol{\omega}_{\mathrm{E}}+\mathbf{u}_{\omega 3} \\
\mathbf{a}_3 = & \mathbf{R}_3^{\mathrm{T}}\cdot\left(\boldsymbol{\omega}_{\mathrm{E}}\wedge\mathbf{p}\right)-\mathbf{v}_3 \\
 & +\mathbf{R}_3^{\mathrm{T}}\left(\boldsymbol{\omega}_{\mathrm{E}}\wedge\left(\boldsymbol{\omega}_{\mathrm{E}}\wedge\mathbf{p}\right)-\mathbf{g}\left(\mathbf{p}\right)\right)+\mathbf{u}_{a3}
\end{array}\right.$$

这个动态（左）块在状态变量中有 $\boldsymbol{\omega}_3$。

在此来解释第一个等式：

$$\dot{\boldsymbol{\omega}}_3=\underbrace{-\boldsymbol{\omega}_3+\mathbf{R}_3\cdot\boldsymbol{\omega}_{\mathrm{E}}}_{\text{摩擦}}+\underbrace{\mathbf{u}_{\omega 3}}_{\text{执行器}}$$

由该摩擦项可得，机器人将停止相对于水的旋转，从而收敛到地球的旋转方程上。对于这个摩擦力，应该加上来自方向舵或螺旋桨的旋转。

第二个方程由三项组成：

$$\mathbf{a}_3=\underbrace{\mathbf{R}_3^{\mathrm{T}}\cdot\left(\boldsymbol{\omega}_{\mathrm{E}}\wedge\mathbf{p}\right)-\mathbf{v}_3}_{\text{①摩擦}}+\underbrace{\mathbf{R}_3^{\mathrm{T}}\left(\boldsymbol{\omega}_{\mathrm{E}}\wedge\left(\boldsymbol{\omega}_{\mathrm{E}}\wedge\mathbf{p}\right)-\mathbf{g}\left(\mathbf{p}\right)\right)}_{\text{②阿基米德}}+\underbrace{\mathbf{u}_{a3}}_{\text{③执行器}}$$

61

①由于摩擦而产生加速度。作为第一近似，可以假设加速度与机器人和流体之间的速度差成正比。由于流体的速度为 $\mathbf{v}_f = \boldsymbol{\omega}_{\mathrm{E}} \wedge \mathbf{p}$，可得摩擦力所引起的加速度，在 $\mathcal{R}_3$ 坐标系下近似为 $\mathbf{R}_3^{\mathrm{T}} \cdot (\boldsymbol{\omega}_{\mathrm{E}} \wedge \mathbf{p}) - \mathbf{v}_3$。

②流体在 $\mathbf{p}$ 处的加速度为：

62

$$\dot{\mathbf{v}}_f = \boldsymbol{\omega}_{\mathrm{E}} \wedge \mathbf{v}_f = \boldsymbol{\omega}_{\mathrm{E}} \wedge (\boldsymbol{\omega}_{\mathrm{E}} \wedge \mathbf{p})$$

如果机器人相对于流体是静止的，并且具有与流体相同的密度，那么它将具有阿基米德力产生的加速度 $\dot{\mathbf{v}}_f$。现在，由于重力，将测量 $\mathcal{R}_3$ 坐标系下加速度 $\mathbf{R}_3^{\mathrm{T}}(\dot{\mathbf{v}}_f - \mathbf{g}(\mathbf{p}))$。

③由螺旋桨产生的加速度 $\mathbf{u}_{a3}$ 表示在机器人坐标系 $\mathcal{R}_3$。

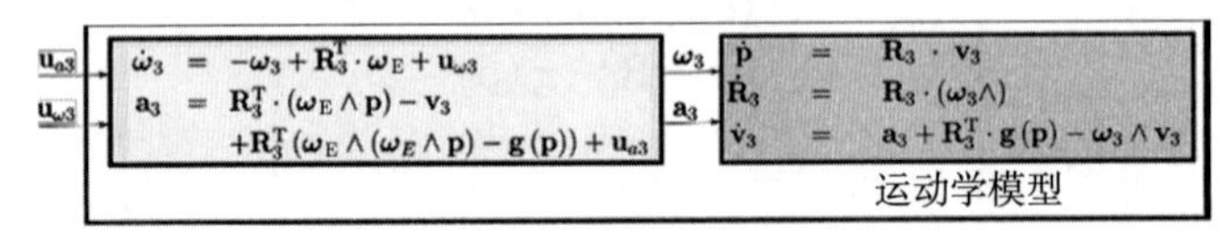

图 1.29 动力学模型

4）为了控制机器人的方向，考虑了一种位姿场方法，即在每个点 $\mathbf{p}$ 上关联一个机器人试图满足的姿态（用旋转矩阵 $\mathbf{R}_4$ 表示）。例如，如果我们想沿着赤道从西到东，则可选择一个位姿场：

$$\mathbf{R}_4(\mathbf{p}) = \mathbf{R}_2(\mathbf{p}) \cdot \exp\left(\left(\begin{array}{c} 0 \\ \tanh(\|\mathbf{p}\| - \rho_{\mathrm{E}}) \\ -\tanh(p_z) \end{array}\right) \wedge\right)$$

然后，为使 $\mathbf{R}_3$ 近似于 $\mathbf{R}_4(\mathbf{p})$ 的控制选择旋转向量，可得（见式（1.6））：

$$\mathbf{u}_{\omega 3} = -\frac{\alpha}{2\sin\alpha} \cdot \mathrm{Ad}^{-1}\left(\mathbf{R}_{43} - \mathbf{R}_{43}^{\mathrm{T}}\right)$$

其中，$\alpha = \mathrm{acos}\left(\frac{\mathrm{tr}(\mathbf{R}_{43}) - 1}{2}\right)$，$\mathbf{R}_{43} = \mathbf{R}_4^{\mathrm{T}} \cdot \mathbf{R}_3$。相应仿真如图 1.30 所示。

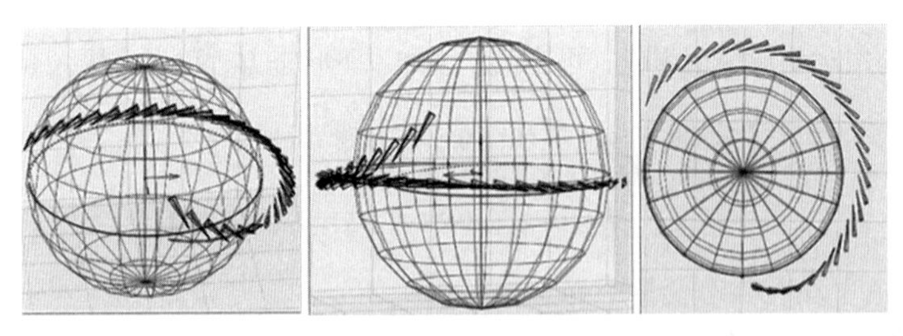

63

图 1.30 机器人沿着赤道向东行驶（有关此图的彩色版本，请参见 www.iste.co.uk/jaulin/robotics.zip）

反馈线性化

根据机器人的多重旋转能力，可以将其考虑为强非线性系统。本章将着眼于设计非线性控制器，以约束机器人的状态向量，使机器人沿着一个固定的前向路径行进或保持在其工作空间内的指定区域。线性方法提供了一种通用方法，但是却仅限于在状态空间内某一点的邻域内 [KAI 80, JAU 15]。与线性方法相比，非线性方法仅适用于有限类型的系统之中，但是这类方法却能扩大系统的有效工作范围。实际上，并没有全局稳定非线性系统的通用性方法 [KHA 02]，但是却有许多能够应用于特定情况的方法 [SLO91 FAN 01]。本章旨在介绍众多具有代表性的理论方法中的一种（而之后的章节将着眼于更为实用的方法），即反馈线性化，它需要关于机器人的精确可靠的状态机制知识。在此所考虑的机器人均是机械系统，其建模可参考文献 [JAU 05]。在本章中，均假设系统的状态向量是完全已知的，但实际上，必须通过传感器测量值对其进行近似计算。第 7 章将会介绍如何进行这类近似计算。

2.1 控制一个积分链

本章后续将进一步介绍反馈线性化，该方法引出了一个由相互解耦而来的多个积分链组成的系统的控制问题。因此，本节将考虑一个积分链，其输入 u 和输出 y 具有如下微分方程所示关系：

$$y^{(n)} = u$$

2.1.1 比例 – 微分控制器

首先，利用一个如下形式的比例 – 微分控制器稳定该系统：

$$u = \alpha_0 (w - y) + \alpha_1 (\dot{w} - \dot{y}) + \cdots + \alpha_{n-1} \left(w^{(n-1)} - y^{(n-1)} \right) + w^{(n)}$$

式中，w 为 y 的期望值。值得注意的是，w 可能是依赖于时间的。显而易见，该控制器需要 y 的微分，这在反馈线性化所定义的结构内并不存在任何问题。当然，可以将这些微分量表示为关于系统状态变量 $\mathbf{x}$ 和输入变量 $\mathbf{u}$ 的解析方程。至于期望值 $w(t)$，则可人为选择，并假设其解析表达式是已知的（例如：$w(t)=\sin(t)$）。如此而言，就可以用正规方式去计算 w 的微分而不用担心噪声对微分算子的影响。

该反馈系统由如下微分方程描述：

$$y^{(n)} = u = \alpha_0 (w - y) + \alpha_1 (\dot{w} - \dot{y}) + \cdots + \alpha_{n-1} \left(w^{(n-1)} - y^{(n-1)} \right) + w^{(n)}$$

如果定义期望值 w 与输出 y 之间的误差 e 为 $e=w-y$，则该方程可转化为：

$$e^{(n)}+\alpha_{n-1}e^{(n-1)}+\cdots+\alpha_1\dot{e}+\alpha_0e=0$$

将该微分方程称为误差动态方程。其特征多项式为：

$$P(s)=s^n+\alpha_{n-1}s^{n-1}+\cdots+\alpha_1s+\alpha_0 \tag{2.1}$$

那么，便可根据多项式的次数任意选择特征多项式。当然，为保证系统的稳定性，多项式的所有根均应具有负实部。例如，假定 $n=3$ 且方程的所有极点都等于 -1，则有：

$$s^3+\alpha_2s^2+\alpha_1s+\alpha_0=(s+1)^3=s^3+3s^2+3s+1$$

其中，

$$\alpha_2=3,\alpha_1=3,\alpha_0=1$$

则所得控制器如下式所示：

66

$$u=(w-y)+3(\dot{w}-\dot{y})+3(\ddot{w}-\ddot{y})+\dddot{w}$$

注释　在本书中，为简化起见，将所有的极点都选择为 -1。根据之前应用于不同次数 n 的推论，可得如下控制：

$$\begin{array}{ll} n=1 & u=(w-y)+\dot{w} \\ n=2 & u=(w-y)+2(\dot{w}-\dot{y})+\ddot{w} \\ n=3 & u=(w-y)+3(\dot{w}-\dot{y})+3(\ddot{w}-\ddot{y})+\dddot{w} \\ n=4 & u=(w-y)+4(\dot{w}-\dot{y})+6(\ddot{w}-\ddot{y})+4(\dddot{w}-\dddot{y})+\ddddot{w} \end{array} \tag{2.2}$$

注意，对应于这类帕斯卡三角形的系数为：

$$\begin{array}{lllll} 1 \\ 1 & 1 \\ 1 & 2 & 1 \\ 1 & 3 & 3 & 1 \\ 1 & 4 & 6 & 4 & 1 \end{array}$$

2.1.2　比例 – 积分 – 微分控制器

为了补偿恒定扰动，可加入一个积分环节，进而得到一个比例—积分—微分（PID）控制器，其形式如下式所示：

$$\begin{aligned} u=&\alpha_{-1}\int_{\tau=0}^{t}(w(\tau)-y(\tau))\,\mathrm{d}\tau \\ &+\alpha_0(w-y)+\alpha_1(\dot{w}-\dot{y})+\cdots+\alpha_{n-1}\left(w^{(n-1)}-y^{(n-1)}\right)+w^{(n)} \end{aligned} \tag{2.3}$$

反馈系统由下述微分方程给出：

$$\begin{aligned} y^{(n)}=&\alpha_{-1}\int_{\tau=0}^{t}(w(\tau)-y(\tau))\,\mathrm{d}\tau \\ &+\alpha_0(w-y)+\alpha_1(\dot{w}-\dot{y})+\cdots+\alpha_{n-1}\left(w^{(n-1)}-y^{(n-1)}\right)+w^{(n)} \end{aligned}$$

因此，求其一阶导数可得：

$$e^{(n+1)} + \alpha_{n-1}e^{(n)} + \cdots + \alpha_1\ddot{e} + \alpha_0\dot{e} + \alpha_{-1}e = 0$$

则特征多项式为：

$$P(s) = s^{n+1} + \alpha_{n-1}s^n + \cdots + \alpha_1 s^2 + \alpha_0 s + \alpha_{-1}$$

该特征多项式也同比例—微分控制器一样，可任意选择。 67

2.2 引例

在给出反馈线性化的原理之前，考虑一个引例。如图 2.1 所示单摆，该系统的输入为施加于单摆上的力矩 u。

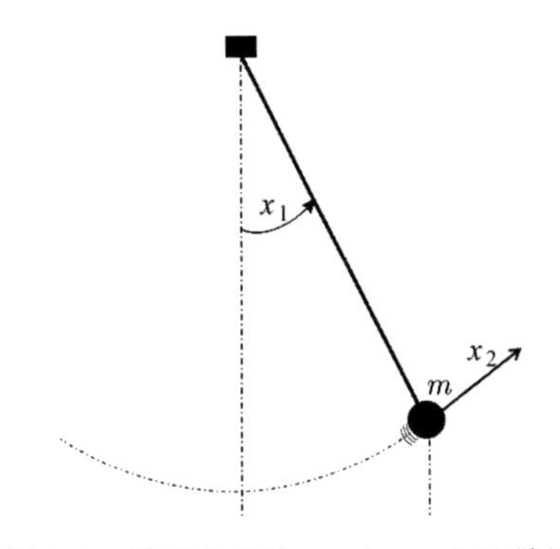

图 2.1　状态向量为 $\mathbf{x}=(x_1, x_2)$ 的单摆

假设其状态表达式为：

$$\begin{cases} \begin{pmatrix} \dot{x}_1 \\ \dot{x}_2 \end{pmatrix} = \begin{pmatrix} x_2 \\ -\sin x_1 + u \end{pmatrix} \\ y = x_1 \end{cases}$$

当然，这是一个归一化的模型，即将其系数（质量、重力以及长度）设定为 1。欲使单摆的位置 $x_1(t)$ 与一些随时间变化的期望位置 $w(t)$ 相同。通过利用一个反馈线性化方法（稍后会详述），可得到一个状态反馈控制器以使误差 $e=w-x_1$ 在 $\exp(-t)$（即设定极点为 -1）处趋近于 0。在此对 y 求导，直到出现单独 u 为止，即

$$\begin{aligned} \dot{y} &= x_2 \\ \ddot{y} &= -\sin x_1 + u \end{aligned}$$

可选择：

$$u = \sin x_1 + v \tag{2.4}$$

其中，v 对应于新的所谓的中间输入，从而我们可以得到：

$$\ddot{y} = v \tag{2.5}$$

68

由于这样的一个反馈能将非线性系统转化为线性系统，因此将其称为反馈线性化。可用标准的线性方法对通过此方法得到的系统进行稳定。举例说明，一个比例 – 微分控制器为：

$$
\begin{aligned}
v &= (w-y)+2(\dot{w}-\dot{y})+\ddot{w} \\
&= (w-x_1)+2(\dot{w}-x_2)+\ddot{w}
\end{aligned}
$$

将该表达式代入式（2.5）中，可得：

$$\ddot{y}=(w-x_1)+2(\dot{w}-x_2)+\ddot{w}$$

则有：

$$e+2\dot{e}+\ddot{e}=0$$

式中，e=w−x_1 为单摆的位置与其期望点之间的误差。控制器的完整表达式为：

$$u \overset{\text{式 (2.4)}}{=} \sin x_1+(w-x_1)+2(\dot{w}-x_2)+\ddot{w}$$

一旦通过该瞬态，如果想要实现单摆的角度 x_1 等于 sin t，只需令 $w(t)$=sin t。那么，$\dot{w}(t)=\cos t$，$\ddot{w}=-\sin t$。因此，该控制器如下式所示：

$$u=\sin x_1+(\sin t-x_1)+2(\cos t-x_2)-\sin t$$

在这个简单的例子中可以看出，期望的控制器是非线性的且依赖于时间，而且并没有利用线性化的近似计算。当然，为了使系统线性化，在第一次反馈时就已完成了线性化，但该线性化并没有引入任何近似计算。

2.3 反馈线性化方法的原理

2.3.1 原理

在此，将对前一小节所述方法进行概述。考虑如下所示的非线性系统：

$$\begin{cases}\dot{\mathbf{x}} = \mathbf{f}(\mathbf{x})+\mathbf{g}(\mathbf{x})\mathbf{u} \\ \mathbf{y} = \mathbf{h}(\mathbf{x})\end{cases} \tag{2.6}$$

69

式中，输入和输出变量的数量都等于 m。反馈线性化方法的理念就是利用一个形如 $\mathbf{u}$=$\mathbf{r}(\mathbf{x},\mathbf{v})$ 的控制器去转化系统，其中 $\mathbf{v}$ 为 m 维的新输入变量。这种转化需要满足系统的状态易于获取的条件，如果不满足，则需在非线性的情形下建立一个观测器，这是非常困难的。在假设状态变量易于获取之后，向量 $\mathbf{y}$ 将不再是一个真正的输出，而是期望变量的向量。

为了实现该转化，需要将每个 y_i 的连续阶导数表示为关于状态变量和输入变量的方程。一旦输入变量出现在微分表达式中，便停止求导，如此便可得到如下形式的方程：

$$\begin{pmatrix} y_1^{(k_1)} \\ \vdots \\ y_m^{(k_m)} \end{pmatrix} = \mathbf{A}(\mathbf{x})\mathbf{u}+\mathbf{b}(\mathbf{x}) \tag{2.7}$$

式中，k_i 表示为了使式中出现输入变量需对 y_i 进行求导的次数（为更好地理解，可参照前一节所给示例）。前提条件是矩阵 $\mathbf{A}(\mathbf{x})$ 是可逆的，则该转化式为：

$$\mathbf{u}=\mathbf{A}^{-1}(\mathbf{x})(\mathbf{v}-\mathbf{b}(\mathbf{x})) \tag{2.8}$$

式中，$\mathbf{v}$ 为新输入变量（见图 2.2），如此形成了一个 m 入 m 出的线性系统 $\mathcal{S}_{\mathrm{L}}$，如下述微分方程所示：

$$\mathcal{S}_{\mathrm{L}}:\begin{cases} y_1^{(k_1)} &= v_1 \\ \vdots &= \vdots \\ y_m^{(k_m)} &= v_m \end{cases}$$

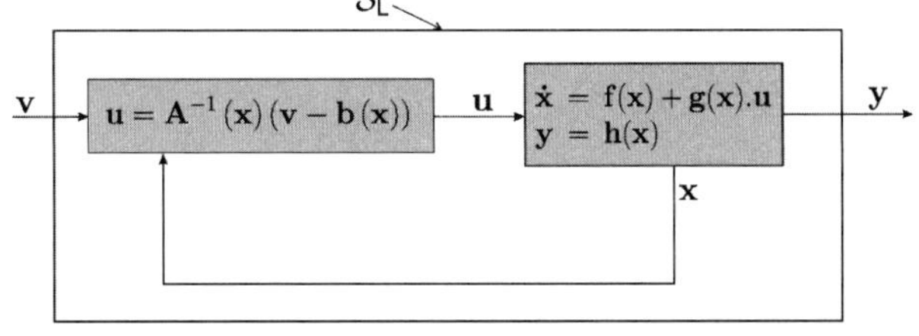

图 2.2 非线性系统转化后变为线性可解耦的，因此易于控制

70

该系统是线性的且是完全解耦的（即每个输入 v_i 仅对应一个输出 y_i）。因此，利用标准的线性方法很容易实现控制。在此，所要控制的系统由解耦的积分链组成；并将用到 m 个 PID 控制器，其原理已在 2.1 节给出。需注意的是，为了使用该类控制器，必须得到输出变量的导数。假设系统的所有状态变量 x_i 都较易获得，那么利用状态方程可以很容易获得这些导数关于 x_i 的表达式。

注释 如果机器人的输入多于必要输入，即 $\dim\mathbf{u} > \dim\mathbf{y}$，则将其称为冗余机器人。在这种情况下，矩阵 $\mathbf{A}(\mathbf{x})$ 是矩形的。为了应用式（2.8）所示变换，可使用广义逆矩阵。如果 $\mathbf{A}$ 满秩（即等于 $\dim\mathbf{y}$），则该广义逆矩阵为：

$$\mathbf{A}^{\dagger} = \mathbf{A}^{\mathrm{T}}\cdot\left(\mathbf{A}\cdot\mathbf{A}^{\mathrm{T}}\right)^{-1}$$

因此可得：

$$\dim\mathbf{v} = \dim\mathbf{y} < \dim\mathbf{u}$$

这种情况与正方形机器人（即非冗余机器人）的情况相同。

2.3.2 相对次数

通过合理分析获得方程（2.7）的途径，得出第 i 个输出的第 k 阶导数 $y_i^{(k)}$ 可表示为如下形式：

$$\begin{aligned} y_i^{(k)} &= \hat{b}_{ik}(\mathbf{x}),\ \ j < k_i \\ y_i^{(k)} &= \hat{\mathbf{a}}_{ik}^{\mathrm{T}}(\mathbf{x})\cdot\mathbf{u} + \hat{b}_{ik}(\mathbf{x}),\ \ k = k_i \\ y_i^{(k)} &= \hat{\mathbf{a}}_{ik}(\mathbf{x},\mathbf{u},\dot{\mathbf{u}},\ddot{\mathbf{u}},\cdots),\ \ k > k_i \end{aligned}$$

将系数 k_i 称为第 i 个输出的相对次数。只要满足 k 小于等于 k_i，则通过测量系统的状态 $\mathbf{x}$ 及其输入 $\mathbf{u}$，便可得到输出 $y_i^{(k)}$ 的连续阶导数。实际上，如果信号内存在高频噪声，便无法利用微分器可靠地获得信号的导数。因此，可得如下解析函数：

$$\Delta : \begin{array}{ll} \mathbb{R}^m & \to \mathbb{R}^{(k_1+1)\cdots(k_m+1)} \\ (\mathbf{x},\mathbf{u}) & \mapsto \Delta(\mathbf{x},\mathbf{u}) = (y_1, \dot{y}_1, \cdots, y_1^{(k_1)}, y_2, \dot{y}_2, \cdots, y_m^{(k_m)}) \end{array}$$

71 以此便可获得输出变量的所有导数（直到其相对次数），且不会用到数字微分器。

例 考虑下述系统：

$$\begin{cases} \dot{x} = xu + x^3 \\ y = 2x \end{cases}$$

可得：

$$\begin{aligned} y &= 2x \\ \dot{y} &= 2\dot{x} = 2xu + 2x^3 \\ \ddot{y} &= 2\dot{x}u + 2x\dot{u} + 6\dot{x}x^2 = 2(xu + x^3)u + 2x\dot{u} + 6(xu + x^3)x^2 \end{aligned}$$

因此，对于输出 y 而言，其相对次数为 k=1，那么不用数字微分器便可得到 $\dot{y}$。而对于 $\ddot{y}$ 而言并非如此，因为已知一个高精度的 u 并不代表能够得到 $\dot{u}$。在此，可得 $\Delta(x,u)=(2x,2xu+2x^3)$。

2.3.3 微分延迟矩阵

我们把为了使 u_j 出现而对 y_i 求导的次数称为输入 u_j 从输出 y_i 中分离出来的*微分延迟* r_{ij}，把 r_{ij} 的矩阵 $\mathbf{R}$ 称为*微分延迟矩阵*。直接考察这组状态方程，这个矩阵无须计算便可直接得到，即仅通过计数每个输入 u_j 为了能代数影响输出 y_i 所必须满足的积分器个数便可获得（在习题中会更加详细地讨论一些示例）。每个输出的相对次数可通过取每一行的最小值得到，下面通过一个例子加以说明：

$$\mathbf{R} = \begin{pmatrix} \mathbf{1} & 2 & 2 \\ \mathbf{3} & 4 & \mathbf{3} \\ 4 & \infty & \mathbf{2} \end{pmatrix}$$

上式所对应系统包括三个输入变量、三个输出变量以及三个相对次数 $k_1=1, k_2=3, k_3=2$。如果存在一个 j，满足 $\forall i, r_{ij} > k_i$（或矩阵内某一列没有加粗元素），则称矩阵 $\mathbf{R}$ 是*不平衡的*。在该例子中，因为存在一个 $j(j=2)$，满足 $\forall i, r_{ij} > k_i$，所以它是不平衡的。如果矩阵是不平衡的，那么对于所有的 i，均有 $y_i^{(k)}$ 不依赖于 u_j。在这种情况下，$\mathbf{A}(\mathbf{x})$ 的第 j 列将为 0，那么矩阵 $\mathbf{A}(\mathbf{x})$ 将一直是奇异的。因此，式（2.8）将变得没有意义。避免这种情况的一种方法

72 就是在系统之前增加一个或多个积分器来延迟一些输入 u_j。在第 j 个输入之前增加一个积分器，也就意味着对 $\mathbf{R}$ 的第 j 列加 1。在本例中，如果在 u_1 之前增加一个积分器，可得：

$$\mathbf{R} = \begin{pmatrix} \mathbf{2} & \mathbf{2} & \mathbf{2} \\ 4 & 4 & \mathbf{3} \\ 5 & \infty & \mathbf{2} \end{pmatrix}$$

则相对次数变成 $k_1=2, k_2=3, k_3=2$，同时矩阵 $\mathbf{R}$ 也变为平衡的了。

2.3.4 奇异点

反馈式（2.8）中所包含的矩阵 $\mathbf{A}(\mathbf{x})$ 可能不是可逆的，当 $\mathbf{x}$ 的值满足 $\det(\mathbf{A}(\mathbf{x}))=0$ 时，

将其称为奇异点。尽管在状态空间中，奇异点通常形成一个 0 变量集合，但学习奇异点是最根本的，因为奇异点有时是不可避免的。称系统（2.6）的合理输出的集合为：

$$\mathbb{S}_y = \{\mathbf{y} \in \mathbb{R}^m \mid \exists \mathbf{x} \in \mathbb{R}^n, \exists \mathbf{u} \in \mathbb{R}^m, \mathbf{f}(\mathbf{x}) + \mathbf{g}(\mathbf{x}) \cdot \mathbf{u} = \mathbf{0}, \mathbf{y} = \mathbf{h}(\mathbf{x})\}$$

因此，集合 $\mathbb{S}_y$ 由一个 m 维的可微流形（或表面）在 $\mathbb{R}^m$ 上的投影组成（因为对于 $2m+n$ 个变量有 $m+n$ 个方程），那么，除了简并情况，$\mathbb{S}_y$ 就是内外都非空的 $\mathbb{R}^m$ 的子集。

为了正确理解，考虑一个图 2.3 所示的一个在轨二轮车的例子。可用一个水平吹风机驱动该二轮车，其推力的方向是可控的。但是，注意吹风机的旋转速度是一定的。

图 2.3　由一个吹风机推动的二轮车机器人

该系统模型的状态方程如下式所示：

$$\begin{cases} \dot{x}_1 = u \\ \dot{x}_2 = \cos x_1 - x_2 \\ y = x_2 \end{cases}$$

式中，x_1 为吹风机的推力角，x_2 为二轮车的速度。注意，在此考虑了一种黏性摩擦力。则合理输出的集合为： 73

$$\begin{aligned} \mathbb{S}_y &= \{y \mid \exists x_1, \exists x_2, \exists u, u = 0, \cos x_1 - x_2 = 0, y = x_2\} \\ &= \{y \mid \exists x_1, \cos x_1 = y\} = [-1, 1] \end{aligned}$$

这就意味着无法将该二轮车稳定在一个绝对值大于 1 的速度下。在此应用反馈线性化的方法，可得：

$$\begin{aligned} \dot{y} &= \cos x_1 - x_2 \\ \ddot{y} &= -(\sin x_1)\, u - \cos x_1 + x_2 \end{aligned}$$

因此，线性化控制器为：

$$u = \frac{-1}{\sin x_1}(v + \cos x_1 - x_2)$$

该反馈系统的方程如下所示：

$$\ddot{y} = v$$

可能会出现这种情况，即由于可以任意选择 v，则 y 的任何值都可以实现。如果在 $\sin x_1=0$ 时，不存在奇异点，那么这便是正确的。例如，令 $v(t)=1$ 且 $\mathbf{x}(0)=\left(\frac{\pi}{3},0\right)$，则应有：

$$\ddot{y}(t) = v\,(t) = 1$$

$$\dot{y}(t) = \dot{y}\,(0) + \int_0^t \ddot{y}(\tau)\mathrm{d}\tau = \cos x_1(0) - x_2(0) + t = \frac{1}{2} + t$$

$$y(t) = y\,(0) + \int_0^t \dot{y}(\tau)\mathrm{d}\tau = x_2\,(0) + t^2 + \frac{1}{2}t = t^2 + \frac{1}{2}t$$

这实际上是不可能的。当应用该控制器时会得到如下结果：输入 u 代表吹风机相对于正确方向的角度，则最起码在一开始就满足 $\ddot{y}=v$ 。接着 x_1 就被抵消了，并且达到奇异点，于是不会满足方程 $\ddot{y}=v$ 。对于某些系统而言，这样的奇异点是可以被越过的，但不是此处所述情形。

74

2.4　二轮车

2.4.1　一阶模型

考虑一个由如下状态方程所示的二轮车：

$$\begin{cases} \dot{x} &= v\cos\theta \\ \dot{y} &= v\sin\theta \\ \dot{\theta} &= u_1 \\ \dot{v} &= u_2 \end{cases}$$

式中，v 为该二轮车的速度，θ 为方向，(x,y) 为其中心点坐标（见图 2.4）。

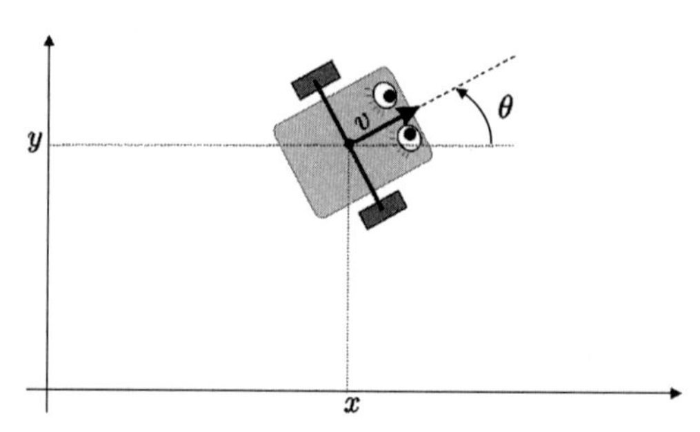

图 2.4　二轮车（也称为 Dubins 小车）

状态向量为 $\mathbf{x}=(x,y,\theta,v)$。在此，想设计一个控制器来描述如下方程所示的一条摆线：

$$\begin{cases} x_d(t) &= R\sin(f_1 t) + R\sin(f_2 t) \\ y_d(t) &= R\cos(f_1 t) + R\cos(f_2 t) \end{cases}$$

其中，R=15, f_1=0.02 且 f_2=0.12。基于此，利用一个反馈线性化方法，可得：

$$\begin{pmatrix} \ddot{x} \\ \ddot{y} \end{pmatrix} = \begin{pmatrix} u_2\cos\theta - u_1 v\sin\theta \\ u_2\sin\theta + u_1 v\cos\theta \end{pmatrix} = \begin{pmatrix} -v\sin\theta & \cos\theta \\ v\cos\theta & \sin\theta \end{pmatrix} \begin{pmatrix} u_1 \\ u_2 \end{pmatrix}$$

如果将输入看作：

$$\begin{pmatrix} u_1 \\ u_2 \end{pmatrix} = \begin{pmatrix} -v\sin\theta & \cos\theta \\ v\cos\theta & \sin\theta \end{pmatrix}^{-1} \begin{pmatrix} v_1 \\ v_2 \end{pmatrix}$$

75

式中，(v_1,v_2) 为新输入向量，则可得到如下线性系统：

$$\begin{pmatrix} \ddot{x} \\ \ddot{y} \end{pmatrix} = \begin{pmatrix} v_1 \\ v_2 \end{pmatrix}$$

转换该方程以使方程的所有极点变为 -1，则由式（2.2）可得：

$$\begin{cases} v_1 = (x_d - x) + 2(\dot{x}_d - \dot{x}) + \ddot{x}_d = (x_d - x) + 2(\dot{x}_d - v\cos\theta) + \ddot{x}_d \\ v_2 = (y_d - y) + 2(\dot{y}_d - \dot{y}) + \ddot{y}_d = (y_d - y) + 2(\dot{y}_d - v\sin\theta) + \ddot{y}_d \end{cases}$$

那么，转换后的方程服从如下微分方程：

$$\begin{pmatrix} (x_d - x) + 2(\dot{x}_d - \dot{x}) + (\ddot{x}_d - \ddot{x}) \\ (y_d - y) + 2(\dot{y}_d - \dot{y}) + (\ddot{y}_d - \ddot{y}) \end{pmatrix} = \begin{pmatrix} 0 \\ 0 \end{pmatrix}$$

如果，将误差向量定义为 $\mathbf{e}=(e_x,e_y)=(x_d-x,y_d-y)$，则可将误差的动态特性写为：

$$\begin{pmatrix} e_x + 2\dot{e}_x + \ddot{e}_x \\ e_y + 2\dot{e}_y + \ddot{e}_y \end{pmatrix} = \begin{pmatrix} 0 \\ 0 \end{pmatrix}$$

上式稳定而快速地收敛于 0。因此，控制器为：

$$\begin{pmatrix} u_1 \\ u_2 \end{pmatrix} = \begin{pmatrix} -v\sin\theta & \cos\theta \\ v\cos\theta & \sin\theta \end{pmatrix}^{-1} \begin{pmatrix} (x_d - x) + 2(\dot{x}_d - v\cos\theta) + \ddot{x}_d \\ (y_d - y) + 2(\dot{y}_d - v\sin\theta) + \ddot{y}_d \end{pmatrix} \qquad (2.9)$$

其中，

$$\begin{aligned} \dot{x}_d(t) &= Rf_1\cos(f_1 t) + Rf_2\cos(f_2 t) \\ \dot{y}_d(t) &= -Rf_1\sin(f_1 t) - Rf_2\sin(f_2 t) \\ \ddot{x}_d(t) &= -Rf_1^2\sin(f_1 t) - Rf_2^2\sin(f_2 t) \\ \ddot{y}_d(t) &= -Rf_1^2\cos(f_1 t) - Rf_2^2\cos(f_2 t) \end{aligned}$$

2.4.2 二阶模型

在此，假设该二轮车可由如下状态方程描述：

$$\begin{cases} \dot{x} = u_1\cos\theta \\ \dot{y} = u_1\sin\theta \\ \dot{\theta} = u_2 \end{cases}$$

选择向量 $\mathbf{y}=(x,y)$ 作为输出。反馈线性化方法可以生成一个始终奇异的矩阵 $\mathbf{A}(\mathbf{x})$。正如 2.3.3 节所述，不用任何计算仅简单地观测如下微分延迟矩阵便可对其进行预测：

76

$$\mathbf{R} = \begin{pmatrix} \mathbf{1} & 2 \\ \mathbf{1} & 2 \end{pmatrix}$$

该矩阵所包含列中的所有元素均不对应于相应行的最小值（即列中没有加粗项）。下面举例说明如何通过在一些输入变量之前增加积分器以跳出这种情况。例如，在第一个输入之前增加一个积分器，其状态变量由 z 表示。回顾之前所述，在系统的第 j 个输入之前增加一个积分器也就意味着对 $\mathbf{R}$ 的第 j 列加 1，那么矩阵 $\mathbf{R}$ 便处于平衡状态，于是可得到一个如下式所示的新系统：

$$\begin{cases}\dot{x} = z\cos\theta \\ \dot{y} = z\sin\theta \\ \dot{\theta} = u_2 \\ \dot{z} = c_1\end{cases}$$

则有：

$$\begin{cases}\ddot{x} = \dot{z}\cos\theta - z\dot{\theta}\sin\theta = c_1\cos\theta - zu_2\sin\theta \\ \ddot{y} = \dot{z}\sin\theta + z\dot{\theta}\cos\theta = c_1\sin\theta + zu_2\cos\theta\end{cases}$$

即

$$\begin{pmatrix}\ddot{x} \\ \ddot{y}\end{pmatrix} = \begin{pmatrix}\cos\theta & -z\sin\theta \\ \sin\theta & z\cos\theta\end{pmatrix}\begin{pmatrix}c_1 \\ u_2\end{pmatrix}$$

除了在 z 为 0 的不可能情况下，该矩阵均是非奇异的（在此，可将 z 视为车速）。因此，反馈线性化的方法便有效。取：

$$\begin{pmatrix}c_1 \\ u_2\end{pmatrix} = \begin{pmatrix}\cos\theta & -z\sin\theta \\ \sin\theta & z\cos\theta\end{pmatrix}^{-1}\begin{pmatrix}v_1 \\ v_2\end{pmatrix} = \begin{pmatrix}\cos\theta & \sin\theta \\ -\frac{\sin\theta}{z} & \frac{\cos\theta}{z}\end{pmatrix}\begin{pmatrix}v_1 \\ v_2\end{pmatrix}$$

为了得到如下形式的反馈系统：

$$\begin{pmatrix}\ddot{x} \\ \ddot{y}\end{pmatrix} = \begin{pmatrix}v_1 \\ v_2\end{pmatrix}$$

77

图 2.5 解释说明了之前所执行的反馈线性化。

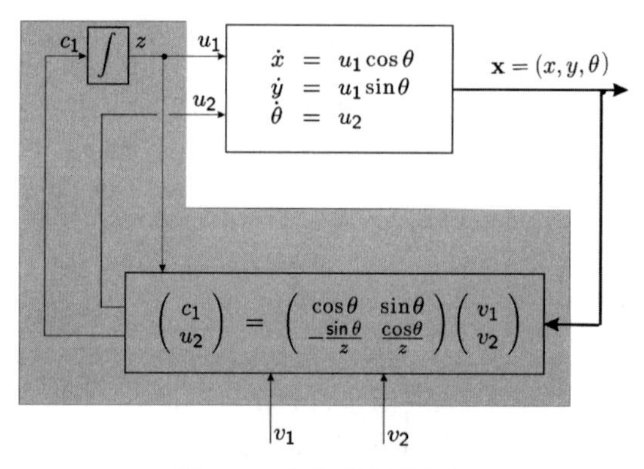

图 2.5　动态反馈线性化

为了使所有的极点均为 −1（见式（2.2）），则需取：

$$\begin{pmatrix}c_1 \\ u_2\end{pmatrix} = \begin{pmatrix}\cos\theta & \sin\theta \\ -\frac{\sin\theta}{z} & \frac{\cos\theta}{z}\end{pmatrix}\begin{pmatrix}(x_d - x) + 2(\dot{x}_d - z\cos\theta) + \ddot{x}_d \\ (y_d - y) + 2(\dot{y}_d - z\sin\theta) + \ddot{y}_d\end{pmatrix}$$

因此，控制器的状态方程为：

$$\begin{cases}\dot{z} = (\cos\theta)(x_d - x + 2(\dot{x}_d - z\cos\theta) + \ddot{x}_d) \\ \qquad + (\sin\theta)(y_d - y + 2(\dot{y}_d - z\sin\theta) + \ddot{y}_d) \\ u_1 = z \\ u_2 = -\frac{\sin\theta}{z}(x_d - x + 2(\dot{x}_d - z\cos\theta) + \ddot{x}_d) \\ \qquad + \frac{\cos\theta}{z}\cdot(y_d - y + 2(\dot{y}_d - z\sin\theta) + \ddot{y}_d)\end{cases}$$

2.5 控制三轮车

2.5.1 速度和转向模型

考虑图 2.6 所示的三轮车，其演化方程由下式给出：

$$\begin{pmatrix} \dot{x} \\ \dot{y} \\ \dot{\theta} \\ \dot{v} \\ \dot{\delta} \end{pmatrix} = \begin{pmatrix} v\cos\delta\cos\theta \\ v\cos\delta\sin\theta \\ v\sin\delta \\ u_1 \\ u_2 \end{pmatrix}$$

78

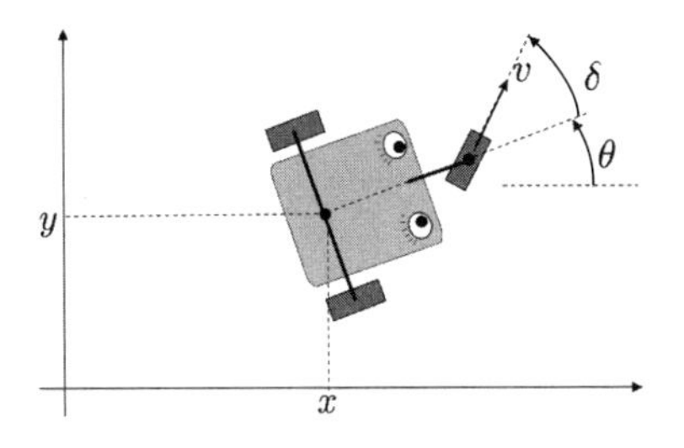

图 2.6 三轮车机器人

在此，假设后桥中心与前轮轴之间的距离为 1m。选择输出向量为 $\mathbf{y}=(v,\theta)$。将输出变量 y_1 和 y_2 的一阶导数可表示为：

$$\dot{y}_1 = \dot{v} = u_1$$

$$\dot{y}_2 = \dot{\theta} = v\sin\delta$$

因为，y_2 的导数 $\dot{y}_2$ 中不包含输入变量，故要对其再求一次导数：

$$\ddot{y}_2 = \dot{v}\sin\delta + v\dot{\delta}\cos\delta = u_1\sin\delta + u_2 v\cos\delta$$

将 $\dot{y}_1$ 和 $\dot{y}_2$ 的表达式写为矩阵形式，如下所示：

$$\begin{pmatrix} \dot{y}_1 \\ \ddot{y}_2 \end{pmatrix} = \underbrace{\begin{pmatrix} 1 & 0 \\ \sin\delta & v\cos\delta \end{pmatrix}}_{\mathbf{A}(\mathbf{x})} \begin{pmatrix} u_1 \\ u_2 \end{pmatrix}$$

若设定反馈为 $\mathbf{u}=\mathbf{A}^{-1}(\mathbf{x})\mathbf{v}$，其中 $\mathbf{v}$ 为新输入，则可将反馈系统的形式重新写为：

$$\mathcal{S}_{\mathrm{L}} : \begin{pmatrix} \dot{y}_1 \\ \ddot{y}_2 \end{pmatrix} = \begin{pmatrix} v_1 \\ v_2 \end{pmatrix}$$

那么，系统将变成线性可解耦的。在此便有两个单变量系统，其一为一阶系统，可用比例控制器对其稳定化；其二为二阶系统，最好利用比例—微分控制器对其稳定化。如果 79 $\mathbf{w}=(w_1,w_2)$ 表示 $\mathbf{y}$ 的设定值，则该控制器可表示为：

$$\begin{cases} v_1 = (w_1 - y_1) + \dot{w}_1 \\ v_2 = (w_2 - y_2) + 2(\dot{w}_2 - \dot{y}_2) + \ddot{w}_2 \end{cases}$$

欲使所有的极点等于 -1（参照方程（2.2）），则该非线性系统的状态反馈控制器的方程为：

$$\mathbf{u}=\begin{pmatrix}1 & 0\\ \sin\delta & v\cos\delta\end{pmatrix}^{-1}\begin{pmatrix}(w_1-v)+\dot{w}_1\\ w_2-\theta+2\left(\dot{w}_2-\frac{v\sin\delta}{L}\right)+\ddot{w}_2\end{pmatrix} \tag{2.10}$$

需要注意的是，该控制器并没有状态变量，因此它是一个静态控制器。

注释　因为

$$\det\left(\mathbf{A}\left(\mathbf{x}\right)\right)=\frac{v\cos\delta}{L}$$

可以为 0，则对于未定义的控制器 $\mathbf{u}$ 是存在奇异点的。当在系统中遇到这样的奇异点时，必须进行适当的处理。

2.5.2　位置控制

在此，试图驱动三轮车跟踪一个期望轨迹 (x_d,y_d)。为此，选择向量 $\mathbf{y}=(x,y)$ 为系统输出，则有：

$$\begin{cases}\dot{x} &= v\cos\delta\cos\theta\\ \ddot{x} &= \dot{v}\cos\delta\cos\theta-v\dot{\delta}\sin\delta\cos\theta-v\dot{\theta}\cos\delta\sin\theta\\ &= u_1\cos\delta\cos\theta-vu_2\sin\delta\cos\theta-v^2\sin\delta\cos\delta\sin\theta\\ \dot{y} &= v\cos\delta\sin\theta\\ \ddot{y} &= \dot{v}\cos\delta\sin\theta-v\dot{\delta}\sin\delta\sin\theta+v\dot{\theta}\cos\delta\cos\theta\\ & \quad u_1\cos\delta\sin\theta-vu_2\sin\delta\sin\theta+v^2\sin\delta\cos\delta\cos\theta\end{cases}$$

因此：

$$\begin{pmatrix}\ddot{x}\\ \ddot{y}\end{pmatrix}=\underbrace{\begin{pmatrix}\cos\delta\cos\theta & -v\sin\delta\cos\theta\\ \cos\delta\sin\theta & -v\sin\delta\sin\theta\end{pmatrix}}_{\mathbf{A}(\mathbf{x})}\begin{pmatrix}u_1\\ u_2\end{pmatrix}+\underbrace{\begin{pmatrix}-v^2\sin\delta\cos\delta\sin\theta\\ v^2\sin\delta\cos\delta\cos\theta\end{pmatrix}}_{\mathbf{b}(\mathbf{x})}$$

然而，由于矩阵 $\mathbf{A}(\mathbf{x})$ 的两列与向量 $(\cos\theta,\sin\theta)$ 共线，故而 $\mathbf{A}(\mathbf{x})$ 行列式的值为 0。这就意味着加速度的可控部分被强制在小车的前进方向。那么，$\ddot{x}$ 和 $\ddot{y}$ 将不会是独立控制的，因此不能应用反馈线性化。

80

2.5.3　选择另一个输出

为了避免得到奇异矩阵 $\mathbf{A}(\mathbf{x})$，在此选择前轮的中心作为输出，则有：

$$\mathbf{y}=\begin{pmatrix}x+\cos\theta\\ y+\sin\theta\end{pmatrix}$$

对其进行一次求导可得：

$$\begin{pmatrix}\dot{y}_1\\ \dot{y}_2\end{pmatrix}=\begin{pmatrix}\dot{x}-\dot{\theta}\sin\theta\\ \dot{y}+\dot{\theta}\cos\theta\end{pmatrix}=v\begin{pmatrix}\cos\delta\cos\theta-\sin\delta\sin\theta\\ \cos\delta\sin\theta+\sin\delta\cos\theta\end{pmatrix}=v\begin{pmatrix}\cos\left(\delta+\theta\right)\\ \sin\left(\delta+\theta\right)\end{pmatrix}$$

再次求导，可得：

$$\begin{pmatrix}\ddot{y}_1\\ \ddot{y}_2\end{pmatrix} = \begin{pmatrix}\dot{v}\cos(\delta+\theta) - v\left(\dot{\delta}+\dot{\theta}\right)\sin(\delta+\theta)\\ \dot{v}\sin(\delta+\theta) + v\cos(\delta+\theta)\end{pmatrix}$$
$$= \begin{pmatrix}u_1\cos(\delta+\theta) - v(u_2+v\sin\delta)\sin(\delta+\theta)\\ u_1\sin(\delta+\theta) + v(u_2+v\sin\delta)\cos(\delta+\theta)\end{pmatrix}$$

因此：

$$\begin{pmatrix}\ddot{y}_1\\ \ddot{y}_2\end{pmatrix} = \underbrace{\begin{pmatrix}\cos(\delta+\theta) & -v\sin(\delta+\theta)\\ \sin(\delta+\theta) & v\cos(\delta+\theta)\end{pmatrix}}_{\mathbf{A}(\mathbf{x})}\begin{pmatrix}u_1\\ u_2\end{pmatrix} + \underbrace{v^2\sin\delta\begin{pmatrix}-\sin(\delta+\theta)\\ \cos(\delta+\theta)\end{pmatrix}}_{\mathbf{b}(\mathbf{x})}$$

除了 v=0 时，$\mathbf{A}(\mathbf{x})$ 行列式的值都绝不为 0。因此，线性化控制为 $\mathbf{u}=\mathbf{A}^{-1}(\mathbf{x})\cdot(\mathbf{v}-\mathbf{b}(\mathbf{x}))$。故而，三轮车的控制器（其所有极点都为 −1）为：

$$\mathbf{u} = \mathbf{A}^{-1}(\mathbf{x})\left(\left(\begin{pmatrix}x_d\\ y_d\end{pmatrix} - \begin{pmatrix}x+\cos\theta\\ y+\sin\theta\end{pmatrix}\right)\right.$$
$$\left. + 2\left(\begin{pmatrix}\dot{x}_d\\ \dot{y}_d\end{pmatrix} - \begin{pmatrix}v\cos(\delta+\theta)\\ v\sin(\delta+\theta)\end{pmatrix}\right) + \begin{pmatrix}\ddot{x}_d\\ \ddot{y}_d\end{pmatrix} - \mathbf{b}(\mathbf{x})\right)$$

其中，$\mathbf{w}=(x_d,y_d)$ 为输出 $\mathbf{y}$ 的期望轨迹。 81

2.6 帆船

帆船机器人的自动控制 [ROM 12] 是一个复杂的问题，即在系统演化中存在强的非线性。在此，将考虑图 2.7 所示的帆船，其状态方程 [JAU 05] 由下式给出：

$$\begin{cases}\dot{x} &= v\cos\theta\\ \dot{y} &= v\sin\theta - 1\\ \dot{\theta} &= \omega\\ \dot{\delta}_{\mathrm{s}} &= u_1\\ \dot{\delta}_{\mathrm{r}} &= u_2\\ \dot{v} &= f_{\mathrm{s}}\sin\delta_{\mathrm{s}} - f_{\mathrm{r}}\sin\delta_{\mathrm{r}} - v\\ \dot{\omega} &= (1-\cos\delta_{\mathrm{s}})f_{\mathrm{s}} - \cos\delta_{\mathrm{r}}\cdot f_{\mathrm{r}} - \omega\\ f_{\mathrm{s}} &= \cos(\theta+\delta_{\mathrm{s}}) - v\sin\delta_{\mathrm{s}}\\ f_{\mathrm{r}} &= v\sin\delta_{\mathrm{r}}\end{cases} \tag{2.11}$$

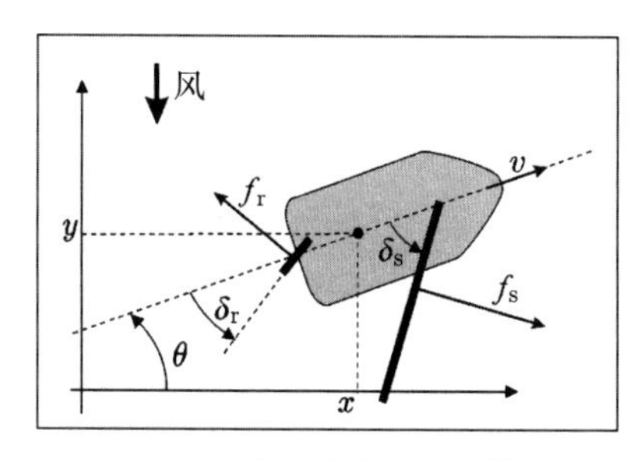

图 2.7 所控制的帆船机器人

当然，这是一个归一化的模型，其中很多参数（重量、长度等）都被设定为 1，以简化后面的演变。7 维的状态向量 $\mathbf{x}=(x,y,\theta,\delta_{\mathrm{s}},\delta_{\mathrm{r}},v,w)$ 由以下部分组成：

1）位置坐标，即帆船重心的 x,y 坐标值、方向角 θ、船帆角度 δ_s 以及船舵角度 δ_r。

2）运动坐标 v 和 w，分别表示重心的速度和帆船的角速度。

82

系统的输入 u_1 和 u_2 为角 δ_s 和 δ_r 的微分。s 和 r 分别表示船帆和船舵。

2.6.1 极坐标曲线

取 $\mathbf{y}=(\theta,v)$ 作为系统输出。所谓极坐标曲线就是所有允许输出的集合（参照 2.3.4 节），即所有可以镇定的变量对 (θ,v) 的集合 $\mathbb{S}_y$。在稳定状态下，有：

$$\dot{\theta}=0,\dot{\delta}_s=0,\dot{\delta}_r=0,\dot{v}=0,\dot{\omega}=0$$

则根据式（2.11），可得：

$$\begin{aligned}\mathbb{S}_y=\{(\theta,v)\ \mid\ & f_s\sin\delta_s-f_r\sin\delta_r-v=0\\ & (1-\cos\delta_s)f_s-\cos\delta_r f_r=0\\ & f_s=\cos(\theta+\delta_s)-v\sin\delta_s\\ & f_r=v\sin\delta_r\ \}\end{aligned}$$

可利用一种区间计算方法获得图 2.8 所示的估计。

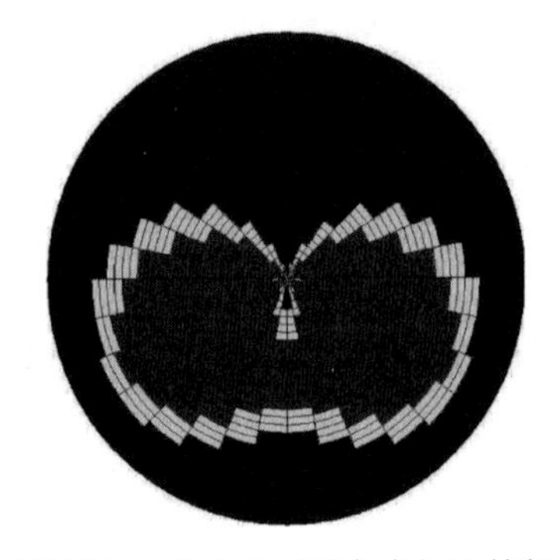

图 2.8 极坐标曲线的内部结构（浅灰色）和外部结构（深灰色）

2.6.2 微分延迟

可以对帆船的状态方程关联一个各变量之间的微分延迟图（见图 2.9）。在图中，实线箭头的解释可取决于读者，可以为一个因果关系、一个微分延迟或一个状态方程。虚线箭头代表一个代数从属关系（并不是微分）。在图中，可以区分两种类型的变量：实线箭头指向的状态变量和虚线箭头指向的中间变量（灰色表示）。将状态变量的导数表示为一个关于所有在其之前变量的代数方程。同样地，中间变量也是一个关于所有在其之前变量的代数方程。

83

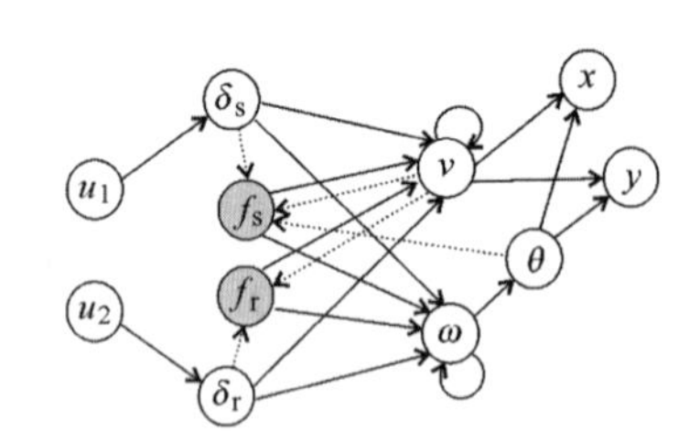

图 2.9 帆船机器人的微分延迟图

那么，某一变量和某一输出 u_j 之间的微分延迟就是从 u_j 开始移动到该变量的实线箭头的最小数量。正如 [JAU 05]，取系统输出为向量 $\mathbf{y}=(\delta_s,\theta)$，则微分延迟矩阵为：

$$\mathbf{R}=\begin{pmatrix}1&\infty\\3&3\end{pmatrix}$$

可将此处的无穷大解释为事实上并没有从 u_2 到 δ_s 的因果链接。其相对次数为 $k_1=1$ 和 $k_2=3$。

2.6.3 反馈线性化方法

回顾之前所选输出（实际上是设定点变量）为船帆张角 $y_1=\delta_s$ 和偏航角 $y_2=\theta$。为了应用反馈线性化方法，首先要对输出变量持续求导直到满足相对次数所要求的阶次，即对 θ 求三阶导数，对 δ_s 求一阶导数。通过微分关系图可以看出：为将 $\dddot{\theta}$ 表示为 $\mathbf{x}$ 和 $\mathbf{u}$ 的函数，需先将 $\ddot{\omega}$, $\dot{\omega}$, $\dot{\delta}_r$, $\dot{\delta}_s$, $\dot{f}_r$, $\dot{f}_s$, $\dot{v}$ 表示为 $\mathbf{x}$ 和 $\mathbf{u}$ 的函数。即

$$\begin{cases} \dot{v} &= f_s \sin\delta_s - f_r \sin\delta_r - v \\ \dot{f}_s &= -(\omega + u_1)\sin(\theta+\delta_s) - \dot{v}\sin\delta_s - v u_1 \cos\delta_s \\ \dot{f}_r &= \dot{v}\sin\delta_r + v u_2 \cos\delta_r \\ \dot{\omega} &= (1-\cos\delta_s)\cdot f_s - \cos\delta_r \cdot f_r - \omega \\ \ddot{\omega} &= u_1 \sin\delta_s \cdot f_s + (1-\cos\delta_s)\cdot \dot{f}_s + u_2 \sin\delta_r \cdot f_r - \cos\delta_r \cdot \dot{f}_r - \dot{\omega} \\ \dddot{\theta} &= \ddot{\omega} \end{cases}$$

84

则有：

$$\begin{pmatrix} \dot{y}_1 \\ \dddot{y}_2 \end{pmatrix} = \begin{pmatrix} \dot{\delta}_s \\ \dddot{\theta} \end{pmatrix} = \underbrace{\begin{pmatrix} 1 & 0 \\ f_s \sin\delta_s & f_r \sin\delta_r \end{pmatrix}}_{\mathbf{A}_1(\mathbf{x})} \begin{pmatrix} u_1 \\ u_2 \end{pmatrix} + \underbrace{\begin{pmatrix} 0 & 0 \\ 1-\cos\delta_s & -\cos\delta_r \end{pmatrix}}_{\mathbf{A}_2(\mathbf{x})} \begin{pmatrix} \dot{f}_s \\ \dot{f}_r \end{pmatrix} + \underbrace{\begin{pmatrix} 0 \\ -\dot{\omega} \end{pmatrix}}_{\mathbf{b}_1(\mathbf{x})}$$

然而：

$$\begin{pmatrix} \dot{f}_s \\ \dot{f}_r \end{pmatrix} = \underbrace{\begin{pmatrix} -(\sin(\theta+\delta_s) + v\cos\delta_s) & 0 \\ 0 & v\cos\delta_r \end{pmatrix}}_{\mathbf{A}_3(\mathbf{x})} \begin{pmatrix} u_1 \\ u_2 \end{pmatrix} + \underbrace{\begin{pmatrix} -\omega\sin(\theta+\delta_s) + \dot{v}\sin\delta_s \\ \dot{v}\sin\delta_r \end{pmatrix}}_{\mathbf{b}_2(\mathbf{x})}$$

因此可得如下关系：

$$\begin{aligned} \begin{pmatrix} \dot{y}_1 \\ \dddot{y}_2 \end{pmatrix} &= \mathbf{A}_1\mathbf{u} + \mathbf{A}_2(\mathbf{A}_3\mathbf{u} + \mathbf{b}_2) + \mathbf{b}_1 \\ &= (\mathbf{A}_1 + \mathbf{A}_2\mathbf{A}_3)\mathbf{u} + \mathbf{A}_2\mathbf{b}_2 + \mathbf{b}_1 = \mathbf{A}\mathbf{u} + \mathbf{b} \end{aligned}$$

为了将 $(\dot{y}_1, \dddot{y}_2)$ 设定为一个期望值 $\mathbf{v}=(v_1,v_2)$，需要令：

$$\mathbf{u} = \mathbf{A}^{-1}(\mathbf{x})(\mathbf{v} - \mathbf{b}(\mathbf{x}))$$

可通过如下微分方程控制这种形式的闭环系统：

$$\mathcal{S}_L : \begin{cases} \dot{y}_1 &= v_1 \\ \dddot{y}_2 &= v_2 \end{cases} \tag{2.12}$$

该方程是线性且解耦的。该线性化系统为 4 阶而不是 7 阶。如此，便失去了对 x,y 和 v 这三个变量的控制。对于变量 x,y 失去控制是可预测到的（欲使帆船前进，那么就会使 x 和 y 不稳定）。至于失去对变量 v 的控制是没有影响的，因为其相应的动力学是稳定的。真的有可能设计一个除其速度收敛于一个有限值之外，可以保持固定航向和船帆张角的帆船吗？

85

在此，确定线性反馈闭环的奇异点。通过计算 $\mathbf{A}(\mathbf{x})$ 的表达式，可得：

$$\det(\mathbf{A}(\mathbf{x})) = f_{\mathrm{r}} \sin\delta_{\mathrm{r}} - v\cos^2\delta_{\mathrm{r}} \stackrel{(2.11)}{=} v\left(2\sin^2\delta_{\mathrm{r}} - 1\right)$$

当该值为 0 时，便存在一个奇异点，即如果：

$$v = 0 \text{ 或 } \delta_{\mathrm{r}} = \frac{\pi}{4} + k\frac{\pi}{2} \tag{2.13}$$

对应于 v=0 的奇异点相对简单易懂：当帆船不前进时，便无法再去控制它。关于船舵角度 δ_{r} 的这种情况则更容易解释。的确，$\delta_{\mathrm{r}}=\pm\frac{\pi}{4}$ 表示一个最大旋转。当 $\delta_{\mathrm{r}}=\pm\frac{\pi}{4}$ 时，船舵上的任何作用都转化为一个缓慢旋转。这便是该奇异点的含义。

在此，处理两个单变量解耦系统。用 $w=(w_1,w_2)$ 表示 $\mathbf{y}$ 的期望值。有时为了说明 w_1 和 w_2 是对应于船帆展开角和航向的期望值，也将其写为 $\mathbf{w}=(\hat{\delta}_{\mathrm{s}}, \hat{\theta})$。选择如下所示的比例—微分控制器：

$$\begin{cases} v_1 = (w_1 - y_1) + \dot{w}_1 \\ v_2 = (w_2 - y_2) + 3(\dot{w}_2 - \dot{y}_2) + 3(\ddot{w}_2 - \ddot{y}_2) + \dddot{w}_2 \end{cases}$$

该控制器可使反馈系统的极点都为 −1（参考方程（2.2））。假设期望值 w 为常量，则该非线性系统的状态反馈控制器的方程为：

$$\mathbf{u} = \mathbf{A}^{-1}(\mathbf{x})\left(\begin{pmatrix} w_1 - \delta_{\mathrm{s}} \\ w_2 - \theta - 3\dot{\theta} - 3\ddot{\theta} \end{pmatrix} - \mathbf{b}(\mathbf{x})\right) \tag{2.14}$$

然而，$\dot{\theta}$ 和 $\ddot{\theta}$ 为状态 $\mathbf{x}$ 的解析方程，则有：

$$\begin{aligned} \dot{\theta} &= \omega \\ \ddot{\theta} &= (1 - \cos\delta_{\mathrm{s}}) f_{\mathrm{s}} - \cos\delta_{\mathrm{r}} f_{\mathrm{r}} - \omega \end{aligned}$$

因此，可将方程（2.14）写为如下形式：

$$\mathbf{u} = \mathbf{r}(\mathbf{x}, \mathbf{w}) = \mathbf{r}\left(\mathbf{x}, \hat{\delta}_{\mathrm{s}}, \hat{\theta}\right) \tag{2.15}$$

86

因为该式中不含有状态变量，所以该控制器是静态的。

2.6.4 极坐标曲线控制

在某些情况下，船主并不想让船只完全自主，而仅是协助操作。同时船主也不想去控制船帆的角度，只想简单控制其速度和航向即可。总而言之，船主欲在极坐标曲线上选择一点，然后由控制器执行初级控制。在巡航工作状态下，可得：

$$\begin{cases} 0 &= \bar{f}_{\rm s}\sin\bar{\delta}_{\rm s} - \bar{f}_{\rm r}\sin\bar{\delta}_{\rm r} - \bar{v} \\ 0 &= \left(1-\cos\bar{\delta}_{\rm s}\right)\cdot\bar{f}_{\rm s} - \cos\bar{\delta}_{\rm r}\cdot\bar{f}_{\rm r} \\ \bar{f}_{\rm s} &= \cos\left(\bar{\theta}+\bar{\delta}_{\rm s}\right) - \bar{v}\sin\bar{\delta}_{\rm s} \\ \bar{f}_{\rm r} &= \bar{v}\sin\bar{\delta}_{\rm r} \end{cases}$$

如果 $(\bar{\theta},\bar{v})$ 在极坐标曲线上，则可计算 $(\bar{f}_{\rm r},\bar{\delta}_{\rm r},\bar{f}_{\rm s},\bar{\delta}_{\rm s})$（通过定义极坐标曲线，至少有一种解法）。那么，便足以将 $(\bar{\theta},\bar{\delta}_{\rm s})$ 引入控制器（2.15）中以实现控制。图 2.10 所示为一个帆船利用该方法在一个港湾内停靠 [HER 10]。

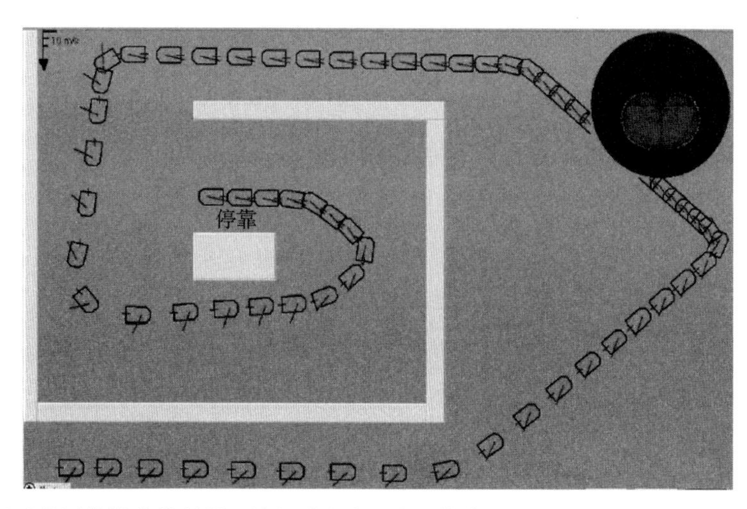

图 2.10　通过使用线性化控制器，该机器人在港湾内停靠在自己的位置上，其极坐标曲线表示在右上角（有关此图的彩色版本，请参见 www.iste.co.uk/jaulin/robotics.zip）

2.7　滑动模态

滑动模态是一组反馈线性化技术的控制方法。假设要控制的系统具有以下形式：

$$\begin{cases} \dot{\mathbf{x}} = \mathbf{f}(\mathbf{x}) + \mathbf{g}(\mathbf{x})\cdot\mathbf{u} \\ \mathbf{y} = \mathbf{h}(\mathbf{x}) \end{cases}$$

87

其中，$\dim\mathbf{u}=\dim\mathbf{y}$，回想一下，在计算了一些导数之后（见方程（2.7）），可得：

$$\begin{pmatrix} y_1^{(k_1)} \\ \vdots \\ y_m^{(k_m)} \end{pmatrix} = \mathbf{A}(\mathbf{x})\cdot\mathbf{u} + \mathbf{b}(\mathbf{x})$$

这意味着，如果 $\mathbf{A}(\mathbf{x})$ 是可逆的，可分别选择 $\mathbf{y}^{(k)}=(y_1^{(k_1)},\cdots,y_m^{(k_m)})$。为此，按下式取便可满足要求：

$$\mathbf{u} = \mathbf{A}^{-1}(\mathbf{x})\left(\begin{pmatrix} y_1^{(k_1)} \\ \vdots \\ y_m^{(k_m)} \end{pmatrix} - \mathbf{b}(\mathbf{x})\right) = \boldsymbol{\phi}\left(\mathbf{x}, y_1^{(k_1)},\cdots,y_m^{(k_m)}\right)$$

在此，仍需要选择所需向量（$y_1^{(k_1)},\cdots,y_m^{(k_m)}$）以实现控制目标。为此，可以考虑两种不同类型的方法。第一种是本章前面介绍的比例 – 微分控制方法。第二种是滑动模态方法，本节将对此进行解释。

为简单且不失一般性，假设有一个单输入和一个单输出，即 $\dim u=\dim y=1$，因此可得：

$$u=\frac{y^{(k)}-b(\mathbf{x})}{a(\mathbf{x})}=\phi\left(\mathbf{x},y^{(k)}\right) \tag{2.16}$$

比例 – 微分控制方法。选择 $y^{(k)}$ 如下：

$$y^{(k)}=\alpha_0\left(y_d-y\right)+\alpha_1\left(\dot{y}_d-\dot{y}\right)+\cdots+\alpha_{k-1}\left(y_d^{(k-1)}-y^{(k-1)}\right)+y_d^{(k)}$$

如果 α_i 选择得好，那么 $y(t)$ 将很快等于期望输出。
即误差 $e=y_d-y$ 以如下动力学方程收敛于 0：

88

$$e^{(k)}+\alpha_{k-1}e^{(k-1)}+\cdots+\alpha_1\dot{e}+\alpha_0 e=0$$

相应的反馈为：

$$u=\phi\left(\mathbf{x},\alpha_0\left(y_d-y\right)+\cdots+\alpha_{k-1}\left(y_d^{(k-1)}-y^{(k-1)}\right)+y_d^{(k)}\right)$$

滑动模态方法。在此选择 $k-1$ 阶的动力学方程：

$$\begin{aligned}y^{(k-1)}=&\ \alpha_0\left(y_d-y\right)+\alpha_1\left(\dot{y}_d-\dot{y}\right)+\ldots\\&+\alpha_{k-2}\left(y_d^{(k-2)}-y^{(k-2)}\right)+y_d^{(k-1)}\end{aligned}$$

或等价地，

$$\begin{aligned}s(\mathbf{x},t)=&\ \underbrace{y_d^{(k-1)}-y^{(k-1)}}_{e^{(k-1)}}+\ \alpha_{k-2}\underbrace{\left(y_d^{(k-2)}-y^{(k-2)}\right)}_{e^{(k-2)}}+\cdots+\alpha_1\underbrace{\left(\dot{y}_d-\dot{y}\right)}_{\dot{e}}\\&+\alpha_0\underbrace{\left(y_d-y\right)}_{e}=0\end{aligned}$$

该方程对应于误差的动力学，但也可以解释为 k 维空间 $(y,\dot{y},\ddot{y},\cdots,y^{(k-1)})$ 的 $k-1$ 维曲面。当 y_d 是时间相关时，则该曲面正在移动。因为元素 $(y,\dot{y},\ddot{y},\cdots,y^{(k-1)})$ 都是 x 的函数，且 $y^{(k)}$ 依赖于 x 和 u，则可将该曲面写成 $s(\mathbf{x},t)=0$ 的形式。此时，还需确定在方程（2.16）中为 $y^{(k)}$ 加入什么？滑动模态的原理是把系统代到这个表面 $s(\mathbf{x},t)$ 并保持在上面。如果达到了这个目的，那么就能得到所要求的误差 y_d-y 动力学，为了收敛到表面，可以取：

$$y^{(k)}=K\cdot\operatorname{sign}\left(s\left(\mathbf{x},t\right)\right)$$

式中，$K>0$ 且很大，如果 $s>0$，这意味着 $y^{(k-1)}$ 太小了，则必须将其增大。这就是为什么 K 应该是正的。由式（2.16）可知，滑模控制为：

$$u=\phi\left(\mathbf{x},K\cdot\operatorname{sign}\left(s\left(\mathbf{x},t\right)\right)\right)$$

89

滑动模态的一个重要特征是，不需要插入积分效应来补偿常扰动，并且控制器对于许多类型的扰动都是鲁棒的。事实上，任何可能从滑膜面脱离系统的扰动都会从控制器立即产生一个强烈的响应，该响应会将其带回该表面。另一方面，滑模控制会产生一种高频的、不确定的开关控制信号，导致系统在靠近滑模面处的振动。

2.8 运动学模型和动力学模型

2.8.1 原理

机器人的动力学模型为如下形式：

$$\dot{\mathbf{x}} = \mathbf{f}(\mathbf{x}, \mathbf{u})$$

式中，$\mathbf{u}$ 为外力向量（可以控制）。函数 $\mathbf{f}$ 包含有动力学系数（如质量、惯性矩和摩擦系数等）和几何参数（如长度）。这些动力学系数通常并不是完全已知的，而且随着磨损或使用时间而变化。如果在此将力的作用点的期望加速度向量 $\mathbf{a}$ 作为系统新输入变量（在力的作用方向上），便可得到一个如下形式的新模型，并将其称为运动学模型：

$$\dot{\mathbf{x}} = \varphi(\mathbf{x}, \mathbf{a})$$

但在该新模型中，动力学系数几乎都消失了。利用一个所谓的高增益控制器便有可能实现从动力学模型到运动学模型的转换，该控制器的形式如下：

$$\mathbf{u} = K(\mathbf{a} - \mathbf{a}(\mathbf{x}, \mathbf{u}))$$

式中，K 为一个非常大的实数。$\mathbf{a}(\mathbf{x},\mathbf{u})$ 为关于力 $\mathbf{u}$ 和状态 $\mathbf{x}$ 的方程，根据该方程可获得外力所对应的加速度。在实际应用中，并不是在控制器中计算 $\mathbf{a}(\mathbf{x},\mathbf{u})$，而是利用加速度计去测量，则实际应用的控制器为：

$$\mathbf{u} = K(\mathbf{a} - \widetilde{\mathbf{a}})$$

式中，$\tilde{\mathbf{a}}$ 对应于所测加速度向量，由此可得：

$$\dot{\mathbf{x}} = \mathbf{f}(\mathbf{x}, K(\mathbf{a} - \mathbf{a}(\mathbf{x}, \mathbf{u}))) \Leftrightarrow \dot{\mathbf{x}} = \varphi(\mathbf{x}, \mathbf{a})$$

90

可利用该简单的高增益反馈摈除大量的动力学参数，并将不确定系统转换为几何系数已知的可靠系统。该高增益反馈在电子学中为运算放大器，同样也是利用鲁棒性的理念。

将一个动力学模型转换为一个运动学模型具有如下优势：

1）本节所述的线性化控制器需要利用一个可靠的模型，如运动学模型。假如系数（未测量的）是未知的（如在动力学系统中），则该线性化控制器在实际应用中不起作用。

2）运动学模型更容易代入方程中，所以没有必要根据动力学模型去获得。

3）伺服电动机（详见 2.8.3 节）包含有该高增益控制器，因此可将其视为机械运算放大器。

下节将通过倒立摆的例子解释该概念。

2.8.2 倒立摆系统

考虑一个倒立摆，由一个位于移动小车车顶的处于不稳定平衡状态的单摆组成，如图 2.11 所示。

91

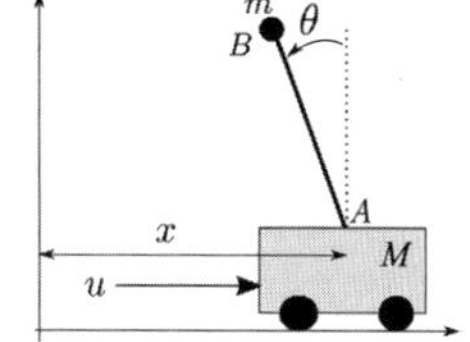

图 2.11 倒立摆建模与控制

2.8.2.1　动力学模型

变量 u 为施加于质量为 M 的二轮车上的外力，x 为该二轮车的位置，θ 为单摆与水平方向的夹角。则状态方程可写为如下形式：

$$\frac{\mathrm{d}}{\mathrm{d}t}\begin{pmatrix} x \\ \theta \\ \dot{x} \\ \dot{\theta} \end{pmatrix} = \begin{pmatrix} \dot{x} \\ \dot{\theta} \\ \frac{-m\sin\theta(\ell\dot{\theta}^2 - g\cos\theta)}{M+m\sin^2\theta} \\ \frac{\sin\theta((M+m)g - m\ell\dot{\theta}^2\cos\theta)}{\ell(M+m\sin^2\theta)} \end{pmatrix} + \begin{pmatrix} 0 \\ 0 \\ \frac{1}{M+m\sin^2\theta} \\ \frac{\cos\theta}{\ell(M+m\sin^2\theta)} \end{pmatrix} u \tag{2.17}$$

2.8.2.2　运动学模型

回顾倒立摆的状态方程，但将输入变量替换为加速度 $a=\ddot{x}$，由式（2.17）可得：

$$a = \frac{1}{M+m\sin^2\theta}\left(-m\sin\theta(\ell\dot{\theta}^2 - g\cos\theta) + u\right) \tag{2.18}$$

因此：

$$\begin{aligned} \dot{\theta} &\overset{\text{式(2.17)}}{=} \frac{\sin\theta((M+m)g - m\ell\dot{\theta}^2\cos\theta)}{\ell(M+m\sin^2\theta)} + \frac{\cos\theta}{\ell(M+m\sin^2\theta)}u \\ &\overset{\text{式(2.18)}}{=} \frac{\sin\theta((M+m)g - m\ell\dot{\theta}^2\cos\theta)}{\ell(M+m\sin^2\theta)} \\ &\quad + \frac{\cos\theta}{\ell(M+m\sin^2\theta)}\left(m\sin\theta\left(\ell\dot{\theta}^2 - g\cos\theta\right) + \left(M+m\sin^2\theta\right)a\right) \\ &= \frac{(M+m)g\sin\theta - gm\sin\theta\cos^2\theta + \left(M+m\sin^2\theta\right)\cos\theta\cdot a}{\ell(M+m\sin^2\theta)} \\ &= \frac{g\sin\theta}{\ell} + \frac{\cos\theta}{\ell}a \end{aligned}$$

注意，可直接通过下式获得该关系式：

$$\ell\ddot{\theta} = a\cdot\cos\theta + g\cdot\sin\theta$$

注释　为了以一种严谨的方式得到该关系式，需要写出速度的时间导数的复合公式，即

$$\dot{\mathbf{v}}_A = \dot{\mathbf{v}}_B + \overrightarrow{AB}\wedge\vec{\dot{\omega}}$$

将其表示在单摆的坐标系中，可得：

$$\begin{pmatrix} a\cos\theta \\ -a\sin\theta \\ 0 \end{pmatrix} = \begin{pmatrix} -g\sin\theta \\ n \\ 0 \end{pmatrix} + \begin{pmatrix} 0 \\ \ell \\ 0 \end{pmatrix}\wedge\begin{pmatrix} 0 \\ 0 \\ \dot{\omega} \end{pmatrix}$$

92

式中，n 对应于质量 m 的垂直加速度。由此便可得到期望的关系式和不再利用的垂直加速度 $n=-a\sin\theta$。

最后，可将该运动学模型表示为：

$$\frac{\mathrm{d}}{\mathrm{d}t}\begin{pmatrix} x \\ \theta \\ \dot{x} \\ \dot{\theta} \end{pmatrix} = \begin{pmatrix} \dot{x} \\ \dot{\theta} \\ 0 \\ \frac{g\sin\theta}{\ell} \end{pmatrix} + \begin{pmatrix} 0 \\ 0 \\ 1 \\ \frac{\cos\theta}{\ell} \end{pmatrix} a \tag{2.19}$$

将该模型称为运动学模型，其中仅包含位置、速度和加速度（见图 2.12）。较之动力学模型，运动学模型更为简单，且所含系数更少。然而由于系统输入为力而不是加速度，因此这与实际情况对应很少。在实际应用中，可以通过采用该形式的高增益比例控制器来计算 u，从输入 u 的动态模型（2.17）切换到输入 a 的运动学模型（2.19），u 可由一个如下形式的高增益比例控制器计算得到：

$$u = K(a - \ddot{x}) \tag{2.20}$$

式中，K 非常大，且 a 为新的输入变量。

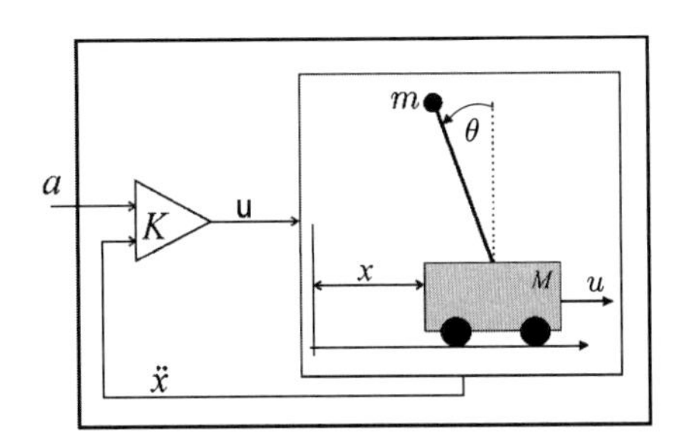

图 2.12　一个以高增益 K 闭环的倒立摆系统，行动像一个运动学模型

可通过加速度计测量加速度 $\ddot{x}$。如果 K 足够大，那么必然有可提供期望加速度 a 的控制器 u；换言之，可得 $\ddot{x}=a$。因此，可通过状态方程（2.17）描述系统（2.19），该方程中不包含系统的任何惯性参数。由于基于运动学模型设计的控制器是关于任意 m,M，惯性动量和摩擦力等的方程，因此要比基于动力学模型设计的控制器鲁棒性更好。该高增益控制器非常接近于运算放大器的原理。除鲁棒性更好之外，通过该方法可很容易获得更简模型。对于式（2.20）所示控制器的应用，当然不需要利用状态方程（2.17）去表示 $\ddot{x}$，而是去测量 $\ddot{x}$。正是利用这种测量法得到了一个独立于动力学系数的控制器。

93

在此试图使倒立摆以期望的角度 $\theta_d=\sin t$ 左右振荡，对其应用线性化控制器可得：

$$\ddot{\theta} = \frac{g\sin\theta}{\ell} + \frac{\cos\theta}{\ell}a$$

因此，取：

$$a = \frac{\ell}{\cos\theta}\left(v - \frac{g\sin\theta}{\ell}\right)$$

式中，v 为新输入变量。那么选取：

$$v = (\theta_d - \theta) + 2\left(\dot{\theta}_d - \dot{\theta}\right) + \ddot{\theta}_d = \sin t - \theta + 2\cos t - 2\dot{\theta} - \sin t$$

最后：

$$\begin{aligned} u &= K(a - \ddot{x}) \\ &= K\left(\frac{\ell}{\cos\theta}\left(\sin t - \theta + 2\cos t - 2\dot{\theta} - \sin t - \frac{g\sin\theta}{\ell}\right) - \ddot{x}\right) \end{aligned}$$

注意，在该控制器中并没有考虑惯性参数。该控制器确保系统可以遵循其设定角度。但是，因为 u 是不依赖于 x 的，所以该二轮车的位置可以是发散的。此外，此处 x 的动态是隐藏的和不稳定的，通常情况下将其称为*零动态*。在习题 2.5 中，我们将看到如何通过选择一个最大化相对度的输出来避免隐藏的动态。

2.8.3　伺服电动机

一个机械系统是由力或力矩控制的，且服从依赖于很多未知参数的动力学系统。这些由一个运动学模型所表示的同类型机械系统可通过位置、速度或加速度实现控制。运动学模型依赖于已知的几何参数，且更容易代入方程中。在实际应用中，通过增加伺服电动机将动力学模型转换为其运动学模型。总而言之，一个伺服电动机是一个具有电气控制电路和传感器（位置、速度或加速度）的 DC 电动机。控制电路计算出电压 u 并将其传送给电动机，以使传感器的测量值与设定值 w 相对应。存在如下三种伺服电动机：

94

1）位置伺服。传感器测量电动机位置（或角度）x，将控制律表示为 $u=K(x-w)$。如果 K 很大，则可得 $x \simeq w$。

2）速度伺服。传感器测量电动机的速度（或角速度）$\dot{x}$，控制律为 $u=K(\dot{x}-w)$。如果 K 很大，则可得 $\dot{x} \simeq w$。

3）加速度伺服。传感器测量电动机的加速度（切线的或角的）$\ddot{x}$，其控制律为 $u=K(\ddot{x}-w)$。如果 K 很大，则可得 $\ddot{x} \simeq w$。对于该倒立摆，所选的正是这种伺服电动机。

因此，当要控制一个机械系统时，使用伺服电动机可以实现：①很容易得到一个模型，②可得到一个接近于实际的具有很少系数的模型，③可得到一个相对于该系统的动力学系数的任何变化而言鲁棒性更好的控制器。

2.9　习题

习题 2.1　曲柄机构

考虑图 2.13 所示的机械手臂或曲柄机构（a 图）。该机器人由两个长度分别为 ℓ_1 和 ℓ_2 的手臂组成，图中 x_1 和 x_2 表示其两个自由度。系统输入 u_1,u_2 为手臂的角速度（即 $u_1=\dot{x}_1,u_2=\dot{x}_2$）。将向量 $\mathbf{y}=(y_1,y_2)$ 作为对应于第二个手臂末端的输出。

1）请给出该机器人的状态方程，取状态向量为 $\mathbf{x}=(x_1,x_2)$。

2）欲使 $\mathbf{y}$ 跟踪一个设定值 $\mathbf{w}$ 绘制一个目标圆（b 图），该设定值满足：

$$\mathbf{w}=\mathbf{c}+r\cdot\begin{pmatrix}\cos t\\ \sin t\end{pmatrix}$$

95

请给出能使机器人执行该任务的控制律表达式，在此利用反馈线性化方法并使极点都为 −1。

3）研究该控制的奇异点。

4）考虑如下情况：$\ell_1=\ell_2,\mathbf{c}=(3,4)$ 且 $r=1$。ℓ_1 为何值时才能满足机械手的末端沿着目标圆自由移动而不会遇到奇异点。

5）请写出一个描述该控制器的 MATLAB 程序。

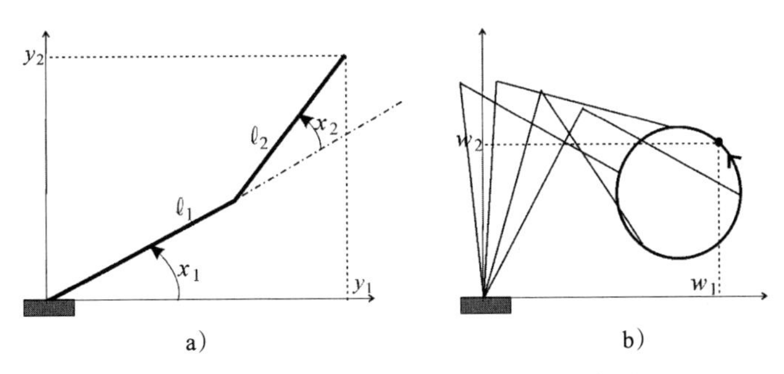

图 2.13　机械手的末端执行器执行一个圆

习题 2.2　三水池系统

考虑图 2.14 所示的三水池流水系统。

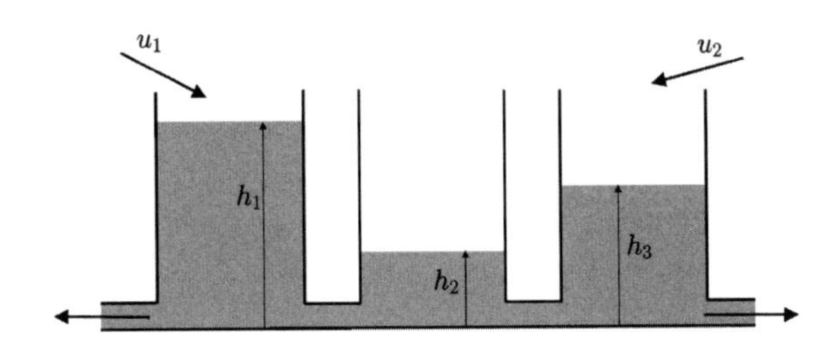

图 2.14　由两个通道连接的三个装有水的水池流水系统

该系统由如下状态方程描述：

96

$$
\begin{cases}
\dot{h}_1 = -\alpha(h_1) - \alpha(h_1 - h_2) + u_1 \\
\dot{h}_2 = \alpha(h_1 - h_2) - \alpha(h_2 - h_3) \\
\dot{h}_3 = -\alpha(h_3) + \alpha(h_2 - h_3) + u_2 \\
y_1 = h_1 \\
y_2 = h_3
\end{cases}
$$

式中，$\alpha(h) = a \cdot \mathrm{sign}(h)\sqrt{2g|h|}$。在此将第一个水池和第三个水池的水位作为系统输出。

1）建立一个可使系统线性解耦的反馈。

2）为该线性化系统设计一种比例—微分控制器。

3）给出所得控制器的状态方程。

4）写出一个仿真该系统及其控制器的 MATLAB 程序。

习题 2.3　列车机器人

考虑如下状态方程（坦克模型）所述的一个机器人 A（图 2.15 左侧）：

$$
\begin{cases}
\dot{x}_a = v_a \cos\theta_a \\
\dot{y}_a = v_a \sin\theta_a \\
\dot{\theta}_a = u_{a1} \\
\dot{v}_a = u_{a2}
\end{cases}
$$

式中，v_a 为机器人的速度；θ_a 为其方向；(x_a,y_a) 为其中心坐标。假设可以非常高的精度测量机器人的状态变量。

1）计算 $\ddot{x}_a,\ddot{y}_a$，并将其写为关于 $x_a,y_a,v_a,\theta_a,u_{a1},u_{a2}$ 的函数。

2）设计一个控制器使机器人能够跟踪如下轨迹：

$$\begin{cases} \hat{x}_a(t) = L_x \sin(\omega t) \\ \hat{y}_a(t) = L_y \cos(\omega t) \end{cases}$$

式中，ω=0.1，L_x=15 且 L_y=7，在此必须利用反馈线性化方法。用一个程序演示控制器的行为。

3）欲使与 A 同类型的机器人 B 跟踪机器人 A（见图 2.16）。为使小车 B（图左侧所示）能够接触到机器人 A，定义一个坐标值为 $(\hat{x}_b,\hat{y}_b)$ 的虚拟接触点，接触点的相关信息可通过无线传送。

97

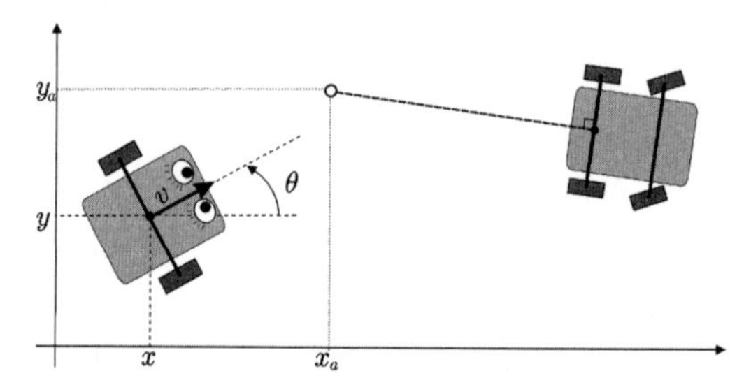

图 2.15　机器人（带有眼睛）跟踪一个状态方程已知的小车。该车有一个所要接触的虚拟接触点（小白圆圈）

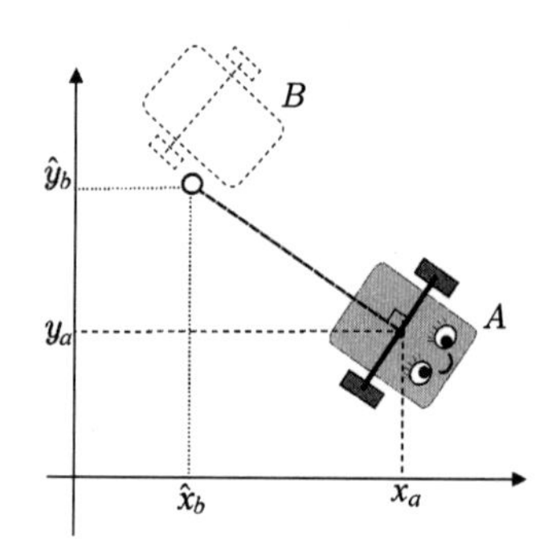

图 2.16　机器人 B（虚线）跟踪机器人 A

该点位于机器人 A 的尾部，且距参考点 (x_a,y_a) 的长为 ℓ。给出这些变量关于小车 A 的状态变量的表达式。

4）在 MALTBA 中对第二个小车及其跟踪机器人 A 的控制器进行仿真。

5）增加第三个机器人 C，使其以相同规则跟踪 B，在 MATLAB 中对整个系统进行仿真。

6）在本题中，假设参考路径是精确已知的，设计一个能使机器人 B 和 C 精确跟踪机器人 A 的控制器。

98

习题 2.4　控制水下机器人

考虑习题 1.10 中所述的水下机器人。该机器人可由下述状态方程描述：

$$\begin{cases} \dot{p}_x = v\cos\theta\cos\psi \\ \dot{p}_y = v\cos\theta\sin\psi \\ \dot{p}_z = -v\sin\theta \\ \dot{v} = u_1 \\ \dot{\varphi} = -0.1\,\sin\varphi\cdot\cos\theta + \tan\theta\cdot v\cdot(\sin\varphi\cdot u_2 + \cos\varphi\cdot u_3) \\ \dot{\theta} = \cos\varphi\cdot v\cdot u_2 - \sin\varphi\cdot v\cdot u_3 \\ \dot{\psi} = \frac{\sin\varphi}{\cos\theta}\cdot v\cdot u_2 + \frac{\cos\varphi}{\cos\theta}\cdot v\cdot u_3 \end{cases}$$

式中，(p_x,p_y,p_z) 为其中心点坐标，(ψ,θ,φ) 为三个欧拉角。其输入为切向加速度 u_1，俯仰角 u_2，偏航角 u_3。设计一个控制器，控制机器人绕如下方程所示摆线移动：

$$\begin{pmatrix} x_d \\ y_d \\ z_d \end{pmatrix} = \begin{pmatrix} R\cdot\sin(f_1 t)+R\cdot\sin(f_2 t) \\ R\cdot\cos(f_1 t)+R\cdot\cos(f_2 t) \\ R\cdot\sin(f_3 t) \end{pmatrix}$$

式中，$f_1=0.01, f_2=6f_1, f_3=3f_1$，$R=20$。对于该控制，选择时间常数为 5s，仿真模拟控制器行为。

习题 2.5　反应轮摆

如图 2.17a 所示的反应轮摆 [SPO 01]，是一个末端附有圆盘的物理钟摆。圆盘由电动机驱动，可以转动。由圆盘的角加速度产生的耦合力矩可以用来主动控制钟摆，例如保持它的站立。这个问题非常类似于走钢丝步行者的稳定（图 2.17b)，其中杆起圆盘的作用，步行者相当于摆。假设系统可以用以下方程来描述：

$$\begin{cases} \dot{x}_1 = x_2 \\ \dot{x}_2 = a\cdot\sin(x_1) - b\cdot u \\ \dot{x}_3 = -a\cdot\sin(x_1) + c\cdot u \end{cases}$$

式中，x_1 为摆角；x_2 为摆角角速度；x_3 为圆盘角速度；u 为电动机转矩输入。取参数为：

$$a=10, b=1, c=2$$

并取决于质量、惯量和系统的尺寸。

99

1）在初始条件为 $\mathbf{x}=(100)^{\mathrm{T}}$ 的情况下模拟仿真该系统。

2）以 $y=x_1$ 作为输出，将钟摆稳定在顶部（即 $x_1=0$)，请解释为什么轮子从不停止。

3）取下式为输出：

$$y=\alpha_1 x_1+\alpha_2 x_2+\alpha_3 x_3$$

请对式中 $\alpha_1,\alpha_2,\alpha_3$ 进行相应选择，以稳定摆顶部（即 $x_1=0$）与静止轮（或车轮旋转速度 ω)。

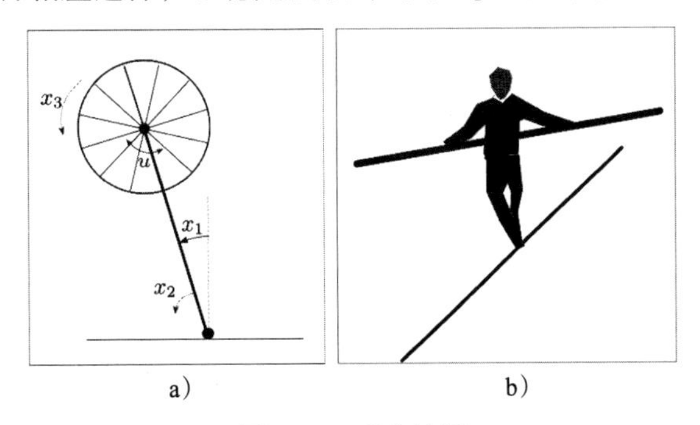

图 2.17　反应轮摆

习题 2.6　追踪

考虑由下述状态方程描述的两个机器人：

$$\begin{cases} \dot{x}_1 = u_1\cos\theta_1 \\ \dot{y}_1 = u_1\sin\theta_1 \\ \dot{\theta}_1 = u_2 \end{cases} \quad 和 \quad \begin{cases} \dot{x}_2 = v_1\cos\theta_2 \\ \dot{y}_2 = v_1\sin\theta_2 \\ \dot{\theta}_2 = v_2 \end{cases}$$

在本习题中，机器人 1 试图跟踪机器人 2（见图 2.18）。

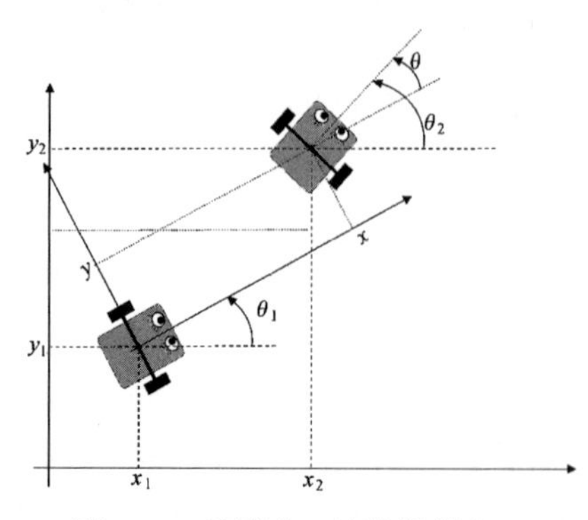

图 2.18　机器人 1 追踪机器人 2

1）令 $\mathbf{x}=(x,y,\theta)$ 为在机器人 1 坐标系内的机器人 2 的位置向量。证明 $\mathbf{x}$ 满足如下形式的状态方程：

$$\dot{\mathbf{x}}=\mathbf{f}(\mathbf{x},\mathbf{v},\mathbf{u})$$

2）假设机器人 2 的控制变量 v_1 和 v_2 是已知的（例如关于 t 的多项式）。设计一个控制器 $\mathbf{u}$，使得 $x=w_1$ 和 $y=w_2$，其中 $\mathbf{w}=(w_1,w_2)$ 对应于设定值的相对位置，误差的极点均为 −1。

100

3）研究该控制器的奇异点。

4）在机器人 1 指向机器人 2 并保持 10m 间距的情形下，利用 MATLAB 仿真该控制器。

习题 2.7　控制 SAUCISSE 机器人

考虑图 2.19 所示的水下机器人。

图 2.19　水池中的 SAUCISSE 机器人

这是由法国布列塔尼高等工程师学院学生为参加 SAUCE 竞赛（欧洲学生自主水下航行器挑战赛）而设计的 SAUCISSE 机器人。其中包含三个螺旋桨，螺旋桨 1 和螺旋桨 2 位于左右两侧，并能够控制机器人的速度及其角速度。螺旋桨 3 控制机器人的下潜深度。该机器人在横滚和俯仰上是稳定的，在此假设其横滚角 φ 和其俯仰角 θ 均为 0。该机器人的状态方程如下式所示：

101

$$\begin{cases}\dot{x} &= v_x\\ \dot{y} &= v_y\\ \dot{z} &= v_z\\ \dot{\psi} &= \omega\\ \dot{v}_x &= u_1\cos\psi\\ \dot{v}_y &= u_1\sin\psi\\ \dot{v}_z &= u_3\\ \dot{\omega} &= u_2\end{cases}$$

注意：在该模型中并没有假定非完整约束。较之二轮车模型，该机器人的速度向量 (v_x,v_y) 并非必须在轴线上。因此，该机器人能以吊车转向模式运行，但在机器人轴线方向上，推力是必不可少的。如果将其限定在水平面内，则该模型就是气垫船模型。

1）请给出与该系统相关的微分依赖图。

2）在此选择向量 $\mathbf{y}=(x,y,z)$ 为系统输出，请给出其微分延迟矩阵，并以此得出其相对次数。由此可得什么结论？

3）为了通过延迟 u_1 而平衡微分延迟，在 u_1 之前增加两个积分器。所形成的新系统的输入变量为：

$$\begin{cases} \ddot{u}_1 = a_1 \\ u_2 = a_2 \\ u_3 = a_3 \end{cases} \tag{2.21}$$

该延迟系统的新的状态方程是什么？请给出该微分依赖图及其相关的微分延迟矩阵。

4）对该延迟系统进行反馈线性化。

5）从上述问题推理出机器人所对应的控制器，令所有极点均为 −1。 102

习题 2.8 小车的滑模控制

考虑下式所示的小车：

$$\begin{cases} \dot{x}_1 = x_4 \cos x_3 \\ \dot{x}_2 = x_4 \sin x_3 \\ \dot{x}_3 = u_1 \\ \dot{x}_4 = u_2 \end{cases}$$

式中，x_1,x_2 对应小车的位置；x_3 对应小车的航向；x_4 对应小车的速度。

1）请给出一个基于反馈线性化的控制器，使小车遵循 Lissajou 轨迹：

$$\mathbf{y}_d(t) = 10 \cdot \begin{pmatrix} \cos t \\ \sin 3t \end{pmatrix}$$

详细说明控制器的动作。

2）在此给出一个滑模控制器，使购物车遵循所需的 Lissajou 轨迹。将它与问题 1 进行比较。

习题 2.9 机器人群

考虑一组 m=20 的小车，其运动由状态方程描述：

$$\begin{cases} \dot{x}_1 = x_4 \cos x_3 \\ \dot{x}_2 = x_4 \sin x_3 \\ \dot{x}_3 = u_1 \\ \dot{x}_4 = u_2 \end{cases}$$

式中，x_1,x_2 对应小车的位置；x_3 对应小车的航向；x_4 对应小车的速度。

1）为每个机器人设计一个控制器，使第 i 个机器人跟随轨迹：

$$\begin{pmatrix} \cos(at + \frac{2i\pi}{m}) \\ \sin(at + \frac{2i\pi}{m}) \end{pmatrix}$$

这里 a=0.1。因此，初始化步骤结束后，所有机器人都围绕原点均匀分布在单位圆上。

2）通过单位圆的线性变换，更换机器人的控制器，使得所有的机器人都保持在一个移动的椭圆上，该椭圆第一轴的长度为 20+15·sin(at)，第二个轴长度为 20。此外，通过为第一个轴选择一个角度使椭圆旋转。请解释说明该受控组的行为。 103

习题 2.10 护航

考虑一个由以下状态方程描述的机器人 $\mathcal{R}_A$：

$$\begin{cases} \dot{x}_a &= v_a\cos\theta_a \\ \dot{y}_a &= v_a\sin\theta_a \\ \dot{\theta}_a &= u_{a1} \\ \dot{v}_a &= u_{a2} \end{cases}$$

式中，v_a 为机器人 $\mathcal{R}_A$ 的速度；θ_a 为其方向；(x_a,y_a) 为其中心坐标。

1）依照习题 2.3，为 $\mathcal{R}_A$ 设计一个控制器，使其能够跟踪如下轨迹：

$$\begin{cases} \hat{x}_a(t) &= L_x\sin(\omega t) \\ \hat{y}_a(t) &= L_y\cos(\omega t) \end{cases}$$

其中，ω=0.1,L_x=20 且 L_y=5。请用 dt=0.03s 的采样时间来说明该控制动作。

2）我们需要 m=6 个具有相同状态方程的机器人来跟踪这个机器人，走相同路径。两个机器人之间的距离是 d=5m。为实现该目标，建议每 ds=0.1m 便保存一次 $\mathcal{R}_A$ 的状态值，并将此信息传递给 m 个跟踪者。为了使时间与行进的距离同步，建议为 $\mathcal{R}_A$ 增加一个新的状态变量 s，它对应的曲线值可以用虚拟的里程表测量。每次通过虚拟里程表测量距离 ds 时，将 s 初始化为零，并将 $\mathcal{R}_A$ 的状态值发送出去。请仿真模拟群体的行为。

习题 2.11 浮标

考虑一个水下浮标，该浮标相当于一个浸没在密度为 ρ_0 的水中的立方体（见图 2.20），深度 d 处的浮标以速度 v 上下移动。施加在浮标上的总力为：

$$f = \underbrace{mg}_{f_g\downarrow} - \underbrace{\rho_0 g\ell^2\cdot\max\left(0,\ell+\min(d,0)\right)}_{f_a\uparrow} - \underbrace{\frac{1}{2}\rho_0 v\cdot\mid v\mid\ell^2 c_x}_{f_d\updownarrow}$$

104

式中，f_g 为重力；m 为浮标的质量；g 为重力加速度；f_d 为牵引力，对于立方体，考虑 $c_x\simeq 1.05$；f_a 为阿基米德浮力。无论物体是完全浸没还是部分浸没，该浮力总是向上施加在物体上，等于身体排出的水的重量。置换水量为 $\ell^2\cdot\max(0,\ell+\min(d,0))$。

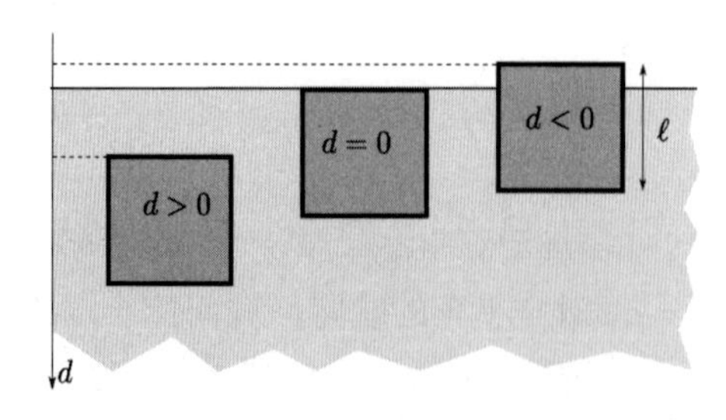

图 2.20 压载物控制的水下浮标

对于浮标，可以通过压载物控制物体的密度，即 $(1+\beta b)\rho_0$，其中 β=0.1，浮力变量 b 的导数 u 可以用直流电动机控制活塞来固定。假设 u 和 b 都属于 [−1,1]，当 b=0 时，浮标的密度正好是水的密度 ρ_0，当 $b>0$ 时，浮标下沉；当 $b<0$ 时，浮标浮出水面。

1）请写出系统的状态方程 $\dot{\mathbf{x}}=\mathbf{f}(\mathbf{x},u)$。取状态向量为 $\mathbf{x}=(d,v,b)$。

2）假设浮标浸入水中，给出一个滑模控制器，使浮标的深度 $d(t)$ 等于期望深度 $d_0(t)$。

3）使用仿真模拟说明控制器的行为。首先，控制浮标处在深度 $d_0(t)$=5m 处。然后将浮标控制在 $d_0(t)=3+\sin(t/2)$。

4）将控制器与基于反馈线性化的控制器进行比较。

习题 2.12　场跟踪

考虑一个移动机器人，其输入向量为 $\mathbf{u}=(u_1,u_2,\cdots,u_m)$，状态向量为 $\mathbf{x}=(x_1,x_2,\cdots,x_n)$，n＞m+1。在该题中，将证明如果选择 $m+1$ 个状态变量，如 $\mathbf{p}=(x_1,x_2,\cdots,x_{m+1})$，则可以使用反馈线性化方法跟踪 $\mathbf{p}=(x_1,x_2,\cdots,x_{m+1})$ 中的选定的向量场。这意味着可以控制 $m+1$ 个状态变量，而不是理论所给出的 m 个状态变量。这是因为我们执行的是路径跟踪，而不是涉及时间的轨迹跟踪。更准确地说，我们要求向量 $\dot{\mathbf{p}}=(\dot{x}_1,\dot{x}_2,\cdots,\dot{x}_{m+1})$ 与所需场共线（而不是相等）。本练习当 u 是标量时，即 m=1 的情形下，说明了这一点。 105

考虑一个在平面上移动的机器人，其状态方程如下：

$$\begin{cases}\dot{x}_1 = \cos x_3 \\ \dot{x}_2 = \sin x_3 \\ \dot{x}_3 = u\end{cases}$$

式中，x_3 为机器人的航向，$p=(x_1,x_2)$ 为机器人中心的坐标。状态向量由 $\mathbf{x}=(x_1,x_2,x_3)$ 给出。

1）取输出为：

$$y = x_3 + \text{atan}x_2$$

请提出一种基于反馈线性化的控制器，使输出收敛到 0。请问控制的奇点是什么？

2）假设 $y(t)$ 收敛到 0，请问机器人将汇聚到哪条线？在 (x_1,x_2) 一空间中绘制机器人跟踪的向量场。

3）期望机器人沿着与万德波尔方程的极限环相对应的路径：

$$\begin{cases}\dot{x}_1 = x_2 \\ \dot{x}_2 = -\left(0.01 \cdot x_1^2 - 1\right) x_2 - x_1\end{cases}$$

找到相应的基于反馈线性化的控制器。提出一个仿真来说明控制器的行为。

习题 2.13　滑动摆

考虑图 2.21 所示的钟摆：

$$\begin{pmatrix}\dot{x}_1 \\ \dot{x}_2\end{pmatrix} = \begin{pmatrix}x_2 \\ -\sin x_1 + u\end{pmatrix}$$

式中，u 为输入；x_1 为位置；x_2 为角速度。

在此希望钟摆的位置 $x_1(t)$ 收敛到设定点 $w(t)=0,\forall t$。

1）以 $y=x_1$ 为输出，提出一种反馈线性化方法来控制摆锤，使误差 $e=w-y$ 以 $\exp(-t)$ 收敛到 0。

2）用滑膜方法回答前面的问题。

3）计算一个 K 值，以使曲面 $s(\mathbf{x},t)=0$ 稳定。更确切地说，即如果我们接近表面，那么在不久的将来，我们希望更接近表面。为了证明这种稳定性，李亚普诺夫方法定义了一个距离函数，即 $V(\mathbf{x})=\frac{1}{2}s^2(\mathbf{x},t)$。这个函数是正的，在表面上消失了。证明稳定性等于证明当接近表面时 $V(x)$ 减小。计算 $\dot{V}(\mathbf{x})$，且依赖于 K，并得出结论。 106

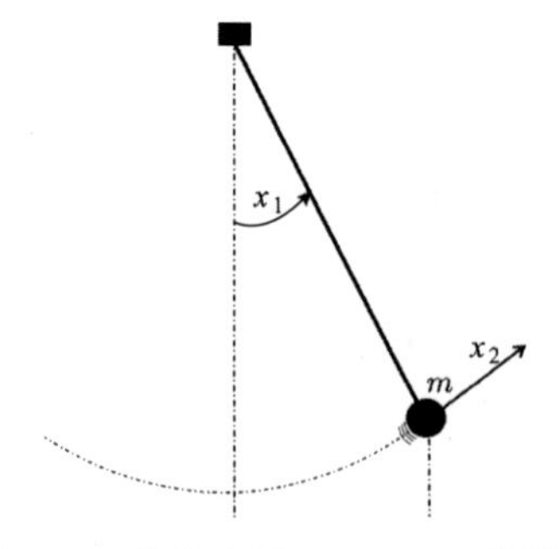

图 2.21　状态向量 $\mathbf{x}=(x_1,x_2)$ 的单摆

2.10　习题参考答案

习题 2.1 参考答案 （曲柄机构）

1）该曲柄机构的状态方程为：

$$\begin{cases} \dot{x}_1 &= u_1 \\ \dot{x}_2 &= u_2 \\ y_1 &= \ell_1 \cos x_1 + \ell_2 \cos(x_1+x_2) \\ y_2 &= \ell_1 \sin x_1 + \ell_2 \sin(x_1+x_2) \end{cases}$$

2）通过对输出求导，可得：

$$\begin{aligned} \dot{y}_1 &= -\ell_1 \dot{x}_1 \sin x_1 - \ell_2 (\dot{x}_1 + \dot{x}_2) \sin(x_1+x_2) \\ &= -\ell_1 u_1 \sin x_1 - \ell_2 (u_1+u_2) \sin(x_1+x_2) \\ \dot{y}_2 &= \ell_1 \dot{x}_1 \cos x_1 + \ell_2 (\dot{x}_1 + \dot{x}_2) \cos(x_1+x_2) \\ &= \ell_1 u_1 \cos x_1 + \ell_2 (u_1+u_2) \cos(x_1+x_2) \end{aligned}$$

因此：

$$\dot{\mathbf{y}} = \underbrace{\begin{pmatrix} -\ell_1 \sin x_1 - \ell_2 \sin(x_1+x_2) & -\ell_2 \sin(x_1+x_2) \\ \ell_1 \cos x_1 + \ell_2 \cos(x_1+x_2) & \ell_2 \cos(x_1+x_2) \end{pmatrix}}_{\mathbf{A}(\mathbf{x})} \mathbf{u}$$

107

取 $\mathbf{u}=\mathbf{A}^{-1}(\mathbf{x})\cdot\mathbf{v}$，以得到两个解耦的积分器，进而选择比例控制器为：

$$\begin{aligned} \mathbf{v} &= (\mathbf{w}-\mathbf{y}) + \dot{\mathbf{w}} \\ &= \mathbf{c} + r\cdot\begin{pmatrix} \cos t \\ \sin t \end{pmatrix} - \begin{pmatrix} \ell_1 \cos x_1 + \ell_2 \cos(x_1+x_2) \\ \ell_1 \sin x_1 + \ell_2 \sin(x_1+x_2) \end{pmatrix} + r\cdot\begin{pmatrix} -\sin t \\ \cos t \end{pmatrix} \end{aligned}$$

如此便使所有极点均为 -1。

3）利用该行列式的多重共线性可得：

$$\begin{aligned} \det \mathbf{A}(\mathbf{x}) = -\ell_1\ell_2 & \underbrace{\det\begin{pmatrix} \sin x_1 & \sin(x_1+x_2) \\ \cos x_1 & \cos(x_1+x_2) \end{pmatrix}}_{=\sin x_2} \\ & + \underbrace{\ell_2^2 \det\begin{pmatrix} -\sin(x_1+x_2) & -\sin(x_1+x_2) \\ \cos(x_1+x_2) & \cos(x_1+x_2) \end{pmatrix}}_{=0} \end{aligned}$$

如果满足 $\ell_1\ell_2\sin x_2=0$，则该行列式的值为 0。即如果 $x_2=k\pi, k\mathbb{Z}$ 或者如果两手臂中某一长为 0。

4）如果 $\ell_1=\ell_2\neq 0$，当 $\sin x_2=0$ 时，存在一个奇异点。那么，所有手臂都折叠（因此 y 不在圆上）或伸出（见图 2.22）。在后一种情况下（期望情况），点 y 便位于半径为 $2\ell_1$ 的圆上，如果满足下述关系，则该圆与目标圆相交：

$$\ell_1+\ell_2\in\sqrt{4^2+3^2}\pm 1=5\pm 1=[4,6]$$

式中，$\sqrt{4^2+3^2}$ 对应于圆心到原点的距离。则当 $\ell_1=\ell_2\in[2,3]$ 时，该圆上便存在一个奇异点。如果想在圆上自由移动，则需选择 $\ell_1=\ell_2>3$。

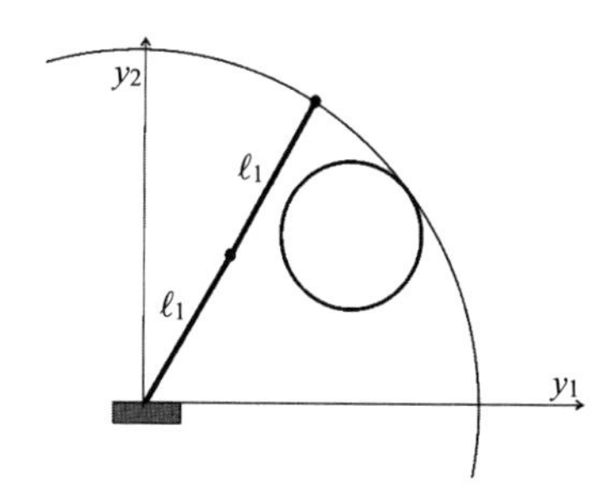

图 2.22 当两个手臂都伸展时，奇异点的图解（其末端执行器可能不会沿着该圆移动）

习题 2.2 参考答案 （三水池系统）

1）将输出变量 y_1 和 y_2 的导数表示为：

$$\begin{aligned}\dot{y}_1&=\dot{h}_1=-\alpha(h_1)-\alpha(h_1-h_2)+u_1\\ \dot{y}_2&=\dot{h}_3=-\alpha(h_3)+\alpha(h_2-h_3)+u_2\end{aligned}$$

或表示为向量形式：

$$\begin{pmatrix}\dot{y}_1\\ \dot{y}_2\end{pmatrix}=\underbrace{\begin{pmatrix}1&0\\0&1\end{pmatrix}}_{\mathbf{A}(\mathbf{x})}\mathbf{u}+\underbrace{\begin{pmatrix}-\alpha(h_1)-\alpha(h_1-h_2)\\-\alpha(h_3)+\alpha(h_2-h_3)\end{pmatrix}}_{\mathbf{b}(\mathbf{x})}$$

108

其反馈为：

$$\mathbf{u}=\mathbf{A}^{-1}(\mathbf{x})(\mathbf{v}-\mathbf{b}(\mathbf{x}))=\mathbf{v}-\begin{pmatrix}-\alpha(h_1)-\alpha(h_1-h_2)\\-\alpha(h_3)+\alpha(h_2-h_3)\end{pmatrix}$$

式中，$\mathbf{v}$ 为使系统线性化的新输入变量，更确切地说，此闭环的系统具有如下形式：

$$\begin{cases}\dot{y}_1=v_1\\ \dot{y}_2=v_2\end{cases}$$

2）在此利用由两个比例—积分（PI）控制器组成的如下系统去控制该线性系统：

$$\begin{cases}v_1(t)=\alpha_0(w_1(t)-y_1(t))+\alpha_{-1}\int_0^t(w_1(\tau)-y_1(\tau))\mathrm{d}\tau+\dot{w}_1\\ v_2(t)=\beta_0(w_2(t)-y_2(t))+\beta_{-1}\int_0^t(w_2(\tau)-y_2(\tau))\mathrm{d}\tau+\dot{w}_2\end{cases}$$

式中，w_1 和 w_2 为 y_1 和 y_2 新的设定值。如果欲使所有的极点均为 −1，则需：

$$\begin{cases} s^2+\alpha_0 s+\alpha_{-1} &= (s+1)^2 = s^2+2s+1 \\ s^2+\beta_0 s+\beta_{-1} &= (s+1)^2 = s^2+2s+1 \end{cases}$$

因此，$\alpha_{-1}=\beta_{-1}=1, \alpha_0=\beta_0=2$。

3）该控制器的状态方程为：

$$\begin{cases} \dot{z}_1 &= w_1 - y_1 \\ \dot{z}_2 &= w_2 - y_2 \\ v_1 &= z_1 + 2(w_1 - y_1) + \dot{w}_1 \\ v_2 &= z_2 + 2(w_2 - y_2) + \dot{w}_2 \end{cases}$$

109

因此，对于该非线性系统，其状态反馈控制器的状态方程为：

$$\begin{cases} \dot{z}_1 &= w_1 - h_1 \\ \dot{z}_2 &= w_2 - h_3 \\ u_1 &= z_1 + 2(w_1 - h_1) + \dot{w}_1 + \alpha(h_1) + \alpha(h_1 - h_2) \\ u_2 &= z_2 + 2(w_2 - h_3) + \dot{w}_2 + \alpha(h_3) - \alpha(h_2 - h_3) \end{cases}$$

习题 2.3 参考答案 （列车机器人）

1）已知：

$$\begin{cases} \ddot{x}_a &= \dot{v}_a \cos\theta_a - v_a \dot{\theta}_a \sin\theta_a = u_{a2}\cos\theta_a - v_a u_{a1}\sin\theta_a \\ \ddot{y}_a &= \dot{v}_a \sin\theta_a + v_a \dot{\theta}_a \cos\theta_a = u_{a2}\sin\theta_a + v_a u_{a1}\cos\theta_a \end{cases}$$

因此：

$$\begin{pmatrix} \ddot{x}_a \\ \ddot{y}_a \end{pmatrix} = \underbrace{\begin{pmatrix} -v_a \sin\theta_a & \cos\theta_a \\ v_a\cos\theta_a & \sin\theta_a \end{pmatrix}}_{\mathbf{A}(v_a,\theta_a)} \begin{pmatrix} u_{a1} \\ u_{a2} \end{pmatrix}$$

2）通过利用一种反馈线性化方法，可得：

$$\begin{aligned} \begin{pmatrix} u_{a1} \\ u_{a2} \end{pmatrix} &= \mathbf{A}^{-1}(v_a,\theta_a) \cdot \begin{pmatrix} (\hat{x}_a - x_a) + 2\left(\frac{\mathrm{d}\hat{x}_a}{\mathrm{d}t} - v_a\cos\theta_a\right) + \frac{\mathrm{d}^2}{\mathrm{d}t^2}\hat{x}_a \\ (\hat{y}_a - y_a) + 2\left(\frac{\mathrm{d}\hat{y}_a}{\mathrm{d}t} - v_a\sin\theta_a\right) + \frac{\mathrm{d}^2}{\mathrm{d}^2}\hat{y}_a \end{pmatrix} \\ &= \mathbf{A}^{-1}(v_a,\theta_a) \cdot \begin{pmatrix} L_x\sin\omega t - x_a + 2\omega L_x\cos\omega t \\ -2v_a\cos\theta_a - \omega^2 L_x \sin\omega t \\ L_y\cos\omega t - y_a - 2\omega L_y\sin\omega t \\ +2v_a\sin\theta_a - \omega^2 L_y\cos\omega t \end{pmatrix} \end{aligned}$$

3）在此应用之前问题所得的控制器，其表达式为：

$$\begin{pmatrix} u_{b1} \\ u_{b2} \end{pmatrix} = \mathbf{A}^{-1}(v_b,\theta_b) \cdot \begin{pmatrix} (\hat{x}_b - x_b) + 2\left(\frac{\mathrm{d}\hat{x}_b}{\mathrm{d}t} - v_b\cos\theta_b\right) + \frac{\mathrm{d}^2\hat{x}_b}{\mathrm{d}t^2} \\ (\hat{y}_b - y_b) + 2\left(\frac{\mathrm{d}\hat{y}_b}{\mathrm{d}t} - v_b\sin\theta_b\right) + \frac{\mathrm{d}^2\hat{y}_b}{\mathrm{d}t^2} \end{pmatrix}$$

则有：

$$\hat{x}_b = x_a - \ell\cos\theta_a$$

$$\hat{y}_b = y_a - \ell\sin\theta_a$$

$$\frac{\mathrm{d}}{\mathrm{d}t}\hat{x}_b = \dot{x}_a + \ell\dot{\theta}_a \sin\theta_a = v_a\cos\theta_a + \ell u_{1a}\sin\theta_a$$
$$\frac{\mathrm{d}}{\mathrm{d}t}\hat{y}_b = \dot{y}_a - \ell\dot{\theta}_a \cos\theta_a = v_a\sin\theta_a - \ell u_{1a}\cos\theta_a$$

110

为得到 $\frac{\mathrm{d}^2}{\mathrm{d}t^2}\hat{x}_b, \frac{\mathrm{d}^2}{\mathrm{d}t^2}\hat{y}_b$，则需得到 $\dot{u}_{1a}$ 的值，这并不是此题所考虑问题。此时，仅仅假设这两个值均为 0，并且期望该近似值不会导致系统不稳定。因此便不再需要保证误差指数收敛于 0，但是应当注意的是，在实际应用中这种操作仍然是可接受的。

4）我们只需要回想一下上一个问题中的控制器。图 2.23 说明了列车的运动。A 车在椭圆轨道上转弯，B 车跟着 A 车，C 车跟着 B 车。

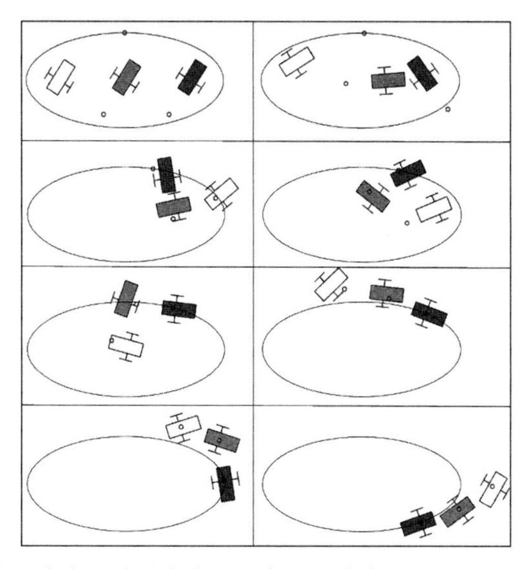

图 2.23　列车运动图解（小车 A 为暗灰色，小车 B 为亮灰色，小车 C 为白色；设定值和接触点由小圆圈表示）

5）仅需利用具有一个简单时间延迟的完全独立的控制器，例如：

$$\begin{pmatrix} \hat{x}_a \\ \hat{y}_a \end{pmatrix} = \begin{pmatrix} L_x\sin\omega t \\ L_y\cos\omega t \end{pmatrix}, \begin{pmatrix} \hat{x}_b \\ \hat{y}_b \end{pmatrix} = \begin{pmatrix} L_x\sin\omega(t-1) \\ L_y\cos\omega(t-1) \end{pmatrix}$$
$$\begin{pmatrix} \hat{x}_c \\ \hat{y}_c \end{pmatrix} = \begin{pmatrix} L_x\sin\omega(t-2) \\ L_y\cos\omega(t-2) \end{pmatrix}$$

111

该控制器可以考虑集中化，因其需要一个能够为所有机器人发送相同设定值的监督者。

习题 2.4 参考答案　（控制水下机器人）

选择机器人的位置向量 $\mathbf{p}$ 作为系统输出，则有：

$$\begin{aligned}\ddot{\mathbf{p}}(t) &= \begin{pmatrix} \dot{v}\cos\theta\cos\psi - v\dot{\theta}\sin\theta\cos\psi - v\dot{\psi}\cos\theta\sin\psi \\ \dot{v}\cos\theta\sin\psi - v\dot{\theta}\sin\theta\sin\psi + v\dot{\psi}\cos\theta\cos\psi \\ -\dot{v}\sin\theta - v\dot{\theta}\cos\theta \end{pmatrix} \\ &= \begin{pmatrix} \cos\theta\cos\psi & -v\cos\theta\sin\psi & -v\sin\theta\cos\psi \\ \cos\theta\sin\psi & v\cos\theta\cos\psi & -v\sin\theta\sin\psi \\ -\sin\theta & 0 & -v\cos\theta \end{pmatrix}\begin{pmatrix} \dot{v} \\ \dot{\psi} \\ \dot{\theta} \end{pmatrix}\end{aligned}$$

$$
= \underbrace{\begin{pmatrix} \cos\theta\cos\psi & -v\cos\theta\sin\psi & -v\sin\theta\cos\psi \\ \cos\theta\sin\psi & v\cos\theta\cos\psi & -v\sin\theta\sin\psi \\ -\sin\theta & 0 & -v\cos\theta \end{pmatrix}}_{\mathbf{A}(\mathbf{x})}
$$

$$
\begin{pmatrix} 1 & 0 & 0 \\ 0 & \frac{v\sin\varphi}{\cos\theta} & v\frac{\cos\varphi}{\cos\theta} \\ 0 & v\cos\varphi & -v\sin\varphi \end{pmatrix} \begin{pmatrix} u_1 \\ u_2 \\ u_3 \end{pmatrix}
$$

通过利用控制器 $\mathbf{u}=\mathbf{A}^{-1}(\mathbf{x})\mathbf{v}$ 使系统闭环，可得解耦的线性系统 $\ddot{\mathbf{p}}=\mathbf{v}$。该系统有三个输入和三个输出。如果用 $\mathbf{w}=(w_1,w_2,w_3)$ 表示跟踪 $\mathbf{p}$ 的路径，则可考虑如下控制器：

$$
\mathbf{v} = 0.04\cdot(\mathbf{w}-\mathbf{p}) + 0.4\cdot(\dot{\mathbf{w}}-\dot{\mathbf{p}}) + \ddot{\mathbf{w}}
$$

为使所有极点均为 −0.2（对应于特征多项式 $P(s)=(s+0.2)^2$），则机器人的状态反馈控制器为：

$$
\mathbf{u} = \mathbf{A}^{-1}(\mathbf{x})\cdot\left(0.04\cdot(\mathbf{w}-\mathbf{p}) + 0.4\cdot\left(\dot{\mathbf{w}} - \begin{pmatrix} v\cos\theta\cos\psi \\ v\cos\theta\sin\psi \\ -v\sin\theta \end{pmatrix}\right) + \ddot{\mathbf{w}}\right)
$$

其中，

$$
\mathbf{w} = \begin{pmatrix} R\sin(f_1 t) + R\sin(f_2 t) \\ R\cos(f_1 t) + R\cos(f_2 t) \\ R\sin(f_3 t) \end{pmatrix}
$$

$$
\dot{\mathbf{w}} = \begin{pmatrix} Rf_1\cos(f_1 t) + Rf_2\cos(f_2 t) \\ -Rf_1\sin(f_1 t) - Rf_2\sin(f_2 t) \\ Rf_3\cos(f_3 t) \end{pmatrix}
$$

$$
\ddot{\mathbf{w}} = \begin{pmatrix} -Rf_1^2\sin(f_1 t) - Rf_2^2\sin(f_2 t) \\ -Rf_1^2\cos(f_1 t) - Rf_2^2\cos(f_2 t) \\ -Rf_3^2\sin(f_3 t) \end{pmatrix}
$$

112

习题 2.5 参考答案　（反应轮摆）

1）（略）

2）已知：

$$
\begin{cases} y = x_1 \\ \dot{y} = x_2 \\ \ddot{y} = a\sin(x_1) - bu \end{cases}
$$

因此，控制

$$
u = \frac{a\sin(x_1) - v}{b}
$$

式中，

$$
v = (y_d - y) + 2(\dot{y}_d - \dot{y}) + \ddot{y}_d
$$

将使摆角 $y=x_1$ 沿所需的随时间变化的角度 $y_d(t)$ 稳定。对于 $y_d=\dot{y}_d=\ddot{y}_d=0$，可得 x_1 和 x_2 收敛于 0。但是 x_3 可以收敛于任何值。这是因为闭环系统的维数为 2（状态变量为

$y=x_1,\dot{y}=x_2$)，其中一种状态（这里是 x_3）是完全自由的。x_3 的自由演化相当于所谓的零动力学。

3）想法是选择 $\alpha_1,\alpha_2,\alpha_3$ 以延迟 u 的出现，等效地，我们希望相对度为 3，以避免任何零动态，则有：

$$\dot{y} = \alpha_1 x_2 + \alpha_2 \left(a\sin(x_1) - bu\right) + \alpha_3 \left(-a\sin(x_1) + cu\right)$$

为了避免对 u 的依赖性，期望 $\alpha_2 b=\alpha_3 c$，取 $\alpha_2=c$ 和 $\alpha_3=b$。因此：

$$\dot{y} = \alpha_1 x_2 + \underbrace{a\,(c-b)}_{\eta}\sin(x_1)$$

则有：

$$\begin{aligned}\ddot{y} &= \alpha_1 \dot{x}_2 + \eta \dot{x}_1 \cos(x_1) \\ &= \alpha_1 \left(a\sin(x_1) - bu\right) + \eta x_2 \cos(x_1)\end{aligned}$$

为了避免对 u 的依赖，取 $\alpha_1=0$，可得：

$$\ddot{y} = \eta x_2 \cos(x_1)$$

113

进而：

$$\begin{aligned}\dddot{y} &= \eta \dot{x}_2 \cos(x_1) - \eta x_2 \dot{x}_1 \sin(x_1) \\ &= \eta\left(a\sin(x_1) - bu\right)\cos(x_1) - \eta x_2^2 \sin(x_1) \\ &= -b\eta\cos(x_1)u + \eta\sin(x_1)\left(a\cos(x_1) - x_2^2\right) \\ &= a(\mathbf{x})u + b(\mathbf{x})\end{aligned}$$

取：

$$u = \frac{-b(\mathbf{x}) + v}{a(\mathbf{x})}$$

当 $a(\mathbf{x})=0$ 时，即 $\cos(x_1)=0$ 时，存在奇异性。对于 v，我们可以采用（见方程（2.2））：

$$v = (y_d - y) + 3\left(\dot{y}_d - \dot{y}\right) + 3\left(\ddot{y}_d - \ddot{y}\right) + \dddot{y}_d$$

如果 $\forall t, y_d(t)=0$，那么 $y_d=\dot{y}_d=\ddot{y}_d=0$，变量 $y=\dot{y}=\ddot{y}$ 都收敛为零。因为

$$\begin{pmatrix} y \\ \dot{y} \\ \ddot{y} \end{pmatrix} = \begin{pmatrix} cx_2 + bx_3 \\ a\,(c-b)\sin x_1 \\ a\,(c-b)\,x_2\cos x_1 \end{pmatrix}$$

$\sin x_1, x_2, x_3$ 量也收敛到零，轮子于是会停下来。但是 x_1 可能收敛于 0 或 π，这取决于初始化。值得注意的是，$y_d=bw,\dot{y}_d=\ddot{y}_d=\dddot{y}_d=0$，变量 x_3（车轮的转速）将收敛到 ω。

习题 2.6 参考答案 （追踪）

1）两机器人间的相对距离（即机器人 2 的位置表示在机器人 1 的坐标系内）可表示为：

$$\begin{pmatrix} x \\ y \\ \theta \end{pmatrix} = \begin{pmatrix} \cos\theta_1 & \sin\theta_1 & 0 \\ -\sin\theta_1 & \cos\theta_1 & 0 \\ 0 & 0 & 1 \end{pmatrix} \begin{pmatrix} x_2 - x_1 \\ y_2 - y_1 \\ \theta_2 - \theta_1 \end{pmatrix}$$

将该关系式的前两个变量相对于 t 进行求导，可得：

$$\begin{pmatrix}\dot{x}\\ \dot{y}\end{pmatrix}=\begin{pmatrix}\cos\theta_1 & \sin\theta_1\\ -\sin\theta_1 & \cos\theta_1\end{pmatrix}\begin{pmatrix}\dot{x}_2-\dot{x}_1\\ \dot{y}_2-\dot{y}_1\end{pmatrix}+\dot{\theta}_1\begin{pmatrix}-\sin\theta_1 & \cos\theta_1\\ -\cos\theta_1 & -\sin\theta_1\end{pmatrix}\begin{pmatrix}x_2-x_1\\ y_2-y_1\end{pmatrix}$$

114

然而：

$$\begin{cases}\dot{\theta}_1=u_2\\ \begin{pmatrix}\dot{x}_2\\ \dot{y}_2\end{pmatrix}=v_1\begin{pmatrix}\cos\theta_2\\ \sin\theta_2\end{pmatrix}\\ \begin{pmatrix}\dot{x}_1\\ \dot{y}_1\end{pmatrix}=u_1\begin{pmatrix}\cos\theta_1\\ \sin\theta_1\end{pmatrix}\\ \begin{pmatrix}x_2-x_1\\ y_2-y_1\end{pmatrix}=\begin{pmatrix}\cos\theta_1 & -\sin\theta_1\\ \sin\theta_1 & \cos\theta_1\end{pmatrix}\begin{pmatrix}x\\ y\end{pmatrix}\end{cases}$$

因此：

$$\begin{aligned}\begin{pmatrix}\dot{x}\\ \dot{y}\end{pmatrix}&=v_1\begin{pmatrix}\cos\theta_1 & \sin\theta_1\\ -\sin\theta_1 & \cos\theta_1\end{pmatrix}\begin{pmatrix}\cos\theta_2\\ \sin\theta_2\end{pmatrix}\\ &\quad-u_1\begin{pmatrix}\cos\theta_1 & \sin\theta_1\\ -\sin\theta_1 & \cos\theta_1\end{pmatrix}\begin{pmatrix}\cos\theta_1\\ \sin\theta_1\end{pmatrix}+u_2\begin{pmatrix}0 & 1\\ -1 & 0\end{pmatrix}\begin{pmatrix}x\\ y\end{pmatrix}\\ &=v_1\begin{pmatrix}\cos(\theta_2-\theta_1)\\ \sin(\theta_2-\theta_1)\end{pmatrix}-u_1\begin{pmatrix}1\\ 0\end{pmatrix}+u_2\begin{pmatrix}y\\ -x\end{pmatrix}\\ &=\begin{pmatrix}-u_1+v_1\cos(\theta_2-\theta_1)+u_2y\\ v_1\sin(\theta_2-\theta_1)-u_2x\end{pmatrix}\end{aligned}$$

此外：

$$\dot{\theta}=\dot{\theta}_2-\dot{\theta}_1=v_2-u_2$$

因而：

$$\begin{pmatrix}\dot{x}\\ \dot{y}\\ \dot{\theta}\end{pmatrix}=\begin{pmatrix}-u_1+v_1\cos\theta+u_2y\\ v_1\sin\theta-u_2x\\ v_2-u_2\end{pmatrix}$$

2）已知：

$$\begin{pmatrix}\dot{x}\\ \dot{y}\end{pmatrix}=\begin{pmatrix}v_1\cos\theta\\ v_1\sin\theta\end{pmatrix}+\begin{pmatrix}-1 & y\\ 0 & -x\end{pmatrix}\begin{pmatrix}u_1\\ u_2\end{pmatrix}$$

可建立如下控制器：

$$\begin{pmatrix}u_1\\ u_2\end{pmatrix}=\begin{pmatrix}-1 & y\\ 0 & -x\end{pmatrix}^{-1}\left(\begin{pmatrix}w_1-x\\ w_2-y\end{pmatrix}+\begin{pmatrix}\dot{w}_1\\ \dot{w}_2\end{pmatrix}-\begin{pmatrix}v_1\cos\theta\\ v_1\sin\theta\end{pmatrix}\right)$$

115

联立之前两个方程，可得关于 x 和 y 的误差方程为：

$$\begin{pmatrix}w_1-x\\ w_2-y\end{pmatrix}+\begin{pmatrix}\dot{w}_1-\dot{x}\\ \dot{w}_2-\dot{y}\end{pmatrix}=0$$

这两个误差的特征多项式为 $P(s)=s+1$，由此可得该误差以 e^{-t} 收敛于 0。

3）当满足下式时，所得控制器便存在一个奇异点。

$$\det\begin{pmatrix}-1 & y\\ 0 & -x\end{pmatrix}=0$$

即当 $x=0$ 或当机器人 2 位于机器人 1 左右两侧时。

4）相关程序如下：

$$\begin{array}{|ll|}\hline
1 & \mathbf{x}_a := (-10,\,-10,\,0)^{\mathbf{T}};\mathbf{x}_b := (-5,\,-5,\,0)^{\mathbf{T}};\ \mathrm{d}t := 0.01\\
2 & \text{For } t := 0 : \mathrm{d}t : 10\\
3 & \quad (x_a, y_a, \theta_a) := \mathbf{x}_a;\ (x_b, y_b, \theta_b) := \mathbf{x}_b\\
4 & \quad \begin{pmatrix}x\\ y\\ \theta\end{pmatrix} := \begin{pmatrix}\cos\theta_a & \sin\theta_a & 0\\ -\sin\theta_a & \cos\theta_a & 0\\ 0 & 0 & 1\end{pmatrix}\cdot(\mathbf{x}_b-\mathbf{x}_a)\\
5 & \quad \mathbf{v} := \begin{pmatrix}3\\ \sin(0.2\cdot t)\end{pmatrix};\ \mathbf{w} := \begin{pmatrix}10\\ 0\end{pmatrix};\ \dot{\mathbf{w}} := \begin{pmatrix}0\\ 0\end{pmatrix}\\
6 & \quad \mathbf{u} := \begin{pmatrix}-1 & y\\ 0 & -x\end{pmatrix}^{-1}\left(\mathbf{w}-\begin{pmatrix}x\\ y\end{pmatrix}+\dot{\mathbf{w}}-v_1\begin{pmatrix}\cos\theta\\ \sin\theta\end{pmatrix}\right)\\
7 & \quad \mathbf{x}_a := \mathbf{x}_a + \mathbf{f}(\mathbf{x}_a,\mathbf{u})\cdot\mathrm{d}t;\\
8 & \quad \mathbf{x}_b := \mathbf{x}_b + \mathbf{f}(\mathbf{x}_b,\mathbf{v})\cdot\mathrm{d}t;\\ \hline
\end{array}$$

该程序利用如下的演化方程：

$$\mathbf{f}(\mathbf{x},\mathbf{u})=\begin{pmatrix}u_1\cos x_3\\ u_1\sin x_3\\ u_2\end{pmatrix}$$

习题 2.7 参考答案 （控制 SAUCISSE 机器人）

1）其微分依赖图如图 2.24 所示。

2）微分延迟矩阵为：

$$\mathbf{R}=\begin{pmatrix}2 & 4 & \infty\\ 2 & 4 & \infty\\ \infty & \infty & 2\end{pmatrix}$$

116

则可得相对次数为 $k_1=2,k_2=2,k_3=2$。然而，因为第二列满足 $\forall i, r_{i2}>k_i$，则反馈线性化方法必导致矩阵 $\mathbf{A}(\mathbf{x})$ 对于任意状态向量 $\mathbf{x}$ 均是奇异的（见 2.3.3 节）。

3）对于新系统，可得如下状态方程：

$$\begin{cases}\dot{x} &= v_x\\ \dot{y} &= v_y\\ \dot{z} &= v_z\\ \dot{\psi} &= \omega\\ \dot{v}_x &= c_1\cos\psi\\ \dot{v}_y &= c_1\sin\psi\\ \dot{v}_z &= a_3\\ \dot{\omega} &= a_2\\ \dot{c}_1 &= b_1\\ \dot{b}_1 &= a_1\end{cases}$$

式中，b_1 和 c_1 为关联于积分器的新输入变量。微分依赖图如图 2.25 所示，微分延迟矩阵为：

$$\mathbf{R} = \begin{pmatrix} 4 & 4 & \infty \\ 4 & 4 & \infty \\ \infty & \infty & 2 \end{pmatrix}$$

相对次数为 $k_1=4, k_2=4, k_3=2$。

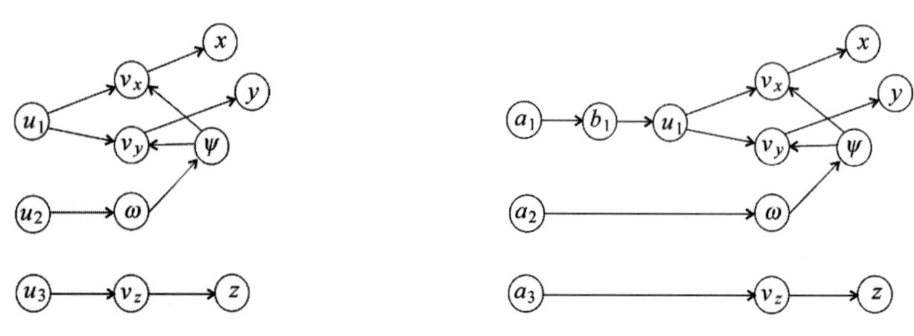

图 2.24　水下机器人的微分依赖图　　图 2.25　增加积分器后的微分依赖图

4）为了通过反馈将该延迟系统线性化，需计算出 $\ddddot{x}$ 和 $\ddddot{y}$ 关于 $\mathbf{x}$ 和 $\mathbf{u}$ 的方程，则有：

$$\begin{cases} \ddot{x} &= c_1 \cos\psi \\ \dddot{x} &= b_1 \cos\psi - c_1\omega\sin\psi \\ \ddddot{x} &= a_1\cos\psi - 2b_1\omega\sin\psi - c_1 a_2 \sin\psi - c_1\omega^2\cos\psi \\ \ddot{y} &= c_1\sin\psi \\ \dddot{y} &= b_1\sin\psi + c_1\omega\cos\psi \\ \ddddot{y} &= a_1\sin\psi + 2b_1\omega\cos\psi + c_1 a_2\cos\psi - c_1\omega^2\sin\psi \\ \ddot{z} &= a_3 \end{cases}$$

117

因此：

$$\begin{pmatrix} \ddddot{x} \\ \ddddot{y} \\ \ddot{z} \end{pmatrix} = \underbrace{\begin{pmatrix} \cos\psi & -c_1\sin\psi & 0 \\ \sin\psi & c_1\cos\psi & 0 \\ 0 & 0 & 1 \end{pmatrix}}_{\mathbf{A}(\mathbf{x},c_1)} \begin{pmatrix} a_1 \\ a_2 \\ a_3 \end{pmatrix} + \underbrace{\begin{pmatrix} -2b_1\omega\sin\psi - c_1\omega^2\cos\psi \\ 2b_1\omega\cos\psi - c_1\omega^2\sin\psi \\ 0 \end{pmatrix}}_{\mathbf{b}(\mathbf{x},b_1,c_1)}$$

为了得到如下形式的反馈系统：

$$\begin{pmatrix} \ddddot{x} \\ \ddddot{y} \\ \ddot{z} \end{pmatrix} = \begin{pmatrix} v_1 \\ v_2 \\ v_3 \end{pmatrix}$$

取：

$$\begin{aligned} \mathbf{a} &= \mathbf{A}^{-1}(\mathbf{x}, c_1)\,(\mathbf{v} - \mathbf{b}(\mathbf{x}, b_1, c_1)) \\ &= \begin{pmatrix} \cos\psi & -c_1\sin\psi & 0 \\ \sin\psi & c_1\cos\psi & 0 \\ 0 & 0 & 1 \end{pmatrix}^{-1} \\ &\quad \times \left(\begin{pmatrix} v_1 \\ v_2 \\ v_3 \end{pmatrix} - \begin{pmatrix} -2b_1\omega\sin\psi - c_1\omega^2\cos\psi \\ 2b_1\omega\cos\psi - c_1\omega^2\sin\psi \\ 0 \end{pmatrix} \right) \\ &= \begin{pmatrix} \cos\psi & \sin\psi & 0 \\ -\frac{\sin\psi}{c_1} & \frac{\cos\psi}{c_1} & 0 \\ 0 & 0 & 1 \end{pmatrix} \begin{pmatrix} v_1 \\ v_2 \\ v_3 \end{pmatrix} + \begin{pmatrix} \omega^2 c_1 \\ \frac{-2\omega b_1}{c_1} \\ 0 \end{pmatrix} \end{aligned} \tag{2.22}$$

118

5）注意到，$\dot{b}_1 = a_1$ 且 $u_2 = a_2$，则可得动态线性化的状态方程为：

$$\left\{\begin{array}{ll} \dot{c}_1 & = b_1 \\ \dot{b}_1 & = v_1 \cos\psi + v_2 \sin\psi + \omega^2 c_1 \\ \begin{pmatrix} u_1 \\ u_2 \\ u_3 \end{pmatrix} & = \begin{pmatrix} c_1 \\ \frac{1}{c_1}\left(v_2 \cos\psi - v_1 \sin\psi - 2\omega b_1\right) \\ v_3 \end{pmatrix} \end{array}\right. \tag{2.23}$$

该线性反馈的输入向量为 $\mathbf{v}$，输出为 $\mathbf{u}$，状态向量为 (c_1,b_1)。为使所有极点均为 -1，则应取（参考式（2.2））：

$$\left\{\begin{array}{l} v_1 = (w_1 - y_1) + 4(\dot{w}_1 - \dot{y}_1) + 6(\ddot{w}_1 - \ddot{y}_1) + 4(\dddot{w}_1 - \dddot{y}_1) + \ddddot{w}_1 \\ v_2 = (w_2 - y_2) + 4(\dot{w}_2 - \dot{y}_2) + 6(\ddot{w}_2 - \ddot{y}_2) + 4(\dddot{w}_2 - \dddot{y}_2) + \ddddot{w}_2 \\ v_3 = (w_3 - y_3) + 2(\dot{w}_3 - \dot{y}_3) + \ddot{w}_3 \end{array}\right.$$

即

$$\left\{\begin{array}{ll} v_1 = (x_d - x) & +4(\dot{x}_d - v_x) + 6(\ddot{x}_d - c_1\cos\psi) \\ & +4(\dddot{x}_d - (b_1\cos\psi - c_1\omega\sin\psi)) + \ddddot{x}_d \\ v_2 = (y_d - y) & +4(\dot{y}_d - v_y) + 6(\ddot{y}_d - c_1\sin\psi) \\ & +4(\dddot{y}_d - (b_1\sin\psi + c_1\omega\cos\psi)) + \ddddot{y}_d \\ v_3 = (z_d - z) & +2(\dot{z}_d - v_z) + \ddot{z}_d \end{array}\right. \tag{2.24}$$

式中，(x_d,y_d,z_d) 为对应于机器人中心的期望轨迹。联立式（2.23）和式（2.24），可得所需的控制器，其形式如下式所示：

$$\left\{\begin{array}{l} \dot{\mathbf{x}}_\mathrm{r} = \mathbf{f}_\mathrm{r}(\mathbf{x},\mathbf{x}_\mathrm{r},t) \\ \mathbf{u} = \mathbf{g}_\mathrm{r}(\mathbf{x},\mathbf{x}_\mathrm{r},t) \end{array}\right.$$

式中，$\mathbf{x}=(x,y,z,\psi,v_x,v_y,v_z,\omega)$ 为该机器人的状态向量；$\mathbf{x}_\mathrm{r}=(c_1,b_1)$ 为该控制器的状态向量。后者对应于系统之前所加的两个积分器，以排除线性化中的奇异性。将本题所示方法称为动态反馈线性化。确实，相较于不存在使控制器产生静态关系的奇异性情况，增加积分器可为系统控制器增加一个状态表达式。

习题 2.8 参考答案 （小车的滑膜控制）

1）如果令 $\mathbf{y}=(x_1,x_2)$，可得：

$$\left\{\begin{array}{l} \ddot{y}_1 = -\dot{x}_3 x_4 \sin x_3 + \dot{x}_4 \cos x_3 = -x_4 \sin x_3 u_1 + \cos x_3 u_2 \\ \ddot{y}_2 = \dot{x}_3 x_4 \cos x_3 + \dot{x}_4 \sin x_3 = x_4 \cos x_3 u_1 + \sin x_3 u_2 \end{array}\right.$$

119

即

$$\begin{pmatrix} u_1 \\ u_2 \end{pmatrix} = \underbrace{\begin{pmatrix} -x_4 \sin x_3 & \cos x_3 \\ x_4 \cos x_3 & \sin x_3 \end{pmatrix}^{-1} \begin{pmatrix} \ddot{y}_1 \\ \ddot{y}_2 \end{pmatrix}}_{\phi(\mathbf{x},\ddot{\mathbf{y}})}$$

可得动态误差：

$$\mathbf{y}_d(t) - \mathbf{y}(t) + 2(\dot{\mathbf{y}}_d(t) - \dot{\mathbf{y}}(t)) + (\ddot{\mathbf{y}}_d(t) - \ddot{\mathbf{y}}(t)) = \mathbf{0}$$

则应取：

$$\ddot{\mathbf{y}}(t) = \mathbf{y}_d(t) - \mathbf{y}(t) + 2(\dot{\mathbf{y}}_d(t) - \dot{\mathbf{y}}(t)) + \ddot{\mathbf{y}}_d(t)$$

因此，相应的控制器为：

$$\mathbf{u}=\begin{pmatrix}-x_4\sin x_3 & \cos x_3\\ x_4\cos x_3 & \sin x_3\end{pmatrix}^{-1}\cdot\left(\mathbf{y}_d(t)-\mathbf{y}(t)+2\left(\dot{\mathbf{y}}_d(t)-\dot{\mathbf{y}}(t)\right)+\ddot{\mathbf{y}}_d(t)\right)$$

2）取所需的表面为：

$$\mathbf{s}(\mathbf{x},t)=\mathbf{y}_d(t)-\mathbf{y}(t)+\dot{\mathbf{y}}_d(t)-\dot{\mathbf{y}}(t)=\mathbf{0}$$

这也对应于我们想要的动态误差。因此

$$\mathbf{s}(\mathbf{x},t)=10\cdot\begin{pmatrix}\cos t\\ \sin(3t)\end{pmatrix}-\mathbf{y}(t)+10\cdot\begin{pmatrix}-\sin(t)\\ 3\cos(3t)\end{pmatrix}-\begin{pmatrix}x_4\cos x_3\\ x_4\sin x_3\end{pmatrix}$$

控制器为：

$$\mathbf{u}=\phi\left(\mathbf{x},\ K\cdot\operatorname{sign}\left(\mathbf{s}(\mathbf{x},t)\right)\right)$$

式中，K 很大，例如 K=100。这里，由于 $\mathbf{s}(\mathbf{x},t)$ 是 $\mathbb{R}^2$ 的向量，函数符号必须按分量理解。

习题 2.9 参考答案 （机器人群）

1）对于前面的练习，如果将 $y=(x_1,x_2)$ 作为输出，并且如果应用反馈线性化方法，就得到了控制器：

$$\mathbf{u}=\begin{pmatrix}-x_4\sin x_3 & \cos x_3\\ x_4\cos x_3 & \sin x_3\end{pmatrix}^{-1}\cdot\left(\mathbf{c}(t)-\begin{pmatrix}x_1\\ x_2\end{pmatrix}+2\dot{\mathbf{c}}(t)-2\begin{pmatrix}x_4\cdot\cos(x_3)\\ x_4\cdot\sin(x_3)\end{pmatrix}+\ddot{\mathbf{c}}(t)\right)\tag{2.25}$$

120

式中，$\mathbf{c}(t)$ 为所需位置。对于第 i 个机器人，取：

$$\mathbf{c}(t)=\begin{pmatrix}\cos(at+\frac{2i\pi}{m})\\ \sin(at+\frac{2i\pi}{m})\end{pmatrix},\dot{\mathbf{c}}(t)=a\cdot\begin{pmatrix}-\sin(at+\frac{2i\pi}{m})\\ \cos(at+\frac{2i\pi}{m})\end{pmatrix},\ \ddot{\mathbf{c}}(t)=-a^2\mathbf{c}(t).$$

2）为了得到正确的椭圆，对于每个 $\mathbf{c}(t)$，应用变换：

$$\mathbf{w}(t)=\underbrace{\begin{pmatrix}\cos\theta & -\sin\theta\\ \sin\theta & \cos\theta\end{pmatrix}}_{=\mathbf{R}}\cdot\underbrace{\begin{pmatrix}20+15\cdot\sin(at) & 0\\ 0 & 20\end{pmatrix}}_{=\mathbf{D}}\cdot\mathbf{c}(t)$$

式中，$\mathbf{w}(t)$ 为新的期望位置。要应用所设计的控制器，还需要 $\mathbf{w}(t)$ 的两个一阶导数。则有：

$$\dot{\mathbf{w}}=\mathbf{R}\cdot\mathbf{D}\cdot\dot{\mathbf{c}}+\mathbf{R}\cdot\dot{\mathbf{D}}\cdot\mathbf{c}+\dot{\mathbf{R}}\cdot\mathbf{D}\cdot\mathbf{c}$$

式中：

$$\dot{\mathbf{D}}=\begin{pmatrix}15a\cdot\cos(at) & 0\\ 0 & 0\end{pmatrix},\ \dot{\mathbf{R}}=a\cdot\begin{pmatrix}-\sin\theta & -\cos\theta\\ \cos\theta & -\sin\theta\end{pmatrix}$$

此外：

$$\begin{aligned}\ddot{\mathbf{w}} &= \mathbf{R}\cdot\mathbf{D}\cdot\ddot{\mathbf{c}}+\mathbf{R}\cdot\ddot{\mathbf{D}}\cdot\mathbf{c}+\ddot{\mathbf{R}}\cdot\mathbf{D}\cdot\mathbf{c}+2\cdot\dot{\mathbf{R}}\cdot\mathbf{D}\cdot\dot{\mathbf{c}}\\ &\quad +2\cdot\mathbf{R}\cdot\dot{\mathbf{D}}\cdot\dot{\mathbf{c}}+2\cdot\dot{\mathbf{R}}\cdot\dot{\mathbf{D}}\cdot\mathbf{c}\end{aligned}$$

式中：

$$\ddot{\mathbf{D}}=\begin{pmatrix}-15a^2\cdot\sin(at) & 0\\ 0 & 0\end{pmatrix},\ \ddot{\mathbf{R}}=-a^2\cdot\mathbf{R}$$

现在可以应用等式（2.25）给出的控制器，其中 $\mathbf{c}(t)$ 现在被 $\mathbf{w}(t)$ 代替。图 2.26 说明了控制律的行为，并显示该组精确地随椭圆移动。

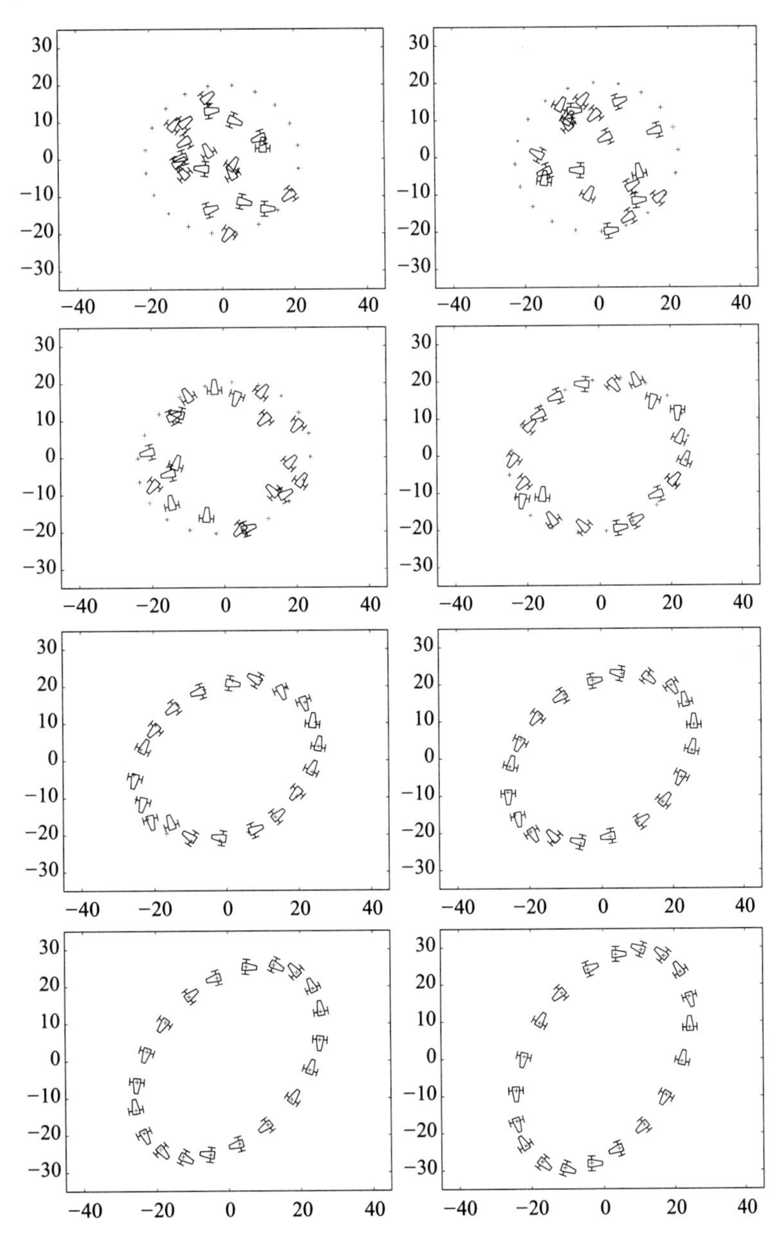

图 2.26 在瞬变阶段，所有机器人都朝着它们在椭圆中的设定点前进。然后，该组完全跟随椭圆的变形（有关此图的彩色版本，请参阅 www.iste.co.uk/jalin/robotics.zip）

习题 2.10 参考答案 （护航）

1）对于习题 2.3，可以取：

$$\mathbf{u}_a = \begin{pmatrix} -v_a \sin\theta_a & \cos\theta_a \\ v_a \cos\theta_a & \sin\theta_a \end{pmatrix}^{-1} \cdot \left(\begin{pmatrix} \hat{x}_a \\ \hat{y}_a \end{pmatrix} - \begin{pmatrix} x_a \\ y_a \end{pmatrix} + \frac{\mathrm{d}}{\mathrm{d}t} \begin{pmatrix} \hat{x}_a \\ \hat{y}_a \end{pmatrix} - \begin{pmatrix} v_a \cos\theta_a \\ v_a \sin\theta_a \end{pmatrix} \right)$$

121

其中：

$$\begin{aligned} \hat{x}_a &= L_x \sin\omega t, & \frac{\mathrm{d}\hat{x}_a}{\mathrm{d}t} &= \omega L_x \cos\omega t \\ \hat{y}_a &= L_y \cos\omega t, & \frac{\mathrm{d}\hat{y}_a}{\mathrm{d}t} &= -\ \omega L_y \sin\omega t \end{aligned}$$

2）已知对应于虚拟里程表新的状态方程 $\dot{s}=v$，每次 s 大于 ds=0.1m 时，设置 s=0，并且将 $\mathcal{R}_A$ 对应的状态存储为可供跟随者使用的矩阵 **S**。因为机器人必须与 $\mathcal{R}_A$ 有距离 $d{\cdot}i$，所以当它在距离 $d{\cdot}i$m 之前时它必须遵循 $\mathcal{R}_A$ 在时间 $t-\delta_i$ 时的位置。现在，要遵循的速度是 $\mathcal{R}_A$ 在当前时刻 t 的速度。确实，如果 $\mathcal{R}_A$ 放慢速度，则所有追随者也应立即放慢速度。因此，在时间 t 所给出的控制为：

$$\mathbf{u}(i) = \begin{pmatrix} -v_i \sin\theta_i & \cos\theta_i \\ v_i \cos\theta_i & \sin\theta_i \end{pmatrix}^{-1} \cdot \left(\begin{pmatrix} x_a(t-\delta_i) \\ y_a(t-\delta_i) \end{pmatrix} - \begin{pmatrix} x_i \\ y_i \end{pmatrix} + v_a(t) \cdot \begin{pmatrix} \cos(\theta_a(t-\delta_i)) \\ \sin(\theta_a(t-\delta_i)) \end{pmatrix} - \begin{pmatrix} v_i \cos\theta_i \\ v_i \sin\theta_i \end{pmatrix} \right)$$

式中，(x_i,y_i,θ_i,v_i) 是第 i 个机器人在时间 t 的状态。$(x_a(t-\delta_i),y_a(t-\delta_i),\theta_a(t-\delta_i))$ 值已经存储在矩阵 **S** 中了。$\frac{\mathrm{d}\cdot i}{\mathrm{d}s}$ 表示早走了几步。图 2.27 说明了控制律的行为，并表明两个机器人之间的距离不取决于机器人在椭圆上的位置。

习题 2.11 参考答案 （浮标）

1）由于浮标的质量是 $m=(1+\beta b)\rho_0\ell^3$，根据牛顿第二定律，有：

$$m\dot{v} = mg - \rho_0 g\ell^2 \cdot \max(0, \ell + \min(d,0)) - \frac{1}{2}\rho_0 v\cdot|v|\,\ell^2 c_x$$

因此，状态方程为：

$$\begin{cases} \dot{d} = v \\ \dot{v} = g - \frac{g\cdot\max(0,\ell+\min(d,0)) + \frac{1}{2}v\cdot|v|c_x}{(1+\beta b)\ell} \\ \dot{b} = u \end{cases}$$

2）当不存在饱和时（浮标完全浸没），有：

$$\begin{cases} \dot{d} = v \\ \dot{v} = g - \frac{g\cdot\ell + \frac{1}{2}v\cdot|v|c_x}{(1+\beta b)\ell} \\ \dot{b} = u \end{cases}$$

123

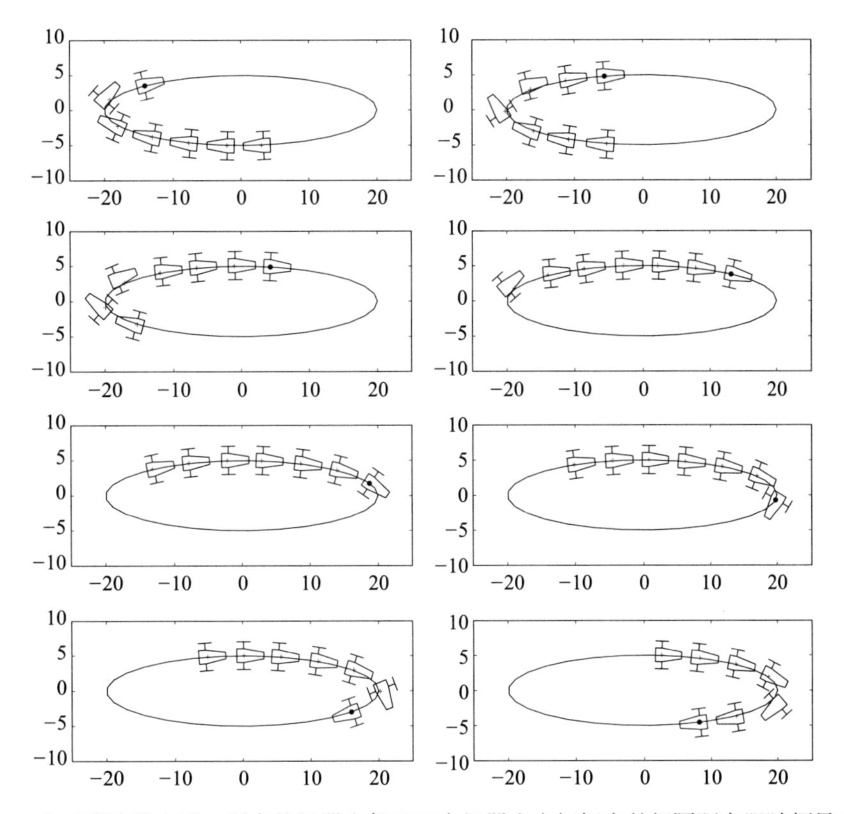

图 2.27 在过渡阶段之后，所有的机器人都以两个机器人之间恒定的间隔距离跟随领导者（有关此图的彩色版本，请参见 www.iste.co.uk/jaulin/robotics.zip）

要使用滑模控制，需要计算输出 y=d 的两个一阶导数。

$$\begin{aligned} \dot{y} &= \dot{d} = v \\ \ddot{y} &= g - \frac{g\cdot\ell+\frac{1}{2}v\cdot|v|c_x}{(1+\beta b)\ell} \end{aligned}$$

由于此处 $\ddot{y}$ 关于 b 是单调的，要增加 $\ddot{y}$，通过设置 u=$u_{\max}$=1 来增加 b 即可，而要减小 $\ddot{y}$，选择 u=$-u_{\max}$=-1 即可。滑膜面为：

$$s(\mathbf{x},t) = \underbrace{\ddot{y}_d - \ddot{y}}_{\ddot{e}} + \alpha_1\underbrace{(\dot{y}_d - \dot{y})}_{\dot{e}} + \alpha_0\underbrace{(y_d - y)}_{e} = 0$$

124

为了保证稳定性，可以取 α_1=2,α_0=1。因此，在滑膜面上，有：

$$s(\mathbf{x},t) = \ddot{d}_0 - \underbrace{\left(g - \frac{g\cdot\ell+\frac{1}{2}v\cdot\mid v\mid c_x}{(1+\beta b)\,\ell}\right)}_{\ddot{y}} + 2\left(\dot{d}_0 - v\right) + (d_0 - d) = 0$$

由于我们从未精确地处在滑膜面上，则需要控制 $\ddot{y}$ 的值来收敛到滑膜面上。因此，选择：

$$u = \text{sign}\left(\ddot{d}_0 - \left(g - \frac{g\cdot\ell+\frac{1}{2}v\cdot|v|c_x}{(1+\beta b)\ell}\right) + 2\left(\dot{d}_0 - v\right) + d_0 - d\right)$$

因此，状态空间变换为：

$$\begin{pmatrix} y \\ \dot{y} \\ \ddot{y} \end{pmatrix} = \mathbf{h}(\mathbf{x}) = \begin{pmatrix} d \\ v \\ g - \frac{g \cdot \ell + \frac{1}{2} v \cdot |v| c_x}{(1+\beta b)\ell} \end{pmatrix}$$

函数 **h** 是双射函数。

对于在给定深度 $\bar{d}_0$ 的稳定，取 $y_d(t) = \bar{d}_0$ $\dot{y}_d = \ddot{y}_d = 0$ 。变量 $y(t)$ 将收敛到 d_0。有：

$$\mathbf{h}(\mathbf{x}) \to (\bar{d}_0, 0, 0)$$

因此，$d \to 0, \mathrm{v} \to 0$ 和 $g - \dfrac{g \cdot}{(1+\beta b)} \to 0$ ，或者等价地 $b \to 0$ 。

图 2.28 显示了在 $d_0(t)$=5m 的情况下的模拟仿真。在时间 t=0 时，浮标留在水面上，没有任何浸没体积。

3）已知：

$$\begin{aligned}
\dot{y} &= \dot{d} = v \\
\ddot{y} &= g - \tfrac{g \cdot \ell + \frac{1}{2} v \cdot |v| c_x}{(1+\beta b)\ell} \\
\dddot{y} &= -\tfrac{(|v| c_x \dot{v})(1+\beta b)\ell - \left(g \cdot \ell + \frac{1}{2} v \cdot |v| c_x\right)(\beta \dot{b})\ell}{(1+\beta b)^2 \ell^2} \\
&= \underbrace{-\frac{(|\, v \,|\, c_x \dot{v})}{(1+\beta b)\,\ell}}_{b(\mathbf{x})} + \underbrace{\frac{\left(g \cdot \ell + \frac{1}{2} v \cdot |\, v \,|\, c_x\right)\beta}{(1+\beta b)^2 \,\ell}}_{a(\mathbf{x})} u
\end{aligned}$$

因此，可得：

125

$$u = a^{-1}(\mathbf{x})\,(\dddot{y} - b(\mathbf{x})) = \frac{(1+\beta b)^2 \,\ell}{\left(g \cdot \ell + \frac{1}{2} v \cdot |\, v \,|\, c_x\right)\beta} \cdot \left(\dddot{y} - \frac{(|\, v \,|\, c_x \dot{v})}{(1+\beta b)\,\ell}\right)$$

式中：

$$\dddot{y} = \dddot{w} + 3 \cdot (\ddot{w} - \ddot{y}) + 3 \cdot (\dot{w} - \dot{y}) + w - y$$

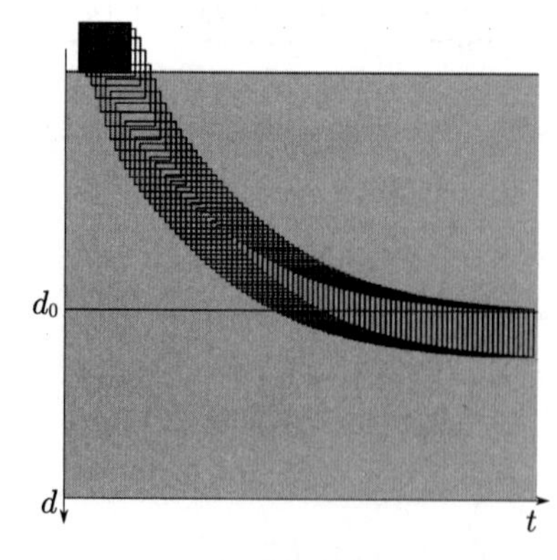

图 2.28　当所需深度为 d_0=5m 时，浮点相对于时间 $t \in [0, 8]$ 的位置的示意图

习题 2.12 参考答案 （场跟踪）

1）易得：

$$\dot{y} = u + \frac{\sin x_3}{1 + x_2^2}$$

假设我们想要 $\dot{y} = -y$ 。则基于反馈线性化的控制为：

$$\begin{array}{rl} u = & \dot{y} - \frac{\sin x_3}{1+x_2^2} = -y - \frac{\sin x_3}{1+x_2^2} \\ = & -x_3 - \text{atan} x_2 - \frac{\sin x_3}{1+x_2^2} \end{array}$$

请注意，没有任何奇点。

2）因为 $\dot{y} = -y$ ，易得 $y=0$。在这种情况下，有：

$$\begin{cases} \dot{x}_1 = \cos x_3 = \cos\left(-\text{atan}(x_2)\right) \\ \dot{x}_2 = \sin x_3 = \sin\left(-\text{atan}(x_2)\right) \end{cases}$$

如图 2.29 所示，相关向量场被直线 $x_2=0$ 吸引。 126

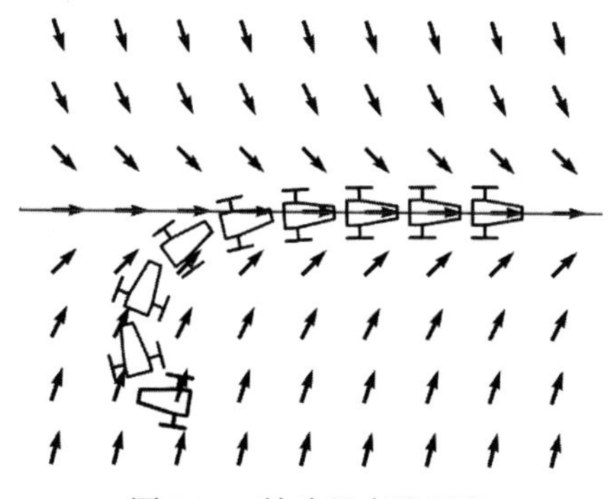

图 2.29 精确的直线跟踪

3）取：

$$y = x_3 - \text{atan2}(\underbrace{-(0.01\ x_1^2 - 1)x_2 - x_1}_{b},\ \underbrace{x_2}_{a})$$

可得：

$$\begin{array}{rcl} \dot{y} & = & \dot{x}_3 - (\underbrace{-\frac{b}{a^2+b^2}}_{\frac{\partial \text{atan2}(b,a)}{\partial a}} \cdot \dot{a} + \underbrace{\frac{a}{a^2+b^2}}_{\frac{\partial \text{atan2}(b,a)}{\partial b}} \cdot \dot{b}) \\ & = & u + \frac{b \cdot \dot{a} - a \cdot \dot{b}}{a^2+b^2} \end{array}$$

式中：

$$\begin{array}{rl} a = & x_2 \\ \dot{a} = & \sin x_3 \\ b = & -\left(0.01\ x_1^2 - 1\right) x_2 - x_1 \\ \dot{b} = & -\left(0.02 \cdot x_1 \dot{x}_1\right) x_2 - \left(0.01\ x_1^2 - 1\right) \dot{x}_2 - \dot{x}_1 \\ = & -0.02 \cdot x_1 x_2 \cos x_3 - \left(0.01\ x_1^2 - 1\right) \sin x_3 - \cos x_3 \end{array}$$

因此，基于反馈线性化的控制为：

$$\begin{aligned} u &= \dot{y} - \frac{\left(b\cdot\dot{a}-a\cdot\dot{b}\right)}{a^2+b^2} = -y - \frac{\left(b\cdot\dot{a}-a\cdot\dot{b}\right)}{a^2+b^2} \\ &= -\left(x_3 - \operatorname{atan2}(b,a)\right) - \frac{\left(b\cdot\dot{a}-a\cdot\dot{b}\right)}{a^2+b^2} \end{aligned}$$

127

此外，为了避免误差角的不连续性，我们必须使用锯齿函数（见第 3.1 节）。因此，最终控制器：

$$\begin{aligned} u = &\quad -\operatorname{sawtooth}\left(x_3 - \operatorname{atan2}\left(-\left(\frac{x_1^2}{100}-1\right)x_2 - x_1, x_2\right)\right) \\ &+ \frac{\left(\left(\frac{x_1^2}{100}-1\right)x_2+x_1\right)\cdot\sin x_3 + x_2\cdot\left(\frac{x_1 x_2 \cos x_3}{50}+\left(\frac{x_1^2}{100}-1\right)\sin x_3+\cos x_3\right)}{x_2^2+\left(\left(\frac{x_1^2}{100}-1\right)x_2+x_1\right)^2} \end{aligned}$$

控制器的行为如图 2.30 所示。

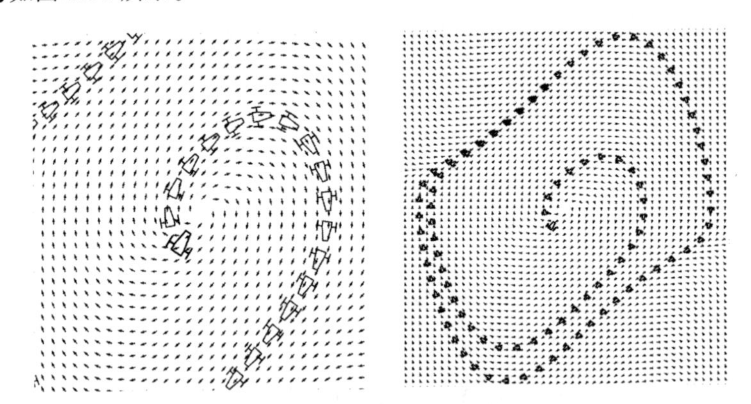

图 2.30　机器人精确描述范德波尔循环

习题 2.13 参考答案　（滑动摆）

1）已知：

$$\begin{aligned} y &= x_1 \\ \dot{y} &= x_2 \\ \ddot{y} &= -\sin x_1 + u \end{aligned}$$

如果取：

$$u = \underbrace{\sin x_1 + \left(w - y + 2\left(\dot{w} - \dot{y}\right) + \ddot{w}\right)}_{\phi(\mathbf{x},(w-y+2(\dot{w}-\dot{y})+\ddot{w}))}$$

可得：

128

$$e + 2\dot{e} + \ddot{e} = 0$$

式中，$e=w-y$ 是误差。因为 $w(t)=0,\forall t$，受控系统由以下状态方程式描述：

$$\begin{pmatrix} \dot{x}_1 \\ \dot{x}_2 \end{pmatrix} = \begin{pmatrix} x_2 \\ -x_1 - 2x_2 \end{pmatrix}$$

图 2.31b 表示了相应的向量场。

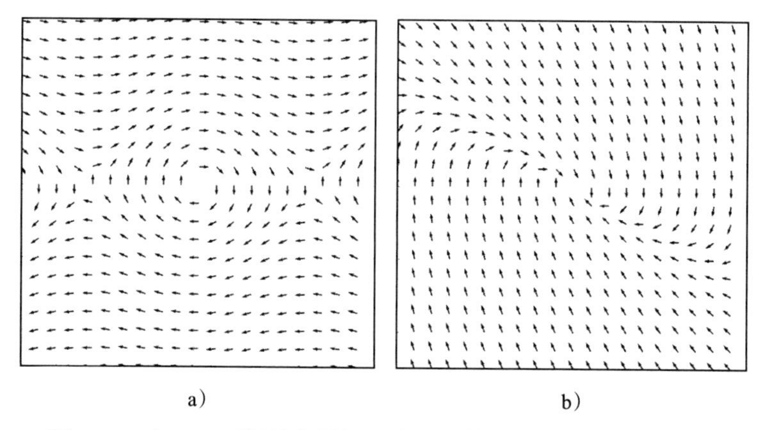

图 2.31 a）u=0 时摆的向量场。b）用反馈线性化方法控制的系统

2）易得：

$$\begin{aligned} y &= x_1 \\ \dot{y} &= x_2 \end{aligned}$$

如果能够停留在表面上，有：

$$s(\mathbf{x}, t) = (\dot{w} - \dot{y}) + (w - y) = 0$$

那么误差 $e=w-y$ 收敛到零。滑模控制器为：

$$u = \underbrace{\sin x_1 + K \cdot \text{sign}\left((\dot{w} - \dot{y}) + (w - y)\right)}_{\phi(\mathbf{x}, K \cdot \text{sign}(s(\mathbf{x}, t)))}$$

因为 $w(t)=0, \forall t$，受控系统由以下状态方程描述：

$$\begin{pmatrix} \dot{x}_1 \\ \dot{x}_2 \end{pmatrix} = \begin{pmatrix} x_2 \\ -K \cdot \text{sign}(x_1 + x_2) \end{pmatrix}$$

129

对于 K=1 和 K=10，相应的向量场如图 2.32 所示。滑膜面也用蓝色表示。

请注意，对于 K=1，滑膜面没有足够吸引力，因此在平衡点附近可能会发生一些振荡。

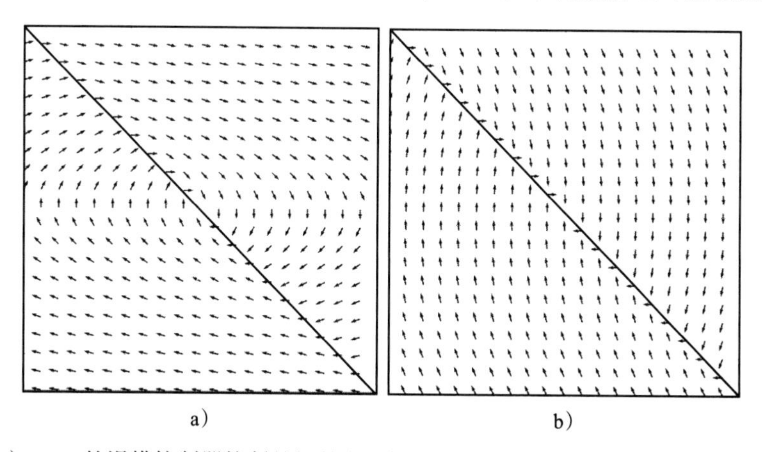

图 2.32 a）K=1 的滑模控制器控制的摆的向量场。b）K=10 的滑模控制器控制的摆的向量场

3）可得：

$$\begin{aligned}\dot{V}(\mathbf{x}) &= s(\mathbf{x},t)\cdot\dot{s}(\mathbf{x},t)\\ &= ((\dot{w}-x_2)+(w-x_1))((\dot{w}-\dot{x}_2)+(\ddot{w}-\dot{x}_1))\\ &= (x_2+x_1)(\dot{x}_2+\dot{x}_1)\\ &= (x_2+x_1)(-\sin x_1+u+x_2)\\ &= (x_2+x_1)(K\cdot\operatorname{sign}(s(\mathbf{x},t))+x_2)\\ &= (x_2+x_1)(-K\cdot\operatorname{sign}(x_2+x_1)+x_2)\end{aligned}$$

定义集合：

$$\mathbb{S}_K=\{\mathbf{x}\,|\,(x_2+x_1)(-K\cdot\operatorname{sign}(x_2+x_1)+x_2)>0\}$$

因为对于所有的 K，集合 $\mathbb{S}_K$ 从来不为空，到曲面的距离总是可以随着某个 $\mathbf{x}$ 的值而增加，并且不能证明曲面的李亚谱诺夫稳定性。图 2.33 描绘了一些 K 值的集合 $\mathbb{S}_K$ 值。

130

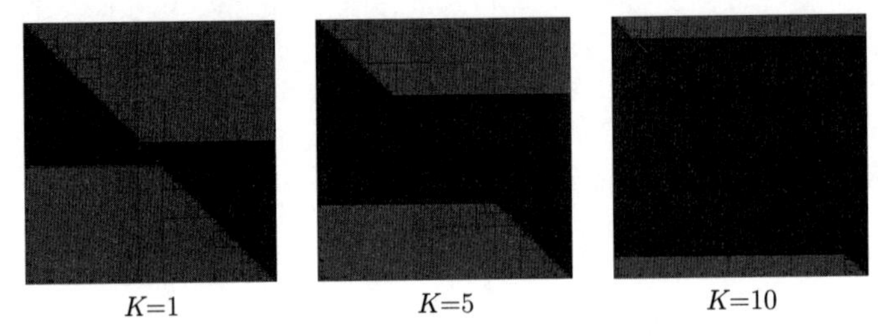

图 2.33　将 K=1, 5, 10 的 $\mathbb{S}_K$ 值设置为红色。当 K 较大时，朝向滑膜面的概率增加（有关此图的彩色版本，请参阅 www.iste.co.uk/jalin/robotics.zip）

131

无模型控制

当为一个机器人设计了控制器并执行最初测试时，首次尝试很少能成功，这便引出了调试的问题。不成功的原因可能是罗盘受到了电磁干扰，或罗盘倒置，或传感器的单位转换出现问题，或电动机饱和，或控制器存在符号问题。调试问题是很复杂的，应当遵循连续性原理：在机器人的结构中，每一步都必须要有合理的尺寸，并且在进行构造之前必须进行验证。那么，对于一个机器人而言，在建立一个更先进的控制器之前，最好先应用一个简单直观且容易调试的控制器。但这个原则并不能总是适用。然而，如果对所要应用的控制律有一个很好的先验理解，便可遵循该连续性原理。由此可知，实用控制器的移动机器人，至少可以分为两类：

1）车辆型机器人：这类系统是人为制造并人为控制的，例如自行车、帆船、汽车等。在此将尝试复制人类所使用的控制律，并将其转化为一个算法。

2）仿生型机器人：这类机器人受人类运动的启发。通过对人类长时间的观测进而推理出其自然发展策略并设计其控制律。这便是仿生的方法（见 [BOY 06]）。在这类机器人中并不包括步行机器人，因为即使知道如何行走，却不可能知道行走时所用的控制律。如此而言，如果没有一个步行的完整力学模型，或没有应用诸如第 2 章提到的任何理论性的自动控制方法，将无法实现设计步行机器人的控制律 [CHE 08]。

对于这两类机器人，通常得不到简单可靠的模型（例如帆船或自行车就是这种情形）。然而，可通过对它们的深刻理解建立一个鲁棒控制律。

本章将通过几个例子来说明如何设计这样的控制律，并将其称为模型控制（试图模仿人类或动物）或无模型控制（不使用机器人的状态方程去设计控制器）。尽管无模型方法已经在理论上得到了深入的探讨和研究（参考 [FLI 13]），但在本章我们将尽可能多的利用对机器人功能的直观感受。

3.1 无人车的无模型控制

为了说明无模型控制的原理，考虑如下方程所示的无人车模型的情形：

$$\begin{cases} \dot{x} = v\cos\theta \\ \dot{y} = v\sin\theta \\ \dot{\theta} = u_2 \\ \dot{v} = u_1 - v \end{cases}$$

可将该模型应用于仿真中，但不能用于获取控制器。

3.1.1 方向和速度的比例控制器

在此，通过对该系统的一个直观感受为其设计一个简单的控制器。取 $\tilde{\theta}=\theta_d-\theta$ 和 $\tilde{v}=v_d-v$，其中 θ_d 为期望方向，v_d 为期望速度。

1）对于速度控制，可取：

$$u_1 = a_1 \tanh \tilde{v}$$

式中，a_1 为一个常数，表示电动机所能传送的最大加速度（绝对值）。使用双曲正切函数 tanh（见图 3.1）作为饱和函数。已知：

$$\tanh x = \frac{e^x - e^{-x}}{e^x + e^{-x}} \tag{3.1}$$

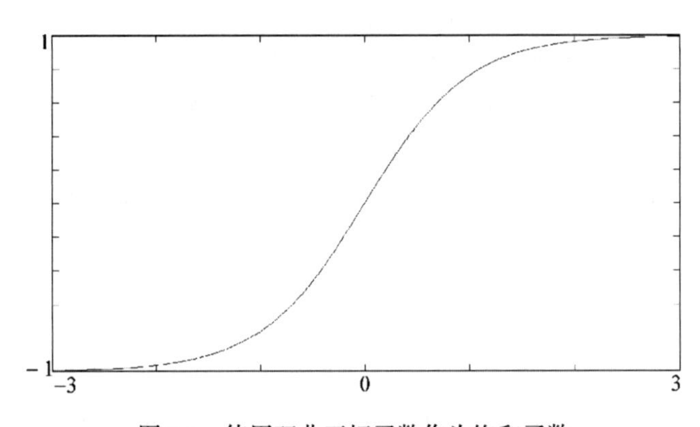

图 3.1　使用双曲正切函数作为饱和函数

2）对于方向控制，可取：

$$u_2 = a_2 \cdot \text{sawtooth}(\tilde{\theta})$$

在最后一个公式中，sawtooth 对应于由下式定义的锯齿函数：

134

$$\text{sawtooth}(\tilde{\theta}) = 2\text{atan}\left(\tan\frac{\tilde{\theta}}{2}\right) = \text{mod}(\tilde{\theta}+\pi, 2\pi) - \pi \tag{3.2}$$

注意，由于数值原因，最好利用包含模函数的表达式。如图 3.2 所示，该方程对应于方向上的一个误差，通过锯齿函数对误差 $\tilde{\theta}$ 进行滤波是为了避免模为 $2k\pi$ 的问题：在此将 $2k\pi$ 视为非零。

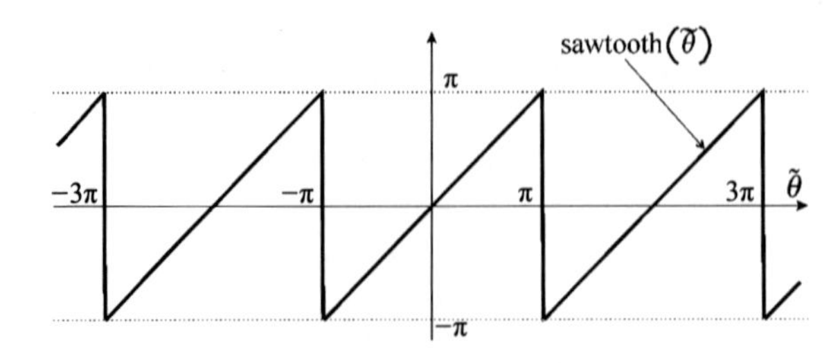

图 3.2　利用锯齿函数避免方向控制上的跳动

可将控制器概括如下：

$$\begin{pmatrix} u_1 \\ u_2 \end{pmatrix} = \begin{pmatrix} a_1 \cdot \tanh(v_d - v) \\ a_2 \cdot \text{sawtooth}(\theta_d - \theta) \end{pmatrix}$$

由此，便可执行方向控制。无模型控制是不需要使用机器人的状态方程的，在实际应用中，无模型控制的控制效果非常好。这是基于对系统动力学的理解和二轮车机器人的无线操作方法而言的。在此之中含有两个易于设定的参数 a_1 和 a_2（a_1 表示推力，a_2 表示方向扰动），最后，所设计控制器易于实现和调试。 135

注释 在三维情况下，机器人 θ 的航向和期望航向 θ_d 被机器人的方位矩阵 $\mathbf{R}$ 和期望方位 $\mathbf{R}_d$ 替换。用机器人必须跟随的旋转向量 $\mathbf{u}_\omega$ 代替控制 u。用下式代替锯齿控制 $u = k$ sawtooth $(\theta_d - \theta)$（见式（1.6））：

$$\mathbf{u}_{\boldsymbol{\omega}} = -\frac{k\alpha}{2\sin\alpha} \cdot \text{Ad}^{-1}\left(\widetilde{\mathbf{R}} - \widetilde{\mathbf{R}}^{\mathrm{T}}\right)$$

其中：

$$\begin{aligned} \alpha &= \text{acos}\left(\frac{\text{tr}(\widetilde{\mathbf{R}}) - 1}{2}\right) \\ \widetilde{\mathbf{R}} &= \mathbf{R}_d^{\mathrm{T}} \cdot \mathbf{R} \end{aligned}$$

3.1.2 方向的比例 – 微分控制器

对于很多机器人而言，比例控制器会产生振荡，因此有必要增加一个阻尼项或微分项。例如期望水下探测机器人（无人遥控潜水器（ROV）类型的）稳定在指定区域内就是这种情况。当水下排雷机器人移动时，在稳定其方向的操纵面上并不存在这种振荡问题。如果方向恒定，则这样的一个比例 – 微分控制器由下式所示：

$$u_2 = a_2 \cdot \text{sawtooth}(\theta_d - \theta) + b_2\dot{\theta}$$

例如，变量 θ 可由罗盘获得，至于 $\dot{\theta}$，一般通过陀螺仪获得。低成本的机器人通常没有陀螺仪，因此必须通过 θ 的测量值去近似得到 $\dot{\theta}$，然而，对于方向上的微小变化，罗盘可能会以 2π 单位跳动。例如，如下所述就是这种情况，当罗盘返回一个处于 $[-\pi, \pi]$ 之间的角，则方向变化约为 $(2k+1)\pi$。在这种情况下，就必须获得 $\dot{\theta}$ 的一个近似值，而且所获得的近似值需对这类跳动不敏感。令：

$$\mathbf{R}_t = \begin{pmatrix} \cos\theta(t) & -\sin\theta(t) \\ \sin\theta(t) & \cos\theta(t) \end{pmatrix}$$

对应于机器人的方向 $\theta(t)$ 的旋转矩阵（注意该矩阵对 $2k\pi$ 的跳动不敏感）。注意到： 136

$$\mathbf{R}_t^{\mathrm{T}}\dot{\mathbf{R}}_t = \begin{pmatrix} 0 & -\dot{\theta}(t) \\ \dot{\theta}(t) & 0 \end{pmatrix}$$

可将该关系看作 1.1.4 节中式（1.1）的二维（2D）版本。那么，该旋转矩阵的欧拉积分为：

$$\begin{aligned}\mathbf{R}_{t+\mathrm{d}t} &= \mathbf{R}_t + \mathrm{d}t\dot{\mathbf{R}}_t \\ &= \mathbf{R}_t + \mathrm{d}t \cdot \mathbf{R}_t \begin{pmatrix} 0 & -\dot{\theta}(t) \\ \dot{\theta}(t) & 0 \end{pmatrix} \\ &= \mathbf{R}_t \left(\mathbf{I} + \mathrm{d}t \begin{pmatrix} 0 & -\dot{\theta}(t) \\ \dot{\theta}(t) & 0 \end{pmatrix} \right)\end{aligned}$$

因此：

$$\begin{aligned}\mathrm{d}t \begin{pmatrix} 0 & -\dot{\theta}(t) \\ \dot{\theta}(t) & 0 \end{pmatrix} &= \mathbf{R}_t^{\mathrm{T}} \mathbf{R}_{t+\mathrm{d}t} - \mathbf{I} \\ &= \begin{pmatrix} \cos(\theta(t+\mathrm{d}t) - \theta(t)) & -\sin(\theta(t+\mathrm{d}t) - \theta(t)) \\ \sin(\theta(t+\mathrm{d}t) - \theta(t)) & \cos(\theta(t+\mathrm{d}t) - \theta(t)) \end{pmatrix} - \\ &\quad \begin{pmatrix} 1 & 0 \\ 0 & 1 \end{pmatrix}\end{aligned}$$

在该矩阵方程中，提取第二行第一列所对应的标量方程，可得：

$$\dot{\theta}(t) = \frac{\sin(\theta(t+\mathrm{d}t) - \theta(t))}{\mathrm{d}t}$$

因此，可将方向的比例—微分控制器写为：

$$u_2(t) = a_2 \cdot \text{sawtooth}(\theta_d - \theta(t)) + b_2 \frac{\sin(\theta(t) - \theta(t - \mathrm{d}t))}{\mathrm{d}t}$$

该控制器将对 2π 的跳动不敏感。

3.2 雪橇车

考虑图 3.3 所示的雪橇车机器人 [JAU 10]。

这个被称为雪橇车的小车纯属虚构。将其设计为一个137立于五个溜冰鞋上并在一个冰冻湖面上移动的机器人。该系统有两个输入：前车的角度 β 的正切值 u_1（选择正切值作为输入是为了避免奇异点）和施加于两车连接处且对应于角 δ 的力矩 u_2。因此，小车推力便只来源于力矩 u_2，同时可参考蛇和鳗鱼的推进模式 [BOY 06]。因此对于 u_1 的任何控制均不会为系统产生任何能量，但会通过产生波形间接参与推进。在本节中，将为系统仿真提出一种状态形式的模型。考虑其控制律，现有通用方法不能处理这种系统，则有必要考虑该问题的物理因素。因此，本节将提出一种模拟控制律并以此获得一个有效的控制器。

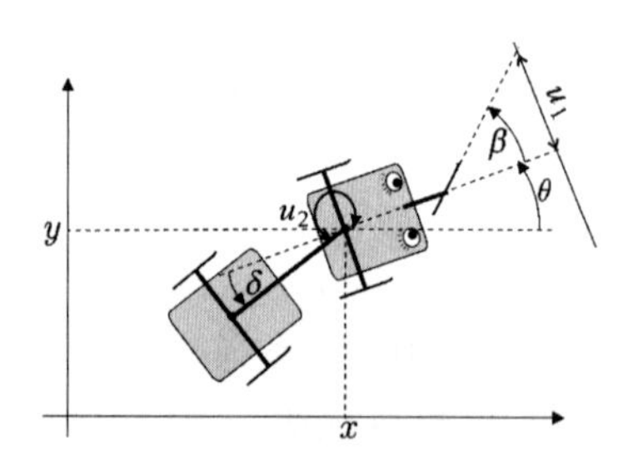

图 3.3 蛇形移动的雪橇车机器人

3.2.1 模型

为了实现仿真，在此尝试获取能表示系统动力学的状态方程。选择其状态变量为 $\mathbf{x} = (x, y, \theta, v, \delta)$，其中 x, y, θ 对应于前车的位置，v 表示前雪橇轴中心的速度，δ 为两车之间所成角度，前雪橇的角速度为：

$$\dot{\theta}=\frac{v_1\sin\beta}{L_1} \tag{3.3}$$

式中，v_1 为前溜冰鞋的速度；L_1 为前溜冰鞋与前雪橇轴中心之间的距离。然而：

$$v=v_1\cos\beta$$

因此：

$$\dot{\theta}=\frac{v\tan\beta}{L_1}=\frac{vu_1}{L_1} \tag{3.4}$$

138

从后雪橇角度观察，这些特征都好似在前雪橇轴的中心存在一个随其一起移动的虚拟溜冰鞋。那么，利用方程（3.3）可得后一雪橇的角速度为：

$$\dot{\theta}+\dot{\delta}=-\frac{v\sin\delta}{L_2}$$

式中，L_2 为前后两轴中心之间的距离，因此：

$$\dot{\delta}=-\frac{v\sin\delta}{L_2}-\dot{\theta}\overset{(3.4)}{=}-\frac{v\sin\delta}{L_2}-\frac{vu_1}{L_1} \tag{3.5}$$

根据动能定理，动能的时间导数等于为系统提供的功率之和，即

$$\frac{\mathrm{d}}{\mathrm{d}t}\left(\frac{1}{2}mv^2\right)=\underbrace{u_2\cdot\dot{\delta}}_{\text{发动机功率}}-\underbrace{(\alpha v)\cdot v}_{\text{耗散功率}} \tag{3.6}$$

式中，α 为黏性摩擦系数。为简化起见，在此假设摩擦力为 αv，这就与假设仅前雪橇制动相同。因此，则有：

$$mv\dot{v}\overset{\text{式}(3.6)}{=}u_2\cdot\dot{\delta}-\alpha v^2\overset{\text{式}(3.5)}{=}u_2\cdot\left(-\frac{v\sin\delta}{L_2}-\frac{vu_1}{L_1}\right)-\alpha v^2$$

且：

$$m\dot{v}=u_2\cdot\left(-\frac{\sin\delta}{L_2}-\frac{u_1}{L_1}\right)-\alpha v \tag{3.7}$$

则该系统可由如下状态方程所述：

$$\begin{cases}\dot{x} &= v\cos\theta\\ \dot{y} &= v\sin\theta\\ \dot{\theta} &\overset{\text{式}(3.4)}{=} vu_1\\ \dot{v} &\overset{\text{式}(3.7)}{=} -(u_1+\sin\delta)\,u_2-v\\ \dot{\delta} &\overset{\text{式}(3.5)}{=} -v\,(u_1+\sin\delta)\end{cases} \tag{3.8}$$

其中，为简化起见，将系数（质量 m，黏性摩擦系数 α，轴间距 L_1, L_2 等）均给定为其单位值。通过在 u_1 之前增加一个积分器可将该系统变为控制仿射（参考式（2.6）），但由于存在很多奇异点，因此不能应用这种反馈线性化方法。确实，很容易证明当速度 $v=0$ 时（容易避免）或 $\dot{\delta}=0$ 时（必然会定期发生），便会有一个奇异点，则一种能模仿蛇和鳗鱼推进模式

139 的仿生控制器可能是可行的。

3.2.2 正弦驱动控制

为实现模拟波动性蛇形移动的控制策略，选择如下形式 u_1：

$$u_1 = p_1 \cos(p_2 t) + p_3$$

式中，p_1 为振幅；p_2 为脉冲；p_3 为偏差。选择推动力矩 u_2 为电动机转矩，即 $\dot{\delta}u_2 \geqslant 0$。的确，$\dot{\delta}u_2$ 对应于施加于机器人的功率，并将其转化为机器人动能。如果将 u_2 限制在 $[-p_4, p_4]$ 范围内，则可为如下形式的 u_2 选择一个 bang-bang 控制器：

$$u_2 = p_4 \cdot \text{sign}(\dot{\delta})$$

该式相当于施加最大推力，因此所选的状态反馈控制器为：

$$\mathbf{u} = \begin{pmatrix} p_1 \cos(p_2 t) + p_3 \\ p_4 \, \text{sign}(-v(u_1 + \sin\delta)) \end{pmatrix}$$

该控制器参数还有待确定。在此可通过偏差 p_3 实现改变其方向，电动机转矩的功率为 p_4。参数 p_1 直接关联于移动时所产生振荡的幅值。最后，由 p_2 给出其振荡频率。可通过该仿真正确设定参数 p_1 和 p_2。图 3.4 表示机器人初始速度为 0 的两种仿真，在图上方的仿真中，其偏差 p_3 等于 0，在图底部的仿真中，$p_3 > 0$。

图 3.5 将前进方向表示为关于时间的一个方程。从图中可清晰地看出，启动时，由发动机提供的功率非常强，然而在巡航时该功率并没有完全被利用。如此控制器迫使发动机尺寸增大，但其优势为具有一个尽可能恒定的推力。

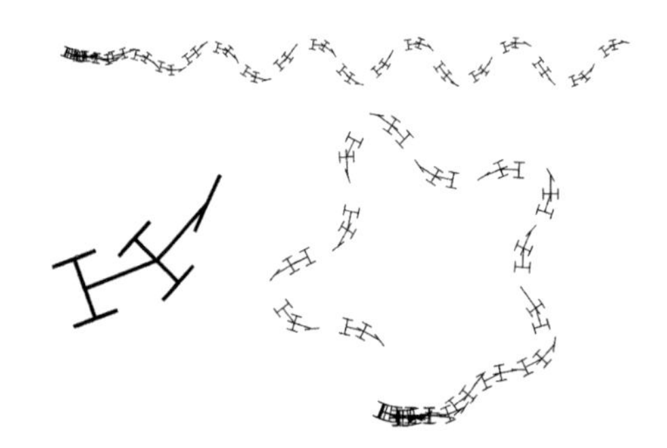

图 3.4　阐明雪橇车机器人控制律的不同仿真

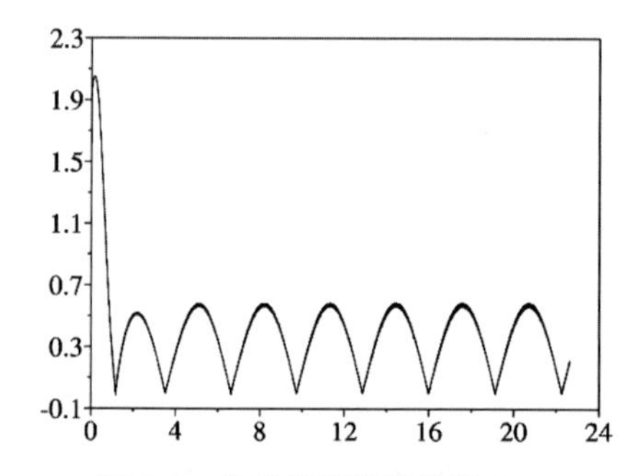

图 3.5　发动机所提供的推力 u_2

3.2.3 最大推力控制

通过推力 $u_2 \cdot \dot{\delta} = -v(u_1 + \sin\delta) \cdot u_2$ 实现该机器人的推进，因此 u_2 便是由发动机所产生的力矩。为了尽可能地快速移动，对于一个给定电动机，应当提供一个最大功率，用 $\bar{p}$ 表示，该功率将被转化为机器人的动能。由此可得：

140

$$\underbrace{-v(u_1 + \sin\delta)}_{\dot{\delta}} \cdot u_2 = \bar{p}$$

因此，便存在多个能够提供期望功率 $\bar{p}$ 的力矩 (u_1, u_2)。故而选择 u_2 的形式为：

$$u_2 = \varepsilon \cdot \bar{u}_2,\ 且(\varepsilon = \pm 1)$$

式中，$\varepsilon(t)$ 为方波；$\bar{u}_2$ 为一个常量。如此选择的 u_2 可能会受制于发动机力矩，从而会限制其机械负载。如果所选 ε 的频率太低，则所提供的功率将值得考虑，但是前车将会与后车发生碰撞。在 ε 为常数的临界状态下，通过仿真可以看出，第一辆车与第二辆车卷绕起来（这表示 δ 增加到了无穷大）。通过提取前溜冰鞋的方向 u_1 可得： 141

$$u_1 = -\left(\frac{\bar{p}}{v\varepsilon\bar{u}_2} + \sin\delta\right)$$

因此，最大推力控制器为：

$$\mathbf{u} = \begin{pmatrix} -\left(\dfrac{\bar{p}}{v\varepsilon\bar{u}_2} + \sin\delta\right) \\ \varepsilon\bar{u}_2 \end{pmatrix} \tag{3.9}$$

那么，利用该控制器，不仅可以通过 u_2 在正确方向上进行推进，而且可以调整车方向 u_1 以使 u_2 所提供的推力转化为最大推力 $\bar{p}$。此时，仅需调整 ε（值为 ± 1 的方波）和功率 $\bar{p}$ 即可。可通过信号 $\varepsilon(t)$ 的占空比去调整方向，通过其频率可得到机器人路径上的振荡幅值。至于 $\bar{u}_2$，可通过其控制机器人的平均速度。在仿真中，事实证明该控制器的确比正弦控制器更有效。图 3.6 表明当实现巡航后，雪橇车的角度 β 是一个关于时间的函数。值得注意的是，前溜冰鞋的角度 $\beta = \text{atan}(u_1)$ 导致出现了间断点。

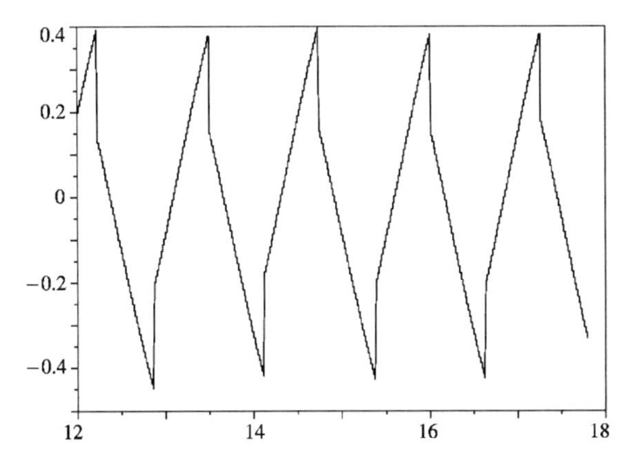

图 3.6　在巡航中前溜冰鞋角度 β 的演变

3.2.4　快速动态特性的简化

蛇形滑板的状态方程中包含了大量的奇异点，在此考虑将其简化。然而，在本系统中，存在两种干扰动态：其一为慢动态（表示状态变量的平滑演变），其二为快动态（由 ε 得到），快可产生波动。在自动控制中的相对标准的理念就是用某一方法将这些值平均以隐藏快状态。在脉冲宽度调制（PWM）所控制的直流（DC）电动机中就应用了这种理念。 142

考虑一种高频方波信号 $\varepsilon(t)$，将其时间平均值 $\bar{\varepsilon}$ 称为占空比。将该占空比设置为随时间缓慢变化，其时间平均算子是线性的（如同数学期望值一样）。例如：

$$\overline{2\varepsilon_1(t) - 3\varepsilon_2(t)} = 2\bar{\varepsilon}_1(t) - 3\bar{\varepsilon}_2(t)$$

另外，对于非线性函数 f，则不能写为 $\overline{f(\varepsilon)}=f(\bar{\varepsilon})$。例如，$\overline{\varepsilon^{-1}}\neq\bar{\varepsilon}^{-1}$。然而，如果满足 $\varepsilon(t)\in\{-1, 1\}$，便可得到 $\overline{\varepsilon^{-1}}=\bar{\varepsilon}$。这是因为在这种情况下，信号 ε 和 ε^{-1} 是相等的。如果 $a(t)$ 和 $b(t)$ 是随时间缓慢变化的信号，那么可得：

$$\overline{a(t)\ \varepsilon_1(t)+b(t)\ \varepsilon_2(t)}=a(t)\ \bar{\varepsilon}_1(t)+b(t)\ \bar{\varepsilon}_2(t)$$

在此尝试将这些近似值应用到蛇形滑板中以消除快动态。根据式（3.8）所示状态方程并引入式（3.9）所示控制律，可得到一个如下状态方程所述的反馈系统：

$$\begin{cases}\dot{x} = v\cos\theta\\ \dot{y} = v\sin\theta\\ \dot{\theta} = -\dfrac{\bar{p}}{\varepsilon\bar{u}_2}-v\sin\delta\\ \dot{v} = \dfrac{\bar{p}}{v}-v\\ \dot{\delta} = \dfrac{\bar{p}}{\varepsilon\bar{u}_2}\end{cases}$$

正如之前所述，可调整常数 $\bar{p}$、u_2 以及方波信号 $\varepsilon=\pm1$，在此所考虑的方波为高频信号且占空比为 $\bar{\varepsilon}$，则可进行如下近似计算：

$$\frac{\bar{p}}{\varepsilon\bar{u}_2}=\frac{\varepsilon\bar{p}}{\bar{u}_2}\overset{\text{线性化}}{\simeq}\bar{\varepsilon}\frac{\bar{p}}{\bar{u}_2}$$

由此可将系统转化为：

$$\begin{cases}\dot{x} = v\cos\theta\\ \dot{y} = v\sin\theta\\ \dot{\theta} = -\bar{p}\bar{q}-v\sin\delta\\ \dot{v} = \dfrac{\bar{p}}{v}-v\\ \dot{\delta} = \bar{p}\bar{q}\end{cases}$$

143

那么，此时该系统仅有两个输入：$\bar{p}$ 和 $\bar{q}=\dfrac{\bar{\varepsilon}}{\bar{u}_2}$。在此尝试通过反馈线性化的方法控制输入 θ 和 v。应当注意，尽管该系统并不是其输入的仿射变换（$\bar{p}$ 和 $\bar{q}$），但该方法依然适用，这是因为在此可能存在必要的反演，此问题将在后面进行详述。为此，定义两个新的输入 v_1, v_2 为：

$$\begin{cases}v_1 = -\bar{p}\bar{q}-v\sin\delta\\ v_2 = \dfrac{\bar{p}}{v}-v\end{cases}$$

将该系统相对其输入进行转化可得：

$$\begin{aligned}\bar{p} &= v(v_2+v)\\ \bar{q} &= -\frac{v_1+v\sin\delta}{v(v_2+v)}\end{aligned}$$

那么反馈线性化的系统为：

$$\begin{cases}\dot{\theta} = v_1\\ \dot{v} = v_2\end{cases}$$

因此，使用一个比例控制器便足够了。在此取极点为 −1 的比例控制器，即

$$\begin{cases} v_1 = w_1 - \theta + \dot{w}_1 \\ v_2 = w_2 - v + \dot{w}_2 \end{cases}$$

全面概括一下该控制律，其设定值 w_1, w_2 分别对应于期望的方向和速度，可由下表给出：

$$\bar{p} = v\left(w_2 + \dot{w}_2\right)$$

$$\bar{q} = -\frac{w_1 - \theta + \dot{w}_1 + v\sin\delta}{v\left(w_2 + \dot{w}_2\right)}$$

$$\bar{\varepsilon} = \bar{q} \cdot \bar{u}_2 \; (\bar{\varepsilon} \in [-1, 1])$$

ε：占空比 $\bar{\varepsilon}$ 和屏障∞

$$\mathbf{u} = \begin{pmatrix} -\left(\dfrac{\bar{p}}{v\varepsilon\bar{u}_2} + \sin\delta\right) \\ \varepsilon\bar{u}_2 \end{pmatrix}$$

该控制器中所含的整定参数 $\bar{u}_2$ 的设定相当精细。$\bar{u}_2$ 的取值需选择足够小以使 $\bar{\varepsilon} \in [-1, 1]$。然而，为使 u_1 不至太大（可导致前车的移动太大），必须选择其值不能过于趋近于 0。变量 $\bar{u}_2$ 能影响力矩（通过 u_2）与移动之间（通过 u_1）产生功率的必要分配。最后需注意的是，后面所述的控制律应该是更有效的，在设计时利用了系统的状态方程，因此很难将其称为无模型。

144

3.3 帆船

3.3.1 问题

我们回顾无模型控制的原理，并尝试将其应用于帆船的直线跟踪控制器的设计。在此，我们考虑一个船帆，其帆面长度可调节，而不是直接调节船帆的张角，这与目前为止所考虑的情况相同（见 2.6 节式（2.11））。该帆船机器人有两个输入，即船舵角度 $u_1 = \delta_r$ 和船帆的最大张角 $u_2 = \delta_s^{\max}$（等价地，u_2 对应于船帆帆面的长度）。

我们尝试控制机器人跟踪一条通过点 $\boldsymbol{a}$ 和点 $\boldsymbol{b}$ 的直线（见图 3.7）。

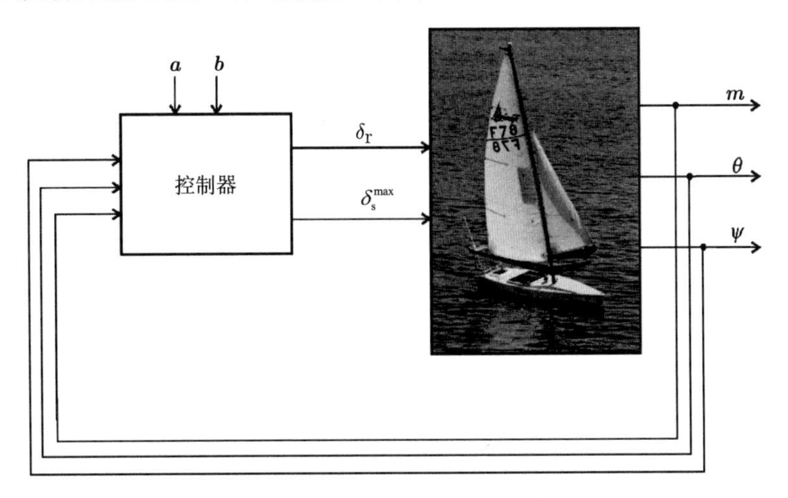

图 3.7 帆船机器人的反馈控制

这个问题受系统控制策略的影响，如法国海洋开发研究所（IFREMER）的 VAIMOS 机器人 [GOR 11]，ERWAN 海军学校的帆船，法国高等科技学院（ENSTA-Bretagne）的 Optimousse 机器人（见图 3.8）。

图 3.8 a）法国海洋开发研究所的 VAIMOS 机器人（在图背景上）和法国高等科技学院的 Optimousse 机器人；b）ERWAN 海军学校的帆船机器人沿着一条直线移动

如图 3.9 所示，用 $(x,\ y,\ \theta)$ 表示帆船的位姿，v 表示其前进速度，ω 表示其角速度，f_{s} 表示风作用于船帆上的力，f_{r} 表示水作用于船舵上的力，δ_{s} 表示船帆的角度，ψ 表示风的角度。

145

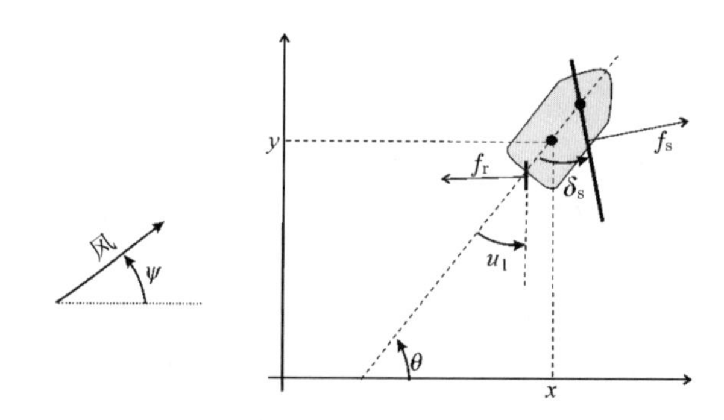

图 3.9 机器人状态方程中所用到的变量

3.3.2 控制器

此时，尝试设计一个控制器，使机器人跟踪某一直线。该机器人装备三个传感器：一个可以提供机器人航向 θ 的罗盘，一个可以提供风的角度 ψ 的风向标和一个可以提供帆船位置 $\boldsymbol{m}$ 的全球定位系统（GPS）。该机器人同时也装备两个执行器：一个可以控制船舵角度 δ_r 的伺服电动机和一个调节船板长度的步进电动机，则船帆的最大张角为 $\delta_{\mathrm{s}}^{\max}$（即 $|\delta_{\mathrm{s}}| \leqslant \delta_{\mathrm{s}}^{\max}$）。对于该控制器而言，其设定值为被跟踪的直线 $\boldsymbol{ab}$，它包含一个二值变量 $q \in \{-1,\ 1\}$，称为迟滞，将被用于迎风航行。这个控制器包含少量的且易于控制的参数，在这些参数中，存在最大船舵角 $\delta_{\mathrm{r}}^{\max}$（典型地，$\delta_{\mathrm{r}}^{\max} = \dfrac{\pi}{4}$），截断距离 r（希望机器人距直线的距离总小于 r），迎风角 ζ（典型地，$\zeta = \dfrac{\pi}{4}$）和侧风时的船帆角 β（典型地，$\beta = 0.3\ \mathrm{rad}$）。根据文章 [JAU 12]，

146

可提出如下控制器（该文章将在后续介绍）：

控制器　输入：$\mathbf{m},\theta,\psi,\mathbf{a},\mathbf{b}$；输出：$\delta_r,\delta_s^{\max}$；输入输出双向：$q$

1 $e=\det\left(\dfrac{\mathbf{b}-\mathbf{a}}{\|\mathbf{b}-\mathbf{a}\|},\mathbf{m}-\mathbf{a}\right)$
2 if $|e|>r$ then $q=\operatorname{sign}(e)$
3 $\varphi=\operatorname{angle}(\mathbf{b}-\mathbf{a})$
4 $\bar{\theta}=\varphi-\operatorname{atan}\left(\dfrac{e}{r}\right)$
5 if $\cos\left(\psi-\bar{\theta}\right)+\cos\zeta<0$
6 　or $(|e|-r<0$ and $(\cos(\psi-\varphi)+\cos\zeta<0))$
7 　　then $\bar{\theta}=\pi+\psi-q\zeta$.
8 $\delta_r=\dfrac{\delta_r^{\max}}{\pi}\operatorname{sawtooth}(\theta-\bar{\theta})$
9 $\delta_s^{\max}=\dfrac{\pi}{2}\left(\dfrac{\cos\left(\psi-\bar{\theta}\right)+1}{2}\right)^{\frac{\log\left(\frac{\pi}{2\beta}\right)}{\log(2)}}$

该控制器有一个只有两个取值的状态变量 $q\in\{-1,1\}$，这是因为该变量同时作为该算法的输入和输出变量存在。在此对该算法进行讨论。

第 1 行（代数距离的计算）。计算机器人与直线之间的代数距离。如果 $e>0$，机器人位于直线的左侧，如果 $e<0$，机器人则位于直线的右侧。则在所述公式中，可以如下方式理解该行列式：

$$\det(\mathbf{u},\mathbf{v})=u_1v_2-v_1u_2$$

第 2 行（迟滞变量的更新）。当 $|e|>r$，机器人距其直线较远，则允许滞后变量 q（记载右舷抢风）的值改变。例如，如果 $e>r$，那么 q 的值为 1 并一直保持至 $e<-r$。

第 3 行（直线角度的计算）。计算所需跟踪的直线的角度 φ（见图 3.10）。在该指令中，$\operatorname{angle}(\mathbf{u})$ 表示由向量 $\mathbf{u}\in\mathbb{R}^2$ 所产生的相对于 Ox（指向东方）的角度。

147

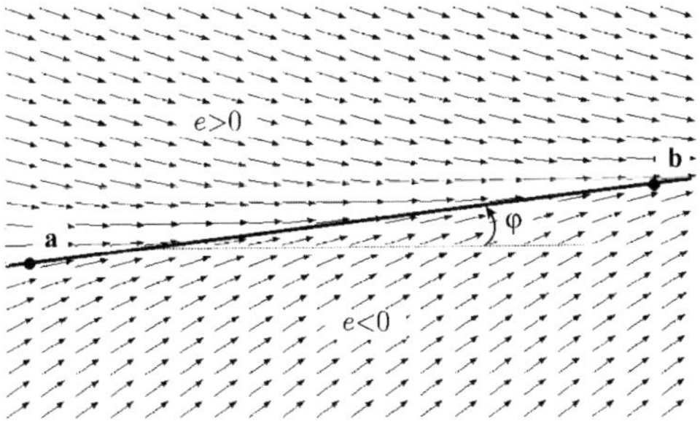

图 3.10　机器人试图跟踪的所有可能的标称向量场

第 4 行（标称航向角的计算）。此行代码用于计算标称角 $\bar{\theta}$（见图 3.10），即不考虑风的影响时的航向角，则可得：

$$\bar{\theta}=\varphi-\operatorname{atan}\left(\frac{e}{r}\right)$$

可将 $\bar{\theta}$ 的该表达式理解为一条吸引线。当 $e=\pm\infty$ 时，可得 $\bar{\theta}=\varphi\pm\dfrac{\pi}{2}$，表示机器人的

航向与目标直线之间形成的角为 $\frac{\pi}{2}$。对于距离而言，e 对应于截断距离 r，即当 $\bar{\theta}=\varphi\pm\frac{\pi}{4}$ 时，$e=\pm r$。最终在直线上时，$e=0$，因此 $\bar{\theta}=\varphi$，即对应于航向与直线方向相同。如图 3.11a 所示，某些方向 $\bar{\theta}$ 可能与风的方向不一致。

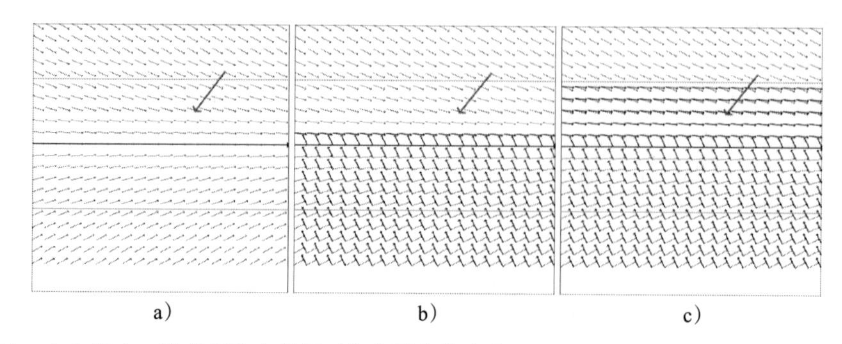

图 3.11　a）与风向一致的标称向量场（在此用大箭头表示）；b）调用第 6 行时该控制器产生的向量场。细箭头对应于标称路径，加粗箭头对应于修正路径；c）第六行所含控制器产生的向量场

第 5 行。当 $\cos(\psi-\bar{\theta})+\cos\zeta<0$，路径 $\bar{\theta}$ 对应于非常接近于风的方向，机器人无法跟踪的该路径（见图 3.12）。

那么，航向是不可能一直保持不变的。在这种情况下，需转换为迎风航行模式，这就意味着机器人将尽全力使其迎风，或更确切地讲，机器人的新航向将变为 $\bar{\theta}=\pi+\psi\pm\zeta$（见第 7 行），图 3.11b 表示了相对应的向量场。细箭头对应于标称路径，加粗箭头对应于必要的修正路径。在这种表示中，已将变量 q 所引起的滞后效应移除（也就意味着总有 $q=\text{sign}(e)$）。

第 6 行（保持迎风航行策略）。该指令将执行所谓的保持迎风航行策略。如果 $|e|<r$ 或 $\cos(\psi-\varphi)+\cos\zeta<0$，那么为了提高效率，就驱动帆船逆风移动，即便航向角 $\bar{\theta}$ 是允许的。该策略如图 3.11c 所示。在该图中，选择 $\zeta=\frac{\pi}{3}$ 为迎风角（对应于逆风移动的难点），鉴于此，可认为该直线是逆风的。

148

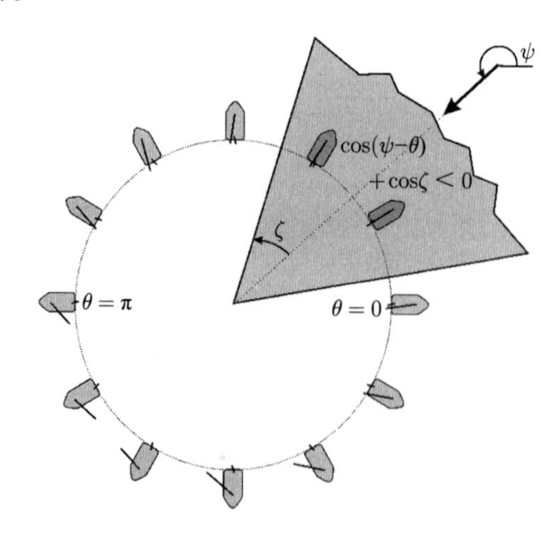

149

图 3.12　帆船的一些不可行方向（这些不可行方向形成了一个灰色所示的不宜航行区）

第 7 行（靠近迎风航向）。该帆船正处于迎风航行状态，取 $\bar{\theta}=\pi+\psi-q\zeta$（风向加或减去

迎风角 ζ)，则只要没有达到至直线的距离为 r，便可使滞后变量 q 与船帆保持相同的点。由此使帆船所产生动作的详细图解说明如图 3.13 所示。如果可以保持标称航向，那么它就能跟踪直线。

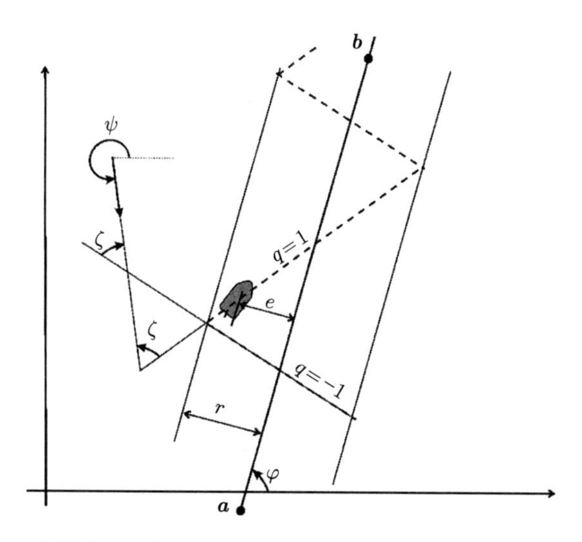

图 3.13　通过保持在以直线 $\boldsymbol{ab}$ 为中心直径为 r 的带内以保证迎风航行模式

第 8 行（船舵控制）。在这个阶段时，已将能保持 $\bar{\theta}$ 的航向选择完成，在此尝试利用船舵控制帆船实现跟踪。利用一个相对于误差 $\theta-\bar{\theta}$ 的比例控制器。为了滤除模为 2π 的问题，利用锯齿函数 sawtooth（见式（3.2））。由此可得：

$$\delta_r = \frac{\delta_r^{\max}}{\pi} \cdot \text{sawtooth}(\theta - \bar{\theta})$$

式中，$\delta_{\mathrm{r}}^{\max}$ 为船舵最大转角（例如，$\delta_{\mathrm{r}}^{\max}=0.5\ \mathrm{rad}$）。所得控制器如图 3.14 所示。

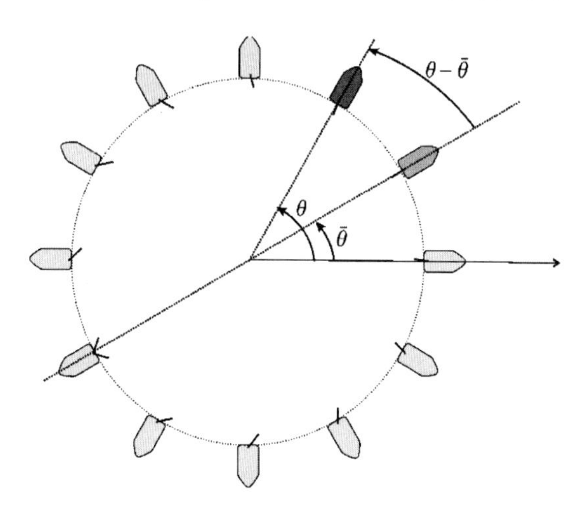

图 3.14　帆船机器人的船舵控制

第 9 行（船帆控制）。选择一个船帆张角 β（船帆半开），该角度即为船帆在侧风中需具备的角度。这个参数的确定在实验上依赖于帆船和所用的转向模式。船帆的最大角度 $\delta_{\mathrm{s}}^{\max}$ [150]

是关于 $\psi-\theta$ 的方程，$\psi-\theta$ 是以 2π 为周期的。一种可能的模型 [JAU 12] 就是如下所示的心形线：

$$\delta_{\mathrm{s}}^{\max}=\frac{\pi}{2}\cdot\left(\frac{\cos(\psi-\theta)+1}{2}\right)^{\eta}$$

式中，参数 η 为正数。当 $\psi=\theta+\pi$ 时，帆船迎风行驶，根据该模型可得 $\delta_{\mathrm{s}}^{\max}=0$。当 $\psi=\theta$ 时，可得 $\delta_{\mathrm{s}}^{\max}=\frac{\pi}{2}$，这表示当机器人顺风时，船帆完全打开。参数 η 的选择将以侧风中船帆的角度为基准，即 $\psi=\theta\pm\frac{\pi}{2}$。当 $\psi=\theta\pm\frac{\pi}{2}$ 时，通过下式将方程 $\delta_{\mathrm{s}}^{\max}=\beta$ 进行转化：

$$\frac{\pi}{2}\cdot\left(\frac{1}{2}\right)^{\eta}=\beta$$

即

$$\eta=\frac{\log\left(\frac{\pi}{2\beta}\right)}{\log(2)}$$

方程 $\delta_{\mathrm{s}}^{\max}$ 如图 3.15 所示。

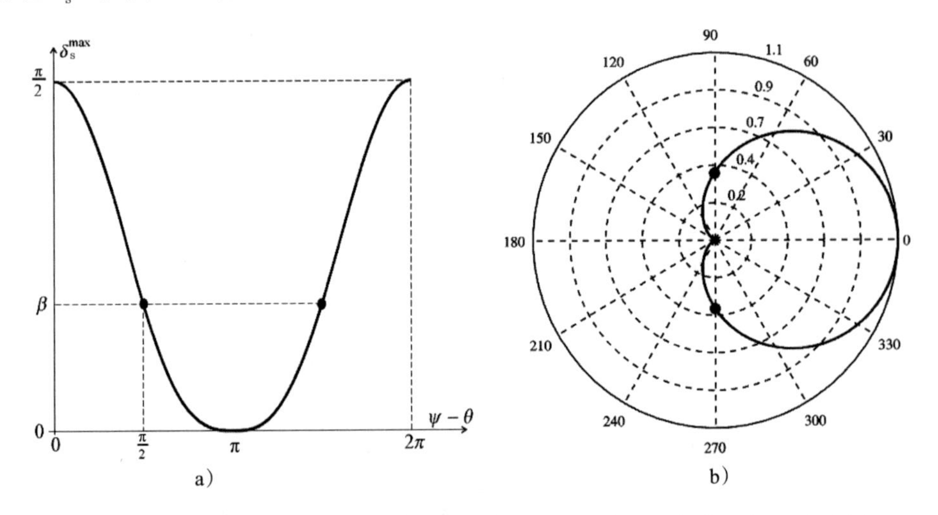

图 3.15　调整最大的船帆张角（或船帆长度）：a）笛卡儿坐标表示；b）极坐标表示

在以上所实施的测试中，可以证明的是船帆的调节高效且易于控制，同时所需参数较少。151

3.3.3　导航

一旦机器人准确地实现了直线跟踪并验证，就可以将多条直线连接在一起以实现复杂的任务（如链接球体上的两点）。在这种情形下，Petri 网策略可以很好地表示离散的状态变化 [MUR 89]。图 3.16 所示为利用 Petri 网策略管理任务。在机器人启动之前，存在一个由 p_0 表示的初始状态，转换 t_1 越过任务的起始位置。如果一切正常，则该机器人处于状态 p_1 并跟踪其第一条线 $\boldsymbol{a}_1\boldsymbol{b}_1$，只要超过点 $\boldsymbol{b}_j$ 则线 $\boldsymbol{a}_j\boldsymbol{b}_j$ 就是验证有效的，即 $\langle\ \mathbf{b}_j-\mathbf{a}_j,\mathbf{m}-\mathbf{b}_j\ \rangle>0$。

可将该终止条件及路径理解为一类准则。一旦该准则生效，则将继续转到下一条线。当没有要跟踪的直线时，任务终止（p_3 处）。

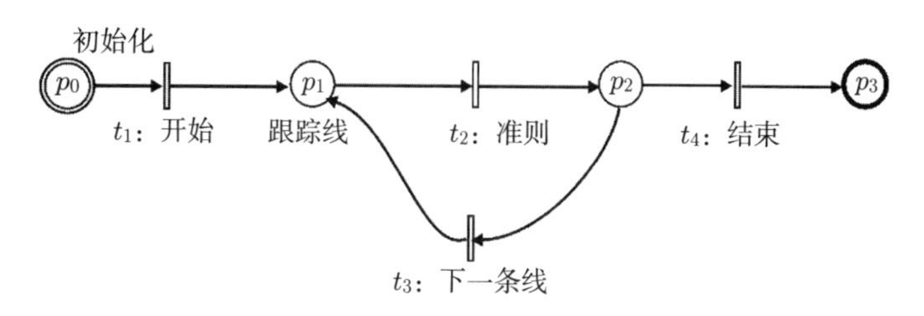

图 3.16 利用 Petri 网策略导航机器人

152

3.3.4 实验

从 2011 年 9 月开始，我们便用 VAIMOS 帆船在自主模式下做了一系列的实验，在此介绍其中的一项既简单又具有代表性的实验。该实验于 2012 年 6 月 28 日星期四在靠近 Moulin Blanc 海港的 Brest 海湾完成。机器人所执行的路径如图 3.17 所示，风来源于东南偏南方向，图中箭头指向表示在整个任务中作用于机器人的平均风，这是从传感器推断而来的。在海上交通拥挤的区域，可实现预期任务中断，为了能及时取消任务以避免与其他船只发生碰撞，在机器人和跟踪船只之间存在恒定的 WiFi 连接。除了这些安全性中断（在任务中并不是必要方式）之外，该机器人是完全自主的。将机器人所要执行的任务分为五个子任务：首先，为了检验所有设备是否工作正常，机器人以一个三角形（在圆圈内）开始；进而沿着所需路径向东南方向逆风行进，那么机器人将绘制一个螺旋线。一旦机器人位于螺旋线的中心位置，机器人抛锚停靠，即保持在其接触点周围挪动；最后，机器人在风的作用下返回海港。

图 3.17 由五个阶段组成的螺旋实验：i）机器人以一个三角形（在圆圈内）开始；ii）沿着线逆风行驶；iii）绘制一个螺旋线；iv）机器人在螺旋线的中心点处抛锚停靠几分钟；v）返回海港

153

除此之外，我们也实施了其他大规模的实验，如从 Brest 至 Douarnenez 的行程（见图 3.18）自 2012 年 1 月 17—18 日开始实施，并完成了超过 100km 的路径跟踪。从高空俯瞰

（见图 3.18），机器人似乎是完美跟踪了指定线。但更进一步观察，发现事实并不那么理想：帆船戗风航行时，为了实现逆风行进会重新校准，否则会遭受大浪。然而，在所有之前描述的实验中，机器人移动时从来没有超过其跟踪轨迹 50m 的范围以外（当然除了机器人被牵引避障的情形）。

注释　尽管机器人从来没有超过其跟踪线 50m 的范围，但当机器人跟踪标称航向（线的角度 φ 对应于一个可持续的航向）时，可以控制地更好以提高其精度。的确，在所做实验中，标称模式下可以观测到 10m 的偏差，这就意味着机器人与跟踪线之间的距离并不能收敛于 0（GPS 精度）。积分器的任务就是要消除这种偏差。为了实现这样一个积分器，仅将控制器的第 4 行替换为如下两行指令即可：

$$\begin{cases} z = z + \alpha\,\mathrm{d}t\,e \\ \theta = \varphi - \mathrm{atan}\left(\dfrac{e+z}{r}\right) \end{cases}$$

154

式中，$\mathrm{d}t$ 为采样周期。变量 z 对应于积分器的值并自然收敛于常值偏差，该常值偏差就是没有积分器时存在的需要消除的偏差。参数 α 必须足够小以避免机器人行为上的变化（能够出现在瞬态时的变化）。例如，如果 100s 时 $e = 10$ m，需要修正 1m 的偏差，为此，需要取 $\alpha = 0.001$。值得注意的是，一旦机器人与直线间的距离大于 r（例如，初始化时就是这种情况），当机器人跟踪完成一条线并继续跟踪下一条线时，或当机器人模型很大时，那么该积分器将被强制为 0。的确，除非建立了恒定机制，否则积分器将无法发挥作用。

图 3.18　VAIMOS 从 Brest 行驶至 Douarnenez：i）机器人从 Moulin-Blanc 海港离开（圆圈内）；ii）避开一个潜水艇（方框内）；iii）避开一个货船（三角形内）

3.4　习题

习题 3.1　坦克机器人跟踪直线

考虑一个由如下状态方程描述的机器人正在某一平面上移动：

$$\begin{cases} \dot{x} = \cos\theta \\ \dot{y} = \sin\theta \\ \dot{\theta} = u \end{cases}$$

式中，θ 为机器人的航向，(x, y) 为其中心点坐标。该模型对应于 Dubins 小车模型 [DUB

57]，其状态向量为 $\mathbf{x}=(x, y, \theta)$。

1）利用 MATLAB 对该系统在不同情形下进行仿真。

2）为该机器人建立一个航向控制器。

3）建立一个可以控制机器人跟踪直线 $\boldsymbol{ab}$ 的控制器。该直线必须是吸引的。当超过点 $\boldsymbol{b}$ 时，停止运行程序，即 $(\boldsymbol{b}-\boldsymbol{a})^{\mathrm{T}}(\boldsymbol{b}-\boldsymbol{m})<0$。

4）使机器人跟踪一条由一系列直线 $\boldsymbol{a}_j\boldsymbol{b}_j, j\in\{1, 2, \cdots, j_{\max}\}$ 组成的封闭路径。

5）使多个相同的机器人以不同速度跟踪相同的路线。修正其控制律以实现避障。

习题 3.2 Van der Pol 小车

考虑图 3.19 所示的小车。

该小车有两个控制量：前轮的加速度和方向盘的旋转速度。系统的状态变量为位置坐标（小车后轴中心的坐标 x, y，小车的航向 θ 即前轮的角度 δ）和前轴中心的速度 v。假设该小车的演化方程与三轮车的相同（见 2.5.1 节），即 155

$$\begin{pmatrix}\dot{x}\\ \dot{y}\\ \dot{\theta}\\ \dot{v}\\ \dot{\delta}\end{pmatrix}=\begin{pmatrix}v\cos\delta\cos\theta\\ v\cos\delta\sin\theta\\ \dfrac{v\sin\delta}{3}\\ u_1\\ u_2\end{pmatrix}$$

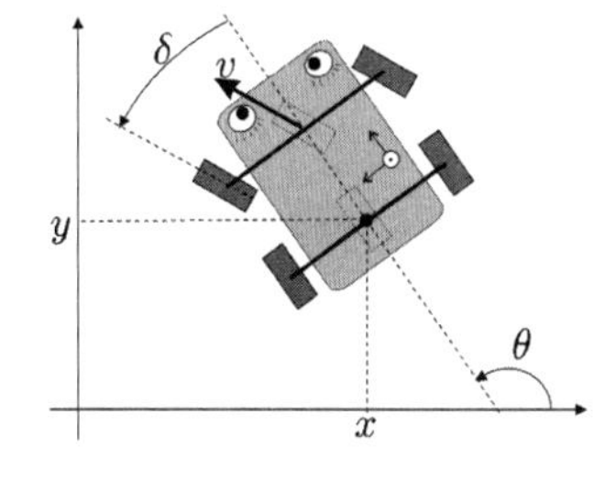

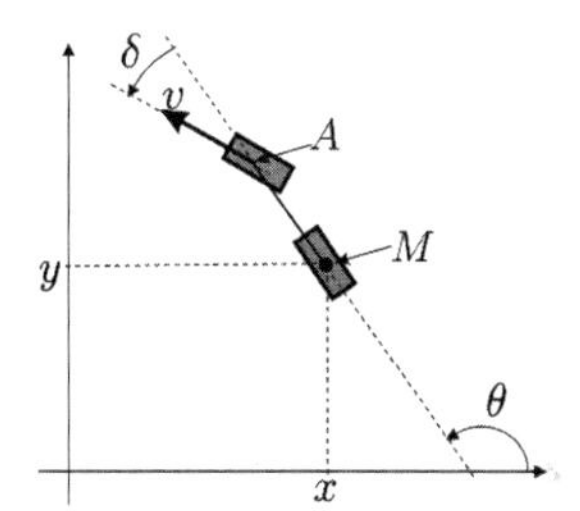

图 3.19 小车在平面上移动（俯视）

1）在 MATLAB 中利用欧拉法对该系统进行仿真。

2）执行一个一阶高增益比例反馈 $\mathbf{u}=\rho(\mathbf{x}, \bar{\mathbf{u}})$，以此将其转化为如下形式的二轮车模型：

$$\begin{pmatrix}\dot{x}\\ \dot{y}\\ \dot{\theta}\end{pmatrix}=\begin{pmatrix}\bar{u}_1\cos\theta\\ \bar{u}_1\sin\theta\\ \bar{u}_2\end{pmatrix}$$

该反馈系统的新输入变量 $\bar{u}_1$ 和 $\bar{u}_2$ 分别对应于速度 v 和角速度 $\dot{\theta}$。

3）执行一个二阶反馈 $\bar{\mathbf{u}}=\sigma(\mathbf{x}, \mathbf{w})$，以此实现控制小车的航向和速度。系统的新输入变量为 $\mathbf{w}=(w_1, w_2)$，其中 w_1, w_2 分别对应于期望速度和航向。

4）控制该小车跟踪一个服从如下 Van der Pol 方程的路径：

$$\begin{cases}\dot{x}_1 = x_2\\ \dot{x}_2 = -\left(0.01\,x_1^2-1\right)x_2-x_1\end{cases}$$

156

设计第三个控制器 $\mathbf{w}=\tau(\mathbf{x})$ 以使机器人实现如上所述跟踪。如图 3.20 所示，通过叠加向量场进行模拟验证。

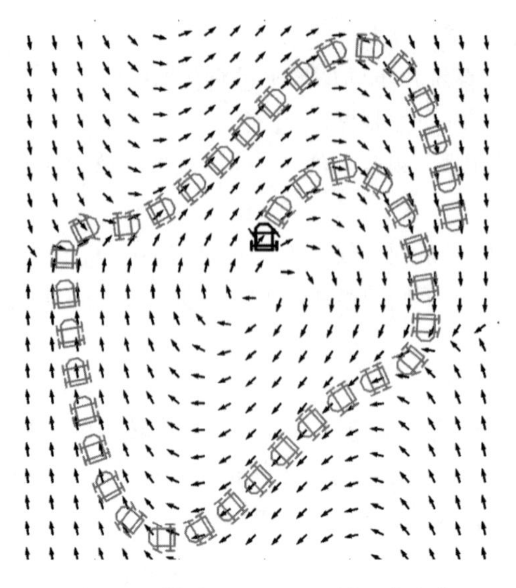

图 3.20 描述 Van der Pol 循环的汽车

习题 3.3 抛锚

考虑如下状态方程所述的机器人：

$$\begin{cases} \dot{x} = \cos\theta \\ \dot{y} = \sin\theta \\ \dot{\theta} = u \end{cases}$$

机器人抛锚的目的是保持在 0 的某一邻域内。

1）该系统是否含有平衡点？

2）鉴于下述事实，即保持在 0 附近的问题容许了一种旋转对称，由此便可从笛卡儿坐标系表示 $(x,\ y,\ \theta)$ 转化到极坐标表示 $(\alpha,\ d,\ \varphi)$，如图 3.21 所示。请给出在极坐标表示下的系统状态方程。

157

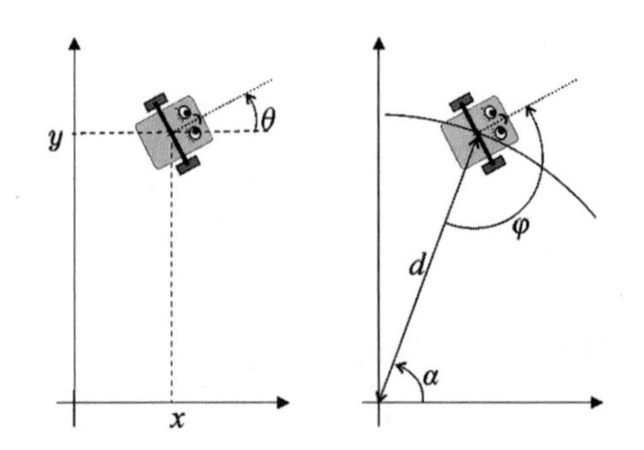

图 3.21 利用旋转对称实现坐标系转换

3）所得系统动力学的图示的新表达方法如何？

4）为解决抛锚问题，提出如下控制律：

$$u = \begin{cases} +1 & ,\ \cos\varphi \leqslant \frac{1}{\sqrt{2}} \quad \text{(机器人转向左侧)} \\ -\sin\varphi & \text{其他} \quad \text{(比例控制)} \end{cases}$$

该控制律的某一图解如图 3.22 所示。请解释该控制器是如何解决抛锚问题的？是否存在一种配置能使机器人远离 0 点随意移动？

5）在不同初始条件下对该控制律进行仿真。

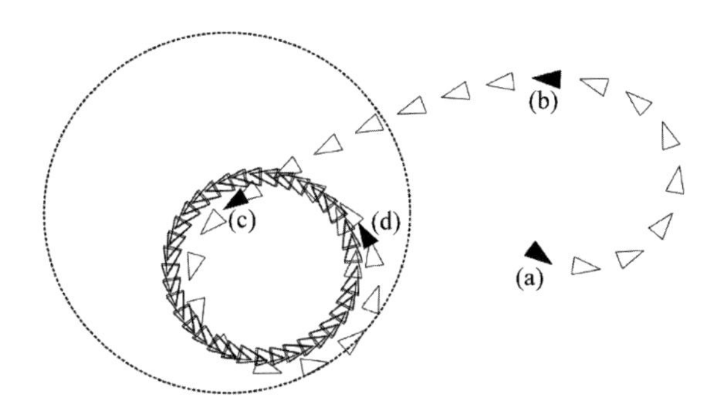

图 3.22　为保持在圆盘内的受控系统的路径

158

习题 3.4　状态空间的离散化

考虑如下系统（由之前习题引申而来）：

$$\begin{cases} \dot{\varphi} = \begin{cases} \dfrac{\sin\varphi}{d}+1 & \cos\varphi \leqslant \frac{1}{\sqrt{2}} \\ \left(\dfrac{1}{d}-1\right)\sin\varphi & \text{其他} \end{cases} & \text{(i)} \\ \dot{d} = -\cos\varphi & \text{(ii)} \end{cases}$$

与之相关的向量场表示如图 3.23 所示，其中 $\varphi \in [\pi, \pi]$，$d \in [0, 10]$。仿真所对应的路径 $\phi(t, \mathbf{x}_0)$ 在之前习题中可以找到，也将其绘制于此。

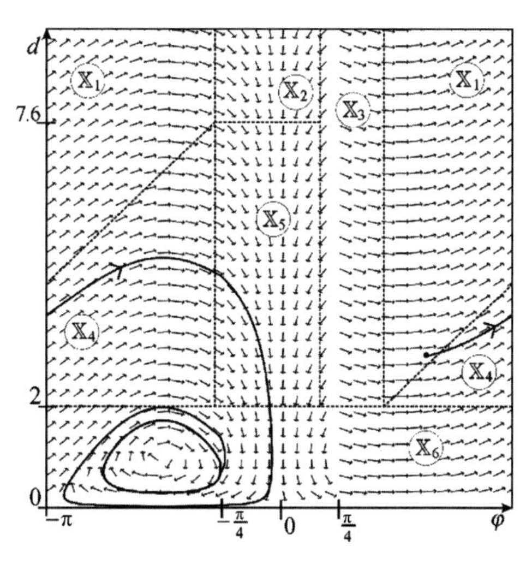

图 3.23　与本系统相关的向量场

在该图中，将状态空间分割为 6 个区域。确实，考虑到直线 $\varphi = \pi$ 与直线 $\varphi = -\pi$ 之间的附加问题，该状态空间具有一个圆柱体性质，进而存在 6 个区域，然而在图中可以看见 8 个区域。

继承关系　定义用→表示状态空间内 $\mathbb{A}, \mathbb{B}$ 区域间的旋转，如下所示：

$$(\mathbb{A} \hookrightarrow \mathbb{B}) \Leftrightarrow \exists \mathbf{x}_0 \in \mathbb{A} \in \phi\left(\eta\left(\mathbf{x}_0\right), \mathbf{x}_0\right) \in \mathbb{B}$$

159 其中，$\eta(\mathbf{x}_0)$ 为系统退出 $\mathbb{A}$ 区域的时间。

约定 如果存在 $\mathbf{x}_0 \in \mathbb{A}$，满足 $\forall t > 0, \phi(t, \mathbf{x}_0) \subset \mathbb{A}$，$\eta(\mathbf{x}_0) = \infty$。那么 $\phi(\eta(\mathbf{x}_0), \mathbf{x}_0) \subset \mathbb{A}$，因此可得 $(\mathbb{A} \hookrightarrow \mathbb{A})$

1）绘制该关系相应的图形。

2）由此，推导出该状态空间的一个超子集，使得系统在该超集中将保持吸引。

习题 3.5 帆船机器人

考虑如下状态方程所描述的帆船机器人：

$$\begin{cases} \dot{x} &= v\cos\theta + p_1 a\cos\psi \\ \dot{y} &= v\sin\theta + p_1 a\sin\psi \\ \dot{\theta} &= \omega \\ \dot{v} &= \dfrac{f_{\mathrm{s}}\sin\delta_{\mathrm{s}} - f_{\mathrm{r}}\sin u_1 - p_2 v^2}{p_9} \\ \dot{\omega} &= \dfrac{f_{\mathrm{s}}\left(p_6 - p_7\cos\delta_{\mathrm{s}}\right) - p_8 f_{\mathrm{r}}\cos u_1 - p_3\omega v}{p_{10}} \\ f_{\mathrm{s}} &= p_4\left\|\mathbf{w}_{\mathrm{ap}}\right\|\sin\left(\delta_{\mathrm{s}} - \psi_{\mathrm{ap}}\right) \\ f_{\mathrm{r}} &= p_5 v\sin u_1 \\ \sigma &= \cos\psi_{\mathrm{ap}} + \cos u_2 \\ \delta_{\mathrm{s}} &= \begin{cases} \pi + \psi_{\mathrm{ap}} & \sigma \leqslant 0 \\ -\mathrm{sign}\left(\sin\psi_{\mathrm{ap}}\right)\cdot u_2 & \text{其他} \end{cases} \\ \mathbf{w}_{\mathrm{ap}} &= \begin{pmatrix} a\ \cos\left(\psi - \theta\right) - v \\ a\ \sin\left(\psi - \theta\right) \end{pmatrix} \\ \psi_{\mathrm{ap}} &= \mathrm{angle}\ \mathbf{w}_{\mathrm{ap}} \end{cases}$$

式中，(x, y, θ) 对应于帆船的姿态；v 为其前进速度；ω 为其角速度；f_{s}（s 表示船帆）为风作用于船帆上的力；f_{r}（r 表示船舵）为水作用于船舵的力；δ_{s} 为船帆的角度；a 为真正的风速；ψ 为风的真实作用角（见图 3.9）；$\mathbf{w}_{\mathrm{ap}}$ 为视风（apprarent wind）向量。变量 σ 为船帆表面张力的一个指标。因此，如果 $\sigma \leqslant 0$，船帆表面释放且随风飘动。如果 $\sigma \geqslant 0$，船帆表面伸展且被风绷紧。在这些方程中，p_i 为帆船的设计参数，其取值用国际单位表示为：$p_1 = 0.1$（漂移系数），$p_2 = 1$（阻力系数），$p_3 = 6\,000$（船体相对于水的角摩擦力），$p_4 = 1\,000$（船帆升力），$p_5 = 2\,000$（船舵升力），$p_6 = 1$（风作用于船帆的推力中心点坐标），$p_7 = 1$（桅杆的位置），$p_8 = 2$（船舵位置），$p_9 = 300$（帆船的质量），$p_{10} = 10\,000$（帆船的惯性动量）。

1）仿真模拟该帆船。

160 2）应用 3.3 节提出的控制器，并使用如下参数：$\zeta = \dfrac{\pi}{4}$ 为最大角，$r = 10$ m 为空中走廊的半径，$\delta_{\mathrm{r}}^{\max} = 1$ rad 为船舵的最大偏角，$\beta = \dfrac{\pi}{4}$ 为侧风下船帆的角度。

3）研究控制器的奇异性（或不连续性）。如果 $\cos(\psi - \varphi) + \cos\zeta = 0$，会如何？

习题 3.6 无人机

考虑图 3.24a 所示的无人机 [BEA 12]，这是一个质量为 1kg 的完全自主的飞机。描述其动力学的一种可能模型如下式所示，该模型是受图 3.24b 所示 Faser Ultra Stick 飞机的启发而来。

$$
\begin{pmatrix} \dot{\mathbf{p}} \\ \begin{pmatrix} \dot{\varphi} \\ \dot{\theta} \\ \dot{\psi} \end{pmatrix} \\ \dot{\mathbf{v}} \\ \dot{\boldsymbol{\omega}} \end{pmatrix} = \begin{pmatrix} \mathbf{R}_{\text{euler}}(\varphi,\theta,\psi)\cdot\mathbf{v} \\ \begin{pmatrix} 1 & \tan\theta\sin\varphi & \tan\theta\cos\varphi \\ 0 & \cos\varphi & -\sin\varphi \\ 0 & \dfrac{\sin\varphi}{\cos\theta} & \dfrac{\cos\varphi}{\cos\theta} \end{pmatrix}\cdot\boldsymbol{\omega} \\ 9.81\cdot\begin{pmatrix} -\sin\theta \\ \cos\theta\sin\varphi \\ \cos\theta\cos\varphi \end{pmatrix} + \mathbf{f}_a + \begin{pmatrix} u_1 \\ 0 \\ 0 \end{pmatrix} - \boldsymbol{\omega}\wedge\mathbf{v} \\ \begin{pmatrix} -\omega_3\omega_2 - \dfrac{\|\mathbf{v}\|^2}{10}(\beta + 2u_3 + \dfrac{5\omega_1-\omega_3}{\|\mathbf{v}\|}) \\ \omega_3\omega_1 - \dfrac{\|\mathbf{v}\|^2}{100}(1+20\alpha-2u_3+30u_2+\dfrac{300\omega_2}{\|\mathbf{v}\|}) \\ \dfrac{\omega_1\omega_2}{10} + \dfrac{\|\mathbf{v}\|^2}{10}(\beta+\dfrac{u_3}{2}+\dfrac{\omega_1-2\omega_3}{2\|\mathbf{v}\|}) \end{pmatrix} \end{pmatrix}
$$

161

式中，

$$
\alpha = \text{atan}\left(\frac{v_3}{v_1}\right),\ \beta = \text{asin}\left(\frac{v_2}{\|\mathbf{v}\|}\right)
$$

$$
\mathbf{f}_a = \frac{\|\mathbf{v}\|^2}{500}\begin{pmatrix} -\cos\alpha\cos\beta & \cos\alpha\sin\beta & \sin\alpha \\ \sin\beta & \cos\beta & 0 \\ -\sin\alpha\cos\beta & \sin\alpha\sin\beta & -\cos\alpha \end{pmatrix}
\cdot\begin{pmatrix} 4+(-0.3+10\alpha+\dfrac{10\omega_2}{\|\mathbf{v}\|}+2u_3+0.3u_2)^2+|u_2|+3|u_3| \\ -50\beta+\dfrac{10\omega_3-3\omega_1}{\|\mathbf{v}\|} \\ 10+500\alpha+\frac{400\omega_2}{\|\mathbf{v}\|}+50u_3+10u_2 \end{pmatrix}
$$

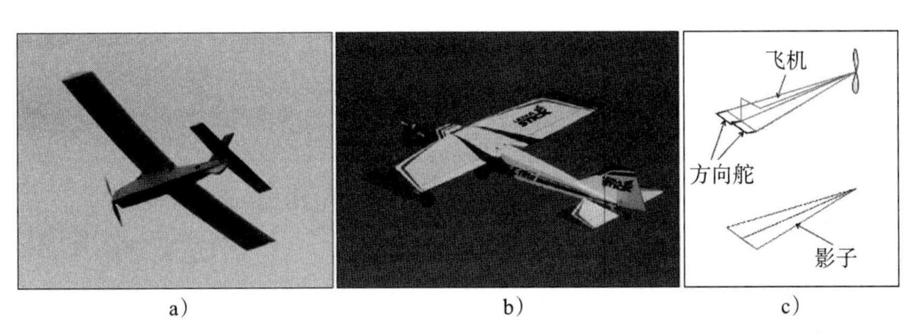

图 3.24　a）ENSTA Bretagne 制作的 μ-STIC 飞机；b）明苏尼达大学的 Faser Ultra Stick 飞机；c）用于仿真的图形表示

在该模型中，所有变量都是以国际单位给出。向量 $\mathbf{p}=(x,\ y,\ z)$ 表示无人机的位置，其中 z 轴指向地球中心。该无人机的方向由欧拉角 $(\varphi,\ \theta,\ \psi)$ 表示，欧拉矩阵 $\mathbf{R}_{\text{euler}}(\varphi,\ \theta,\ \psi)$ 在 1.2.1 节由式（1.9）给出。向量 $\mathbf{v}$ 代表无人机表示于其自身坐标系内的速度。ω 表示飞机的旋转向量，并通过 1.2.1 节中式（1.11）与欧拉角的导数相关联。值得注意的是，式（1.11）

给出了系统状态模型的前三个方程，角度 α 和 β 对应于攻角和侧滑角。向量 $\mathbf{f}_a$ 对应于空气所产生力的加速度。该无人机的简化几何视图如图 3.24c 所示，图中表明了用于推进的螺旋桨和用于调整方向的两个侧翼。包含于状态模型中的输入向量 $\mathbf{u}=(u_1, u_2, u_3)$ 包括推进加速度 $u_1\in[0,\ 10]$（ms^{-2}），两个副翼角度之和 $u_2\in[-0.6,\ 0.6]$（rad），两个副翼角度之差 $u_3\in[-0.3,\ 0.3]$（rad）。

1）根据图 3.24c 所示图形，对该无人机进行模拟仿真。

2）设计一个控制航向、俯仰角和速度的控制器。

3）欲使该机器人定位于一个圆心位于 0 点上方 50m 处，半径为 $\bar{r}=100\text{m}$ 的圆上，且其速度为 $\bar{v}=15\text{m}/\text{s}$。请给出该控制器，并仿真说明该机器人相应的行为。

习题 3.7　四旋翼无人机

考虑图 3.25 所示的四旋翼无人机。其动态模型（参见 1.4.2 节）由图 3.26 中的方程描述。请注意，根据每个电动机的速度 ω_i 以因果方式表示该图，该速度可以独立于机器人的位置 $\mathbf{p}$ 进行调整。该因果序列将用于控制器的合成。

162

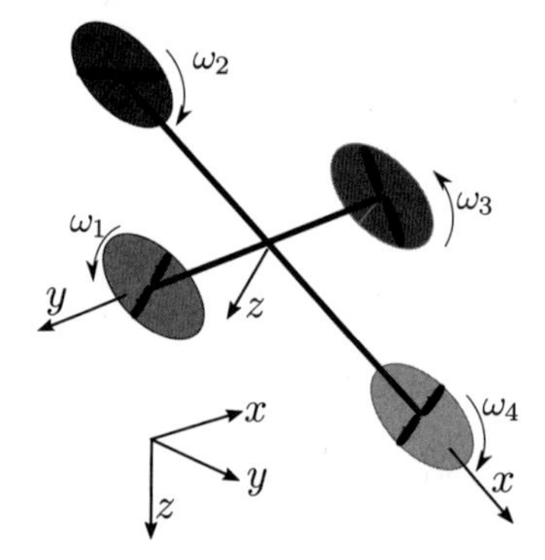

图 3.25　要控制的四旋翼（有关此图的彩色版本，请参阅 www.iste.co.uk/jalin/robotics.zip）

状态变量是机器人的位置 $\mathbf{p}$、欧拉角 (ϕ, θ, ψ)、机器人坐标系中表示的速度和机器人坐标系中的旋转向量 $\boldsymbol{\omega}_\text{r}$。取惯性矩阵为：

$$\mathbf{I}=\begin{pmatrix} 10 & 0 & 0 \\ 0 & 10 & 0 \\ 0 & 0 & 20 \end{pmatrix}$$

此外，取 $m=10, g=9.81, \beta=2, d=1, \ell=1$，都是用国际公制表示的。

为了控制这种四旋翼，可以采用反馈线性化的方法，但是控制器的计算并不容易，并且假设模型与真实系统相对应。在这里，想使用一种基于反推技术的更实用的方法 [KHA 02]。这对应于一系列循环，每个循环将因果链中的一个块（block）反转。这将使控制器更容易开发和调试。

1）提出了一种具有新输入 $(\tau_0^d, \tau_1^d, \tau_2^d, \tau_3^d)$ 的前馈控制器，消除块（a）的影响。这里，上标 d 表示期望值，因为它是我们想要的 τ_i。

2）使用反馈线性化方法，设计一个具有期望的输入 ω_r^d 和输出 $\tau_{0:3}^d=(\tau_1^d, \tau_2^d, \tau_3^d)$ 的控制器，以使向量 $\boldsymbol{\omega}_\text{r}$ 收敛于 $\boldsymbol{\omega}_\text{r}^d$。这个循环将使我们有可能消除（b）块。

3）设计一个具有期望输入 $(\varphi^d, \theta^d, \psi^d)$ 和输出 ω_r^d 的控制器，使得向量 (φ, θ, ψ) 收敛于

$(\varphi^d, \theta^d, \psi^d)$。 163

4）基于向量场方法，添加另一个带有输出 $(\varphi^d, \theta^d, \psi^d, \tau_0^d)$ 的控制环，以使得四旋翼飞行器遵循一条 Van der Pol 方程的路径：

$$\begin{cases} \dot{x}_1 = x_2 \\ \dot{x}_2 = -\left(0.001\, x_1^2 - 1\right) x_2 - x_1 \end{cases}$$

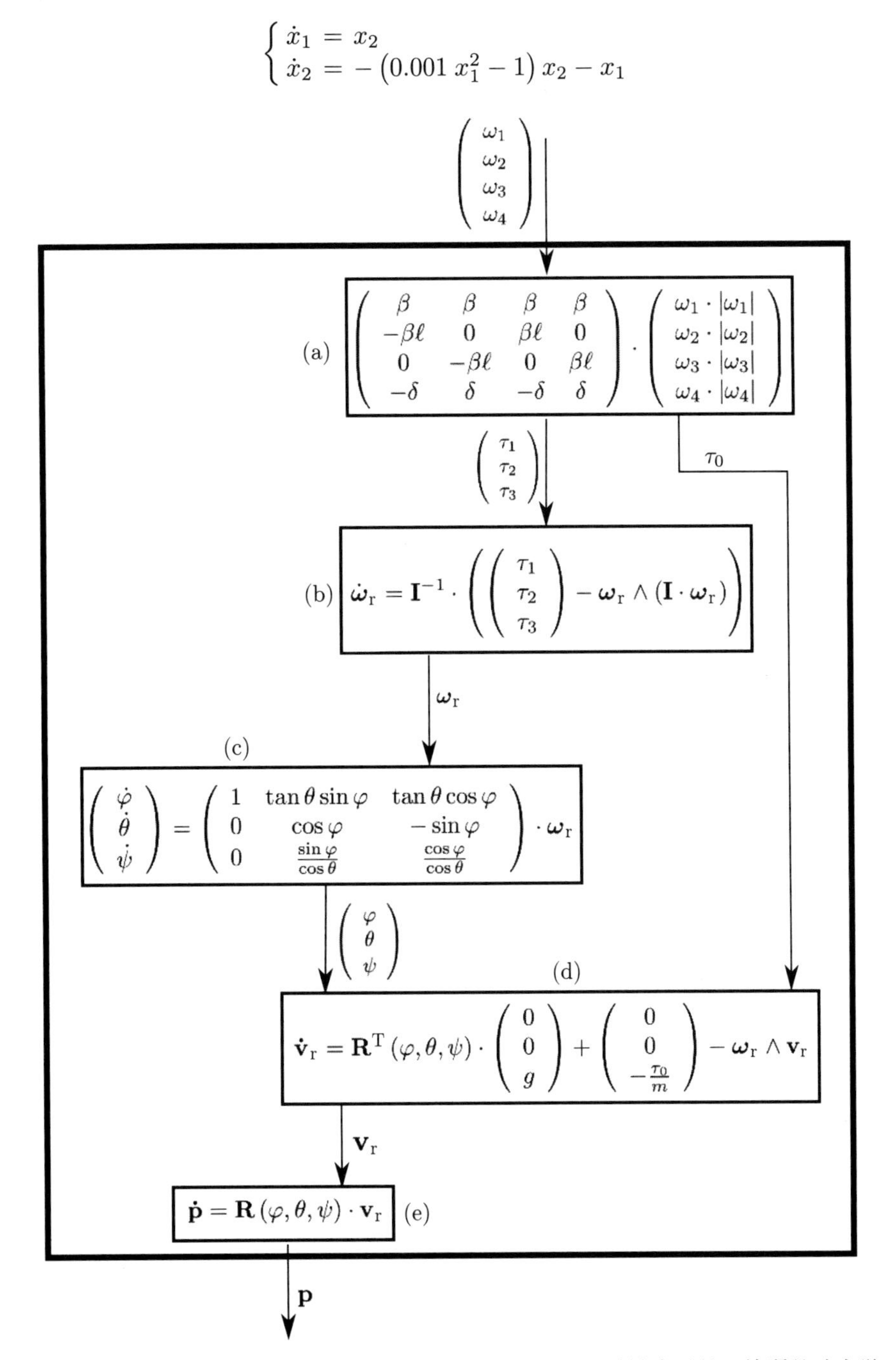

图 3.26　由连接五个模块（a）、（b）、（c）、（d）和（e）的因果链表示的四旋翼的动力学 164

四旋翼飞行器还应保持在 15m 的高度，速度 $v_d = 10\text{ms}^{-1}$。此外，我们希望机器人的前端指向前方。图 3.27 描述了应该获得的结果。Van der Pol 循环是绿色的。

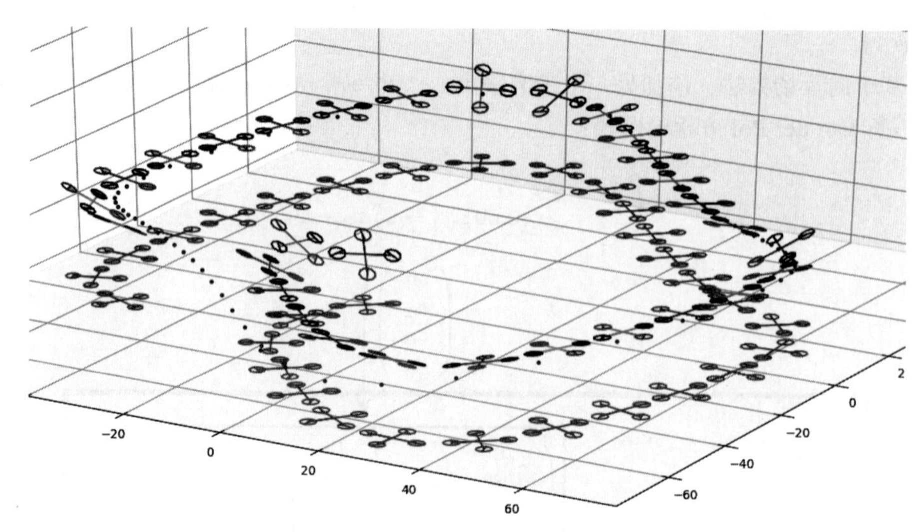

图 3.27　遵循 Van der Pol 循环的四旋翼飞行器的仿真（有关此图的彩色版本，请参见 www.iste.co.uk/jaulin/robotics.zip）

习题 3.8　等深线

等深线是一条假想的曲线，它连接着水面以下具有相同深度 $h(x, y)$ 的所有点，即水下水位曲线，考虑由状态方程描述的水下机器人：

$$\begin{cases} \dot{x} = \cos\psi \\ \dot{y} = \sin\psi \\ \dot{z} = u_1 \\ \dot{\psi} = u_2 \end{cases}$$

式中，(x, y, z) 对应于机器人的位置，ψ 为其航向角，取初始条件为 $x = 2, y = -1, z = -2,$ 165 $\psi = 0$。机器人能够通过声呐测量在其自身坐标系下的高度 y_1（距海底的距离）和坡度$\nabla h(x, y)$ 的角度 y_2。此外，它能够通过使用压力传感器知道其深度 z_3。因此，其观测功能为：

$$\begin{cases} y_1 = z - h(x,y) \\ y_2 = angle(\nabla h(x,y)) - \psi \\ y_3 = -z \end{cases}$$

例如，如果 $y = (7, -\frac{\pi}{2}, 2)$，机器人知道它在 2m 深处对应于 $-y_1 - y_3 = -7-2 = -9$（m）的等高线，如图 3.28 所示。

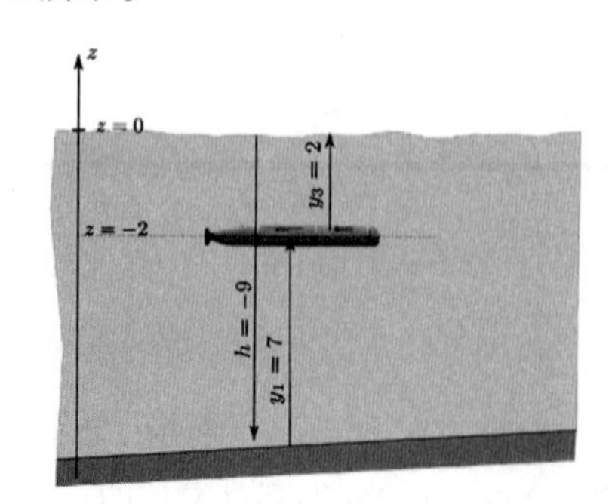

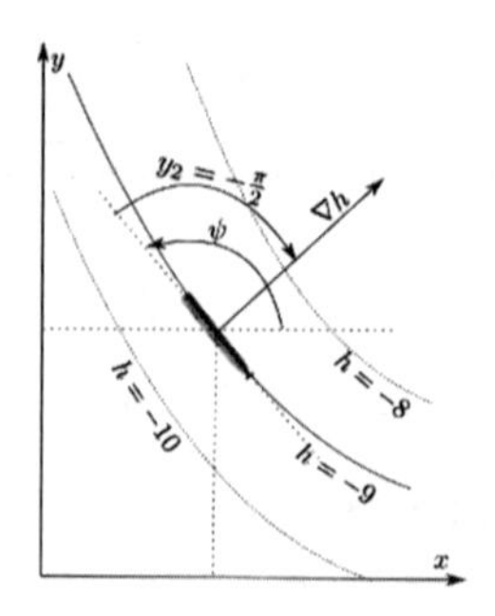

图 3.28　必须遵循等高线的水下机器人（有关此图的彩色版本，请参阅 www.iste.co.uk/jalin/robotics.zip）

1）提出一种形为 $\mathbf{u}=\mathbf{r}(\mathbf{y})$ 的控制器，使机器人在 $\bar{y}_3=2\mathrm{m}$ 的深度对应于 $h_0=-9\mathrm{m}$ 的等深线。

2）通过仿真验证所设计的控制器。图 3.29 显示了应该获得的结果。对于仿真而言，考虑由下式所述的海底：

$$h(x,y)=2\cdot \mathrm{e}^{-\frac{(x+2)^2+(y+2)^2}{10}}+2\cdot \mathrm{e}^{-\frac{(x-2)^2+(y-2)^2}{10}}-10$$

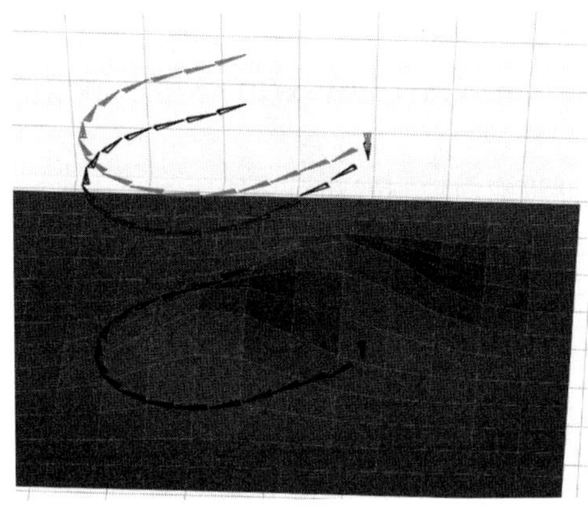

图 3.29　模拟水下机器人（蓝色）跟随等深线。还描绘了表面阴影（灰色）和海底阴影（黑色）。（请参见习题 3.8）(有关此图的彩色版本，请参阅 www.iste.co.uk/jalin/robotics.zip）

习题 3.9　卫星

如图 3.30 所示，考虑一颗卫星，其坐标 (x_1,x_2) 在围绕一颗行星的轨道上。

1）假设可以通过使用变量 u 来控制卫星的正切加速度。证明系统的状态方程可以写成：

$$\begin{cases}\dot{x}_1 = x_3\\ \dot{x}_2 = x_4\\ \dot{x}_3 = -\dfrac{\alpha x_1}{\sqrt{x_1^2+x_2^2}^3}+x_3u\\ \dot{x}_4 = -\dfrac{\alpha x_2}{\sqrt{x_1^2+x_2^2}^3}+x_4u\end{cases}$$

166

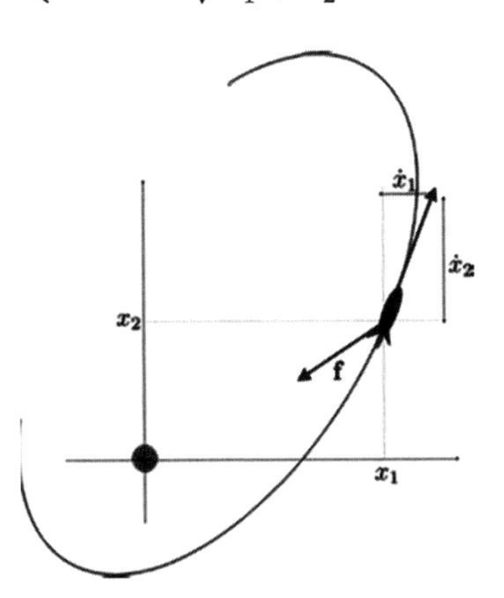

图 3.30　坐标 (0, 0) 处的行星（蓝色）和坐标 (x_1,x_2) 处的卫星（红色）(有关此图的彩色版本，请参阅 www.iste.co.uk/jalin/robotics.zip）

167

2）为简单起见，我们假设 $\alpha = 1$。提出了一种基于反馈线性化的方法来寻找 $u(x)$ 的控制器，使得卫星收敛到半径 R 的圆。

3）提出一种能稳定所需圆对应的势能和动能的比例微分控制器，并仿真说明控制行为。

3.5 习题参考答案

习题 3.1 参考答案（坦克机器人跟踪直线）

1）（略）

2）航向控制器由 `u=sawtooth(thetaber-x(3))` 给出，利用锯齿函数 sawtooh（见图 3.2）滤除 $\pm 2\pi$ 角度的跳动。

3）至于跟踪直线，在此将航向控制器和向量场控制器结合起来。为使该直线为吸引线，则所用向量场为 $\bar{\theta} = \varphi - \text{atan}(e)$，其中 e 为直线上的代数差。相应程序如下：

1 $\mathbf{a} := \begin{pmatrix} 40 \\ -4 \end{pmatrix}; \mathbf{b} := \begin{pmatrix} 20 \\ 6 \end{pmatrix}; \mathbf{x} := \begin{pmatrix} -30 \\ -10 \\ \pi \\ 1 \end{pmatrix}; dt = 0.1$
2 For $t = 0 : dt : 10$
3 $\quad e := \det\left(\frac{\mathbf{b}-\mathbf{a}}{\|\mathbf{b}-\mathbf{a}\|}, \mathbf{x}_{1:2} - \mathbf{a}\right);\ \varphi := \text{angle}(\mathbf{b} - \mathbf{a})$
4 $\quad \bar{\theta} := \varphi - \text{atan}(e)$
5 $\quad u := \text{sawtooth}(\bar{\theta} - x_3)$
6 $\quad \mathbf{x} := \mathbf{x} + dt \cdot \mathbf{f}(\mathbf{x}, \mathbf{u})$

习题 3.2 参考答案（Van der Pol 小车）

1）利用如下代码实现仿真：

1 $\mathbf{x} := (0, 0.1, \frac{\pi}{6}, 2, 0.6)^{\text{T}}$
2 $dt := 0.01; \mathbf{u} = (0, 0)^{\text{T}}$
3 For $t = 0 : dt : 10$
4 $\quad \mathbf{x} = \mathbf{x} + \begin{pmatrix} x_4 \cos x_5 \cos x_3 \\ x_4 \cos x_5 \sin x_3 \\ \frac{x_4 \sin x_5}{3} \\ u_1 \\ u_2 \end{pmatrix} \cdot dt$

2）仅需取：

$$\mathbf{u} = \boldsymbol{\rho}(\mathbf{x}, \bar{\mathbf{u}}) = k\left(\bar{\mathbf{u}} - \begin{pmatrix} v\cos\delta \\ \frac{v\sin\delta}{3} \end{pmatrix}\right)$$

式中，k 的取值很大。因此，根据与运算放大器相同的原理，可得如果反馈系统稳定，那么：

$$\begin{pmatrix} \bar{u}_1 \\ \bar{u}_2 \end{pmatrix} \simeq \begin{pmatrix} v\cos\delta \\ \frac{v\sin\delta}{3} \end{pmatrix}$$

则该反馈系统就变成了坦克模型。仿真时，可取 $k = 10$。

3）对于 $\bar{u}_1$ 而言，无需做任何操作。而对于 $\bar{u}_2$ 而言，可以利用一个航向比例控制器。对应于该二阶反馈的控制器为：

$$\bar{\mathbf{u}}=\boldsymbol{\sigma}(\mathbf{x},\mathbf{w})=\begin{cases}\bar{u}_1=w_1\\ \bar{u}_2=a_2\cdot\text{sawtooth}\,(w_2-\theta)\end{cases}$$

式中，例如 $a_2=5$。

4）增加一个如下所示的三阶反馈：

$$\mathbf{w}=\boldsymbol{\tau}(\mathbf{x})=\left(\begin{array}{c}v_0\\ \text{angle}\left(\begin{array}{c}y\\ -\left(0.01\,x^2-1\right)y-x\end{array}\right)\end{array}\right)$$

式中，v_0 为小车的期望速度，`angle` 函数返回一个向量角。对于与图 2.12 相对应的仿真，取 $v_0=10\text{m/s}$，该小车会遵循 Van der Pol 循环。与习题 2.12 所示的反馈线性化方法相比，该方法更通用，更可靠，但准确性也更低。

习题 3.3 参考答案 （抛锚）

1）因为 $\dot{x}^2+\dot{y}^2=1$，所以该机器人不能停止。

2）所需的状态方程如下所示：

$$\begin{cases}\dot{\varphi}=\dfrac{\sin\varphi}{d}+u & \text{(i)}\\ \dot{d}=-\cos\varphi & \text{(ii)}\\ \dot{\alpha}=-\dfrac{\sin\varphi}{d} & \text{(iii)}\end{cases}$$

169

(ii) 和 (iii) 的证明可直接得到。在此证明 (i)，根据图 3.31 可得 $\varphi-\theta+\alpha=\pi$。求导之后可得：

$$\dot{\varphi}=-\dot{\alpha}+\dot{\theta}=\frac{\sin\varphi}{d}+u$$

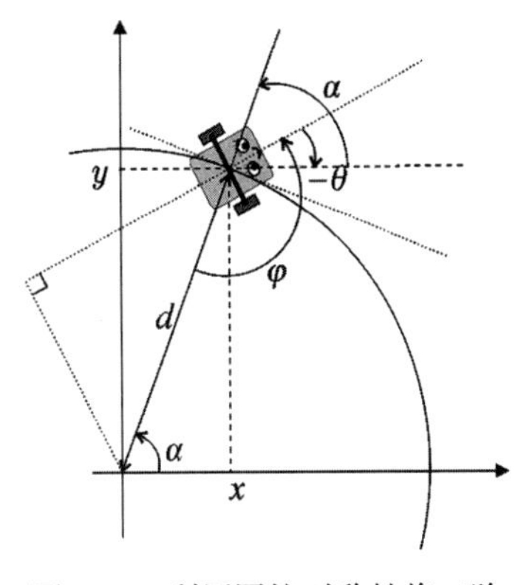

图 3.31　利用圆柱对称性将三阶系统转化为二阶系统

3）利用该表达式可将一个三维系统转化为一个二维系统（不再需要 α）。该向量场的图形化表示便成了可能（见习题 3.4）。

4）该控制器所秉承的理念就是当机器人近似指向 0 时（即如果 $\cos\varphi>\frac{1}{\sqrt{2}}$）或原本转向左侧，稍后为了指向 0 时，利用一个比例控制器。

5）（略）

习题 3.4 参考答案 （状态空间的离散化）

相应图形如图 3.32 所示，并以两种不同形式表示。在粗实线下将能捕获到系统状态。

用矩阵形式将该图形表示为：

$$\mathbf{G}=\begin{pmatrix}0&1&0&1&0&0\\0&0&0&0&1&0\\1&1&0&0&1&1\\0&0&0&0&1&1\\0&0&0&0&0&1\\0&0&0&1&0&[0,1]\end{pmatrix}$$

170

其中，布尔间隔 [0,1] 表示要么是 0，要么是 1。则传递闭包为：

$$\mathbf{G}^{+}=\mathbf{G}+\mathbf{G}^{2}+\mathbf{G}^{3}+\cdots=\begin{pmatrix}0&1&0&1&1&1\\0&0&0&1&1&1\\1&1&0&1&1&1\\0&0&0&1&1&1\\0&0&0&1&1&1\\0&0&0&1&1&1\end{pmatrix}$$

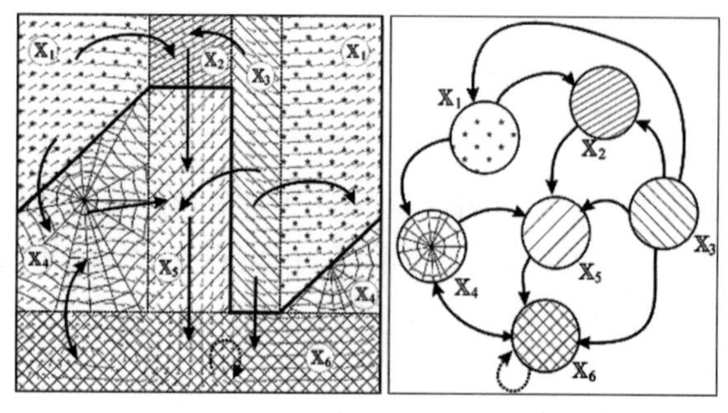

图 3.32 通过分割状态空间将系统动力学离散化以获得迁移图

斜线给出了该图形的吸引子 $\mathbb{X}_{\infty}=\mathbb{X}_4\cup\mathbb{X}_5\cup\mathbb{X}_6$。该系统的吸引子满足：

$$\mathbb{A}\subset\mathbb{X}_4\cup\mathbb{X}_5\cup\mathbb{X}_6$$

习题 3.5 参考答案 （帆船机器人）

1）对于该仿真，可利用欧拉法，并取演化方程为：

函数 $\mathbf{f}(\mathbf{x},\ \mathbf{u})$
1 $(x,y,\theta,v,\omega):=\mathbf{x}$
2 $\mathbf{w}_{\text{ap}}:=\begin{pmatrix}a\ \cos(\psi-\theta)-v\\a\ \sin(\psi-\theta)\end{pmatrix}$
3 $\psi_{\text{ap}}:=\text{angle}\ \mathbf{w}_{\text{ap}};\ \sigma=\cos\psi_{\text{ap}}+\cos u_2$
4 If $\sigma\leqslant 0$ then $\delta_s:=\pi+\psi_{\text{ap}}$ else $\delta_s:=-\text{sign}(\sin\psi_{\text{ap}})\cdot u_2$
5 $f_r:=p_5 v\sin u_1;\ f_s:=p_4\,\Vert\mathbf{w}_{\text{ap}}\Vert\sin(\delta_s-\psi_{\text{ap}})$
6 Return $\begin{pmatrix}v\cos\theta+p_1 a\cos\psi\\v\sin\theta+p_1 a\sin\psi\\\omega\\\dfrac{f_s\sin\delta_s-f_r\sin u_1-p_2v^2}{p_9}\\\dfrac{f_s(p_6-p_7\cos\delta_s)-p_8f_r\cos u_1-p_3\omega v}{p_{10}}\end{pmatrix}$

171

2）对于直线跟踪，可设计如下控制器：

控制器　输入：$\mathbf{x}$；输出：$\mathbf{u}$；输入输出双向：q
1 $(x,y,\theta,v,\ \omega):=\mathbf{x};\ \mathbf{m}:=\mathbf{x}_{1:2};\ r:=10;\ \zeta:=\frac{\pi}{4}$
2 $e:=\det\left(\frac{\mathbf{b}-\mathbf{a}}{\Vert\mathbf{b}-\mathbf{a}\Vert},\mathbf{m}-\mathbf{a}\right);\ \varphi:=\ \text{angle}(\mathbf{b}-\mathbf{a})$
3 if $\vert e\vert>r$ then $q:=\ \text{sign}(e)$
4 $\bar{\theta}:=\varphi-\text{atan}\left(\frac{e}{r}\right)$
5 if $\left(\cos\left(\psi-\bar{\theta}\right)+\cos\zeta<0\right)$
6 　　or $(\vert e\vert-r<0$ and $(\cos(\psi-\varphi)+\cos\zeta<0))$
7 　　　then $\bar{\theta}:=\pi+\psi-q\zeta$
8 $\mathbf{u}:=\begin{pmatrix}0.3\cdot\text{sawtooth}(\theta-\bar{\theta})\\\frac{\pi}{4}\left(\cos\left(\psi-\bar{\theta}\right)+1\right)\end{pmatrix}$

图 3.33 所示为针对不同线路的控制器的仿真。风总是来自顶部（或北部）。在图 b、c 中，船必须逆风行驶。它必须从 $q=1$ 移动到 $q=-1$ 才能停留在半径 r 的走廊内。 172

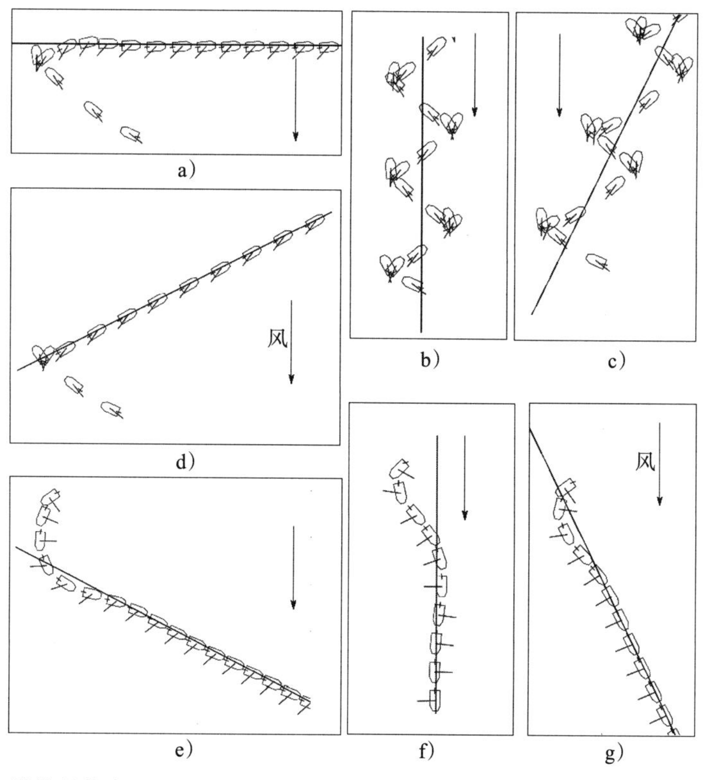

图 3.33　帆船沿线的仿真（有关该图的彩色版本，请访问 www.iste.co.uk/jaulin/robotics.zip）

3）由于 ψ，ϕ，ζ 是常数，因此当 $\cos(\psi-\varphi)+\cos\zeta=0$ 且机器人在线时，在第 5 步亦有 $\cos(\psi-\bar{\theta})+\cos\zeta=0$。控制器可以在两种策略之间无限期地交替：$\bar{\theta}:=\varphi$ 和 $\bar{\theta}:=\pi+\varphi-q\zeta$。这种犹豫不决对应于控制器的不连续性，这可以在模拟中看到，但有时也会在实际帆船实验期间的较短时间内看到。

为了更深入地了解，取 $\varphi=0$ 的特殊情况，可以通过计算所有 (e,ψ) 的集合 $\mathbb{S}$ 描述控制器的不连续性，使得控制器选择策略 $\theta:=\pi+\psi-q\zeta$。其定义为：

$$\mathbb{S}=\mathbb{S}_1\cup(\mathbb{S}_2\cap\mathbb{S}_3)$$

式中，

$$\begin{aligned}\mathbb{S}_1&=\left\{(e,\psi)\mid\cos\left(\psi+\operatorname{atan}\left(\frac{e}{r}\right)\right)+\cos\zeta<0\right\}\\\mathbb{S}_2&=\{(e,\psi)\mid|e|-r<0\}\\\mathbb{S}_3&=\{(e,\psi)\mid\cos\psi+\cos\zeta<0\}\end{aligned}$$

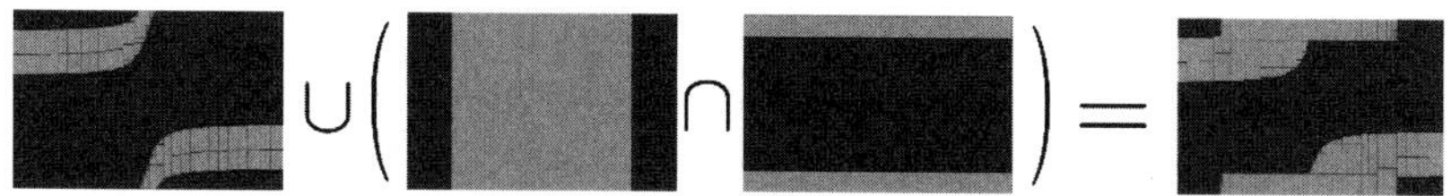

图 3.34　在集合 $\mathbb{S}$ 的（e，ψ）- 空间中选择策略 $\theta:=\pi+\psi-q\zeta$（有关此图的彩色版本，请参见 www.iste.co.uk/jaulin/robotics.zip）

图 3.34 说明了 $\varphi = 0, r = 10, \zeta = \frac{\pi}{4}$，$e \in [-12, 12], \psi \in [-\pi, -\pi]$ 的具体操作。奇点集包含 S 的边界，如图 3.35 所示。单个持久性奇点由两个红点表示。

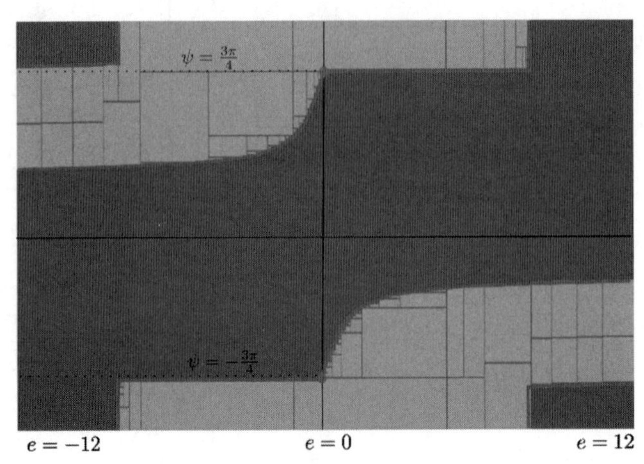

图 3.35 控制器在 $(e, \bar{\psi})$- 空间中的奇点集 S（有关此图的彩色版本，请参阅 www.iste.co.uk/jalin/robotics.zip）

习题 3.6 参考答案 （无人机）

1）（略）

2）对于该控制器，需要通过 u_1 控制推进力，利用 u_2 控制俯仰角，利用 u_3 控制其航向。

推进力。对于所给无人机，其推力必须保持在 [0, 10]（单位 ms^{-2}）间隔内。则可取：

[173]

$$u_1 = 5\left(1 + \tanh\left(\bar{v} - \|\mathbf{v}\|\right)\right)$$

式中，$\mathbf{v}$ 为无人机的速度向量；$\bar{v}$ 为其速度设定值。如果无人机以正确的速度移动，则存在一个 5N 的平均推力。否则，由于存在双曲正切饱和函数 $\tanh(\cdot)$（参照式（3.1）），则总有一个保持在 [0, 10] 间隔内的推力。

俯仰角。可利用副翼角度的和来控制俯仰角，在此假设副翼角处于 [−0.6, 0.6]rad 间隔内。则可取：

$$u_2 = -0.3 \cdot \left(\tanh\left(5\left(\bar{\theta} - \theta\right)\right) + |\sin\varphi|\right)$$

因此，便可利用比例控制俯仰角，该俯仰角中存在双曲正切饱和函数 tanh。增益为 5 说明当俯仰角的误差大于 $\frac{1}{5}$ rad $= 11°$ 时，无人机的反应变得很大。对于一个足够强的横滚角 φ，无人机将失去高度，这便解释了 $|\sin\varphi|$ 的含义。

航向。在该无人机模型中，就像摩托车一样，是通过横滚角 φ 来改变无人机航向的。如果欲使航向为 $\bar{\psi}$，则可选择如下的横滚角：

$$\bar{\varphi} = \tanh(5 \cdot \text{sawtooth}(\bar{\psi} - \psi))$$

实际上，定义航向的误差为 $\bar{\psi} - \psi$，并利用锯齿函数 sawtooth 进行滤波（见图 3.2）。将其与比例控制器的增益相乘，这个增益 5 表明：当 $\text{sawtooth}(\bar{\psi} - \psi) = \frac{1}{5}$，即看起来更合理一点的 $\bar{\psi} - \psi = \frac{1}{5}$ rad $\simeq 11°$，控制器便反应显著，利用横滚角纠正航向。因此，可设计控制

[174]

器为：

$$u_3 = -0.3 \cdot \tanh(\bar{\varphi} - \varphi)$$

其中，再次将 tanh 函数用作饱和函数，则 φ 的设定值 $\bar{\varphi}$ 将始终保持在 $[-\frac{\pi}{4}, \frac{\pi}{4}]$ 的间隔内。

向量场。为了定义飞机的行为以使其返回到其给定圆上，为空间内的每一点 $\mathbf{p}=(p_x, p_y, p_z)$ 分配一个航向 $\bar{\psi}$ 和一个俯仰角 $\bar{\theta}$，如下式所示：

$$\bar{\psi} = \text{angle}(\mathbf{p}) + \frac{\pi}{2} + \tanh\frac{\sqrt{p_1^2+p_2^2}-\bar{r}}{50}$$
$$\bar{\theta} = -0.3 \cdot \tanh\frac{\bar{z}-z}{10}$$

由此产生的向量场便有一个极限环，该极限环对应于给定圆或半径 $\bar{r}$。对于 $\bar{\psi}$ 的计算，误差的表达式表明精度为 50m，$\tanh\frac{1}{50}(\sqrt{p_1^2+p_2^2}-\bar{r})$ 部分使给定圆具有吸引性，角度部分 $(\mathbf{p})+\frac{\pi}{2}$ 产生了旋转场。对于 $\bar{\theta}$ 的表达式而言，存在饱和函数保证了高度上的精度为 10m，最大俯仰角为 $0.2 \cdot \frac{\pi}{2} \simeq 0.31$ rad。

摘要。该无人机的控制器将具有如下输入变量：设定值 $\bar{z}, \bar{r}, \bar{v}$，飞机的欧拉角，其位置向量 $\mathbf{p}$ 及其速度向量。如此将产生控制向量 $\mathbf{u}$ 如下述算法：

控制器　输入: $\mathbf{p}, \mathbf{v}, \varphi, \theta, \psi, \bar{z}, \bar{r}, \bar{v}$; 输出: $\mathbf{u}$
1 $\bar{\psi} = \text{angle}(\mathbf{p}) + \frac{\pi}{2} + \tanh\frac{\sqrt{p_1^2+p_2^2}-\bar{r}}{50}$
2 $\bar{\theta} = -0.3 \cdot \tanh\frac{\bar{z}-z}{10}$
3 $\bar{\varphi} = \tanh(5 \cdot \text{sawtooth}(\bar{\psi} - \psi))$
4 $\mathbf{u} = \begin{pmatrix} 5(1+\tanh(\bar{v} - \Vert\mathbf{v}\Vert)) \\ -0.3 \cdot (\tanh(5(\bar{\theta}-\theta)) + \vert\sin\varphi\vert) \\ -0.3 \cdot \tanh(\bar{\varphi}-\varphi) \end{pmatrix}$

图 3.36 表示了仿真的结果。

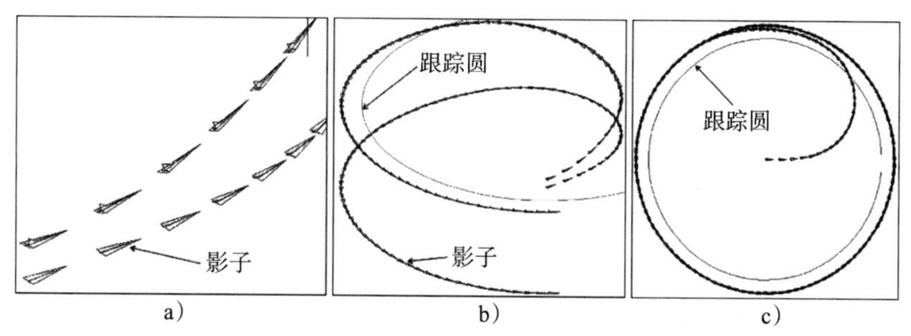

图 3.36　a）初始阶段：机器人起飞并向左转向；b）机器人返回到其给定圆上；c）俯视图：注意在设定圆与实际执行圆之间存在偏差

3）（略）

习题 3.7 参考答案 （四旋翼无人机）

1）取块 a 的逆，即

$$\begin{pmatrix}\omega_1\\ \omega_2\\ \omega_3\\ \omega_4\end{pmatrix} = a\sqrt{\left(\begin{pmatrix}\beta & \beta & \beta & \beta\\ -\beta\ell & 0 & \beta\ell & 0\\ 0 & -\beta\ell & 0 & \beta\ell\\ -\delta & \delta & -\delta & \delta\end{pmatrix}^{-1}\begin{pmatrix}\tau_0^d\\ \tau_1^d\\ \tau_2^d\\ \tau_3^d\end{pmatrix}\right)}$$

175

式中，$\sqrt[a]{\mathbf{v}}$ 为分量平方根代数函数，(例如 $\sqrt[a]{(-4,16,-9)}=(-2,4,-3)$)。使用前馈模块，可得 τ_0 几乎等于 $\tau_0{}^d$。之所以说“几乎”，是因为矩阵中存在一些没有考虑到的不确定性。

2）取：

$$\boldsymbol{\tau}_{1:3}^d = \mathbf{I}\cdot k_\omega.\left(\boldsymbol{\omega}_\mathrm{r}^d - \boldsymbol{\omega}_\mathrm{r}\right) + \boldsymbol{\omega}_\mathrm{r}\wedge(\mathbf{I}\cdot\boldsymbol{\omega}_\mathrm{r})$$

式中，k_ω 是大增益（例如，$k_\omega=100$），并且 ω_r^d 是 ω_r 的期望值。因此：

$$\begin{aligned}\dot{\boldsymbol{\omega}}_\mathrm{r} &= \mathbf{I}^{-1}\cdot\left(\boldsymbol{\tau}_{1:3}^d - \boldsymbol{\omega}_\mathrm{r}\wedge(\mathbf{I}\cdot\boldsymbol{\omega}_\mathrm{r})\right)\\ &= \mathbf{I}^{-1}\cdot\left(\underbrace{\mathbf{I}\cdot k_\omega.\left(\boldsymbol{\omega}_\mathrm{r}^d-\boldsymbol{\omega}_\mathrm{r}\right)+\boldsymbol{\omega}_\mathrm{r}\wedge(\mathbf{I}\cdot\boldsymbol{\omega}_\mathrm{r})}_{\boldsymbol{\tau}_{1:3}^d} - \boldsymbol{\omega}_\mathrm{r}\wedge(\mathbf{I}\cdot\boldsymbol{\omega}_\mathrm{r})\right)\\ &= k_\omega.\left(\boldsymbol{\omega}_\mathrm{r}^d-\boldsymbol{\omega}_\mathrm{r}\right)\end{aligned}$$

如果增益 k_ω 足够大，并且如果 $\boldsymbol{\omega}_\mathrm{r}^d$ 变化缓慢，则误差 $\boldsymbol{\omega}_\mathrm{r}^d-\omega_r$ 迅速收敛到零（在大约 $\frac{1}{k_\omega}$ 秒的时间内）。

3）可得：

$$\boldsymbol{\omega}_\mathrm{r}^d = k_{\varphi\theta\psi}\cdot\begin{pmatrix}1 & \tan\theta\sin\varphi & \tan\theta\cos\varphi\\ 0 & \cos\varphi & -\sin\varphi\\ 0 & \frac{\sin\varphi}{\cos\theta} & \frac{\cos\varphi}{\cos\theta}\end{pmatrix}^{-1}\left(\begin{pmatrix}\varphi^d\\ \theta^d\\ \psi^d\end{pmatrix}-\begin{pmatrix}\varphi\\ \theta\\ \psi\end{pmatrix}\right)$$

176

因此可得：

$$\begin{pmatrix}\dot\varphi\\ \dot\theta\\ \dot\psi\end{pmatrix} = \begin{pmatrix}1 & \tan\theta\sin\varphi & \tan\theta\cos\varphi\\ 0 & \cos\varphi & -\sin\varphi\\ 0 & \dfrac{\sin\varphi}{\cos\theta} & \dfrac{\cos\varphi}{\cos\theta}\end{pmatrix}\cdot\boldsymbol{\omega}_r^d = k_{\varphi\theta\psi}\cdot\left(\begin{pmatrix}\varphi^d\\ \theta^d\\ \psi^d\end{pmatrix}-\begin{pmatrix}\varphi\\ \theta\\ \psi\end{pmatrix}\right)$$

系数 $k_{\varphi\theta\psi}$ 应视为较大，例如 $k_{\varphi\theta\psi}=10$，但不能太大，否则 $\boldsymbol{\omega}_\mathrm{r}^d$ 将不够平滑。这意味着螺旋桨足够强大，可以在等于 $\frac{1}{10}$ s 的时间内获得正确的欧拉角。在这个层次上，如图 3.37 所示，用一系列反推反演简化了系统。

4）可以添加以下循环：

$$\begin{aligned}\varphi^d &= 0.5\cdot\tanh(10\cdot\mathrm{sawtooth}(\mathrm{angle}\left(\mathbf{f}_{vdp}(x,y)\right)-\mathrm{angle}(\mathbf{R}\cdot\mathbf{v}_\mathrm{r})))\\ \theta^d &= -0.3\cdot\tanh(v_d - v_{\mathrm{r}1})\\ \psi^d &= \mathrm{angle}(\mathbf{R}\cdot\mathbf{v}_\mathrm{r})\\ \tau_0^d &= 300\cdot\tanh(z-zd)+60\cdot v_{\mathrm{r}3}\end{aligned}$$

τ_0^d 的方程式对应于一个高增益比例控制器 $(300\cdot\tanh(z-zd))$ 以对抗重力。还增加了一个导数项 60 $v_{\mathrm{r}3}$ 以避免振荡。这些系数都是手动调整的，以便很好地控制高度。ψ^d 的方程说明机器人的前进方向应与速度向量 $\mathbf{R}\cdot\mathbf{v}_\mathrm{r}$ 相同。例如，如果我们在机器人的前面放了一个摄像头，那么这个属性就很重要，因为它必须看得见前方。角度函数计算向量的参数，只考虑前两个分量。φ^d 的方程说明，如果想要沿着 Van der Pol 场 $\mathbf{f}_{vdp}(x, y)$ 的方向前进，则必须施加一个与 Van der Pol 场和机器人轨迹之间的角度相对应的滚动。 177

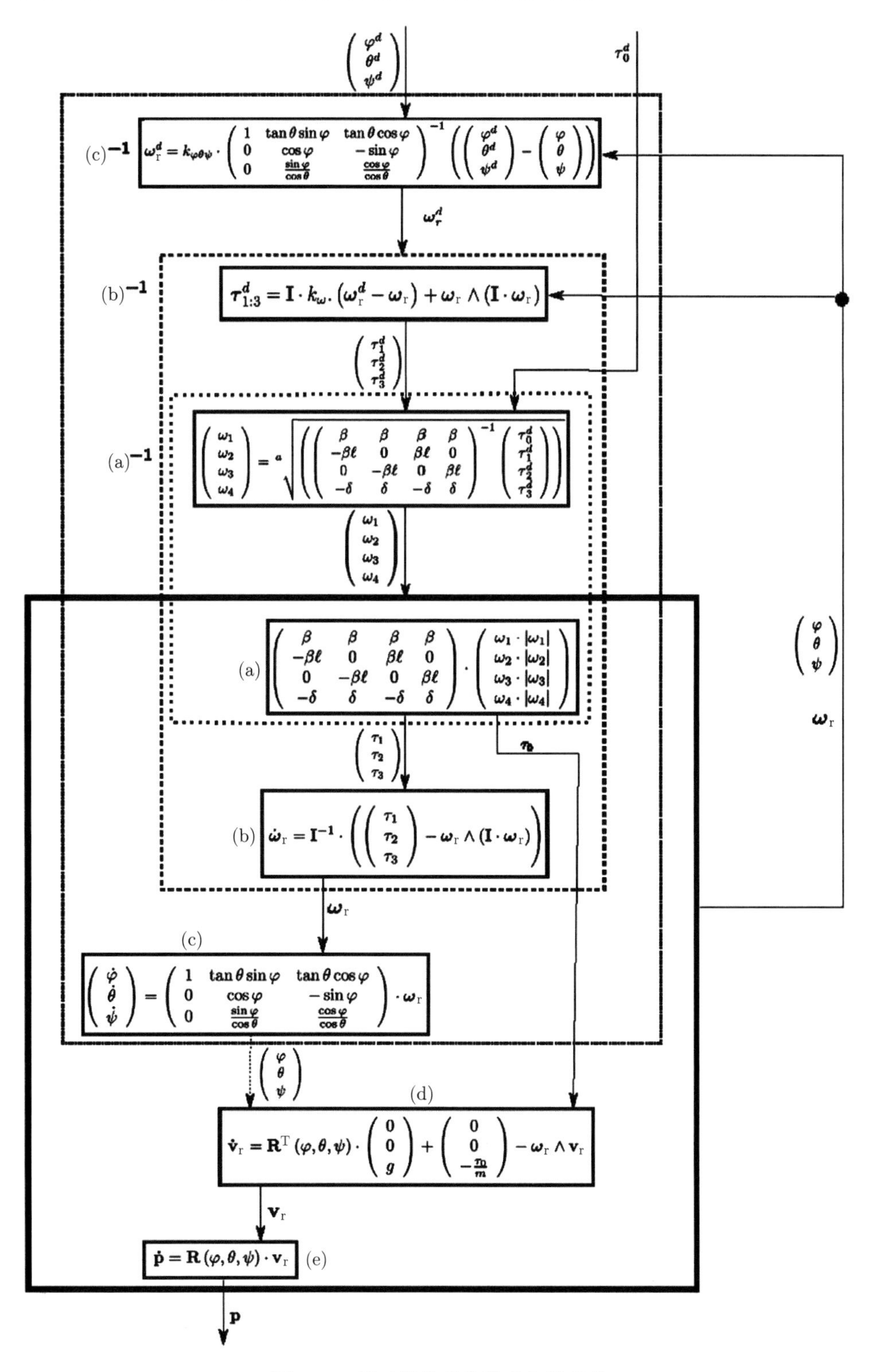

图 3.37　用于简化系统的反向逆序列

习题 3.8 参考答案 （等深线）

1）对于深度的控制，取下述形式的比例控制：

$$u_1 = y_3 - \bar{y}_3$$

对于航向，假设首先要沿着机器人正下方的等深线。类似地，需要机器人垂直于$\nabla h(x, y)$，例如 $y_2 = \pm\frac{\pi}{2}$，这取决于期望渐变是在右侧还是左侧。例如，以 $e_1 = y_2+\frac{\pi}{2}$ 为误差，这意味着想要与∇h 形成一个$\bar{y}_2 = -\frac{\pi}{2}$的角度。或等效地，想要$\nabla h$ 在右边。如果 $e_1 = 0$，将遵

178

循一条可能不正确的等深线。因此，我们必须考虑与 $e_2 = -y_3 - y_1 - h_0 = 0$ 相对应的误差。如果 $e_2 = 0$，我们就将处在右边等深线的上方，但可能与该等深线不平行的位置。如果 $e_1 = 0$，$e_2 = 0$，我们在右边的等深线上（$e_1 = 0$），同时也朝着正确的方向前进（$e_2 = 0$）。对于航向，可以采用以下控制器：

$$u_2 = \text{tanh}(e_2) + \text{sawtooth}(e_1) = -\text{tanh}(h_0 + y_3 + y_1) + \text{sawtooth}(y_2 + \frac{\pi}{2})$$

其中需要锯齿函数，因为 e_1 是角度误差，tanh 将产生饱和度。因此，控制器可以由以下方式给出：

$$\mathbf{u} = \begin{pmatrix} y_3 - \bar{y}_3 \\ \text{-tanh}(h_0 + y_3 + y_1) + \text{sawtooth}(y_2 + \frac{\pi}{2}) \end{pmatrix}$$

控制器的系数（这里取的所有系数都等于 ± 1）应该进行调整，以便使其具有稳定性和正确的时间常数。

注释　对于航向而言，控制器接近比例和微分控制，其中 $(h_0 + y_3 + y_1)$ 对应于比例项，而 sawtooth$(y_2 + \frac{\pi}{2})$ 对应于导数项。对于航向控制，可以采用下述形式的比例和微分控制：

$$u_2 = (\bar{y}_1 - y_1) + \dot{y}_1 = (\bar{y}_1 - y_1) + \dot{z} - \nabla h(x, y) \cdot \begin{pmatrix} \cos\psi \\ \sin\psi \end{pmatrix}$$

其中，$\bar{y}_1 = -\bar{y}_3 - h_0$，假设 $\dot{z}$ 为 0，$\nabla h(x, y) \cdot \begin{pmatrix} \cos\psi \\ \sin\psi \end{pmatrix}$ 被 sawtooth $(y_2 + \frac{\pi}{2})$ 同化了。

回想一下，x, y, ψ 不是测量的，且不能由我们的控制器使用。

2）（略）

习题 3.9 参考答案 （卫星）

1）牛顿万有引力定律说明地球对卫星施加有引力 $\mathbf{f}$。$\mathbf{f}$ 的方向是沿着连接两个物体的直线所指向的单位向量 $\mathbf{u}$。力的大小与物体重力质量的乘积成正比，与物体间距离的平方成反比。即

$$\mathbf{f} = -G\frac{Mm}{x_1^2 + x_2^2}\mathbf{u}$$

式中，M 为地球的质量；m 为卫星的质量；$G = 6.67x10^{-11}Nm^2kg^{-2}$ 为牛顿常数。则：

$$\mathbf{f} = -G\frac{Mm}{\sqrt{x_1^2 + x_2^2}^3}\begin{pmatrix} x_1 \\ x_2 \end{pmatrix}$$

179

根据牛顿第二定律，可得：

$$\mathbf{f}=m\frac{\mathrm{d}\mathbf{v}}{\mathrm{d}t}=m\begin{pmatrix}\ddot{x}_1\\ \ddot{x}_2\end{pmatrix}$$

式中，$\mathbf{v}$ 为卫星的速度。因此：

$$\begin{pmatrix}\ddot{x}_1\\ \ddot{x}_2\end{pmatrix}=-G\frac{M}{\sqrt{x_1^2+x_2^2}^3}\begin{pmatrix}x_1\\ x_2\end{pmatrix}$$

如果设置 $\alpha=GM$，并且如果考虑仅控制正切加速度的可能性，可得到以下状态方程：

$$\begin{cases}\dot{x}_1 = x_3\\ \dot{x}_2 = x_4\\ \dot{x}_3 = -\dfrac{\alpha x_1}{\sqrt{x_1^2+x_2^2}^3}+x_3u\\ \dot{x}_4 = -\dfrac{\alpha x_2}{\sqrt{x_1^2+x_2^2}^3}+x_4u\end{cases}$$

2）要应用反馈线性化方法，将 $y=x_1^2+x_2^2-R^2$ 作为输出。可得：

$$\begin{aligned}y &= x_1^2+x_2^2-R^2\\ \dot{y} &= 2x_1x_3+2x_2x_4\\ \ddot{y} &= 2\dot{x}_1x_3+2x_1\dot{x}_3+2\dot{x}_2x_4+2x_2\dot{x}_4\\ &= 2x_3^2+2x_1\left(-\frac{x_1}{\sqrt{x_1^2+x_2^2}^3}+x_3u\right)+2x_4^2+2x_2\left(-\frac{x_2}{\sqrt{x_1^2+x_2^2}^3}+x_4u\right)\\ &= 2\left(x_3^2+x_4^2\right)-\frac{2}{\sqrt{x_1^2+x_2^2}}+\underbrace{(2x_1x_3+2x_2x_4)}_{a(\mathbf{x})}u\end{aligned} \tag{3.10}$$

反馈线性化为 $a(\mathbf{x})=2x_1x_3+2x_2x_4=0$，产生奇点，这对应于 $\dot{y}=0$。

现在，如果取 $y\to 0$，也将有 $\dot{y}\to 0$，因此我们将收敛到奇异曲面 $a(\mathbf{x})=0$，这是不可接受的。

3）对于 $y(t)\equiv 0$，有 $y=\dot{y}=\ddot{y}=0$，即

$$\begin{aligned}x_1^2+x_2^2-R^2 &= 0\\ 2x_1x_3+2x_2x_4 &= 0\\ 2\left(x_3^2+x_4^2\right)-\frac{2}{\sqrt{x_1^2+x_2^2}}+\left(2x_1x_3+2x_2x_4\right)u &= 0\end{aligned}$$

180

或等价地，

$$\begin{aligned}e_1(\mathbf{x}) &= x_1^2+x_2^2-R^2 = 0\\ e_2(\mathbf{x}) &= x_1x_3+x_2x_4 = 0\\ e_3(\mathbf{x}) &= x_3^2+x_4^2-\tfrac{1}{R} = 0\end{aligned}$$

误差 e_1 对应于关于势能的误差，e_2 是 e_1 的导数，e_3 是关于动能的误差。

所选控制器如下：

$$u=-e_1(\mathbf{x})-e_2(\mathbf{x})-e_3(\mathbf{x})$$

控制器系数的符号选择如下：当 $e_1 > 0$，$e_2 = 0$，$e_3 = 0$ 时，卫星有太多能量，应该减速，但不能太快（这就是为什么我们需要对应于 e_2 的导数项）。当 $e_1 = 0, e_2 = 0, e_3 > 0$ 时，卫星有太多动能，也应该减速。

图 3.38 显示了控制器的行为。蓝色圆盘对应于行星，红色圆盘对应于初始位置，黑色圆圈是要跟随的圆圈：$x_1^2 + x_2^2 - R^2 = 0$ 在左边，我们没有控制（$u = 0$），卫星遵循一个椭球。在中间的图中，取 $u = -e_1(\mathbf{x}) - e_3(\mathbf{x})$，没有任何导数项。轨迹在所需圆的附近振荡。右图对应于所设计的控制器。轨迹收敛到所需的圆。

请注意，在这里提出的方法是基于物理直觉，告诉我们要稳定势能和动能。如果没有这种直觉，就很难解决我们的稳定问题。

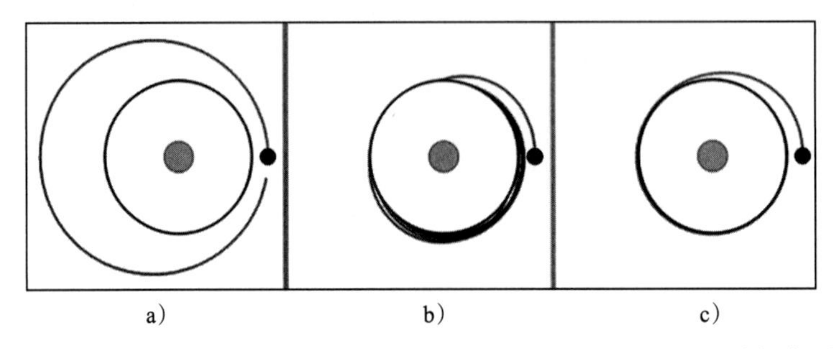

图 3.38 a) $u = 0$；b) $u = -e_1(\mathbf{x}) - e_3(\mathbf{x})$；c) $u = -e_1(\mathbf{x}) - e_2(\mathbf{x}) - e_3(\mathbf{x})$（有关此图的彩色版本，请参阅 www.iste.co.uk/jalin/robotics.zip）

181

第 4 章

Mobile Robotics, Second Edition

导　　引

在之前章节，我们已经学习了为非线性状态方程所描述的机器人（见第 2 章）或者当机器人的行为已知时，如何建立一个控制律。导引是在更高的层面上执行的，同时导引主要是为了将设定值传递给控制器，使机器人能够完成其指定任务。因此，必须考虑机器人周遭环境的相关信息，是否存在障碍物，地球的圆度，等等。通常而言，将导引应用到四种不同环境下：陆地、海洋、航空和空间环境。而本书中所涵盖的应用领域，将不考虑空间环境。

4.1　球面上的导引

对于地面上的较长路径，将不能再考虑假定地球是平面的笛卡儿坐标系了。那么就必须通过相对于球面坐标系（也称为地理坐标系）航行来反思所得控制律，该球面坐标系是随地球旋转的。在此用 ℓ_x 表示所考虑点的经度，ℓ_y 表示其纬度，那么可将在地理坐标系内的转化写为如下形式：

$$\mathcal{T}:\begin{pmatrix}\ell_x\\ \ell_y\\ \rho\end{pmatrix}\rightarrow\begin{pmatrix}x\\ y\\ z\end{pmatrix}=\begin{pmatrix}\rho\cos\ell_y\cos\ell_x\\ \rho\cos\ell_y\sin\ell_x\\ \rho\sin\ell_y\end{pmatrix}\tag{4.1}$$

假定地球为球形的，当 $\rho=6\ \ 370\ \ \mathrm{km}$ 时，便位于地球表面（见图 4.1a）。

在此，考虑图 4.1b 所示的地球表面上的两点 $\boldsymbol{a}$, $\boldsymbol{m}$，分别位于其地理坐标系内。例如，用 $\boldsymbol{a}$ 表示所要达到的参考点，用 $\boldsymbol{m}$ 表示机器人的中心，并假设 $\boldsymbol{a}$, $\boldsymbol{m}$ 两点相距不远（不超过 100 km），则可考虑在平面内利用一个局部坐标系，如图 4.2a 所示。

183

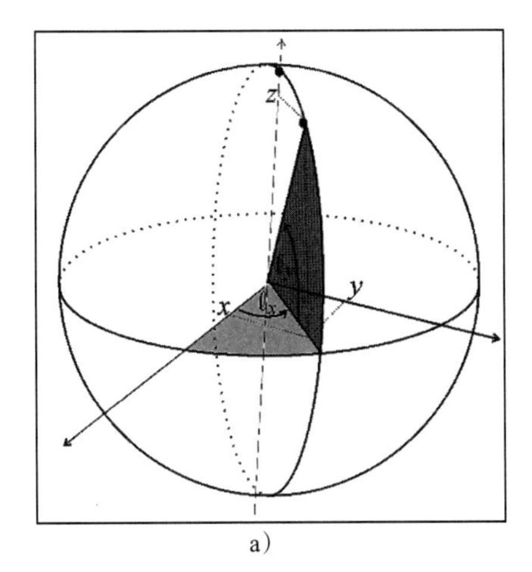

a）

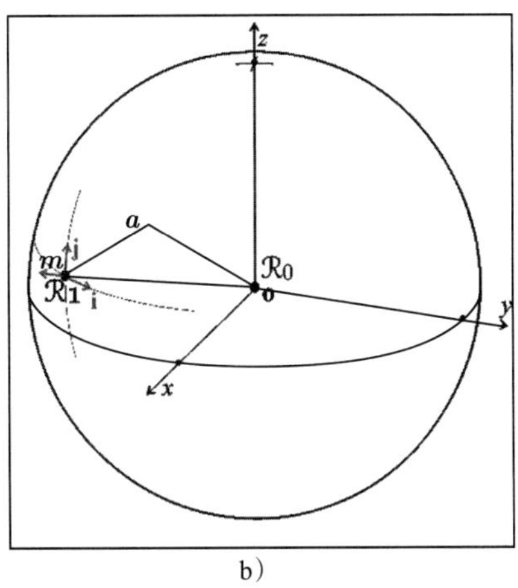

b）

图 4.1　a）地理坐标系；b）将 $\boldsymbol{a}$ 表示在局部坐标系 $\mathcal{R}_1$ 内

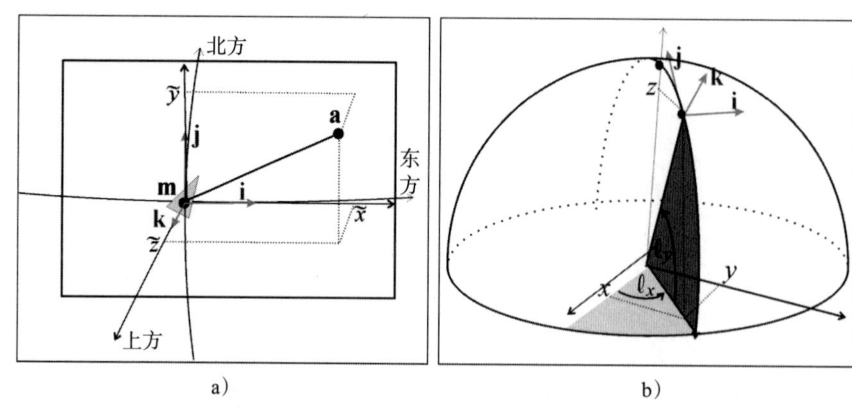

图 4.2　a）该地图给出了机器人周围的一个局部笛卡儿视角；b）微小变化 $\mathrm{d}\ell_x, \mathrm{d}\ell_y, \mathrm{d}\rho$ 在局部坐标系内产生的位移 $\mathrm{d}x, \mathrm{d}y, \mathrm{d}z$

184

对关系式（4.1）求微分，可得：

$$\begin{pmatrix} \mathrm{d}x \\ \mathrm{d}y \\ \mathrm{d}z \end{pmatrix} = \underbrace{\begin{pmatrix} -\rho\cos\ell_y\sin\ell_x & -\rho\sin\ell_y\cos\ell_x & \cos\ell_y\cos\ell_x \\ \rho\cos\ell_y\cos\ell_x & -\rho\sin\ell_y\sin\ell_x & \cos\ell_y\sin\ell_x \\ 0 & \rho\cos\ell_y & \sin\ell_y \end{pmatrix}}_{=\mathbf{J}} \cdot \begin{pmatrix} \mathrm{d}\ell_x \\ \mathrm{d}\ell_y \\ \mathrm{d}\rho \end{pmatrix}$$

可用该式得到基本方向的地理坐标，该基本方向的变化依赖于机器人 m 的位置。例如，对应于东方的向量可在矩阵 $\mathbf{J}$ 的第一列找到，对应于北方的向量在其第二列，高度在其第三列。因此，便可建立的坐标系 $\mathcal{R}_1$（东方－北方－高度），其中心位于局部坐标系内的机器人上（图 4.2a 灰色部分）。相应的旋转矩阵可通过对雅克比矩阵 $\mathbf{J}$ 的每一列进行标准化获得：

$$\mathbf{R} = \begin{pmatrix} -\sin\ell_x & -\sin\ell_y\cos\ell_x & \cos\ell_y\cos\ell_x \\ \cos\ell_x & -\sin\ell_y\sin\ell_x & \cos\ell_y\sin\ell_x \\ 0 & \cos\ell_y & \sin\ell_y \end{pmatrix} \tag{4.2}$$

该矩阵也可以用欧拉矩阵表示为：

$$\mathbf{R} = \mathbf{R}_{\text{euler}}\,(0,0,\ell_x)\cdot\mathbf{R}^{\mathrm{T}}_{\text{euler}}\,\left(0,\ell_y-\frac{\pi}{2},-\frac{\pi}{2}\right)$$

从地理坐标系 $\mathcal{R}_0$ 到局部坐标系 $\mathcal{R}_1$ 的转化为：

$$\mathbf{v}_{|\mathcal{R}_1} = \mathbf{R}^{\mathrm{T}}\cdot\mathbf{v}_{|\mathcal{R}_0} \tag{4.3}$$

可将该坐标系转化关系式应用到不同情形下，例如在将两个不同机器人收集到的信息建立一致性时。

例　某一机器人 $\mathbf{m}$ 位于 $(\ell_x^{\mathbf{m}}, \ell_y^{\mathbf{m}})$，正以相对于固定地面的速度向量 $\mathbf{v}^{\mathbf{m}}$ 移动。该向量表示在该机器人的局部坐标系内，找出在位于点 $\mathbf{a}:(\ell_x^{\mathbf{a}}, \ell_y^{\mathbf{a}})$ 的观测器的局部坐标系内观测到的速度向量 $\mathbf{v}^{\mathbf{m}}$。根据式（4.3）可得：

$$\begin{cases} \mathbf{v}^{\mathbf{m}} = \mathbf{R}^{\mathrm{T}}\left(\ell_x^{\mathbf{m}}, \ell_y^{\mathbf{m}}\right)\cdot\mathbf{v}_{|\mathcal{R}_0} \\ \mathbf{v}^{\mathbf{a}} = \mathbf{R}^{\mathrm{T}}\left(\ell_x^{\mathbf{a}}, \ell_y^{\mathbf{a}}\right)\cdot\mathbf{v}_{|\mathcal{R}_0} \end{cases}$$

因此：

$$\mathbf{v}^{\mathbf{a}}=\mathbf{R}^{\mathrm{T}}\left(\ell_x^{\mathbf{a}},\ell_y^{\mathbf{a}}\right)\cdot\mathbf{R}\left(\ell_x^{\mathbf{m}},\ell_y^{\mathbf{m}}\right)\cdot\mathbf{v}^{\mathbf{m}}$$

185

例如，当两个机器人试图相遇时，这种计算方法行之有效。

转换到局部坐标系。取一个中心为点 $\mathbf{m}$ 的局部坐标系 $\mathcal{R}_{\mathbf{m}}$（即一个位于地球表面的坐标系，其原点为 $\mathbf{m}$，方向为东方－北方－上方）。在此试着在 $\mathcal{R}_{\mathbf{m}}$ 中表示点 a 的坐标 $(\tilde{x},\tilde{y},\tilde{z})$，其 GPS 坐标为 (ℓ_x,ℓ_y,ρ)。可利用下述关系式从地理坐标系向局部坐标系转化：

$$\begin{pmatrix}\widetilde{x}\\ \widetilde{y}\\ \widetilde{z}\end{pmatrix}+\begin{pmatrix}0\\0\\ \rho^{\mathbf{m}}\end{pmatrix}\overset{\text{式 (4.3)}}{=}\underbrace{\begin{pmatrix}-\sin\ell_x^{\mathbf{m}} & \cos\ell_x^{\mathbf{m}} & 0\\ -\cos\ell_x^{\mathbf{m}}\sin\ell_y^{\mathbf{m}} & -\sin\ell_x^{\mathbf{m}}\sin\ell_y^{\mathbf{m}} & \cos\ell_y^{\mathbf{m}}\\ \cos\ell_x^{\mathbf{m}}\cos\ell_y^{\mathbf{m}} & \cos\ell_y^{\mathbf{m}}\sin\ell_x^{\mathbf{m}} & \sin\ell_y^{\mathbf{m}}\end{pmatrix}}_{\mathbf{R}^{\mathrm{T}}\left(\ell_x^{\mathbf{m}},\ell_y^{\mathbf{m}}\right)}$$

$$\cdot\underbrace{\begin{pmatrix}\rho\cos\ell_y\cos\ell_x\\ \rho\cos\ell_y\sin\ell_x\\ \rho\sin\ell_y\end{pmatrix}}_{\mathbf{a}_{|\mathcal{R}_0}}$$

式中，O 对应于地心的原点，当 $\ell_x^{\mathrm{m}}\simeq\ell_x$ 且 $\ell_y^{\mathrm{m}}\simeq\ell_y$ 时，便可根据图 4.3 直接得到其一次近似：

$$\begin{pmatrix}\widetilde{x}\\ \widetilde{y}\\ \widetilde{z}\end{pmatrix}\simeq\begin{pmatrix}\rho\cdot\cos\ell_y\cdot\left(\ell_x-\ell_x^{\mathbf{m}}\right)\\ \rho\cdot\left(\ell_y-\ell_y^{\mathbf{m}}\right)\\ \rho-\rho^{\mathbf{m}}\end{pmatrix}\tag{4.4}$$

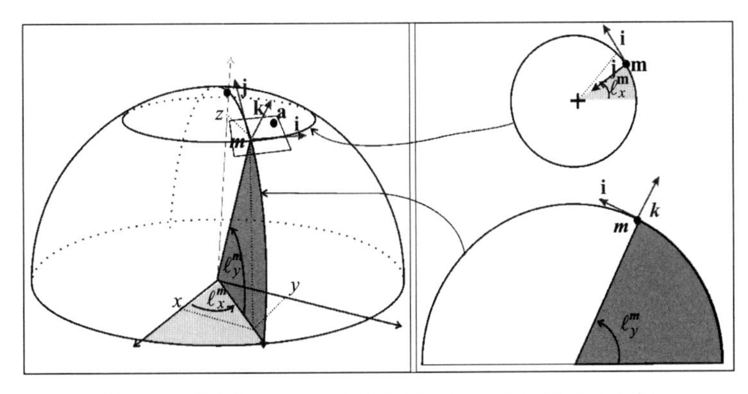

图 4.3　获取以 $\boldsymbol{m}$ 为中心的局部坐标系中的笛卡儿坐标

186

请注意，纬度圆的半径为 ρcos*y。

当机器人在一个小直径区域内移动时，有时需选择一个不同于机器人中心 $\boldsymbol{m}$ 的参考点，如其发射位置。

4.2　路径规划

当机器人完全自主时，必须规划出其期望轨迹 [LAV 06]。通常情况下，这些轨迹均为多项式。其原因有二：第一，在多项式的空间内有一个向量空间结构，因此可以利用线性代数；第二，多项式更容易求导，这对于反馈线性化而言非常有用，因其需要期望值的连续阶导数。

4.2.1 简单示例

在此举例说明如何在一个坦克机器人上实现轨迹规划。假设在初始时刻 $t=0$ 时，机器人位于点 (x_0, y_0)，欲使机器人以速度 (v_x^1, v_y^1) 于 t_1 时刻到达点 (x_1, y_1)。建立一个如下形式的多项式路径：

$$x_d = a_x t^2 + b_x t + c_x$$
$$y_d = a_y t^2 + b_y t + c_y$$

则需求解如下方程组：

$$\begin{array}{ll} c_x = x_0, & c_y = y_0 \\ a_x t_1^2 + b_x t_1 + c_x = x_1 & a_y t_1^2 + b_y t_1 + c_y = y_1 \\ 2a_x t_1 + b_x = v_x^1, & 2a_y t_1 + b_y = v_y^1 \end{array}$$

该方程组为线性的，则很容易得到：

$$\begin{pmatrix} a_x \\ a_y \\ b_x \\ b_y \\ c_x \\ c_y \end{pmatrix} = \begin{pmatrix} \frac{1}{t_1^2}x_0 - \frac{1}{t_1^2}x_1 + \frac{1}{t_1}v_x^1 \\ \frac{1}{t_1^2}y_0 - \frac{1}{t_1^2}y_1 + \frac{1}{t_1}v_y^1 \\ -v_x^1 - \frac{2}{t_1}x_0 + \frac{2}{t_1}x_1 \\ -v_y^1 - \frac{2}{t_1}y_0 + \frac{2}{t_1}y_1 \\ x_0 \\ y_0 \end{pmatrix}$$

因此，可得：

$$\begin{array}{ll} \dot{x}_d = 2a_x t + b_x & \dot{y}_d = 2a_y t + b_y \\ \ddot{x}_d = 2a_x, & \ddot{y}_d = 2a_y \end{array}$$

通过将这些量插入利用反馈线性化所得的控制律之中（例如方程（2.9）所示情形），便可得到一个能满足所需目标的控制器。 187

4.2.2 贝塞尔多项式

本节将重点概括之前章节所提方法。给定控制点 $\mathbf{p}_0, \mathbf{p}_1, \cdots, \mathbf{p}_n$，便可生成一个多项式 $\mathbf{f}(t)$，满足 $\mathbf{f}(0)=\mathbf{p}_0, \mathbf{f}(1)=\mathbf{p}_n$，且对于 $t\in[0, 1]$，多项式 $\mathbf{f}(t)$ 便由 $\mathbf{p}_i$ 依次串联起来（$i\in\{0, \cdots, n]$）。为了正确理解建立贝塞尔多项式的方法，在此研究各种不同情况：

1）$n=1$ 的情形。取标准线性插值为：

$$\mathbf{f}(t) = (1-t)\,\mathbf{p}_0 + t\mathbf{p}_1$$

点 $\mathbf{f}(t)$ 对应于控制点 $\mathbf{p}_0$ 与 $\mathbf{p}_1$ 之间的质心，且分配到这两点的质量随时间变化。

2）$n=2$ 的情形。此时，有三个控制点 $\mathbf{p}_0, \mathbf{p}_1, \mathbf{p}_2$。建立一个在区间 $[\mathbf{p}_0, \mathbf{p}_1]$ 内移动的辅助控制点 $\mathbf{p}_{01}$ 和区间 $[\mathbf{p}_1, \mathbf{p}_2]$ 内的辅助控制点 $\mathbf{p}_{12}$。则有：

$$\begin{aligned} \mathbf{f}(t) &= (1-t)\,\mathbf{p}_{01} + t\mathbf{p}_{12} \\ &= (1-t)\underbrace{((1-t)\,\mathbf{p}_0 + t\mathbf{p}_1)}_{\mathbf{p}_{01}} + t\underbrace{((1-t)\,\mathbf{p}_1 + t\mathbf{p}_2)}_{\mathbf{p}_{12}} \\ &= (1-t)^2\,\mathbf{p}_0 + 2(1-t)\,t\mathbf{p}_1 + t^2\mathbf{p}_2 \end{aligned}$$

由此，便可得到一个二阶多项式。

3）$n=3$ 的情形。将之前方法应用与四个控制点的情形，可得：

$$\begin{aligned}\mathbf{f}(t) &= (1-t)\,\mathbf{p}_{012}+t\mathbf{p}_{123}\\ &= (1-t)\underbrace{((1-t)\,\mathbf{p}_{01}+t\mathbf{p}_{12})}_{\mathbf{p}_{012}}+t\underbrace{((1-t)\,\mathbf{p}_{12}+t\mathbf{p}_{23})}_{\mathbf{p}_{123}}\\ &= (1-t)^3\,\mathbf{p}_0+3\,(1-t)^2\,t\mathbf{p}_1+3\,(1-t)\,t^2\mathbf{p}_2+t^3\mathbf{p}_3\end{aligned}$$

4）对于给定值 n，可得：

$$\mathbf{f}(t)=\sum_{i=0}^{n}\underbrace{\frac{n!}{i!\,(n-i)!}\,(1-t)^{n-i}\,t^i}_{b_{i,n}(t)}\,\mathbf{p}_i$$

则将该多项式 $b_{i,\,n}(t)$ 称为 Bernstein 多项式，该多项式形成了 n 自由度多项式空间的一个基。当增加自由度（即增加控制点的数量）时，便会出现数据数值不稳定和振荡，并将其称为龙格现象。对于含有数以百计控制点的复杂曲线，最好是利用有限阶贝塞尔曲线的连接所对应的 B 样条曲线。图 4.4 所示的连接，对于每三个点形成的一组，便可计算出一个二阶贝塞尔多项式。 188

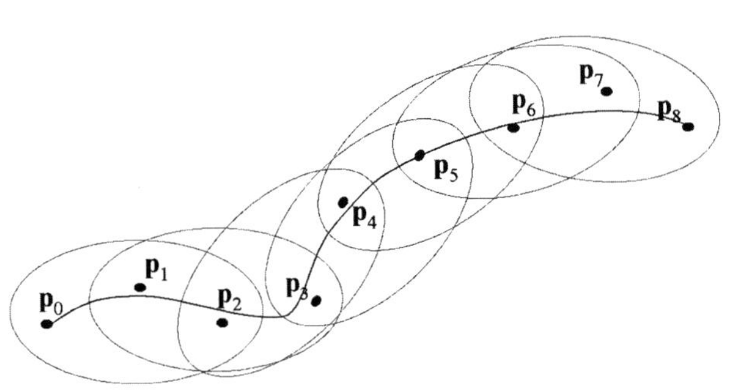

图 4.4　二阶 B 样条曲线图示

4.3　维诺图

考虑 n 个点 $\mathbf{p}_1, \mathbf{p}_2, \cdots, \mathbf{p}_n$。与之前小节相反，此处的 $\mathbf{p}_i$ 并不是对应于控制点，而是对应于所要避开的障碍点。对于每个点，为其关联一个集合为：

$$\mathbb{P}_i=\left\{\mathbf{x}\in\mathbb{R}^d,\forall j,\|\mathbf{x}-\mathbf{p}_i\|\leqslant\|\mathbf{x}-\mathbf{p}_j\|\right\}$$

对于所有 i 而言，该集合是一个多边形。这些 $\mathbb{P}_i$ 的集合称为维诺图。图 4.5 表示具有相应维诺图的某些点的集合。如果某一环境内存在障碍物，则机器人必须规划一个沿着 $\mathbb{P}_i$ 边界的轨迹。

Delaunay 三角剖分。给定空间内的 n 个点，可以使用维诺图对空间进行三角剖分，将这些相应的三角剖分称为 Delaunay 三角剖分，它可使锐角的数量最大化从而避免了细长三角形，且可通过在维诺图中连接共边区域内的相邻点获得。在某一 Delaunay 三角剖分中，所有三角形的外接圆都不包含有其他点。图 4.6 所示为对应于图 4.5 所示维诺图的 Delaunay 三角剖分。通常将 Delaunay 三角剖分应用到机器人学中去描述空间，如已探索区域、限制 189

区域、湖泊等。通常为服从三角形所属空间特性的每一个三角形关联一种颜色（水、土地、道路等）。

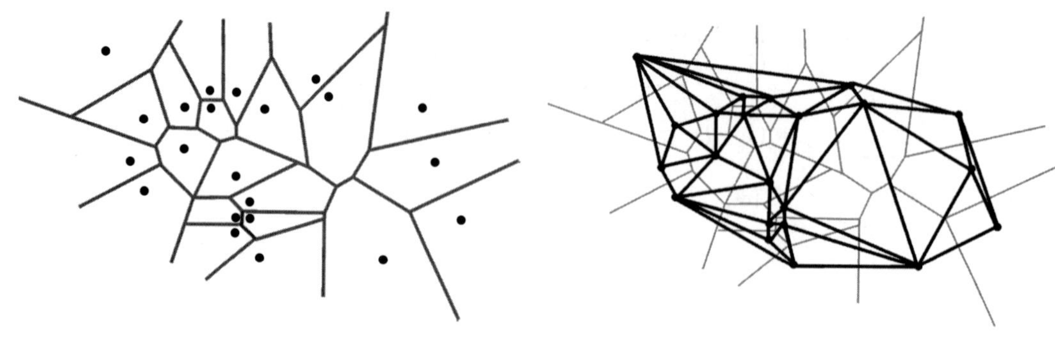

190

图 4.5 维诺图

图 4.6 Delaunay 三角剖分

4.4 人工势场法

某一移动机器人需在一个存在移动或固定障碍物的拥挤环境内移动。人工势场法 [LAT 91] 是将机器人想象成一个带电粒子的运动，根据其他物体的电荷符号的不同，可对其实现吸引或排斥。这是一种被动的导引方式，在这种导引方式中机器人的路径并不是提前规划好的。在物理学上，可得如下关系式：

$$\mathbf{f}=-\text{grad}V(\boldsymbol{p})$$

式中，$\boldsymbol{p}$ 为空间内质点的位置；V 为电势；$\mathbf{f}$ 为施加于质点上的力。则在移动机器人学中，可得同样的关系，但此时 $\boldsymbol{p}$ 为机器人中心的位置，V 为机器人的假想电势，$\mathbf{f}$ 表示所要遵循的速度向量。那么便可通过该电势场表示出机器人的期望行为。用对机器人产生斥力的电势表示障碍物，而所要达到的目标点将对机器人产生引力。在多个机器人需要保持编队并绕开障碍物的情形下，可以利用近场排斥势和远场吸引势。更一般地说，如果欲使机器人循环移动，则该向量场不一定来源于电势。下表所示列出了可以利用的几种电势：

电势	$V(\boldsymbol{p})$	$-\text{grad}(V(\boldsymbol{p}))$
锥形引力	$\Vert\boldsymbol{p}-\hat{\boldsymbol{p}}\Vert$	$-\dfrac{\boldsymbol{p}-\hat{\boldsymbol{p}}}{\Vert\boldsymbol{p}-\hat{\boldsymbol{p}}\Vert}$
二次引力	$\Vert\boldsymbol{p}-\hat{\boldsymbol{p}}\Vert^2$	$-2(\boldsymbol{p}-\hat{\boldsymbol{p}})$
平面引力或线引力	$(\boldsymbol{p}-\hat{\boldsymbol{p}})^{\mathrm{T}}\cdot\hat{\mathbf{n}}\,\hat{\mathbf{n}}^{\mathrm{T}}\cdot(\boldsymbol{p}-\hat{\boldsymbol{p}})$	$-2\,\hat{\mathbf{n}}\,\hat{\mathbf{n}}^{\mathrm{T}}(\boldsymbol{p}-\hat{\boldsymbol{p}})$
斥力	$\dfrac{1}{\Vert\boldsymbol{p}-\hat{\boldsymbol{q}}\Vert}$	$\dfrac{(\boldsymbol{p}-\hat{\boldsymbol{q}})}{\Vert\boldsymbol{p}-\hat{\boldsymbol{q}}\Vert^3}$
均衡力	$-\hat{\mathbf{v}}^{\mathrm{T}}\cdot\boldsymbol{p}$	$\hat{\mathbf{v}}$

在该表中，$\hat{\boldsymbol{p}}$ 表示一个吸引点，$\hat{\boldsymbol{q}}$ 表示一个排斥点，$\hat{\mathbf{v}}$ 表示机器人的期望速度。在平面引力的情形下，$\hat{\boldsymbol{p}}$ 为平面内一点，$\hat{\mathbf{n}}$ 为正交于平面的向量。通过增加几个电势点，可使机器人（假定其沿着趋于减少电势的方向）避开障碍物完成目标。图 4.7 所示为由人工势产生的三个向量场。图 a 对应于一个均衡场，图 b 对应于在均衡场内增加了排斥势，图 c 对应于在

191

均衡场增加了排斥势和吸引势。

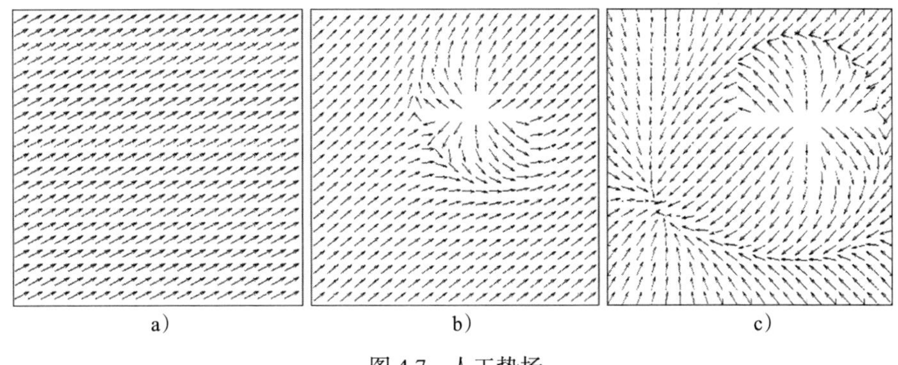

图 4.7 人工势场

4.5 习题

习题 4.1 球体上的追踪

考虑一个机器人 $\mathcal{R}$ 在一个与地球相似的球体表面运动，球体半径为 $\rho = 30$ m。该机器人的位置经度为 ℓ_x、纬度为 ℓ_y，且其相对于东方的方向角为 ψ。在局部坐标系内，该机器人的状态方程为如下形式：

$$\begin{cases} \dot{x} &= \cos\psi \\ \dot{y} &= \sin\psi \\ \dot{\psi} &= u \end{cases}$$

1）请给出状态向量为 (ℓ_x, ℓ_y, ψ) 情形下的状态方程。

2）在 MATLAB 中，对该演化系统进行三维（3D）图形化仿真。

3）由相同方程所描述的另一个机器人在球面上随机移动（见图 4.8）。设计一个控制律以使机器人 $\mathcal{R}$ 与机器人 $\mathcal{R}_a$ 相遇。

习题 4.2 轨迹规划

考虑如图 4.9 所示的含有两个三角形的情形，一个由如下状态方程所描述的机器人：

$$\begin{cases} \dot{x} &= v\cos\theta \\ \dot{y} &= v\sin\theta \\ \dot{\theta} &= u_1 \\ \dot{v} &= u_2 \end{cases}$$

192

式中，初始状态为 $(x, y, \theta, v) = (0, 0, 0, 1)$。该机器人需到达坐标点 $(8, 8)$。

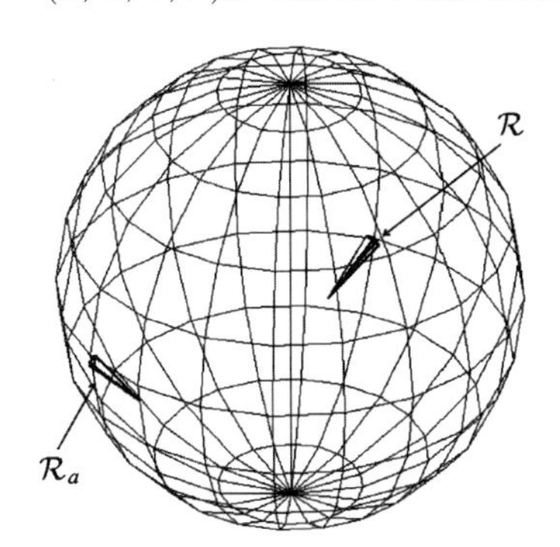

图 4.8 球体上，机器人 $\mathcal{R}$ 追踪机器人 $\mathcal{R}_a$

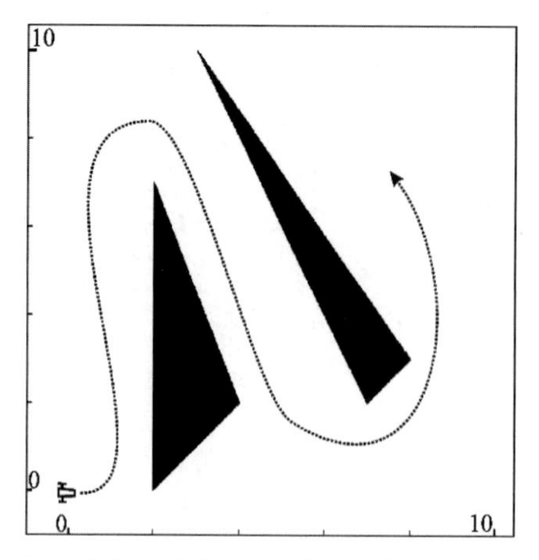

193

图 4.9　机器人需跟踪一个能绕开障碍物的轨迹

1）编写一个程序，为贝塞尔多项式找出可以连接图 4.9 所示的初始位置和期望位置的控制点。

2）利用反馈线性化方法，推理出一个使机器人在 50s 内到达目标点的控制律。

习题 4.3　绘制维诺图

考虑图 4.10 中的 10 个点，在一张纸上绘制出与之相关的维诺图和相应的 Delaunay 三角剖分。

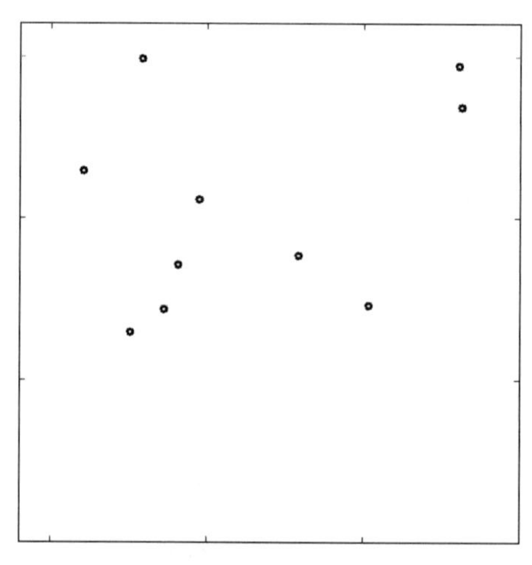

图 4.10　绘制维诺图的 10 个点

习题 4.4　计算维诺图

1）证明：如果 $\mathbf{x}$ 和 $\mathbf{y}$ 为 $\mathbb{R}^n$ 内的两个向量，可得所谓的极化方程为：

$$\{\ \|\mathbf{x}-\mathbf{y}\|^2 = \|\mathbf{x}\|^2+\|\mathbf{y}\|^2-2\langle\mathbf{x},\mathbf{y}\rangle$$

为此，转化内积 $\langle\ \mathbf{x}-\mathbf{y}, \mathbf{x}-\mathbf{y}\ \rangle$ 的表达式。

2）考虑 n+1 个点 $a^1, a^2, \cdots, a^{n+1}$，用 $\mathcal{S}$ 表示其外接球。根据之前问题，给出一个关于 a^i、$\mathcal{S}$ 的中心 c 及其半径 r 的表达式。

3）在此，考虑平面内的三个点 a^1, a^2, a^3。在何种条件下，m 将处于三角形 (a^1, a^2, a^3)

的外接圆中？

194

4）考虑平面内的 m 个点 $p^1, p^2, \cdots, p^m$，Delaunay 三角剖分就是将空间划分为三角形 $\tau(k) = (a^1(k), a^2(k), a^3(k))$，其顶点取自 p^i，故而该三角形 $\tau(k)$ 的每个外接圆均不包含有 p^i。编写一个程序，取平面内 $m = 10$ 个随机点并绘制一个 Delaunay 三角剖分，则该算法的复杂度是多少？

5）根据之前问题所建立的三角剖分，绘制一个与点 $a^1, a^2, \cdots, a^{n+1}$ 相关的维诺图。

习题 4.5　Dubins 小车的方向控制

该习题的结论将在习题 4.6 中用于计算 Dubins 路径。一个 Dubins 小车由如下状态方程所述：

$$\begin{cases} \dot{x} = \cos\theta \\ \dot{y} = \sin\theta \\ \dot{\theta} = u \end{cases}$$

式中，θ 为机器人的方向角，(x, y) 为其中心的坐标。该机器人需满足其偏航角设定值 $\bar{\theta}$ 。

1）假设输入 $u \in [-1, 1]$。请给出一个误差角 $\delta \in [-\pi, \pi]$ 关于 θ 和 $\bar{\theta}$ 的解析函数式，其中 $\bar{\theta}$ 表示机器人为了尽快达到其期望值所需旋转的角度。必须考虑到 δ 的表达式相对于 θ 和 $\bar{\theta}$ 是周期性的，即可认为角度 $-\pi, \pi$ 或 3π 是相等的。请给出相应的控制律，并在 MATLAB 中进行仿真。

2）除了机器人只能左转以外（在直角三角形中），其他与之前一样，即 $u \in [0, 1]$，值得注意的是，$\delta \in [0, 2\pi]$。

3）此时，除了机器人只能右转以外，其他与之前一样，$u \in [-1, 0]$。

习题 4.6　Dubins 路径

如之前习题所述，考虑一个在平面上移动的机器人，由下式所述：

$$\begin{cases} \dot{x} = \cos\theta \\ \dot{y} = \sin\theta \\ \dot{\theta} = u \end{cases}$$

式中，θ 为机器人的方向角；(x, y) 为其中心点坐标。其状态向量为 $\mathbf{x} = (x, y, \theta)$，且输入必须保持在 $[-u_{\max}, u_{\max}]$ 范围内，则所对应的最简的且可能不完整的移动小车就是 Dubins 小车 [DUB 57]。尽管它很简单，但它阐明了很多可能出现在不完整机器人上的难题。

195

1）计算出机器人能实现的路径的最大曲率半径 r。

2）Dubins 表明：为了实现从一种组态 $\mathbf{a} = (x_a, y_a, \theta_a)$ 转换到相距不太近的另一种组态 $\mathbf{b} = (x_b, y_b, \theta_b)$（即相距大于 $4r$），则最短时间策略通常由如下组成：①在某一方向上转向最大值（即 $u = \pm u_{\max}$）；②笔直向前移动；③进而又转向最大值。将对应于该策略的路径称为 Dubins 路径，则其组成为导引弧，线段，终止弧。Dubins 路径的构造方法有 4 种：LSL, LSR, RSL 以及 RSR，其中 L 表示左，R 表示右，S 表示直行。请给出 $\mathbf{a}$ 和 $\mathbf{b}$ 的一种取值以使这 4 种路径中不存在最优策略（因此，$\mathbf{a}$ 和 $\mathbf{b}$ 相距太近）。在何种情形下，选择 RLR 作为最优策略。

3）图 4.11 所示是一种 RSL 策略的情形，计算出 Dubins 路径的长度 L 关于 $\mathbf{a}$ 和 $\mathbf{b}$ 的函数。

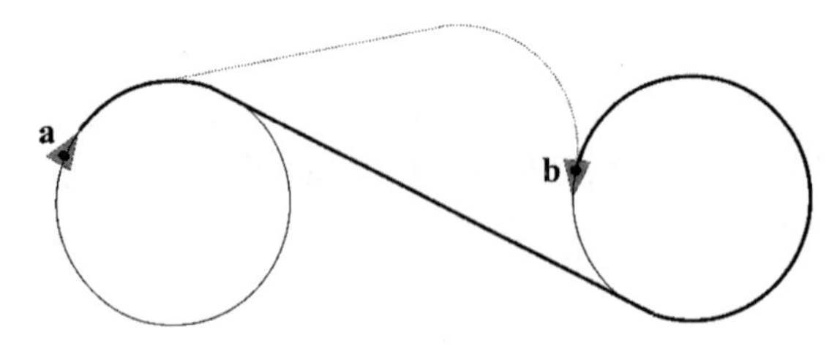

图 4.11 粗实线：一种从 a 到 b 的右转 – 直行 – 左转（RSL）形式的 Dubins 路径；虚线：一种 RLR 形式的 Dubins 路径

4）在 LSL 策略的情形中，计算出 Dubins 路径的长度 L 关于 $\mathbf{a}$ 和 $\mathbf{b}$ 的函数。

5）通过该问题的反射对称性，推理出在 RSR 和 LSR 策略中 L 的表达式，进而写出一个可以计算所有情形下 L 的函数。为此，将用到两个布尔值 $\varepsilon_a\varepsilon_b$。当对应的圆弧在前进方向上（即左边）时，其值为 1，其他情形下为 −1。

196

6）利用之前问题，为 Dubins 小车写出一个能够计算最短路径的程序。

习题 4.7 人工势

一个位于 $\mathbf{p}=(x,\,y)$ 的机器人，需要追踪一个未知运动的目标，该目标的当前位置 $\hat{\mathbf{p}}$ 和速度 $\hat{\mathbf{v}}$ 已知。举例来说，$(\hat{\mathbf{p}},\hat{\mathbf{v}})$ 可对应于操作员所给的设定值。机器人跟踪时必须避开位于 $\hat{\mathbf{q}}$ 的固定障碍物，通过如下电势可对机器人期望的行为进行建模：

$$V(\mathbf{p})=-\hat{\mathbf{v}}^{\mathrm{T}}\cdot\mathbf{p}+\|\mathbf{p}-\hat{\mathbf{p}}\|^2+\frac{1}{\|\mathbf{p}-\hat{\mathbf{q}}\|}$$

式中，电势 $-\hat{\mathbf{v}}^{\mathrm{T}}\cdot\mathbf{p}$ 为速度的设定值，电势 $\|\mathbf{p}-\hat{\mathbf{p}}\|^2$ 使目标位置 $\hat{\mathbf{p}}$ 产生引力，电势 $\dfrac{1}{\|\mathbf{p}-\hat{\mathbf{q}}\|}$ 使障碍 $\hat{\mathbf{q}}$ 产生斥力。

1）请计算出电势 $V(\mathbf{p})$ 的梯度，得出能够应用于机器人并使机器人正确响应于该电势的速度向量的设定值 $\mathbf{w}(\mathbf{p},\,t)$。

2）假设机器人服从如下状态方程：

$$\begin{cases}\dot{x}&=v\cos\theta\\\dot{y}&=v\sin\theta\\\dot{v}&=u_1\\\dot{\theta}&=u_2\end{cases}$$

请给出期望势场所对应的控制律。在此将用到与图 4.12 所示相同的原理。首先，将该机器人（图中灰色部分）拆解为由两个方框组成的链。第一个方框根据制动器得到了机器人的速度，第二个方框建立了机器人的位置向量 $\mathbf{p}=(x,\,y)$。进而计算第一个方框的左逆以使其以如下形式的系统结束：

$$\begin{cases}\dot{x}&=\bar{v}\cos\bar{\theta}\\\dot{y}&=\bar{v}\sin\bar{\theta}\end{cases}$$

利用一个简单的比例控制去实现该近似逆转。然后，利用电势生成满足要求的新输入 $(\bar{v},\bar{\theta})$。令目标为 $\hat{\mathbf{p}}=(t,\,t)$，固定障碍物位于 $\hat{\mathbf{q}}=(4,\,5)$，在 MATLAB 中仿真说明机器人的行为。

3）在此，使机器人跟踪目标 $\hat{\mathbf{p}}$，且存在位于 $\hat{\mathbf{q}}$ 的移动障碍物满足下式：

$$\hat{\mathbf{p}} = \begin{pmatrix} \cos\frac{t}{10} \\ 2\sin\frac{t}{10} \end{pmatrix}, \qquad \hat{\mathbf{q}} = \begin{pmatrix} 2\cos\frac{t}{5} \\ 2\sin\frac{t}{5} \end{pmatrix}$$

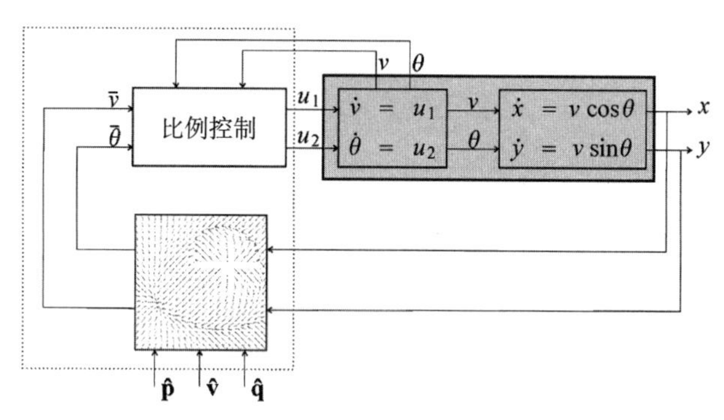

图 4.12　通过势场法获得控制器（虚线）

调整电势的参数以使机器人绕开障碍物跟踪目标。在 MATLAB 中仿真被控机器人的行为。

197

习题 4.8　集群

考虑 $m = 20$ 个机器人，由以下状态方程描述：

$$\begin{cases} \dot{x}_i = \cos\theta_i \\ \dot{y}_i = \sin\theta_i \\ \dot{\theta}_i = u_i \end{cases}$$

状态向量是 $x(i) = (x_i, y_i, \theta_i)$。这些机器人可以看到所有其他机器人，但不能与它们通信，我们希望这些机器人的行为像集群一样，如图 4.13 所示。群集行为的基本模型受雷诺三规则控制：分离（短程排斥）、排列和凝聚（长程吸引）。请使用基于电势的方法，为每个机器人设计一个控制器以获得集群。

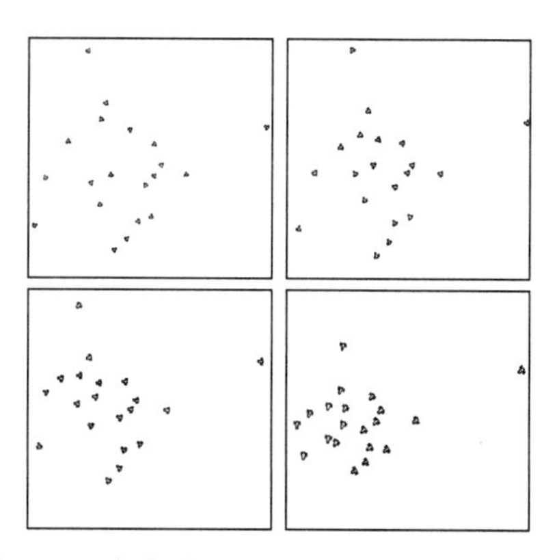

图 4.13　来自随机初始化的集群行为的图示

习题 4.9　队列

考虑 $m = 10$ 个机器人在一条圆周为 $L = 100\text{m}$、半径为 $r = \dfrac{L}{2\pi}$ 的环形道路上转弯。每个机器人 $\mathcal{R}_i$ 都满足以下状态方程：

$$\begin{cases} \dot{a}_i = v_i \\ \dot{v}_i = u_i \end{cases}$$

状态向量是 $\mathbf{x}(i) = (a_i, v_i)$，其中 a_i 为机器人的位置，v_i 为它的速度。每个机器人 $\mathcal{R}_i$ 都配备了一个雷达，可以将距离 d_i 及其导数 $\dot{d}_i$ 返回给前一个机器人 $\mathcal{R}_{i-1}$，如图 4.14 所示。

198

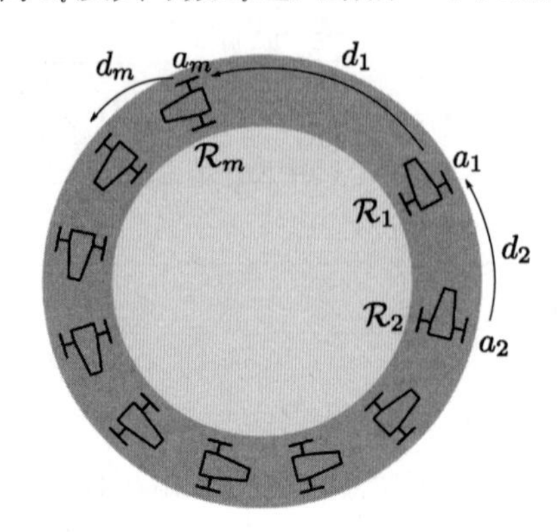

199

图 4.14　在圆圈上排成队列

1）请写出观察函数的表达式 $\mathbf{g}(a_{i^-}, a_i, v_{i^-}, v_i)$，它返回向量 $y(i) = (d_i, \dot{d}_i)$，在此式中，如果 $i > 0$ 则 $i^- = i-1$，如果 $i = 0$ 则 $i^- = m$。的确，由于道路是圆形的，机器人 R_1 跟随机器人 $\mathcal{R}_m$。

2）提出一种比例微分控制，使机器人分布均匀，运动速度等于 $v_0 = 10\ \mathrm{ms}^{-1}$。用仿真方式进行检查。

3）在稳定的情况下，从理论上证明当达到稳定行为时，所有机器人的速度都等于 v_0，并且是均匀分布的。

4）证明 4 个机器人系统的稳定性。

5）提供 10 个机器人的仿真。

习题 4.10　向量场上的动作

给定一个状态方程 $\dot{\mathbf{x}} = \mathbf{f}(\mathbf{x})$，式中，$\mathbf{x} \in \mathbb{R}^n$，微分同胚映射 $\mathbf{g} : \mathbb{R}^n \to \mathbb{R}^n$，$\mathbf{G}$ 对 $\mathbf{f}$ 的操作由下式定义：

$$\mathbf{g} \bullet \mathbf{f} = \left(\frac{\mathrm{d}\mathbf{g}}{\mathrm{d}\mathbf{x}} \circ \mathbf{g}^{-1}\right) \cdot \left(\mathbf{f} \circ \mathbf{g}^{-1}\right)$$

1）证明如果 $\mathbf{y} = \mathbf{g}(\mathbf{x})$，则有 $\dot{\mathbf{y}} = \mathbf{g} \bullet \mathbf{f}(\mathbf{y})$。

因此，$\mathbf{g}$ 在系统 $\dot{\mathbf{x}} = \mathbf{f}(\mathbf{x})$ 上的操作为新系统 $\dot{\mathbf{y}} = (\mathbf{g} \bullet \mathbf{f})\,(\mathbf{y})$。

2）将极坐标中的系统视为：

$$\begin{pmatrix} \dot{r} \\ \dot{\theta} \end{pmatrix} = \begin{pmatrix} -r\left(r^2 - 1\right) \\ 1 \end{pmatrix}$$

式中，$r \geqslant 0$，研究系统的行为和稳定性。

3）定义向量

$$\mathbf{x} = \mathbf{g}(r, \theta) = r \begin{pmatrix} \cos\theta \\ \sin\theta \end{pmatrix}$$

式中，$\mathbf{g}$ 被视为一个动作。证明：

$$\dot{\mathbf{x}} = \begin{pmatrix} -x_1^3 - x_1x_2^2 + x_1 - x_2 \\ -x_2^3 - x_1^2x_2 + x_1 + x_2 \end{pmatrix}$$

然后画出向量对应的向量场。

200

4）取 $\mathbf{g}(\mathbf{x}) = \mathbf{A}\mathbf{x}$，证明

$$(\mathbf{g} \bullet \mathbf{f})(\mathbf{x}) = \mathbf{A} \cdot \mathbf{f}(\mathbf{A}^{-1} \cdot \mathbf{x})$$

5）从前面的问题中找出使极限环顺时针稳定的向量场的表达式，对应于一个大半径为 2 的椭圆画出相应的向量场。

习题 4.11　8 字形循环

考虑一个在平面上移动的机器人，用以下状态方程描述：

$$\begin{cases} \dot{x}_1 = \cos x_3 \\ \dot{x}_2 = \sin x_3 \\ \dot{x}_3 = u \end{cases}$$

式中，x_3 为机器人的航向，(x_1, x_2) 为其中心的坐标，$\mathbf{x} = (x_1, x_2, x_3)$ 为状态向量，在这个练习中，我们想要找到一个控制器，这样机器人就可以沿着一条 8 字形的路径行驶。

1）逆时针收敛到半径为 1 的圆的向量场的表达式如下：

$$\begin{pmatrix} \dot{p}_1 \\ \dot{p}_2 \end{pmatrix} = \mathbf{\Phi}_0(\mathbf{p}) = \begin{pmatrix} -p_1^3 - p_1p_2^2 + p_1 - p_2 \\ -p_2^3 - p_1^2p_2 + p_1 + p_2 \end{pmatrix}$$

求出向量场 $\mathbf{\Phi}_{\varepsilon,\rho,c}$ 的表达式，该向量场由半径为 ρ 且中心为 c 的圆所吸引，其中 $\varepsilon = 1$，引力为逆时针方向的 $\varepsilon = 1$，如果 $\varepsilon = -1$ 引力为顺时针方向。

2）提出一个控制器，使机器人逆时针跟随一个半径 $\rho = 2$，中心 $c = (2, 0)$ 的圆，通过仿真说明控制器的行为。控制器的所需行为如图 4.15 所示。

3）考虑两个形式为 $\mathbf{\Phi}_{\varepsilon,\rho,c}$ 的向量场，构建一个具有 4 个状态的自动机，以使机器人被对应于 8 字形的循环所吸引，如图 4.16 所示。

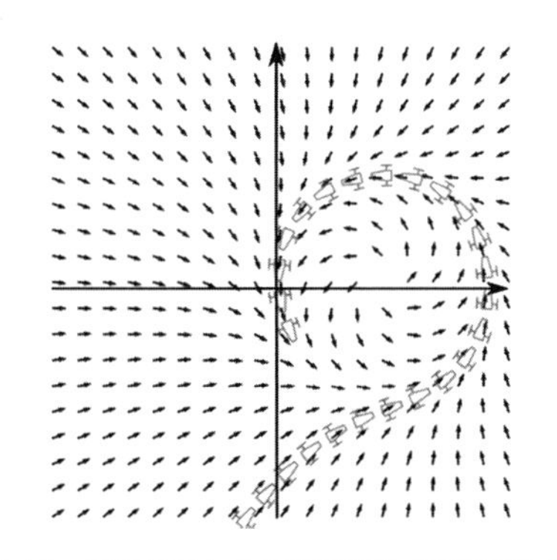

图 4.15　汽车被这个圆圈吸引成逆时针方向

图 4.16　遵循 8 字形赛道的机器人

4.6　习题参考答案

习题 4.1 参考答案（球体上的追踪）

1）根据式（4.4），可得到如下所示的一阶近似：

201

$$\begin{pmatrix} \mathrm{d}x \\ \mathrm{d}y \end{pmatrix} \simeq \begin{pmatrix} \rho\cos\ell_y\, d\ell_x \\ \rho d\ell_y \end{pmatrix}$$

因此，由于 $\dot{x}=\cos\psi$，$\dot{y}=\sin\psi$，可得：

$$\begin{cases} \dot{\ell}_x &= \dfrac{\cos\psi}{\rho\cos\ell_y} \\ \dot{\ell}_y &= \dfrac{\sin\psi}{\rho} \\ \dot{\theta} &= u \end{cases}$$

2）为了绘制该机器人，首先需绘制一个 3D 模型，进而使其服从于某一坐标系变换，该坐标系变换可将其引导向期望区域（见式（4.2）)，最后应用欧拉变换以便给出其正确的局部方向。注意在上述情况下，因为机器人是水平移动的，所以俯仰角 θ 和横滚角 φ 均为 0，如果机器人 R 位姿为 (ℓ_x, ℓ_y, ψ)，则可得如下变换矩阵：

$$\begin{pmatrix} \begin{pmatrix} -\sin\ell_x & -\sin\ell_y\cos\ell_x & \cos\ell_y\cos\ell_x \\ \cos\ell_x & -\sin\ell_y\sin\ell_x & \cos\ell_y\sin\ell_x \\ 0 & \cos\ell_y & \sin\ell_y \end{pmatrix}\cdot\mathbf{R}(0,0,\psi) & \rho\begin{pmatrix} \cos\ell_y\cos\ell_x \\ \cos\ell_y\sin\ell_x \\ \sin\ell_y \end{pmatrix} \\ \begin{pmatrix} 0 & 0 & 0 \end{pmatrix} & 1 \end{pmatrix}$$

3）位于点 $m:(\ell_x, \ell_y)$ 且相对于东方的偏航角为 ψ 机器人 $\mathcal{R}$，需追踪位于点 $\mathbf{a}:(\ell_x^{\mathbf{a}}, \ell_y^{\mathbf{a}})$ 的机器人 $\mathcal{R}_a$。如果 $\mathbf{a}$ 位于 m 的附近（不超过 100 km），则可在以 m 为中心的地图内计算出 $\mathbf{a}$ 的坐标。根据式（4.4），可得：

202

$$\begin{cases} \tilde{x}^{\mathbf{a}} &= \rho\cos\ell_y^{\mathbf{a}}\cdot(\ell_x^{\mathbf{a}}-\ell_x) \\ \tilde{y}^{\mathbf{a}} &= \rho\left(\ell_y^{\mathbf{a}}-\ell_y\right) \end{cases}$$

为了探知机器人 $\mathcal{R}_a$ 位于 $\mathcal{R}$ 的左侧还是右侧，需查看两个向量 $(\cos\psi, \sin\psi)$ 和 $(\tilde{x}^{\mathrm{a}}, \tilde{y}^{\mathrm{a}})$ 之间夹角的正弦值。因此，可取如下的比例控制器：

$$u=\det\begin{pmatrix} \cos\psi & \cos\ell_y\cdot(\ell_x^{\mathbf{a}}-\ell_x) \\ \sin\psi & \ell_y^{\mathbf{a}}-\ell_y \end{pmatrix}$$

如图 4.17 所示，该控制器基于目标 $\mathcal{R}_a$ 位置的某一局部描述，即使 $\mathcal{R}_a$ 与 $\mathcal{R}$ 相距很远，该控制器都正常工作。

习题 4.2 参考答案 （轨迹规划）

1）给定其控制点，相应的设定点的函数可由下述函数给出：

203

$$\mathbf{w}(t)=\sum_{i=0}^{n}\underbrace{\frac{n!}{i!\,(n-i)!}(1-t)^{n-i}t^i}_{b_{i,n}(t)}\mathbf{p}_i$$

由此便容易调整控制点以获得一个期望的轨迹。例如，可取如下矩阵给控制点 $\mathbf{p}_i$：

$$\begin{pmatrix} 1 & 1 & 1 & 1 & 2 & 3 & 4 & 5 & 5 & 7 & 8 & 10 & 9 & 8 \\ 1 & 4 & 7 & 9 & 10 & 8 & 6 & 4 & 1 & 0 & 0 & 1 & 4 & 8 \end{pmatrix}$$

相应控制点如图 4.18a 所示。

图 4.17　蓝色的机器人 $\mathcal{R}$ 跟随红色的机器人 $\mathcal{R}_a$（有关此图的彩色版本，请参见 www.iste.co.uk/jalin/robotics.zi）

2）可取 2.4.1 节所给控制器。为了在 $t_{\max}=50\text{s}$ 内到达目标点，则必须取设定点为：

$$\mathbf{w}(t)=\sum_{i=0}^{n} b_{i,n}(\tfrac{t}{50})\,\mathbf{p}_i$$

为了应用该控制器，需得到设定点 $\mathbf{w}(t)$ 的导数 $\dot{\mathbf{w}}(t)$，其值如下式所示：

$$\dot{\mathbf{w}}(t)=\tfrac{1}{50}\sum_{i=0}^{n} \dot{b}_{i,n}(\tfrac{t}{50})\,\mathbf{p}_i$$

204

式中，

$$\dot{b}_{i,n}(t)=\frac{n!}{i!\,(n-i)!}\left(i\,(1-t)^{n-i}\,t^{i-1}-(n-i)\,(1-t)^{n-i-1}\,t^{i}\right)$$

必须确保考虑到 $i=0$ 时 $\dot{b}_{i,\,n}(t)=-n(1-t)^{n-1}$ 和 $i=n$ 时 $\dot{b}_{n,\,n}(t)=nt^{n-1}$ 的特殊情况，所生成路径如图 4.18b 所示。

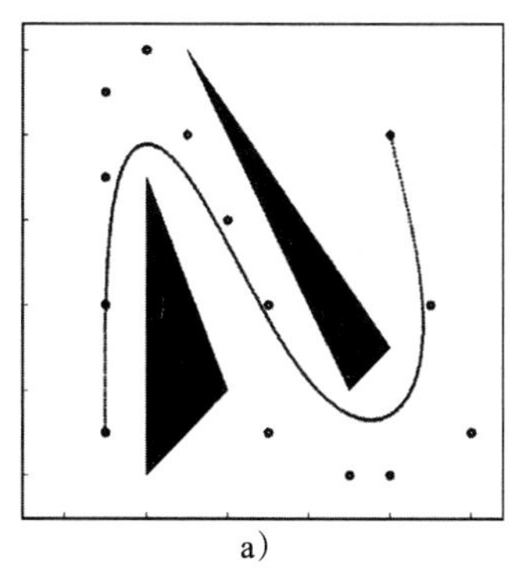

a）

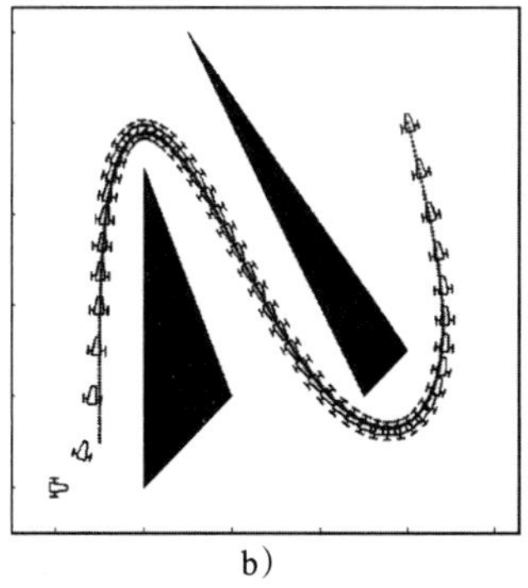

b）

图 4.18　a）贝塞尔多项式相关的控制点；b）沿着多项式绕开障碍物的机器人轨迹

习题 4.3 参考答案　（绘制维诺图）

在图 4.19 中，Delaunay 三角剖分由粗实线表示，维诺图由细实线表示。

图 4.20 表明每个三角形的外接圆并不包含有其他点。

习题 4.4 参考答案　（计算维诺图）

1）已知内积是一种双线性型的，因此可得：

$$\begin{aligned}\|\mathbf{x}-\mathbf{y}\|^2 &= \langle \mathbf{x}-\mathbf{y}, \mathbf{x}-\mathbf{y}\rangle = \langle \mathbf{x}, \mathbf{x}\rangle + \langle \mathbf{y}, \mathbf{y}\rangle - \langle \mathbf{x}, \mathbf{y}\rangle - \langle \mathbf{y}, \mathbf{x}\rangle \\ &= \|\mathbf{x}\|^2 + \|\mathbf{y}\|^2 - 2\langle \mathbf{x}, \mathbf{y}\rangle\end{aligned}$$

2）令 $\mathbf{c}$ 为球体 $\mathcal{S}$ 的中心。对于 $i \in \{1, 2, \cdots, n+1\}$，可得：

205

$$\left\|\mathbf{a}^i - \mathbf{c}\right\|^2 = r^2$$

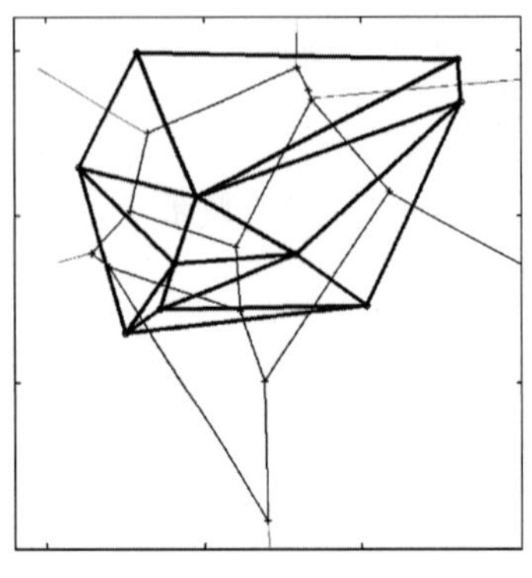

图 4.19　维诺图

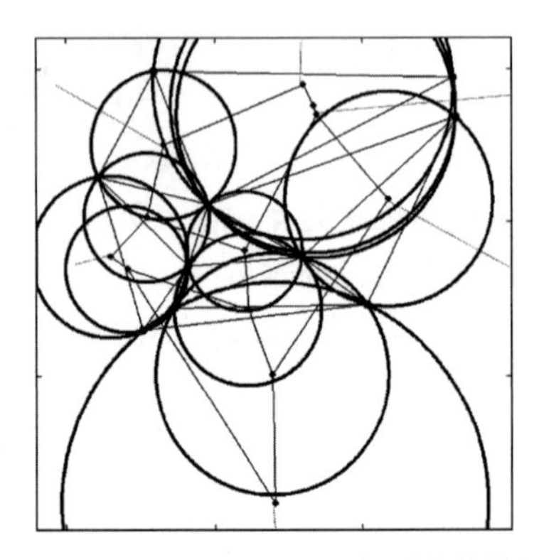

图 4.20　Delaunay 三角形的外接圆

通过利用极化方程可得：

206

$$\left\|\mathbf{a}^i\right\|^2 + \|\mathbf{c}\|^2 - 2\left\langle \mathbf{a}^i, \mathbf{c}\right\rangle - r^2 = 0$$

当然，存在 $n+1$ 个未知量即 r 和 $\mathbf{c}$。为了利用这些未知量获得一个线性系统，可取：

$$c_{n+1} = \|\mathbf{c}\|^2 - r^2$$

那么：

$$2\left\langle \mathbf{a}^i, \mathbf{c}\right\rangle - c_{n+1} = \left\|\mathbf{a}^i\right\|^2$$

因此，可得：

$$\begin{pmatrix} 2a_1^1 & \cdots & 2a_n^1 & -1 \\ \vdots & & \vdots & \vdots \\ 2a_1^{n+1} & \cdots & 2a_n^{n+1} & -1 \end{pmatrix} \begin{pmatrix} c_1 \\ \vdots \\ c_n \\ c_{n+1} \end{pmatrix} = \begin{pmatrix} \left\|\mathbf{a}^1\right\|^2 \\ \vdots \\ \left\|\mathbf{a}^{n+1}\right\|^2 \end{pmatrix}$$

解该线性系统可得外接圆 $\mathbf{c} = (c_1, c_2, \cdots, c_n)$ 的圆心及其半径 $r = \sqrt{\|\mathbf{c}\|^2 - c_{n+1}}$。

3）如果满足如下关系，则点 $\mathbf{m}$ 位于三角形 $(\mathbf{a}^1, \mathbf{a}^2, \mathbf{a}^3)$ 的外接圆内：

$$\|\mathbf{m} - \mathbf{c}\| \leqslant \sqrt{\|\mathbf{c}\|^2 - \rho}$$

式中，

$$\begin{pmatrix} c_1 \\ c_2 \\ \rho \end{pmatrix} = \begin{pmatrix} 2a_1^1 & 2a_2^1 & -1 \\ 2a_1^2 & 2a_2^2 & -1 \\ 2a_1^3 & 2a_2^3 & -1 \end{pmatrix}^{-1} \begin{pmatrix} \left\|\mathbf{a}^1\right\|^2 \\ \left\|\mathbf{a}^2\right\|^2 \\ \left\|\mathbf{a}^3\right\|^2 \end{pmatrix}$$

4）以下程序计算包含与 Delaunay 三角剖分相对应的三角形的矩阵 $\mathbf{K}$：

```
函数 DELAUNAY(P)
1 m := size(P) ; K := ∅
2 For (i, j, k) with 1 ⩽ i ⩽ j ⩽ k ⩽ m
3     (a^1, a^2, a^3) := (P(:, i), P(:, j), P(:, k))
4     (c; ρ) := (2a_1^1 2a_2^1 −1; 2a_1^2 2a_2^2 −1; 2a_1^3 2a_2^3 −1)^(−1) (‖a^1‖^2; ‖a^2‖^2; ‖a^3‖^2)
5     if ⋀_{q∉{i,j,k}} (‖P(:, q) − c‖ > sqrt(‖c‖^2 − ρ)) then K := (K, (i; j; k))
6 Return K
```

$$\begin{pmatrix}\mathbf{c}\\ \rho\end{pmatrix} := \begin{pmatrix}2a_1^1 & 2a_2^1 & -1\\ 2a_1^2 & 2a_2^2 & -1\\ 2a_1^3 & 2a_2^3 & -1\end{pmatrix}^{-1}\begin{pmatrix}\|\mathbf{a}^1\|^2\\ \|\mathbf{a}^2\|^2\\ \|\mathbf{a}^3\|^2\end{pmatrix}$$

$$\text{if } \bigwedge_{q\notin\{i,j,k\}}\left(\|\mathbf{P}(:,q)-\mathbf{c}\| > \sqrt{\|\mathbf{c}\|^2-\rho}\right) \text{ then } \mathbf{K} := \left(\mathbf{K}, \begin{pmatrix}i\\ j\\ k\end{pmatrix}\right)$$

207

该算法的复杂度为 m^4，其中 m 为所考虑点的数量。在 $m \log m$ 内，有很多算法，如扫描线算法和 Fortune 算法。

5）（略）

习题 4.5 参考答案 （Dubins 小车的方向控制）

1）在此回顾锯齿函数的表达式为（见式（3.2））：

$$\text{sawtooth}\,(\theta) = \text{mod}(\theta + \pi, 2\pi) - \pi$$

取 $\tilde{\theta}=\bar{\theta}-\theta$。为了使 $\delta \in [-\pi, \pi]$，将取 $\delta = \text{sawtooth}(\tilde{\theta})$。注意：如果 $\tilde{\theta} \in [-\pi, \pi]$，则 $\delta = \tilde{\theta}$。为了使 $u \in [-1, 1]$，可取如下形式的比例控制器：

$$u = \frac{\delta}{\pi} = \frac{1}{\pi}\text{sawtooth}(\tilde{\theta})$$

2）写出定向锯齿函数为：

$$\text{sawtooth}\,(\theta, d) = \text{mod}(\theta + (1-d)\pi, 2\pi) + (d-1)\pi$$

如图 4.21 所示，该方程可返回距左侧的距离 $(d = 1)$，距右侧的距离 $(d = -1)$ 或最短距离 $(d = 0)$。最短距离的情况对应于通用锯齿函数。在本题所述情形中，$d = 1$，因此 $\delta = \text{sawtooth}(\tilde{\theta}, 1)$。为使 $u \in [0, 1]$，则需取：

$$u = \frac{\delta}{2\pi} = \frac{\text{sawtooth}(\tilde{\theta}, 1)}{2\pi}$$

3）此时，$d = -1$，则取 $\delta = \text{sawtooth}(\tilde{\theta}, -1) - \pi$。为使 $u \in [-1, 0]$，则取：

$$u = \frac{\delta}{2\pi} = \frac{\text{sawtooth}(\tilde{\theta}, -1)}{2\pi}$$

习题 4.6 参考答案 （Dubins 路径）

1）u 为常量，则有 $\theta = ut + \theta_0$。因此，$\dot{x}(t) = \cos(ut + \theta_0)$ 且 $\dot{y}(t) = \sin(ut + \theta_0)$。积分后可得：$x(t) = x(0) - \frac{1}{u}\sin(ut + \theta_0)$ 且 $y(t) = y(0) - \frac{1}{u}\cos(ut + \theta_0)$。则相应的曲率半径为 $r = \frac{1}{u}$。由于 $u \in [-u_{\max}, u_{\max}]$，则有 $r \in \frac{1}{-[u_{\max}, u_{\max}]} = \left[-\infty, -\frac{1}{u_{\max}}\right] \cup \left[\frac{1}{u_{\max}}, \infty\right]$。

208

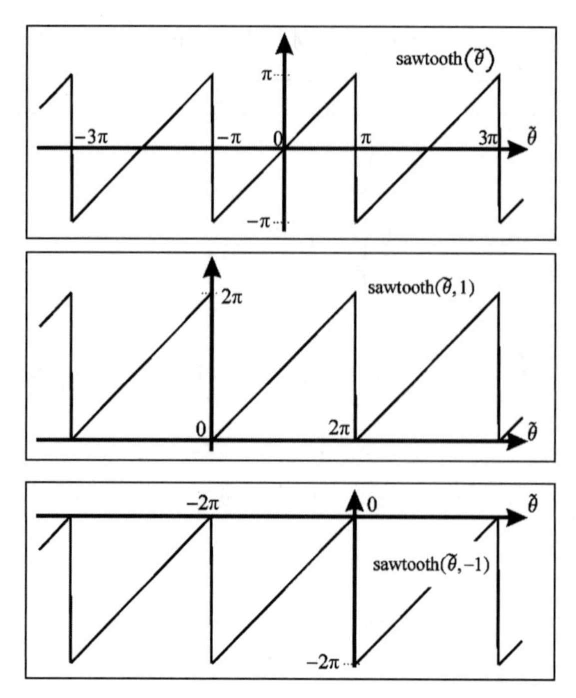

图 4.21　执行角度差的锯齿函数且重新引入期望间隔

2）在距 $\mathbf{a}$ 右侧 $3.9r$ 处取点 $\mathbf{b}$，则最优策略为 RLR（见图 4.22）。

3）如图 4.23 所示，向量 $\mathbf{d}_a-\mathbf{c}_a$ 是正交的。那么，通过使用勾股定理，Dubins 路径段的半长 ℓ 由下式给出：

$$\ell=\sqrt{\left(\frac{\|\mathbf{c}_b-\mathbf{c}_a\|}{2}\right)^2-r^2}$$

如果该平方根是未定义的（即 $\|\mathbf{c}_b-\mathbf{c}_a\|\leqslant 2r$），则该路径是无效的且不符合 Dubins 路径。

209　事实上，就是在这种情况下，RLR 策略可能就是最优的。

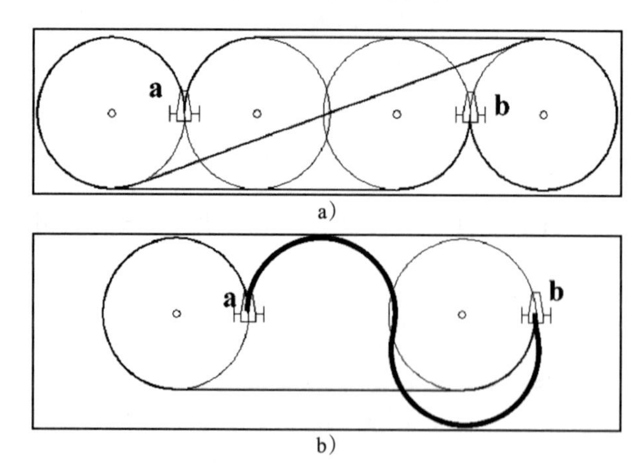

图 4.22　a）四种 RSR, LSR, RSL, LSL 形式的 Dubins 路径的叠加；b）四种路径中证明 RLR 策略（粗实线）是所有策略中最好的

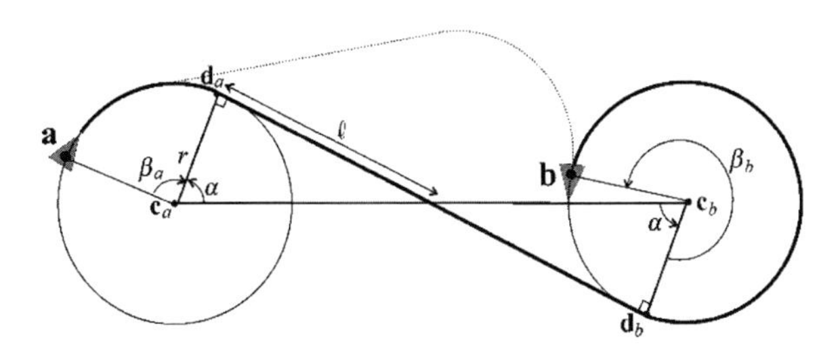

图 4.23 基于 $d_a - c_a \perp d_b - d_a \perp d_b - c_b$ 的事实，计算 RSL Dubins 路径的长度

在 $\|\mathbf{c}_b - \mathbf{c}_a\| \geqslant 2r$ 的情形下，可根据如下代码计算路径长度：

1 $\mathbf{c}_a := \begin{pmatrix} x_a \\ y_a \end{pmatrix} - r \begin{pmatrix} -\sin\theta_a \\ \cos\theta_a \end{pmatrix}; \mathbf{c}_b := \begin{pmatrix} x_b \\ y_b \end{pmatrix} + r \begin{pmatrix} -\sin\theta_b \\ \cos\theta_b \end{pmatrix}$
2 $\ell := \sqrt{\frac{1}{4}\|\mathbf{c}_b - \mathbf{c}_a\|^2 - r^2}$. If ℓ is not real, return $L = \infty$ (fail)
3 $\alpha := \text{atan2}(\ell, r)$
4 $\mathbf{d}_a := \mathbf{c}_a + \frac{r}{\|\mathbf{c}_b - \mathbf{c}_a\|} \cdot \begin{pmatrix} \cos\alpha & -\sin\alpha \\ \sin\alpha & \cos\alpha \end{pmatrix} \cdot (\mathbf{c}_b - \mathbf{c}_a)$
5 $\mathbf{d}_b := \mathbf{c}_b + \mathbf{c}_a - \mathbf{d}_a$
6 $\beta_a := \text{sawtooth}(\text{angle}((x_a, y_a) - \mathbf{c}_a, \mathbf{d}_a - \mathbf{c}_a), 1)$
7 $\beta_b := \text{sawtooth}(\text{angle}(\mathbf{d}_b - \mathbf{c}_b, (x_b, y_b) - \mathbf{c}_b), 1)$
8 $L := r|\beta_a| + r|\beta_b| + 2\ell$

210

4）可根据如下代码计算出路径的长度：

1 $\mathbf{c}_a := \begin{pmatrix} x_a \\ y_a \end{pmatrix} + r \begin{pmatrix} -\sin\theta_a \\ \cos\theta_a \end{pmatrix}; \mathbf{c}_b := \begin{pmatrix} x_b \\ y_b \end{pmatrix} + r \begin{pmatrix} -\sin\theta_b \\ \cos\theta_b \end{pmatrix}$
2 $\ell := \frac{1}{2}\|\mathbf{c}_b - \mathbf{c}_a\|; \alpha := -\frac{\pi}{2}$
3 $\mathbf{d}_a := \mathbf{c}_a + \frac{r}{\|\mathbf{c}_b - \mathbf{c}_a\|} \cdot \begin{pmatrix} \cos\alpha & -\sin\alpha \\ \sin\alpha & \cos\alpha \end{pmatrix} \cdot (\mathbf{c}_b - \mathbf{c}_a)$
4 $\mathbf{d}_b := \mathbf{c}_b + \mathbf{d}_a - \mathbf{c}_a$
5 $\beta_a := \text{sawtooth}(\text{angle}((x_a, y_a) - \mathbf{c}_a, \mathbf{d}_a - \mathbf{c}_a), 1)$
6 $\beta_b := \text{sawtooth}(\text{angle}(\mathbf{d}_b - \mathbf{c}_b, (x_b, y_b) - \mathbf{c}_b), 1)$
7 $L := r|\beta_a| + r|\beta_b| + 2\ell$

5）能在所有情形下计算 L 的函数如下所示：

函数 PATH$(\mathbf{a}, \mathbf{b}, r, \varepsilon_a, \varepsilon_b)$

1 $(x_a, y_a, \theta_a) := \mathbf{a}; \mathbf{c}_a := \begin{pmatrix} x_a \\ y_a \end{pmatrix} + \varepsilon_a r \begin{pmatrix} -\sin\theta_a \\ \cos\theta_a \end{pmatrix}$
2 $(x_b, y_b, \theta_b) := \mathbf{b}; \mathbf{c}_b := \begin{pmatrix} x_b \\ y_b \end{pmatrix} + \varepsilon_b r \begin{pmatrix} -\sin\theta_b \\ \cos\theta_b \end{pmatrix}$
3 If $\varepsilon_a \cdot \varepsilon_b = -1$
  $\ell := \sqrt{\frac{1}{4}\|\mathbf{c}_b - \mathbf{c}_a\|^2 - r^2}$. If ℓ is not real, return $L = \infty$
4   $\alpha := -\varepsilon_a \cdot \text{atan2}(\ell, r)$;
5   else $\ell := \frac{1}{2}\|\mathbf{c}_b - \mathbf{c}_a\|; \alpha := -\varepsilon_a \frac{\pi}{2}$
6 $\mathbf{d}_a := \mathbf{c}_a + \frac{r}{\|\mathbf{c}_b - \mathbf{c}_a\|} \cdot \begin{pmatrix} \cos\alpha & -\sin\alpha \\ \sin\alpha & \cos\alpha \end{pmatrix} \cdot (\mathbf{c}_b - \mathbf{c}_a)$
7 $\mathbf{d}_b := \mathbf{c}_b + \varepsilon_a \cdot \varepsilon_b (\mathbf{d}_a - \mathbf{c}_a)$
8 $\beta_a := \text{sawtooth}(\text{angle}((x_a, y_a) - \mathbf{c}_a, \mathbf{d}_a - \mathbf{c}_a), \varepsilon_a)$
9 $\beta_b := \text{sawtooth}(\text{angle}(\mathbf{d}_b - \mathbf{c}_b, (x_b, y_b) - \mathbf{c}_b), \varepsilon_b)$
10 Return $L := r|\beta_a| + r|\beta_b| + 2\ell$

6）该程序测试了所有四种可能的路径，并得到最优路径。对于 $r=10$，$\mathbf{a}=(-20, 10, -3)$ 且 $\mathbf{b}=(20, -10, 2)$，则可得到图 4.24 所示结果。对于 $\mathbf{a}=(-3, 1, 0.9)$，$\mathbf{b}=(2, -1, 1)$，则可得图 4.25 所示结果。

习题 4.7 参考答案 （人工势）

1）已知：

211

$$\frac{\mathrm{d}V}{\mathrm{d}\mathbf{p}}(\mathbf{p})=-\hat{\mathbf{v}}^{\mathrm{T}}+2(\mathbf{p}-\hat{\mathbf{p}})^{\mathrm{T}}-\frac{(\mathbf{p}-\hat{\mathbf{q}})^{\mathrm{T}}}{\|\mathbf{p}-\hat{\mathbf{q}}\|^{3}}$$

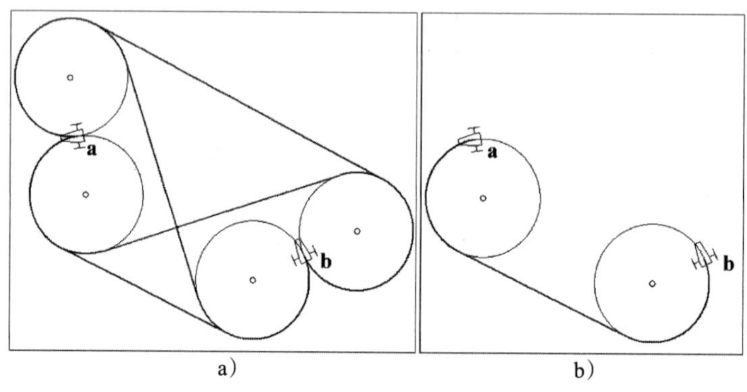

图 4.24　a）四种可能的 Dubins 路径；b）四种路径中的最优路径

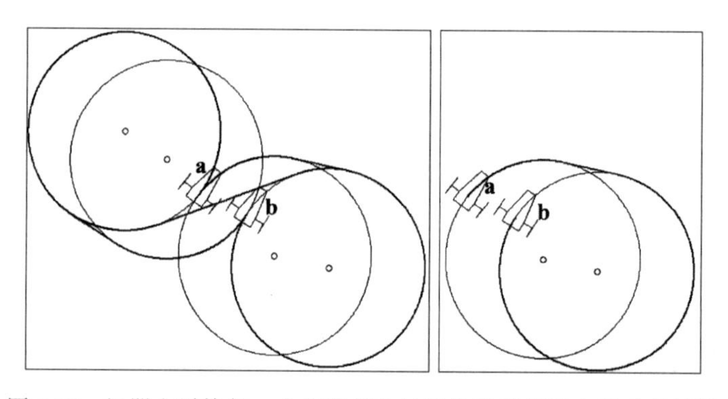

图 4.25　机器人需执行一个相当复杂的操作以实现微小移动的情况

根据 $\mathbf{w}=-\mathrm{grad}(V(\mathbf{p}))$，可得：

212

$$\mathbf{w}(\mathbf{p},t)=-\mathrm{grad}\,\mathbf{V}(\mathbf{p})=-\left(\frac{\mathrm{d}V}{\mathrm{d}\mathbf{p}}(\mathbf{p})\right)^{\mathrm{T}}=\hat{\mathbf{v}}-2(\mathbf{p}-\hat{\mathbf{p}})+\frac{(\mathbf{p}-\hat{\mathbf{q}})}{\|\mathbf{p}-\hat{\mathbf{q}}\|^{3}}$$

2）对于该控制，可取一种速度和方向的比例控制，即

$$\mathbf{u}=\begin{pmatrix}\|\mathbf{w}(\mathbf{p},t)\|-v\\ \mathrm{sawtooth}(\mathrm{angle}(\mathbf{w}(\mathbf{p},t))-\theta)\end{pmatrix}$$

式中，锯齿函数可避免 2π 的跳变。给定目标为 $\hat{\mathbf{p}}=(t,t)$，则目标速度必须取为 $\hat{\mathbf{v}}=(1,1)$。

3）取向量场为：

$$\mathbf{w}=\bar{\mathbf{v}}-\frac{\mathbf{p}-\hat{\mathbf{p}}}{2}+\frac{\mathbf{p}-\hat{\mathbf{q}}}{\|\mathbf{p}-\hat{\mathbf{q}}\|^{3}},\qquad \bar{\mathbf{v}}=\frac{\mathrm{d}\hat{\mathbf{p}}}{\mathrm{d}t}=\frac{1}{10}\begin{pmatrix}-\sin\frac{t}{10}\\ 2\cos\frac{t}{10}\end{pmatrix}$$

由此可给出一个合理的行为。在式中已减少了比例项（对应于目标的引力）以使其对目标周围向量场的变化不太敏感，目标周围向量场的变化会产生方向上的剧烈的和不需要的变化。

习题 4.8 参考答案 （集群）

将第 i 个机器人的电势定义为：

$$V_i = \sum_{j \neq i} \alpha \left\| \mathbf{p}(i) - \mathbf{p}(j) \right\|^2 + \frac{\beta}{\left\| \mathbf{p}(i) - \mathbf{p}(j) \right\|}$$

式中，$\mathbf{p}(i) = (x_i, y_j)$。和的二次部分对应于内聚力，而双曲线项对应于分离。α 和 β 必须是可调整系数。例如，如果 β 很高，那么排斥力就会更强，集群就会更分散。V_i 的梯度为：

$$\frac{\mathrm{d}V_i}{\mathrm{d}\mathbf{p}(i)} = \sum_{j \neq i} \left(2\alpha \left(\mathbf{p}(i) - \mathbf{p}(j) \right) - \frac{\beta \left(\mathbf{p}(i) - \mathbf{p}(j) \right)^{\mathrm{T}}}{\left\| \mathbf{p}(i) - \mathbf{p}(j) \right\|^3} \right)$$

因为想要减小 V_i，所以必须沿着与梯度相反的方向。此外，为了遵循雷诺的对准规则，机器人应该获得与其他机器人相同的航向。因此，控制器被构建为遵循以下方向：

$$\sum_{j \neq i} \left(-2\alpha \left(\mathbf{p}(i) - \mathbf{p}(j) \right) - \frac{\beta \left(\mathbf{p}(i) - \mathbf{p}(j) \right)^{\mathrm{T}}}{\left\| \mathbf{p}(i) - \mathbf{p}(j) \right\|^3} + \begin{pmatrix} \cos\theta_j \\ \sin\theta_j \end{pmatrix} \right)$$

213

习题 4.9 参考答案 （队列）

1）观测方程式如下所示：

$$\mathbf{y}(i) = \begin{pmatrix} d_i \\ \dot{d}_i \end{pmatrix} = \begin{pmatrix} r \cdot \left(\text{sawtooth} \left(\frac{a_{i-} - a_i}{r} - \pi \right) + \pi \right) \\ v_{i-} - v_i \end{pmatrix}$$

锯齿函数用于获得正圆距离。

2）所设计控制为：

$$u_i = (d_i - d_0) + \dot{d}_i + (v_0 - v_i) = y_1(i) - d_0 + y_2(i) + v_0 - v_i$$

式中，$d_0 = L/m$，几秒钟后，机器人形成均匀分布，并以等于 V_0 的速度移动。

3）取状态变量为 $(d_1, d_2, \cdots, d_{m-1}, v_1, v_2, v_3, \cdots, v_m)$ 请注意，因为 $d_1+d_2+\cdots+d_m = L$，所以不需要 d_m 作为状态变量。

$$\begin{cases} \dot{d}_1 & = v_m - v_1 \\ \dot{d}_2 & = v_1 - v_2 \\ \vdots & \vdots\ \vdots \\ \dot{d}_{m-1} & = v_{m-2} - v_{m-1} \\ \dot{v}_1 & = u_1 & = & d_1 - d_0 + \underbrace{\dot{d}_1}_{v_m - v_1} + v_0 - v_1 \\ \dot{v}_2 & = u_2 & = & d_2 - d_0 + \underbrace{\dot{d}_2}_{v_1 - v_2} + v_0 - v_2 \\ \vdots & \vdots\ \vdots & \vdots \\ \dot{v}_m & = u_m = & = & \underbrace{d_m}_{L - d_1 - \cdots - d_{m-1}} - d_0 + \underbrace{\dot{d}_m}_{v_{m-1} - v_m} + v_0 - v_m \end{cases}$$

如果系统是稳定的，可以得到：

$$\begin{cases} 0 &= v_m - v_1 \\ 0 &= v_1 - v_2 \\ \vdots & \vdots \vdots \\ 0 &= v_{m-2} - v_{m-1} \\ 0 &= d_1 + v_m - 2v_1 + v_0 - d_0 \\ 0 &= d_2 + v_1 - 2v_2 + v_0 - d_0 \\ \vdots & \vdots \vdots \\ 0 &= -d_1 - \cdots - d_{m-1} + v_{m-1} - 2v_m + v_0 - d_0 + L \\ L &= d_1 + \cdots + d_m \\ L &= md_0 \end{cases}$$

214

则有 $2m-1$ 个方程，第一个 $m-1$ 方程给出 $v_1 = v_2 = \cdots = v_m$。下面的 $m-1$ 个方程给出：$d_1 = \cdots = d_{m-1}$。可得：

$$\begin{cases} v_1 = v_2 = \cdots = v_m \\ d_1 = \cdots = d_{m-1} \\ d_1 - v_1 + v_0 - d_0 = 0 \\ -(m-1)\,d_1 - v_1 + v_0 - d_0 + L = 0 \\ L = (m-1)\,d_1 + d_m \\ L = md_0 \end{cases}$$

易得：

$$\begin{cases} v_1 = v_2 = \cdots = v_m = v_0 \\ d_0 = d_1 = \cdots = d_{m-1} = d_m = \frac{L}{m} \end{cases}$$

4）对于 $m = 4$，则有：

$$\frac{\mathrm{d}}{\mathrm{d}t}\begin{pmatrix} d_1 \\ d_2 \\ d_3 \\ v_1 \\ v_2 \\ v_3 \\ v_4 \end{pmatrix} = \begin{pmatrix} 0 & 0 & 0 & -1 & 0 & 0 & 1 \\ 0 & 0 & 0 & 1 & -1 & 0 & 0 \\ 0 & 0 & 0 & 0 & 1 & -1 & 1 \\ 1 & 0 & 0 & -2 & 0 & 0 & 1 \\ 0 & 1 & 0 & 1 & -2 & 0 & 0 \\ 0 & 0 & 1 & 0 & 1 & -2 & 0 \\ -1 & -1 & -1 & 0 & 0 & 1 & -2 \end{pmatrix}\begin{pmatrix} d_1 \\ d_2 \\ d_3 \\ v_1 \\ v_2 \\ v_3 \\ v_4 \end{pmatrix} + \begin{pmatrix} 0 \\ 0 \\ 0 \\ v_0 - d_0 \\ v_0 - d_0 \\ v_0 - d_0 \\ v_0 - d_0 + L \end{pmatrix}$$

演化矩阵的特征值为 $\{-2, -1+i, -1-i, -1, -1, -1, -1\}$。因此，可得稳定系统。

5）图 4.26 说明了 10 个机器人的控制器的行为。对于初始（见图 4.26a），我们创建了一个空白，红色的汽车和追随者必须填补这个空白。前面的车厢在图 4.26b 所示处加速，但在图 4.26d 所示处减速，以获得更大的稳定性，以避免队内的振荡。在图 4.26 所示 f 处，群均匀地分布在圆内，并且所有的车都以正确的速度行驶。

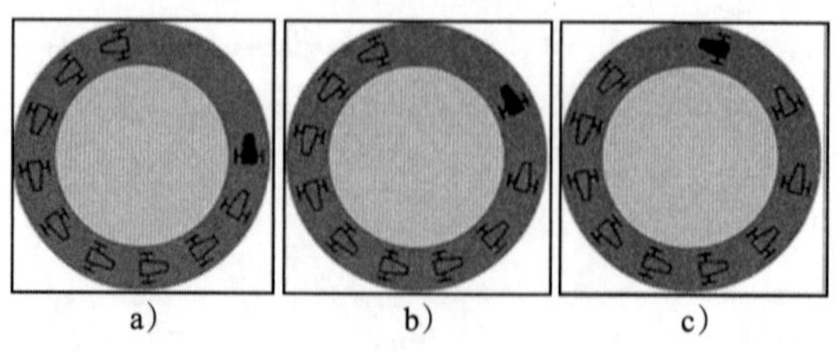

图 4.26 a）在时间 t=0 进行初始化；b）- f）控制器在车厢之间产生均匀分布（有关此图的彩色版本，请参阅 www.iste.co.uk/jalin/robotics.zip）

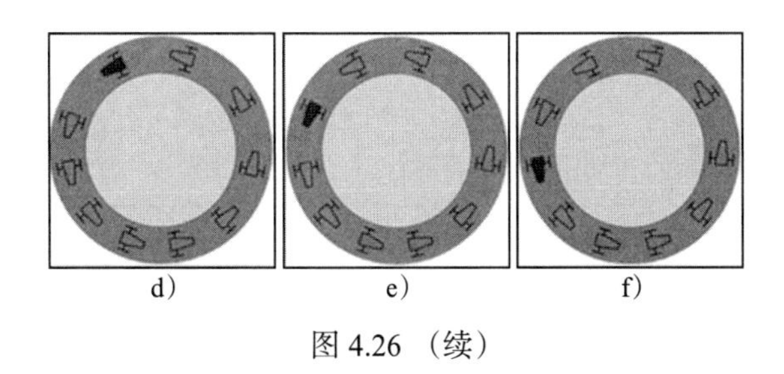

图 4.26 （续）

习题 4.10 参考答案 （向量场上的动作）

1）$\mathrm{d}t$ 时刻，$\mathbf{x}(t)$ 已经移动了 $\mathrm{d}\mathbf{x}=\mathrm{d}t\cdot\mathbf{f}(\mathbf{x}(t))$，则有：

$$\begin{aligned}\mathbf{y}(t+\mathrm{d}t) &= \mathbf{g}(\mathbf{x}(t)+\mathrm{d}\mathbf{x})\\ &= \mathbf{g}(\mathbf{x}(t))+\tfrac{\mathrm{d}\mathbf{g}}{\mathrm{d}\mathbf{x}}(\mathbf{x}(t))\cdot\mathrm{d}\mathbf{x}\\ &= \mathbf{g}(\mathbf{x}(t))+\tfrac{\mathrm{d}\mathbf{g}}{\mathrm{d}\mathbf{x}}(\mathbf{x}(t))\cdot\mathrm{d}t\cdot\mathbf{f}(\mathbf{x}(t))\\ &= \mathbf{y}(t)+\mathrm{d}t\cdot\tfrac{\mathrm{d}\mathbf{g}}{\mathrm{d}\mathbf{x}}(\mathbf{g}^{-1}(\mathbf{y}(t)))\cdot\mathbf{f}(\mathbf{g}^{-1}(\mathbf{y}(t)))\\ &= \mathbf{y}(t)+\mathrm{d}t\cdot(\mathbf{g}\bullet\mathbf{f})(\mathbf{y}(t))\end{aligned}$$

215

2）函数 $-r(r^2-1)$ 有 3 个根：$-1, 0, 1$ 如果 $r\in[0, 1]$，是正的，如果 $r\geqslant 1$ 是负的。因此，$r(t)$ 将收敛于 1，为证明该命题，构建函数 $V(r)=(r-1)^2$，则有：

$$\dot{V}=2(r-1)\dot{r}=-2(r-1)r\left(r^2-1\right)=-2(r-1)^2r(r+1)$$

因为 $r>0$，则有$\dot{V}<0$，除了 $r=1$ 时，$\dot{V}=0$。方程 V 为一个李亚普诺夫函数，因此 $V(r)$ 将收敛于 0。等效地，r 收敛于 1。在极平面上，对于所有初始向量，轨迹将逆时针收敛到半径为 $r=1$ 的圆。

3）将状态方程重写为$\dot{\mathbf{p}}=\mathbf{h}(\mathbf{p})$，其中 $\mathbf{p}=(r,\theta)$，则有：

$$\frac{\mathrm{d}\mathbf{g}}{\mathrm{d}\mathbf{p}}=\begin{pmatrix}\cos\theta & -r\sin\theta\\ \sin\theta & r\cos\theta\end{pmatrix}$$

因此：

$$\begin{aligned}(\mathbf{g}\bullet\mathbf{h})(\mathbf{x}) &= \left(\frac{\mathrm{d}\mathbf{g}}{\mathrm{d}\mathbf{p}}\circ\mathbf{g}^{-1}(\mathbf{x})\right)\cdot\left(\mathbf{h}\circ\mathbf{g}^{-1}(\mathbf{x})\right)\\ &= \begin{pmatrix}\frac{x_1}{\sqrt{x_1^2+x_2^2}} & -x_2\\ \frac{x_2}{\sqrt{x_1^2+x_2^2}} & x_1\end{pmatrix}\cdot\begin{pmatrix}-\sqrt{x_1^2+x_2^2}\left(x_1^2+x_2^2-1\right)\\ 1\end{pmatrix}\\ &= \begin{pmatrix}-x_1^3-x_1x_2^2+x_1-x_2\\ -x_2^3-x_1^2x_2+x_1+x_2\end{pmatrix}\end{aligned}$$

216

4）如果 $\mathbf{g}(\mathbf{x})=\mathbf{A}\mathbf{x}$，可得：

$$\begin{aligned}(\mathbf{g}\bullet\mathbf{f})(\mathbf{x}) &= \underbrace{\left(\frac{\mathrm{d}\mathbf{g}}{\mathrm{d}\mathbf{x}}\left(\mathbf{g}^{-1}(\mathbf{x})\right)\right)}_{\mathbf{A}}\cdot\mathbf{f}(\mathbf{g}^{-1}(\mathbf{x}))\\ &= \mathbf{A}\cdot\mathbf{f}(\mathbf{A}^{-1}\cdot\mathbf{x})\end{aligned}$$

5）向量场由下式给出：

$$\mathbf{f}_{\mathbf{A}}(\mathbf{x})=\mathbf{A}\cdot\mathbf{f}(\mathbf{A}^{-1}\cdot\mathbf{x})$$

式中：

$$\mathbf{A}=\underbrace{\begin{pmatrix}\cos\frac{\pi}{4} & -\sin\frac{\pi}{4}\\ \sin\frac{\pi}{4} & \cos\frac{\pi}{4}\end{pmatrix}}_{\mathbf{R}}\underbrace{\begin{pmatrix}2 & 0\\ 0 & 1\end{pmatrix}}_{\mathbf{D}}\underbrace{\begin{pmatrix}1 & 0\\ 0 & -1\end{pmatrix}}_{\mathbf{S}}$$

第一矩阵 $\mathbf{S}$ 改变场的方向以获得轨迹的顺时针旋转，$\mathbf{D}$ 给出极限椭圆的正确尺寸，$\mathbf{R}$ 旋转场以获得正确的倾斜度。图 4.27 分别描绘了场 $\mathbf{f}(\mathbf{x})$, $\mathbf{f}_{\mathbf{S}}(\mathbf{x})$, $\mathbf{f}_{\mathbf{DS}}(\mathbf{x})$ 和 $\mathbf{f}_{\mathbf{A}}(\mathbf{x})$。

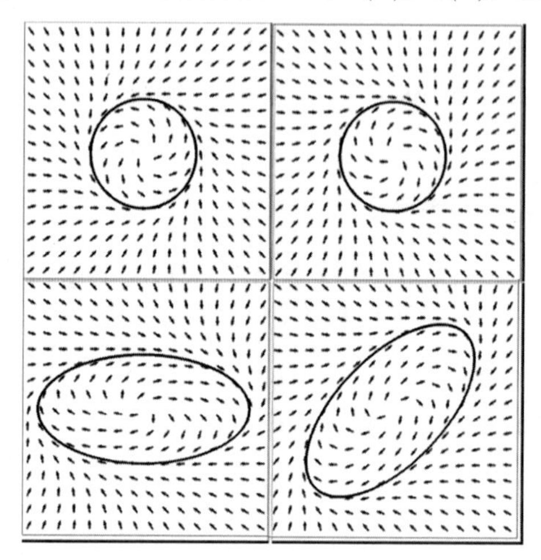

图 4.27　生成与特定椭圆对应的具有稳定极限环的向量场（有关此图的彩色版本，请参阅 www.iste.co.uk/jalin/robotics.zip）

习题 4.11 参考答案 （8 字形循环）

1）考虑该行为：

$$\mathbf{g}(\mathbf{p})=\begin{pmatrix}\rho & 0\\ 0 & \rho\end{pmatrix}\cdot\begin{pmatrix}1 & 0\\ 0 & \varepsilon\end{pmatrix}\cdot\mathbf{p}+\mathbf{c}=\underbrace{\begin{pmatrix}\rho & 0\\ 0 & \rho\varepsilon\end{pmatrix}}_{\mathbf{D}}\cdot\mathbf{p}+\mathbf{c}$$

$$\begin{aligned}\mathbf{\Phi}_{\varepsilon,\rho,\mathbf{c}} &= (\mathbf{g}\bullet\mathbf{\Phi}_0)(\mathbf{p})\\ &= \left(\frac{\mathrm{d}\mathbf{g}}{\mathrm{d}\mathbf{p}}\circ\mathbf{g}^{-1}\right)(\mathbf{p})\cdot\left(\mathbf{\Phi}_0\circ\mathbf{g}^{-1}\right)(\mathbf{p})\\ &= \mathbf{D}\cdot\mathbf{\Phi}_0\left(\mathbf{D}^{-1}\cdot(\mathbf{p}-\mathbf{c})\right)\end{aligned}$$

2）为跟踪场 $\mathbf{\Phi}=\mathbf{\Phi}_{\varepsilon,\rho,\mathbf{c}}$，当机器人位于 $\mathbf{p}=(x_1,x_2)$，选择误差为：

$$y=x_3-\text{atan2}(\underbrace{\Phi_2(\mathbf{p})}_{b},\underbrace{\Phi_1(\mathbf{p})}_{a})$$

217

则有：

$$\begin{aligned}\dot{y} &= \dot{x}_3-(\underbrace{-\frac{b}{a^2+b^2}}_{\frac{\partial\text{atan2}(b,a)}{\partial a}}\cdot\dot{a}+\underbrace{\frac{a}{a^2+b^2}}_{\frac{\partial\text{atan2}(b,a)}{\partial b}}\cdot\dot{b})\\ &= u+\frac{b\cdot\dot{a}-a\cdot\dot{b}}{a^2+b^2}\end{aligned}$$

式中，

$$\begin{aligned}
\begin{pmatrix} \dot{a} \\ \dot{b} \end{pmatrix} &= \tfrac{\mathrm{d}}{\mathrm{d}t}\mathbf{\Phi}_{\varepsilon,\rho,\mathbf{c}} \\
&= \tfrac{\mathrm{d}}{\mathrm{d}t}\left(\mathbf{D}\cdot\mathbf{\Phi}_0\left(\mathbf{D}^{-1}\cdot(\mathbf{p}-\mathbf{c})\right)\right) \\
&= \mathbf{D}\cdot\tfrac{\mathrm{d}}{\mathrm{d}t}\left(\mathbf{\Phi}_0\left(\mathbf{D}^{-1}\cdot(\mathbf{p}-\mathbf{c})\right)\right) \\
&= \mathbf{D}\cdot\left(\tfrac{\mathrm{d}\mathbf{\Phi}_0}{\mathrm{d}\mathbf{p}}\left(\mathbf{D}^{-1}\cdot(\mathbf{p}-\mathbf{c})\right)\right)\cdot\tfrac{\mathrm{d}}{\mathrm{d}t}\left(\mathbf{D}^{-1}\cdot(\mathbf{p}-\mathbf{c})\right) \\
&= \mathbf{D}\cdot\left(\tfrac{\mathrm{d}\mathbf{\Phi}_0}{\mathrm{d}\mathbf{p}}\left(\mathbf{D}^{-1}\cdot(\mathbf{p}-\mathbf{c})\right)\right)\cdot\mathbf{D}^{-1}\cdot\dot{\mathbf{p}} \\
&= \mathbf{D}\cdot\left(\tfrac{\mathrm{d}\mathbf{\Phi}_0}{\mathrm{d}\mathbf{p}}\left(\mathbf{D}^{-1}\cdot\left(\begin{pmatrix} x_1 \\ x_2 \end{pmatrix}-\mathbf{c}\right)\right)\right)\cdot\mathbf{D}^{-1}\cdot\begin{pmatrix} \cos x_3 \\ \sin x_3 \end{pmatrix}
\end{aligned}$$

218

且

$$\frac{\mathrm{d}\mathbf{\Phi}_0}{\mathrm{d}\mathbf{p}} = \frac{\mathrm{d}}{\mathrm{d}\mathbf{p}}\begin{pmatrix} -p_1^3-p_1p_2^2+p_1-p_2 \\ -p_2^3-p_1^2p_2+p_1+p_2 \end{pmatrix} = \begin{pmatrix} -3p_1^2-p_2^2+1 & -2p_1p_2-1 \\ -2p_1p_2+1 & -3p_2^2-p_1^2+1 \end{pmatrix}$$

如果我们想了解误差的动态，$\dot{y}=-y$，取：

$$u = -y - \tfrac{\left(b\cdot\dot{a}-a\cdot\dot{b}\right)}{a^2+b^2}$$

因此，控制器为：

$$u_{\varepsilon,\rho,\mathbf{c}}\ (\mathbf{x}) = -\text{sawtooth}\left(x_3-\text{atan2}(b,a)\right) - \tfrac{\left(b\cdot\dot{a}-a\cdot\dot{b}\right)}{a^2+b^2}$$

且

$$\begin{aligned}
\begin{pmatrix} \dot{a} \\ \dot{b} \end{pmatrix} &= \mathbf{D}\cdot\mathbf{J}\cdot\mathbf{D}^{-1}\cdot\begin{pmatrix} \cos x_3 \\ \sin x_3 \end{pmatrix} \\
\mathbf{J} &= \begin{pmatrix} -3z_1^2-z_2^2+1 & -2z_1z_2-1 \\ -2z_1z_2+1 & -3z_2^2-z_1^2+1 \end{pmatrix} \\
\mathbf{z} &= \mathbf{D}^{-1}\cdot\left(\begin{pmatrix} x_1 \\ x_2 \end{pmatrix}-\mathbf{c}\right) \\
\mathbf{D} &= \begin{pmatrix} \rho & 0 \\ 0 & \rho\varepsilon \end{pmatrix}
\end{aligned}$$

3）我们构建了两个不同的集合：

$$\begin{aligned}
\mathbb{Q}_1 &= \{\mathbf{p}|p_2 \geqslant 1\} \\
\mathbb{Q}_2 &= \{\mathbf{p}|p_2 \leqslant 0\}
\end{aligned}$$

重要的是令这些集合截然不同，以避免 Zeno 效应。即在有限的时间间隔内无限次地从一种模式切换到另一种模式。进而，我们构建自动机如图 4.28 所示。产生的行为如图 4.29 所示。 219

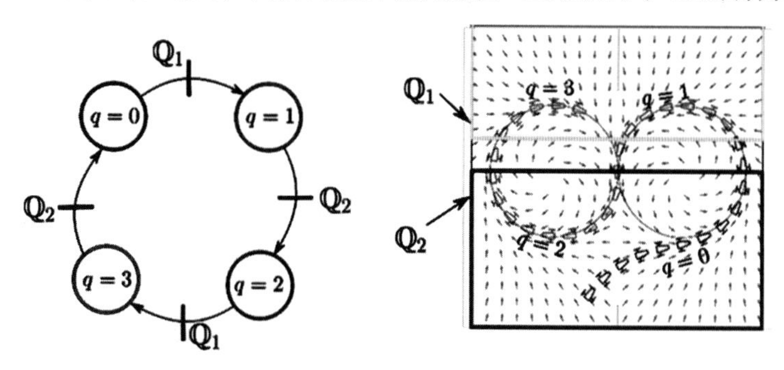

图 4.28 从一个场到另一个场的自动切换（有关此图的彩色版本，请参阅 www.iste.co.uk/jalin/robotics.zip）

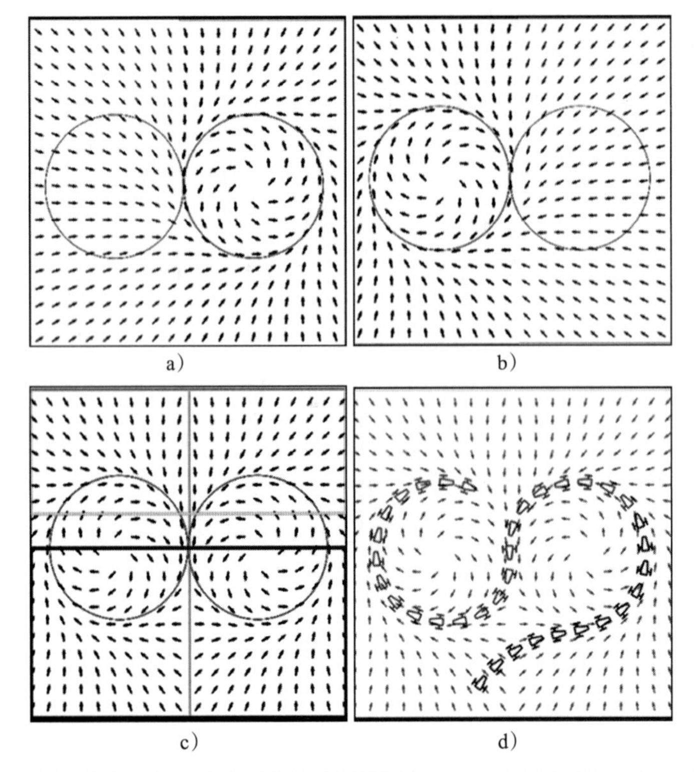

图 4.29　a）和 b）两个向量场；c）包含两个转换集合 $\mathbb{Q}_1, \mathbb{Q}_2$ 的两个场的叠加；d）结果轨迹形成 8 字（有关此图的彩色版本，请参阅 www.iste.co.uk/jalin/robotics.zip）

220

实时定位

定位包括找出机器人的位姿（即其中心点坐标和其方向），或更一般地说，是得到机器人所有自由度。定位问题往往会在需要近似估计机器人位置、方向和速度的导航中遇到。通常将定位问题看作状态估计的一种特殊情况，状态估计将在之后章节详细讲述。然而，在无法获取机器人的精确状态模型的情况下，通常利用实时定位便足以进行决策。例如，考虑如下情况：当在乘船时，正好检测到一个灯塔，该灯塔的绝对位置和高度是已知的。通过测量灯塔的感知高度及其相对于船只的角度，就可以利用罗盘推理出船只的位置，而不需利用船只的状态模型。实时或无模型定位是一种不用机器人的演化方程就能实现定位的方法，换句话说，它并不寻求随时间相关的估计。这种定位主要包含解几何性质的方程，这类方程通常是非线性的。方程所包含的变量可能是位置变量或运动参数如速度和加速度。由于这类定位方法是比较特殊的且与状态估计方法大不相同，因此本书将用一整章的内容讲述这类定位方法。在介绍了定位所需的主要传感器之后，我们将提出利用机器人和地标之间距离的多点定位法，进而讲解测角定位法（机器人利用对路标的感知的角度）。

5.1 传感器

机器人通常装备有很多用于定位的传感器，在此介绍其中一些传感器：

1）*里程计*。轮式机器人通常装备有里程计，用以测量轮子的移动角度。仅根据里程计，也有可能计算机器人位置的估计值。这种定位的精度是非常低的，并带来了估计误差的系统性集成。在此将这种估计称为漂移。

2）*多普勒计程仪*。这种类型的传感器主要应用于水下机器人，用于计算机器人的速度。多普勒计程仪发射超声波进而由海底对超声波进行反射。因为海底是固定不动的，所以该传感器能够利用多普勒效应高精度地估计机器人的速度（大约 0.1m/s）。

3）*加速度计*。这种传感器可以提供实时前进加速度的测量值。基于轴的加速度计的原理如图 5.1 所示。一般情况下，机器人会用到三个加速度计。由于重力的影响，必须将对纵轴的测量值进行补偿。

4）*陀螺仪*。这种传感器提供实时旋转速度的测量值。一般有三种类型的陀螺仪：Coriolis 振动陀螺仪、机械陀螺仪和光学陀螺仪。Coriolis 振动陀螺仪的原理如图 5.2a 所示，水平圆盘上有一个能左右摇晃的垂直杆，如果圆盘旋转，在科氏力的作用下，沿着垂直杆的方向上便存在一个角振动，通过该角振动的振幅便可得到圆盘的旋转速度。如果该圆盘不旋转，便存在一个前向旋转，但不是角度旋转。压电陀螺仪在低成本机器人中应用很广泛，它形成了 Coriolis 振动陀螺仪的一个子类。由于应用于这类传感器的旋转，这种陀螺仪利用的是由科氏力引起的压电振荡器的幅度变化。机械陀螺仪利用如下事实，即如果在物体上没有施加力矩，则旋转的物体便趋于维持其旋转轴。一个著名的例子就是 Foucault 发明的万向节陀螺仪，如图 5.2b 所示。在万向节陀螺仪中心有一个高速旋转的飞轮，如果陀螺仪的基座移动，则这两个平衡角度 ψ, θ 将会改变，但是飞轮的旋转轴不会变化。从这些变量 $\psi,\theta,\dot{\psi},\dot{\theta}$ 的值中，可以得出基座的旋转速度（基座固定于机器人）。如果能将飞轮的旋转轴正确初始化，在该飞轮上没有作用力矩的理想情况下，理论上而言这样的系统会给出机器人的方向。遗憾的是，实际总是会存在微小偏移，并且只可以将旋转速度以可靠的和无漂移方式给出。

222

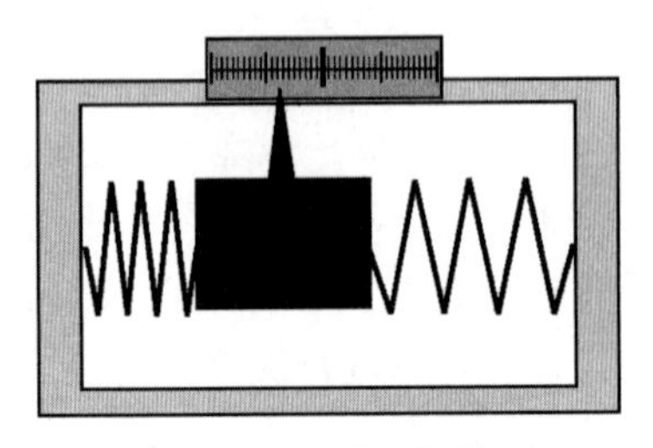

图 5.1　加速度计的操作原理

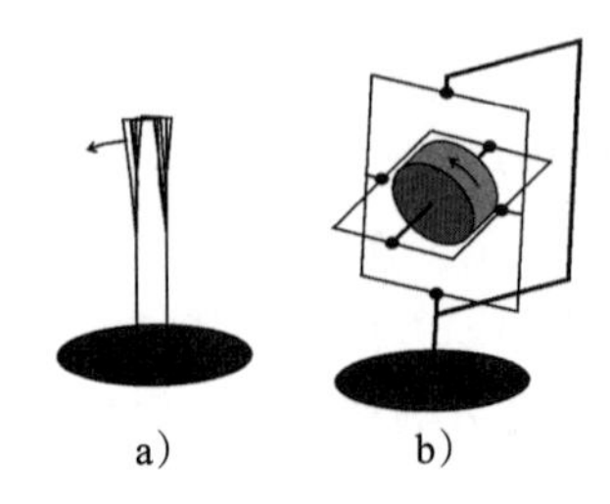

图 5.2　Coriolis 振动陀螺仪和万向节陀螺仪

最新地，光学陀螺仪可以和机械陀螺仪一样精确。它利用 Sagnac 效应 (即对于一个环形的光路，光线要形成完整一圈所消耗的时间依赖于路径的方向) 且精度在 0.001(°)/s 左右，Sagnac 效应的原理如图 5.3 所示。在图 5.3a 中，激光从黑色圆盘所表示的光源发出。在图 5.3b 中，由分光镜产生在光学环路以相反方向巡回的另外两个光束，在经过三个用灰色表示的镜子的多次反射之后，这两个光束相遇。如图 5.3c 所示，由于光束在左侧相遇，则陀螺仪在相反的三角方向旋转。在图 5.3d 中，重新将光束分为了两束，这两个光束以不同相位到达接收器。可通过其相位偏移得出固定于机器人陀螺仪的旋转速度。

5）惯性单元。惯性测量单元结合陀螺仪和加速度计是为了增加估计的精度，尤其是最新面世的一个惯性单元可以合并其他类型的信息，如估计的速度，甚至是考虑到地球的旋转。例如，IXBLUE 公司的南极星 III 惯性单元为了推理出地球南北轴在机器人坐标系内的方向，便利用到了 Sagnac 效应和地球自转。知道这个方向便能得到两个包含机器人欧拉角的方程（见 1.2 节)，这些欧拉角为表示在局部坐标系中的横滚角 φ、俯仰角 θ 和偏航角 ψ。由于该惯性单元中包括加速度计，便可以根据之前所述推理出重力向量，这样就可以产生一个附加方程，根据该附加方程便可以计算这三个欧拉角。值得注意的是，加速度计同时也给出了在所有方向上的加速度（机器人方向上的激增、起伏（垂直方向上）和横向摇摆的加速度)。理论上而言，根据重力向量和旋转轴的信息，利用一个简单的内积便可得到机器人的纬度。然而如此获取的精度太低而不能将其考虑应用在定位之中。

223

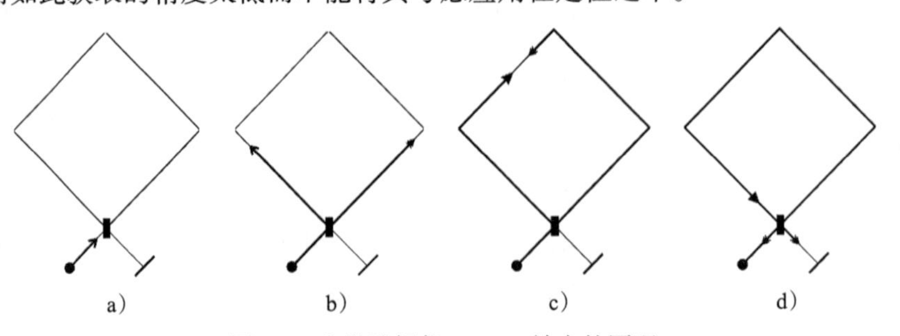

图 5.3　光学陀螺仪 Sagnac 效应的原理

6）气压计。用于测量压力。在水下机器人中，可利用气压计以 1cm 的精度推理出机器人的深度。对于室内飞行机器人，利用气压计以 1m 的精度测量其高度。

7）全球定位系统（GPS）。全球导航卫星系统（GNSS）是一个卫星导航系统，可提供覆盖全世界的地理定位服务。目前，美国导航星系统（NAVSTAR）和俄罗斯卫星导航系统（GLONASS）是正在运行中的。其他两个导航系统正在发展之中：中国北斗导航系统和欧洲伽利略导航系统。实际应用中，该移动机器人将利用美国自 1995 年起投入运行的通常称为 GPS 的导航系统。GPS 起初设计专属于军事用途，通过对民用信号的有意降级将民用精度限制在几百米。2000 年这种降级失效使民用精度增加到大约 10m。已知电磁波 (此处大约 1.2MHz) 无法在水下和墙壁中传播，则 GPS 在建筑物内和水中将不起作用。那么，在某一潜水实验中，一个水下机器人只有在开始潜水时或重新浮出水面时才能通过 GPS 定位。当某一地理参考站位于机器人附近并向其提供每个卫星所计算的距离误差时，则定位精度达到 ±1m 是完全有可能的。这种运行模型形成了所谓的差分全球定位系统（DGPS）。最后，通过利用相位，甚至有可能实现厘米级精度。这就是所谓的动态 GPS 的原理。GPS 的详细的和教育性的介绍可参照 Vincent Drevelle 的论文 [DRE 11]。在实际应用中，GPS 可提供经度 ℓ_x 和纬度 ℓ_y，并可轻易将其转化为局部坐标系内的笛卡儿坐标，该局部坐标系 $((\mathbf{o},\mathbf{i},\mathbf{j},\mathbf{k}))$ 固定在机器人的移动区域内。在该坐标系的原点 **O** 用 ℓ_x^0 和 ℓ_y^0 表示弧度制的经度和纬度，在此假设向量 **i** 指向北方，**j** 指向东方，**k** 指向地球中心。令 $\mathbf{p}=(p_x, p_y, p_z)$ 表示在坐标系 $(\mathbf{o}, \mathbf{i}, \mathbf{j}, \mathbf{k})$ 中的机器人的坐标系。根据 GPS 所提供的经度和纬度，通过利用如下关系式（见式（4.4）），可以推理出以米级表示在局部坐标系内的机器人的前两个坐标系。 224

$$\begin{pmatrix} p_x \\ p_y \end{pmatrix} = \rho \begin{pmatrix} 0 & 1 \\ \cos \ell_y & 0 \end{pmatrix} \begin{pmatrix} \ell_x - \ell_x^0 \\ \ell_y - \ell_y^0 \end{pmatrix} = \begin{pmatrix} \rho \left(\ell_y - \ell_y^0\right) \\ \rho \cos \ell_y \cdot \left(\ell_x - \ell_x^0\right) \end{pmatrix}$$

式中，ρ 为坐标原点至地球中心点的距离（如果 **O** 距离海平面不太远，则 $\rho \simeq 6\,371\text{km}$）。如果假定地球是球形的且机器人位于原点 **O** 的某一邻域内（距离小于 100km)，那么这个公式在地球上任何位置都是有效的。为了便于理解这个公式，必须注意的是，$\rho\cos(\ell_x)$ 对应于 **O** 与地球旋转轴之间的距离。如此而言，假设一个机器人正在等纬线 ℓ_y 上移动，并通过角度 $\alpha > 0$ 修正其经度，那么它将能移动 $\alpha\,\rho\cos(\ell_y)$ m。类似地，假设该机器人在子午线上以角 β 的纬度偏角移动，则它将移动 $\beta\rho$ m。

8）雷达或声呐。机器人发射电磁波或超声波，恢复回声并建立一个图像，这个图像可以为绘制其周围环境地图做一解释。雷达主要由表面或飞行机器人使用。声呐则作为有轮机器人和水下机器人的一个低成本的测距仪使用。

9）摄像机。摄像机是用于辨认目标的低成本传感器。在定位中，将其作为角度计使用，即可通过摄像机得到机器人相对于地标的角度，而这些角度将被用于定位之中。

5.2 测角定位

5.2.1 问题描述

这个问题中包括利用机器人和地标之间的测量角实现定位，其中地标的位置是一个关于时间的已知函数。考虑图 5.4 所示的机器人正在某一平面移动。将机器人轴线与指向地标的

225 向量之间的角度称 α_i 为方位。例如，这些角度可以利用摄像机获取。

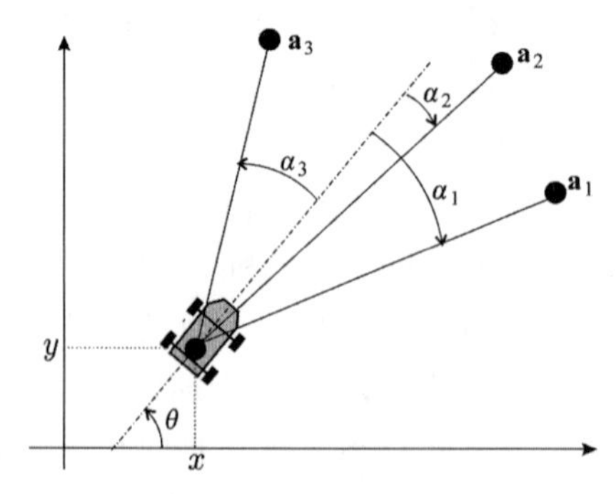

图 5.4　机器人在平面上移动，通过测量这些角度实现定位

回顾在 $\mathbb{R}^2$ 内，如果两个向量 $\mathbf{u}, \mathbf{v}$ 的行列式的值为 0，则这两个向量是共线的。即 det $(\mathbf{u},\mathbf{v})=0$。那么，对于每个地标而言，都有如下关系式：

$$\det\left(\begin{pmatrix} x_i - x \\ y_i - y \end{pmatrix}, \begin{pmatrix} \cos(\theta+\alpha_i) \\ \sin(\theta+\alpha_i) \end{pmatrix}\right) = 0$$

即

$$(x_i - x)\sin(\theta+\alpha_i) - (y_i - y)\cos(\theta+\alpha_i) = 0 \tag{5.1}$$

式中，(x_i,y_i) 为地标 $\mathbf{a}_i$ 的坐标，θ 为机器人的偏航角。

5.2.2　内接角

内接角定理：考虑图 5.5 所示的一个三角形 $\boldsymbol{abm}$。用 $\boldsymbol{c}$ 代表该三角形外接圆的圆心（即 $\boldsymbol{c}$ 是三条垂直平分线的交点）。令 $\alpha=\widehat{\boldsymbol{amc}}, \beta=\widehat{\boldsymbol{cmb}}, \gamma=\widehat{\boldsymbol{acb}}$。可得如下角度关系：

$$\gamma = 2(\alpha+\beta)$$

证明：首先，两个三角形 $\boldsymbol{amc}$ 和 $\boldsymbol{cmb}$ 是等腰的。那么便得到图所示的角 α 和 β，绕点 $\boldsymbol{c}$ 可得：

226

$$\gamma + (\pi - 2\beta) + (\pi - 2\alpha) = 2\pi$$

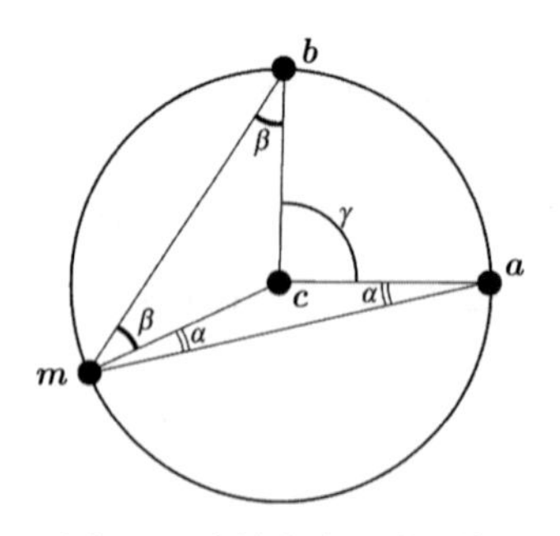

图 5.5　内接角定理的图解

因此，$\gamma=2\alpha+2\beta$。

该定理的结果是如果 $\boldsymbol{m}$ 在这个圆上移动，角 $\alpha+\beta$ 保持不变。

内接弧。考虑两点 $\boldsymbol{a}_1$ 和 $\boldsymbol{a}_2$，满足角 $\widehat{\boldsymbol{a}_1\boldsymbol{m}\boldsymbol{a}_2}$ 等于 α 的点 $\boldsymbol{m}$ 的集合是一个圆弧，将其称为内接弧。可以根据关系式（5.1）或内接角定理证明该原理。测角定位通常分解为相交弧，图 5.6 便详细表明了内接弧的概念。

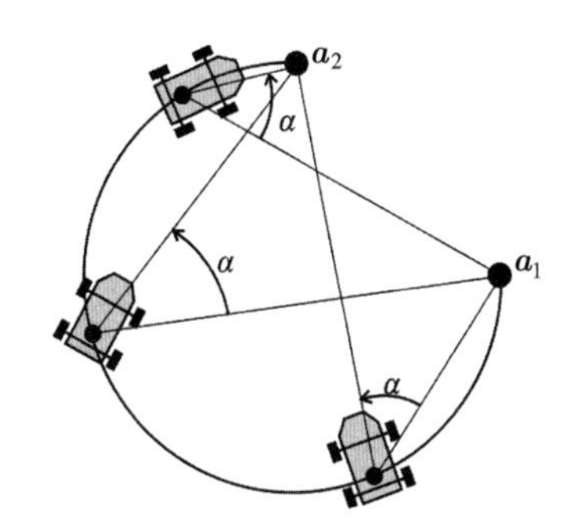

图 5.6 三辆车以相同角度感知地标

227

5.2.3 平面机器人的静态三角测量

5.2.3.1 两个地标和一个罗盘

在存在两个地标和一个罗盘的情形下，根据式（5.1）可得如下两个关系式：

$$\begin{cases}(x_1-x)\sin(\theta+\alpha_1)-(y_1-y)\cos(\theta+\alpha_1)=0\\(x_2-x)\sin(\theta+\alpha_2)-(y_2-y)\cos(\theta+\alpha_2)=0\end{cases}$$

有：

$$\underbrace{\begin{pmatrix}\sin(\theta+\alpha_1) & -\cos(\theta+\alpha_1)\\ \sin(\theta+\alpha_2) & -\cos(\theta+\alpha_2)\end{pmatrix}}_{\mathbf{A}(\theta,\alpha_1,\alpha_2)}\begin{pmatrix}x\\y\end{pmatrix}=\underbrace{\begin{pmatrix}x_1\sin(\theta+\alpha_1)-y_1\cos(\theta+\alpha_1)\\x_2\sin(\theta+\alpha_2)-y_2\cos(\theta+\alpha_2)\end{pmatrix}}_{\mathbf{b}(\theta,\alpha_1,\alpha_2,x_1,y_1,x_2,y_2)}$$

即

$$\begin{pmatrix}x\\y\end{pmatrix}=\mathbf{A}^{-1}(\theta,\alpha_1,\alpha_2)\cdot\mathbf{b}(\theta,\alpha_1,\alpha_2,x_1,y_1,x_2,y_2)$$

因此，定位问题是一个线性问题，该线性问题用解析法解决。如果矩阵的逆的行列式的值为 0，那么便存在辨识问题，即：

$$\begin{aligned}&\sin(\theta+\alpha_1)\cos(\theta+\alpha_2)=\cos(\theta+\alpha_1)\sin(\theta+\alpha_2)\\\Leftrightarrow\ &\tan(\theta+\alpha_2)=\tan(\theta+\alpha_1)\\\Leftrightarrow\ &\theta+\alpha_2=\theta+\alpha_1+k\pi,\ k\in\mathbb{N}\\\Leftrightarrow\ &\alpha_2=\alpha_1+k\pi,\ k\in\mathbb{N}\end{aligned}$$

如上对应于两个地标和机器人成一条直线的情况。

5.2.3.2 三个地标

如果在此不存在罗盘，至少需要三个地标。下一步就需解三个方程和三个未知变量组成的系统：

$$(x_i-x)\sin(\theta+\alpha_i)-(y_i-y)\cos(\theta+\alpha_i)=0,\ i\in\{1,2,3\}$$

可以证明的是，除了机器人位于圆上，并经过所有三个地标的情况，该系统总有一个唯一解。的确，在这种情况下，内接角是重叠起来的。

228

5.2.4 动态三角测量

5.2.4.1 一个地标、一个罗盘和几个里程计

在动态观测的情形下，寻找连接机器人位置与测量值的导数之间的关系。对于定位而言，假设仅有一个可用的单独地标，则将利用如下方程：

$$\begin{cases} \dot{x} = v\cos\theta \\ \dot{y} = v\sin\theta \end{cases} \tag{5.2}$$

式中，v 为由里程计测得的机器人的速度；θ 为由罗盘测得的机器人的方向角。这些方程本质上都是运动学方程，不能够描述以控制为目的一类特殊机器人的行为。输入变量 v 和 θ 并不是该系统的真正能够作用的必要输入。必须将这些方程理解为一个平面机器人变量间的简单微分关系。通过对式（5.1）求微分，可得：

$$\begin{aligned} &(\dot{x}_i - \dot{x})\sin(\theta+\alpha_i) + (x_i - x)\left(\dot{\theta}+\dot{\alpha}_i\right)\cos(\theta+\alpha_i) \\ &-(\dot{y}_i - \dot{y})\cos(\theta+\alpha_i) + (y_i - y)\left(\dot{\theta}+\dot{\alpha}_i\right)\sin(\theta+\alpha_i) = 0 \end{aligned} \tag{5.3}$$

在此取式（5.1）和式（5.3）中的 $i=1$。通过提取 x 和 y，可得：

$$\begin{aligned} \begin{pmatrix} x \\ y \end{pmatrix} = &\begin{pmatrix} \sin(\theta+\alpha_1) & \cos(\theta+\alpha_1) \\ -\cos(\theta+\alpha_1) & \sin(\theta+\alpha_1) \end{pmatrix} \\ &\cdot \begin{pmatrix} -y_1 & x_1 \\ x_1 - \frac{\dot{y}_1 - v\sin\theta}{\dot{\theta}+\dot{\alpha}_1} & \frac{\dot{x}_1 - v\cos\theta}{\dot{\theta}+\dot{\alpha}_1} + y_1 \end{pmatrix} \begin{pmatrix} \cos(\theta+\alpha_1) \\ \sin(\theta+\alpha_1) \end{pmatrix} \end{aligned} \tag{5.4}$$

通过该关系式，并利用一个单独的移动或固定的地标和其他专用传感器可进行定位。例如，在有一个罗盘和几个里程计（轮式机器人）的情形下，可利用罗盘测量其方向角，利用里程计可测量其速度 v 和 $\dot{\theta}$。那么，便可根据关系式（5.4）在给定时刻实时计算出位置 x 和 y。

5.2.4.2 一个地标且没有罗盘

在没有罗盘的情形下，便缺少一个方程。需增加一个地标或者再次进行微分。在此保留一个单独地标和微分关系（5.3），可得：

$$\begin{aligned} &(\ddot{x}_1 - \ddot{x})\sin(\theta+\alpha_1) - (\ddot{y}_1 - \ddot{y})\cos(\theta+\alpha_1) \\ &+(x_1 - x)\left(\ddot{\theta}+\ddot{\alpha}_1\right)\cos(\theta+\alpha_1) + (y_1 - y)\left(\ddot{\theta}+\ddot{\alpha}_1\right)\sin(\theta+\alpha_1) \\ &+2(\dot{x}_1 - \dot{x})\left(\dot{\theta}+\dot{\alpha}_1\right)\cos(\theta+\alpha_1) + 2(\dot{y}_1 - \dot{y})\left(\dot{\theta}+\dot{\alpha}_1\right)\sin(\theta+\alpha_1) \\ &-(x_1 - x)\left(\dot{\theta}+\dot{\alpha}_1\right)^2\sin(\theta+\alpha_1) + (y_1 - y)\left(\dot{\theta}+\dot{\alpha}_1\right)^2\cos(\theta+\alpha_1) = 0 \end{aligned}$$

229

此外：

$$\begin{cases} \ddot{x} = \dot{v}\cos\theta - v\dot{\theta}\sin\theta \\ \ddot{y} = \dot{v}\sin\theta + v\dot{\theta}\cos\theta \end{cases}$$

由此便可得到一个由含有三个未知量 x, y, θ 的三个方程所组成的系统：

$$
\begin{aligned}
&(x_1-x)\sin(\theta+\alpha_1)-(y_1-y)\cos(\theta+\alpha_1)=0\\
&(\dot{x}_1-v\cos\theta)\sin(\theta+\alpha_1)+(x_1-x)\left(\dot{\theta}+\dot{\alpha}_1\right)\cos(\theta+\alpha_1)\\
&\quad-(\dot{y}_1-v\sin\theta)\cos(\theta+\alpha_1)+(y_1-y)\left(\dot{\theta}+\dot{\alpha}_1\right)\sin(\theta+\alpha_1)=0\\
&\left(\ddot{x}_1-\dot{v}\cos\theta+v\dot{\theta}\sin\theta\right)\sin(\theta+\alpha_1)-\left(\ddot{y}_1-\dot{v}\sin\theta-v\dot{\theta}\cos\theta\right)\cos(\theta+\alpha_1)\\
&\quad+(x_1-x)\left(\ddot{\theta}+\ddot{\alpha}_1\right)\cos(\theta+\alpha_1)+(y_1-y)\left(\ddot{\theta}+\ddot{\alpha}_1\right)\sin(\theta+\alpha_1)\\
&\quad+2(\dot{x}_1-v\cos\theta)\left(\dot{\theta}+\dot{\alpha}_1\right)\cos(\theta+\alpha_1)+2(\dot{y}_1-v\sin\theta)\left(\dot{\theta}+\dot{\alpha}_1\right)\sin(\theta+\alpha_1)\\
&\quad-(x_1-x)\left(\dot{\theta}+\dot{\alpha}_1\right)^2\sin(\theta+\alpha_1)+(y_1-y)\left(\dot{\theta}+\dot{\alpha}_1\right)^2\cos(\theta+\alpha_1)=0
\end{aligned}
$$

根据地标 1 的路径可计算出变量 $x_1,y_1,\dot{x}_1,\dot{y}_1,\ddot{x}_1,\ddot{y}_1$，其路径为已知的一个解析式。假设变量 $\alpha_1,\dot{\alpha}_1,\ddot{\alpha}_1$ 是待测量的变量。利用一个陀螺仪便可得到变量 $\dot{\theta},\ddot{\theta}$。可利用里程计测量其速度 v。显然该系统很难进行解析分析，且并不总是存在唯一解。例如，如果地标是固定的，通过轴对称发现不存在角 θ 了。那么在这种情形下，至少需要两个地标去实现定位。

5.3 多点定位

多点定位是一种基于测量机器人与各个地标之间距离差异的一种定位技术。的确，在很多情况下（如 GPS 定位），地标和机器人的时钟并不是同步的，因此不能直接测量地标和机器人之间的绝对距离（通过无线电波或声波的传播时间），但是可测量这些距离间存在的差异，在此将给出这种技术的原理。

四个地标在同一时刻 t_0 发出一个简单的信号，该信号以速度 c 传播。发出的每一个信号都含有该地标的标识符，即信号发射位置和发射时间 t_0。该机器人（并没有精确的时钟，仅有一个精确的航海经线仪）在 t_i 时刻接收这四个信号。基于此，很容易得到接收时间之间的偏差，$\tau_2=t_2-t_1$, $\tau_3=t_3-t_1$, $\tau_4=t_4-t_1$（见图 5.7）。因此可得如下四个方程： 230

$$
\begin{aligned}
\sqrt{(x-x_1)^2+(y-y_1)^2+(z-z_1)^2} &= c(t_1-t_0)\\
\sqrt{(x-x_2)^2+(y-y_2)^2+(z-z_2)^2} &= c(\tau_2+t_1-t_0)\\
\sqrt{(x-x_3)^2+(y-y_3)^2+(z-z_3)^2} &= c(\tau_3+t_1-t_0)\\
\sqrt{(x-x_4)^2+(y-y_4)^2+(z-z_4)^2} &= c(\tau_4+t_1-t_0)
\end{aligned}
$$

式中，参数 $c, t_0, x_1, y_1, z_1,\cdots, x_4, y_4, z_4, \tau_2, \tau_3, \tau_4$ 的值为高精度的已知量，四个未知量为 x, y, z, t_1。通过解该系统方程即可进行定位，同时也使机器人重新调整其时钟（通过 t_1）。在 GPS 定位中，地标是移动的。它们均利用相似的原理基于地面固定的地标实现定位和同步。

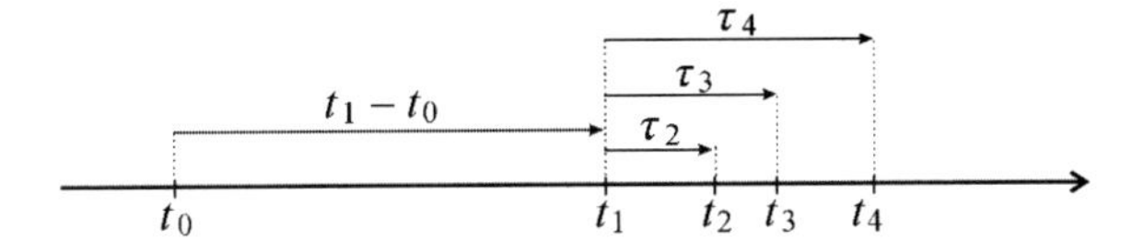

图 5.7 发射时间 t_0 和接收时间 τ_2, τ_3, τ_4 之间的偏差是已知的

5.4 习题

习题 5.1 实时状态估计

定位包含得到机器人的位置和方向。如果可以得到机器人的状态模型，则有时将这个问题简化为一个状态估计问题。在本题中，将给出一个有时能应用于非线性系统的状态估计的方法。考虑 2.5 节所给出的三轮车，其状态方程如下：

$$\begin{pmatrix} \dot{x} \\ \dot{y} \\ \dot{\theta} \\ \dot{v} \\ \dot{\delta} \end{pmatrix} = \begin{pmatrix} v\cos\delta\cos\theta \\ v\cos\delta\sin\theta \\ v\sin\delta \\ u_1 \\ u_2 \end{pmatrix}$$

假设能以很高精度测量位置 x 和 y，则可得 $\dot{x},\dot{y},\ddot{x},\ddot{y}$ 也是已知的。请将其他状态变量 θ,v,δ 表示为关于 $x,y,\dot{x},\dot{y},\ddot{x},\ddot{y}$ 的方程。

231

习题 5.2 利用光学雷达定位

在此，考虑在一个长和宽已知的矩形房间内，利用旋转激光测距仪或 Hokuyo 型号的光学雷达为机器人设计一个快速定位方法。

1）令 $\mathrm{a}_1,\mathrm{a}_2,\cdots,\mathrm{a}_{n_p}$ 为 $\mathbb{R}^2$ 内同一条线上的点。利用最小二乘法找出这条线，并将其表示为如下标准形式：

$$x\cos\alpha + y\sin\alpha = d,\ d \geqslant 0$$

其中，α, d 为这条线的参数。

2）考虑通过装备于机器人上的 100 个罗盘测量该机器人上的相同角度 θ 的 100 个测量值 θ_i，其中有 30 个是无效测量值。利用中值法估计 θ，为此，定义消歧函数为：

$$\mathbf{f}:\begin{cases} \mathbb{R} \to \mathbb{R}^2 \\ \theta \to \begin{pmatrix} \cos\theta \\ \sin\theta \end{pmatrix} \end{cases}$$

该方程必须是连续的，其目的在于将两个相等角度（即全等于 2π）与一个单一映射结合起来，即

$$\theta_1 \sim \theta_2 \Leftrightarrow f(\theta_1) = f(\theta_2)$$

3）机器人的光学雷达，具有 180° 的孔径角，该光学雷达可给出表示该矩形房间的 512 个点，这些点均属于该矩形。可在文件 `lidar_data.mat` 中找到这些点。将其以 10 为单位分组（即 51 组），并找出最好通过每一组点的线（利用最小二乘法）。我们仅仅保持残差很小的这些点组。那么便可得到在所谓的 Hough 空间内的 n 个点所表示的 m 条线，这 n 个点的表示形式为 (α_i, d_i)，$i\in\{1, 2, \cdots, m\}$。将一对 (α_i, d_i) 称为一个联盟（alignment）。通过利用中值估计，找出该房间（已知其为矩形的）的四个可能方向。请问为什么该中值估计是鲁棒的。

4）角度 α_i 是如何通过队列进行过滤的。

5）d_i 是如何过滤的?

6）从上文中推理出一个定位机器人的方法。 232

习题 5.3 实时测角定位

考虑如下状态方程描述的一个机器人 $\mathcal{R}$：

$$\begin{cases} \dot{x} = v\cos\theta \\ \dot{y} = v\sin\theta \\ \dot{\theta} = u_1 \\ \dot{v} = u_2 \end{cases}$$

式中，v 为机器人的速度；θ 为其方向；(x, y) 为其中心点坐标。机器人的状态变量为 $\mathbf{x}=(x, y, \theta, v)$。在机器人周围，存在一个点地标（例如，一个灯塔）$\mathbf{m}=(x_m, y_m)$ 其位置已知（见图 5.8）。机器人 $\mathcal{R}$ 装备有五个传感器：一个全景摄像机（可使机器人测量地标方向的方位角 α）；用于测量其速度的里程计；测量其方向角的罗盘；用于测量 u_2 的加速计和用于测量 u_1 的一个陀螺仪。

1）在机器人绕 $\mathbf{m}$ 移动以产生信号 $\alpha,\dot{\alpha},\theta,v,u_1,u_2$ 的情形下，仿真该系统。为产生 α，利用两变量反正切函数 atan 2。正如 1.2.1 节的方程（1.8）所示，atan 2 (b, a) 函数返回坐标向量 (a, b) 的变量。为产生 $\dot{\alpha}$，可以利用如下事实：

$$\frac{\partial \text{atan2}\,(b,a)}{\partial a} = -\frac{b}{a^2+b^2} \quad , \quad \frac{\partial \text{atan2}\,(b,a)}{\partial b} = \frac{a}{a^2+b^2}$$ 233

2）为 $\mathcal{R}$ 设计一个实时定位系统，仿真证明该定位系统。在测量值中加入一个很小的高斯白噪声以验证其鲁棒性。

3）如果机器人 $\mathcal{R}$ 不再装备里程计，则应如何调整之前方法以实现定位?

4）在该场景中在加入一个与第一个机器人（在此将其称为是 $\mathcal{R}_a$）同一类型的机器人 $\mathcal{R}_b$，该机器人与机器人 $\mathcal{R}_a$ 相反没有里程计。机器人 $\mathcal{R}_b$ 能够观测到 $\mathcal{R}_a$，观测角度为 β_b。两个机器人可以通过 WiFi 进行通信。为机器人 $\mathcal{R}_b$ 设计一个定位系统，以使其能够得到其速度（见图 5.9）。

5）机器人 $\mathcal{R}_a$ 能观测到 $\mathcal{R}_b$，便存在一个新的观测角 β_a。由此为机器人 $\mathcal{R}_a$ 和 $\mathcal{R}_b$ 设计一个定位方法，该定位方法要比在第一个问题内所设计的定位方法更可靠。

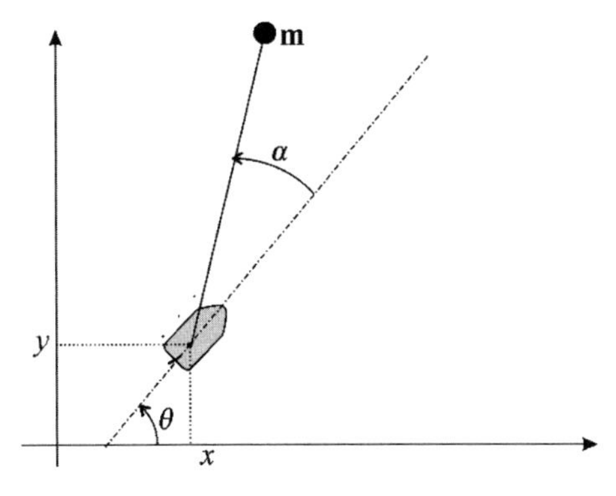

图 5.8 测角定位

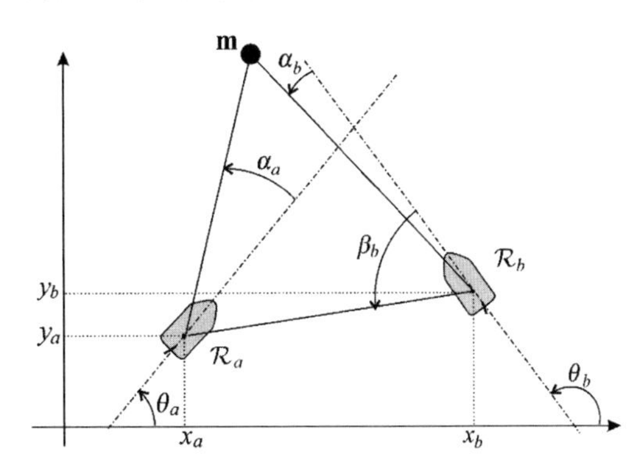

图 5.9 机器人 $\mathcal{R}_a$ 和 $\mathcal{R}_b$ 可以相互观测到，将其增加到定位之中

习题 5.4　距离测量定位

考虑一个如下状态方程描述的机器人：

$$\begin{cases} \dot{x} = v\cos\theta \\ \dot{y} = v\sin\theta \\ \dot{\theta} = u_1 \\ \dot{v} = u_2 \end{cases}$$

式中，v 为机器人的速度；θ 为其方向；(x, y) 为其中心点坐标，机器人的状态向量为 $x=(x, y, \theta, v)$。234

在机器人周围，存在一个固定的位置已知的地标点 $\mathbf{m}$（见图 5.10）。每一瞬间，机器人测量其中心 $\mathbf{c}$ 与地标之间的距离 d。如果地标和机器人都具有同步时钟，这样的一个测量距离的系统可以通过测量地标与机器人间声波的传播时间实现。此外通过利用多普勒效应，该机器人也可以高精度地测量 $\dot{d}$。另外，利用麦克风能够测量 d 和 $\dot{d}$，该机器人装备的里程计测量其速度 v，罗盘测量其偏航角 θ。在本题中，旨在建立一个实时定位系统以实现根据 $(d, \dot{d}, \theta, v)$ 决定其位置 (x, y)。

1）对于一个给定的向量 $(d, \dot{d}, \theta, v)$，机器人可能存在多种可能的配置。在图上绘制出机器人所有可能的配置，并兼容已表示出的那个配置。

2）考虑坐标系 $\mathcal{R}_1$，如图 5.10 所示其中心位于 $\mathbf{m}$。请给出机器人中心 $\mathbf{c}$ 的坐标 (x, y) 关于 x, y, θ, x_m, y_m 的表达式，这实际上是一个坐标系变换方程。

3）将 x_1 和 y_1 表示为关于 $d, \dot{d}, v$ 的方程。

4）由此，推理出机器人的位置 (x, y) 关于 $(d, \dot{d}, \theta, v, x_m, y_m)$ 的方程。该定位系统的奇异点是什么？在何种情况下存在单独解。

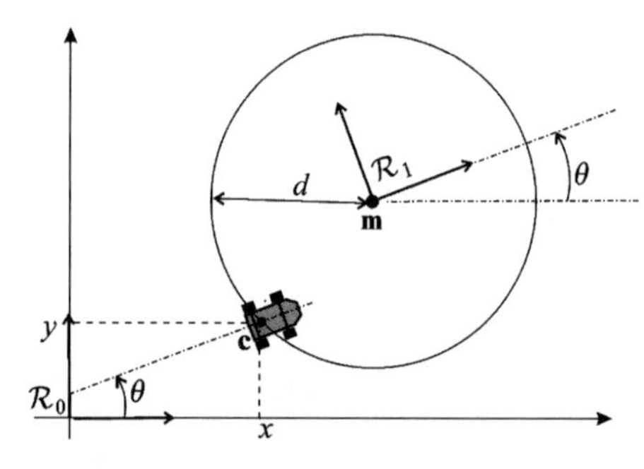

235

图 5.10　机器人测量与地标间的距离

5.5　习题参考答案

习题 5.1 参考答案（实时状态估计）

已知：

$$\theta = \arctan\left(\frac{\dot{y}}{\dot{x}}\right)$$

对该方程求导可得：

$$\dot{\theta} = \frac{1}{\left(\frac{\dot{y}}{\dot{x}}\right)^2 + 1}\left(\frac{\ddot{y}\dot{x} - \ddot{x}\dot{y}}{\dot{x}^2}\right)$$

此外，根据三轮车的状态方程：

$$\begin{cases} v\cos\delta = \dfrac{\dot{x}}{\cos\theta} \\ v\sin\delta = \dot{\theta} \end{cases}$$

通过提取 v 和 δ，可得：

$$\begin{cases} v = \sqrt{(v\cos\delta)^2 + (v\sin\delta)^2} = \sqrt{\dfrac{\dot{x}^2}{\cos^2\theta} + \dot{\theta}^2} \\ \delta = \arctan\left(\dfrac{\dot{\theta}}{\frac{\dot{x}}{\cos\theta}}\right) \end{cases}$$

那么，便可将状态向量表示为关于输出 (x, y) 及其导数的解析方程：

$$\begin{pmatrix} x \\ y \\ \theta \\ v \\ \delta \end{pmatrix} = \begin{pmatrix} x \\ y \\ \arctan\left(\frac{\dot{y}}{\dot{x}}\right) \\ \sqrt{\frac{\dot{x}^2}{\cos^2\left(\arctan\left(\frac{\dot{y}}{\dot{x}}\right)\right)} + \frac{1}{\left(\left(\frac{\dot{y}}{\dot{x}}\right)^2+1\right)^2}\left(\frac{\ddot{y}\dot{x}-\ddot{x}\dot{y}}{\dot{x}^2}\right)^2} \\ \arctan\left(\frac{\frac{1}{\left(\frac{\dot{y}}{\dot{x}}\right)^2+1}\left(\frac{\ddot{y}\dot{x}-\ddot{x}\dot{y}}{\dot{x}^2}\right)}{\frac{\dot{x}}{\cos\left(\arctan\left(\frac{\dot{y}}{\dot{x}}\right)\right)}}\right) \end{pmatrix}$$

由此便可得到一个状态观测器，并可将其描述为准静态的，与标准观测器相反，该状态观测器并不需要微分方程（不是动态的）的积分。对于一大类包括这类平面系统的非线性系统而言，是可以获得这样一个观测器的 [LAR 03]。 236

习题 5.2 参考答案 （利用光学雷达定位）

1）对于直线方程而言，存在显式 $y=ax+b$，标准式 $ax+by+c=0$，法线式 $x\cos\alpha + y\sin\alpha=d$，以及其他形式，在此不再赘述。显式可以表示垂直线，因此这种形式包含奇异点。然而，标准式并没有任何的奇异点，则相应的模型就是不可识别的（因为参数的不同集合可能导致相同的直线）。法线式是可识别的，虽无奇异点但是非线性的。在此取其形式为 $p_1x+p_2y=1$（如果直接经过 0 便是奇异的，这不是本题所考虑机器人的情形），则有：

$$p_1x_i + p_2y_i = 1$$

换言之，考虑在测量时可能存在少量噪声：

$$\underbrace{\begin{pmatrix} x_1 & y_1 \\ \vdots & \vdots \\ x_n & y_n \end{pmatrix}}_{\mathbf{A}} \begin{pmatrix} p_1 \\ p_2 \end{pmatrix} \simeq \begin{pmatrix} 1 \\ \vdots \\ 1 \end{pmatrix}$$

那么，可认为估计量为：

$$\hat{\mathbf{p}} = \underbrace{\left(\mathbf{A}^{\mathrm{T}}\mathbf{A}\right)^{-1}\mathbf{A}^{\mathrm{T}}}_{\mathbf{K}} \begin{pmatrix} 1 \\ \vdots \\ 1 \end{pmatrix}$$

然而，需要一个如下形式的方程：

$$x\frac{\cos\hat{\alpha}}{\hat{d}}+y\frac{\sin\hat{\alpha}}{\hat{d}}=1,(d\geqslant 0)$$

因此，可取：

$$\hat{d}=\frac{1}{\|\hat{\mathbf{p}}\|}\quad,\quad \hat{\alpha}=\text{angle}(\hat{\mathbf{p}})$$

为了验证上述计算，生成 1000 个点形成一个近似的均衡的点云，然后我们估算一下这条线。这可以通过以下程序完成：

237

```
1 N := 1000; x := 5 · randn_{N×1}
2 y := −2x + 1_{N×1} + randn_{N×1}
3 A := (X, Y); K := (AᵀA) Aᵀ;
4 p̂ := (AᵀA) · Aᵀ · 1_{N×1}
5 d̂ := 1/‖p̂‖; α̂ := angle(p̂)
```

2）取 $\hat{x}$ 为 x_i 的中值，$\hat{y}$ 为 y_i 的中值。角估计函数为 $\hat{\theta}=\arg(\hat{x},\hat{y})$ 。为了说明估计函数的鲁棒性，可以使用以下程序；

```
1 θ := 1; N = 100
2 θ⃗ := θ · 1_{N×1} + 0.1 · randn_{N×1} + round(randn_{N×1});
3 x := cos θ⃗; y = sin θ⃗
4 x̂ := median(x); ŷ := median(y)
5 θ̂ := atan2(ŷ, x̂)
```

3）如果满足下述条件，则两个角 α_1 和 α_2 是等价的。

$$\begin{aligned} & \alpha_2=\alpha_1+\tfrac{k\pi}{2}, \qquad k\in\mathbb{Z} \\ \Leftrightarrow\ & 4\alpha_2=4\alpha_1+2k\pi \\ \Leftrightarrow\ & \begin{cases}\cos 4\alpha_2=\cos 4\alpha_1\\ \sin 4\alpha_2=\sin 4\alpha_1\end{cases} \end{aligned}$$

式中，$k\in\mathbb{Z}$。在每一对联盟 (α_i,d_i) 中，生成如下单位圆上的 m 个点：

$$\begin{pmatrix}x_i\\ y_i\end{pmatrix}=\begin{pmatrix}\cos 4\alpha_i\\ \sin 4\alpha_i\end{pmatrix}$$

这就代表了消歧函数。取 $\hat{x}$ 为 x_i 的中值，$\hat{y}$ 为 y_i 的中值，根据向量（$\hat{x}$ ，$\hat{y}$ ）的幅角便可得到空间（在机器人坐标系中）具有四分之一转动裕度的角度 $4\hat{\alpha}$ 。因此，可得：

$$\hat{\alpha}=\frac{1}{4}\,\text{atan2}(\hat{y},\hat{x})\in\left[-\frac{\pi}{4},\frac{\pi}{4}\right]$$

当然，在该点将异常值从其方向上移除是相当重要的，即 (α_i,d_i) 的队列使得 $|\hat{x}-x_i|+|\hat{y}-y_i|$ 的值不可　　　忽略。

4）对与 (α_i,d_i) 队列中的每一个 α_i，可计算得到墙壁数目为：

$$k_i = \operatorname{mod}\left(\operatorname{round}\left(\frac{\alpha_i - \hat{\alpha}}{\pi/4}\right), 4\right) \in \{0,1,2,3\}$$

238

则过滤后的角度为：

$$\alpha_i = \hat{\alpha} + k_i \frac{\pi}{4}$$

5）对于每个 $k \in \{0,1,2,3\}$，可计算（利用中值估计）其距离为：

$$\hat{\delta}_k = \text{中值}\{d_i\text{，其中 } i \text{ 满足 } k_i = k\}$$

6）定义 η_k 为与墙 k 相对应的队列数，即 $\eta_k = \operatorname{card}(\{i | k_i = k\})$。因此，可得到两个或三个对应于方向 $\hat{\alpha} + k_i \dfrac{\pi}{4}$ 的距离 $\hat{\delta}_k$ 的信息，其置信指数为 η_k。为了打破这种对称性，则需要增加额外的信息（如矩形长 ℓ_x 和宽 ℓ_y 以及航向的信息）。图 5.11 给出了一个基于遥感勘测的机器人定位原理的图解。

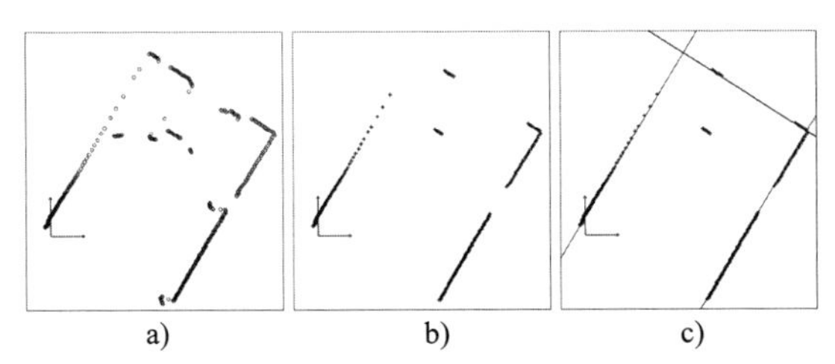

图 5.11　a）原始激光雷达数据；b）与小留数对相关联的数据；c）重新建立的墙面

习题 5.3 参考答案 （实时测角定位）

1）对于该仿真，需要 α 和 $\dot{\alpha}$。首先，已知：

$$\alpha = -\theta + \operatorname{atan}(y_m - y, x_m - x)$$

对该方程求导可得：

$$\begin{aligned}\dot{\alpha} &= -\dot{\theta} + \frac{\mathrm{d}}{\mathrm{d}t}\operatorname{atan}(y_m - y, x_m - x) \\ &= -\dot{\theta} + \left(\frac{-(y_m - y)}{(x_m - x)^2 + (y_m - y)^2} \quad \frac{(x_m - x)}{(x_m - x)^2 + (y_m - y)^2}\right)\begin{pmatrix}\dot{x}_m - \dot{x} \\ \dot{y}_m - \dot{y}\end{pmatrix}\end{aligned}$$

239

因此，由于 $\dot{x} = v\cos\theta$, $\dot{y} = v\cos\theta$, $\dot{\theta} = v_1$，则有：

$$\dot{\alpha} = -u_1 + \frac{(x_m - x)(\dot{y}_m - v\sin\theta) - (y_m - y)(\dot{x}_m - v\cos\theta)}{(x_m - x)^2 + (y_m - y)^2}$$

观察函数的代码为：

函数 $\mathbf{g}(\mathbf{x}, \mathbf{u}, \mathbf{m}, \dot{\mathbf{m}})$
1 $(x, y, \theta, v) := \mathbf{x}$; $(\dot{x}_m, \dot{y}_m) := \dot{\mathbf{m}}$
2 $\mathbf{v} := \mathbf{m} - \mathbf{x}_{1:2}$; $\alpha := -\theta +$ angle$(\mathbf{v})$
3 $\dot{\alpha} := -u_1 + \frac{1}{\Vert\mathbf{v}\Vert^2} \cdot \det\begin{pmatrix} v_1 & \dot{x}_m - v\cos\theta \\ v_2 & \dot{y}_m - v\sin\theta \end{pmatrix}$
4 Return $(\alpha, \dot{\alpha}, \theta, v)^{\mathrm{T}}$

2）已知如下关系式：

$$\det\left(\begin{pmatrix} x_m - x \\ y_m - y \end{pmatrix}, \begin{pmatrix} \cos(\theta+\alpha) \\ \sin(\theta+\alpha) \end{pmatrix}\right) = 0$$

即

$$(x_m - x)\sin(\theta+\alpha) - (y_m - y)\cos(\theta+\alpha) = 0$$

对该关系式求导可得：

$$\begin{aligned}&(\dot{x}_m - \dot{x})\sin(\theta+\alpha) + (x_m - x)\left(\dot{\theta}+\dot{\alpha}\right)\cos(\theta+\alpha)\\&-(\dot{y}_m - \dot{y})\cos(\theta+\alpha) + (y_m - y)\left(\dot{\theta}+\dot{\alpha}\right)\sin(\theta+\alpha) = 0\end{aligned}$$

通过对上述关系式提取变量 x 和 y，可得：

$$\begin{pmatrix} x \\ y \end{pmatrix} = \begin{pmatrix} \sin(\theta+\alpha) & \cos(\theta+\alpha) \\ -\cos(\theta+\alpha) & \sin(\theta+\alpha) \end{pmatrix} \begin{pmatrix} -y_m & x_m \\ x_m - \dfrac{\dot{y}_m - v\sin\theta}{\dot{\theta}+\dot{\alpha}} y_m + \dfrac{\dot{x}_m - v\cos\theta}{\dot{\theta}+\dot{\alpha}} & \end{pmatrix} \cdot \begin{pmatrix} \cos(\theta+\alpha) \\ \sin(\theta+\alpha) \end{pmatrix}$$

根据该关系式可实现利用单个地标和其他专用传感器定位，不管该地标是固定的还是移动的。例如，如果机器人上存在一个罗盘和里程计（对移动机器人而言），便能够利用罗盘测量方向角 θ_a，利用里程计测量速度 v_a 和 $\dot{\theta}_a$。

3）$\ddot{\alpha}$ 的表达式必须利用失踪方程计算。

4）对于 $\mathcal{R}_b$，存在两个或更多的有效方程：

$$\begin{cases}(x_m - x_b)\sin(\theta_b+\alpha_b) - (y_m - y_b)\cos(\theta_b+\alpha_b) = 0\\(x_a - x_b)\sin(\theta_b+\beta_b) - (y_a - y_b)\cos(\theta_b+\beta_b) = 0\end{cases}$$

以此便可得到 (x_b, y_b)：

$$\begin{pmatrix} x_b \\ y_b \end{pmatrix} = \begin{pmatrix} -\sin(\theta_b+\alpha_b) & \cos(\theta_b+\alpha_b) \\ -\sin(\theta_b+\beta_b) & \cos(\theta_b+\beta_b) \end{pmatrix}^{-1} \begin{pmatrix} y_m\cos(\theta_b+\alpha_b) - x_m\sin(\theta_b+\alpha_b) \\ y_a\cos(\theta_b+\beta_b) - x_a\sin(\theta_b+\beta_b) \end{pmatrix}$$

5）由题可得到一个新方程：

$$(x_a - x_b)\sin(\theta_a+\beta_a) - (y_a - y_b)\cos(\theta_a+\beta_a) = 0$$

式中，β_a 为 $\mathcal{R}_a$ 能够观测到 $\mathcal{R}_b$ 的角度。那么，便可得到五个含有四个未知量的方程：

$$\begin{aligned}&(x_m - x_a)\sin(\theta_a+\alpha_a) - (y_m - y_a)\cos(\theta_a+\alpha_a) = 0\\&(\dot{x}_m - v_a\cos\theta_a)\sin(\theta_a+\alpha_a) + (x_m - x_a)\left(\dot{\theta}_a+\dot{\alpha}_a\right)\cos(\theta_a+\alpha_a)\\&-(\dot{y}_m - v_a\sin\theta_a)\cos(\theta_a+\alpha_a) + (y_m - y_a)\left(\dot{\theta}_a+\dot{\alpha}_a\right)\sin(\theta_a+\alpha_a) = 0\\&(x_m - x_b)\sin(\theta_b+\alpha_b) - (y_m - y_b)\cos(\theta_b+\alpha_b) = 0\\&(x_a - x_b)\sin(\theta_b+\beta_b) - (y_a - y_b)\cos(\theta_b+\beta_b) = 0\\&(x_a - x_b)\sin(\theta_a+\beta_a) - (y_a - y_b)\cos(\theta_a+\beta_a) = 0\end{aligned}$$

240

这些方程在 (x_a, y_a, x_b, y_b) 上是线性的，因此可通过最小二乘法公式求解。

习题 5.4 参考答案 （距离测量定位）

1）该题存在两种解：其中之一已表示在图 5.10 中，另一个为机器人相对于经过 $\boldsymbol{m}$ 且方向向量为 $\mathbf{u}=(\cos\theta, \sin\ \theta)$ 的直线的对称性。

2）可得：

$$\begin{pmatrix} x_1 \\ y_1 \end{pmatrix} = \begin{pmatrix} \cos\theta & \sin\theta \\ -\sin\theta & \cos\theta \end{pmatrix} \begin{pmatrix} x - x_m \\ y - y_m \end{pmatrix}$$

3）已知：

$$(x - x_m)^2 + (y - y_m)^2 = d^2$$

241

对其求导可得 $2\dot{x}\ (x-x_m) + 2\dot{y}\ (y-y_m) = 2d\dot{d}$，有：

$$(v\cos\theta)(x - x_m) + (v\sin\theta)(y - y_m) = d\dot{d}$$

在坐标系 $\mathcal{R}_1$ 中，可将这两个方程写为：

$$\begin{cases} x_1^2 + y_1^2 &= d^2 \\ \quad vx_1 &= d\dot{d} \end{cases}$$

该系统的解相当简单，即

$$\begin{cases} x_1 &= \frac{d\dot{d}}{v} \\ y_1 &= \varepsilon d\sqrt{1 - \frac{\dot{d}^2}{v^2}} \end{cases}$$

式中，$\varepsilon = \pm 1$。这便是两个对称方程。

4）定位方程为：

$$\begin{pmatrix} x \\ y \end{pmatrix} = \begin{pmatrix} \cos\theta & -\sin\theta \\ \sin\theta & \cos\theta \end{pmatrix} \begin{pmatrix} \frac{d\dot{d}}{v} \\ \varepsilon d\sqrt{1 - \frac{\dot{d}^2}{v^2}} \end{pmatrix} + \begin{pmatrix} x_m \\ y_m \end{pmatrix}$$

如果 $v=0$，将不能实现定位。因此，便存在一个奇异点。如果 $1-\frac{\dot{d}^2}{v^2}=0$，便可得到一个唯一解，即如果 $\dot{d} = \pm v$，这就意味着机器人要么在地标方向上移动，要么在其反方向上移动。最后，绝不会有 $1-\frac{\dot{d}^2}{v^2}<0$（除了传感器存在问题）的情形，因为这表示系统不存在解。因为机器人不能以比其自身更快的速度接近地标，故而这种情形是合理的。

242

辨　　识

辨识的目的是根据其他测量值以高精度估计未测的变量值。在如下特例中，当所要估计的变量是某一不变线性系统的状态向量时，可以认为应用极点配置原理的状态观测器（或 Luenberger 观测器）是用于辨识的有效工具。在本章中，将介绍关于估计的几个基本概念，主要是为了引出第 7 章的卡尔曼滤波。总之，可将这种滤波视为一种具有时变参数的动态线性系统的状态估计。然而，与利用极点配置原理的更标准的观测器相比较而言，卡尔曼滤波利用的是信号的概率特性。在此，将考虑静态（与动态截然相反）情形。所要估计的未知量均存储在参数 $\mathbf{P}$ 的向量中，而测量值均存储在 $\mathbf{y}$ 向量中。为了执行这种估计，我们将主要着眼于所谓的最小二乘法，找出能够最小化误差平方和的向量 $\mathbf{P}$。

6.1　二次函数

在向量 $\mathbf{P}$ 和 $\mathbf{y}$ 之间的依赖关系为线性的情形下，通常利用最小二乘法对二次方程进行最小化。本节将回顾几个与这些具有特殊性质的方程有关的概念。

6.1.1　定义

二次方程 $f:\mathbb{R}^n \to \mathbb{R}$ 为一个如下形式的方程：

243

$$f(\mathbf{x}) = \mathbf{x}^{\mathrm{T}} \cdot \mathbf{Q} \cdot \mathbf{x} + \mathbf{L}\mathbf{x} + c$$

式中，$\mathbf{Q}$ 为一个对称矩阵。这个定义相当于说明 $f(x)$ 是一个关于常数 c、x_i、平方 x_i^2 和向量积 $x_i x_j$(其中 $i \neq j$) 的线性组合。例如，$f(x_1, x_2)=2x_1^2-6x_1x_2+x_2^2-2x_1+x_2+1$ 就是一个二次函数。则有：

$$f(\mathbf{x}) = (x_1 \ \ x_2)\begin{pmatrix} 2 & -3 \\ -3 & 1 \end{pmatrix}\begin{pmatrix} x_1 \\ x_2 \end{pmatrix} + (-2 \ \ 1)\begin{pmatrix} x_1 \\ x_2 \end{pmatrix} + 1 \qquad (6.1)$$

在此将证明如下理论即函数 f 在点 $\mathbf{x}$ 处的导数是一个仿射函数。在本例中，函数 f 在点 $\mathbf{x}$ 处的导数为：

$$\begin{aligned} \frac{\mathrm{d}f}{\mathrm{d}\mathbf{x}}(\mathbf{x}) &= \left(\frac{\partial f}{\partial x_1}(\mathbf{x}) \quad \frac{\partial f}{\partial x_2}(\mathbf{x})\right) \\ &= (4x_1 - 6x_2 - 2 \quad -6x_1 + 2x_2 + 1) \end{aligned}$$

上式是一个关于 $\mathbf{x}$ 的仿射方程。组成 $f(x)$ 的方程 $\mathbf{x} \to \mathbf{x}^{\mathrm{T}}\mathbf{Q}\mathbf{x}$ 只有关于 $x_i x_j$ 和 x_i^2 的项，这样的一个方程称为二次型。

6.1.2　二次型的导数

考虑如下二次型：

$$f(\mathbf{x}) = \mathbf{x}^{\mathrm{T}}\mathbf{Q}\,\mathbf{x}$$

f 在点 $\mathbf{x}$ 的邻域内的一阶泰勒展开为：

$$f(\mathbf{x}+\delta\mathbf{x}) = f(\mathbf{x}) + \frac{\mathrm{d}f}{\mathrm{d}\mathbf{x}}(\mathbf{x})\cdot\delta\mathbf{x} + o\left(||\delta\mathbf{x}||\right)$$

式中，$o(||\delta\mathbf{x}||)$ 表示当 $\delta\mathbf{x}$ 无穷小时，与 $||\delta\mathbf{x}||$ 相比非常小的量。当然，此处的 $\frac{\mathrm{d}f}{\mathrm{d}\mathbf{x}}(\mathbf{x})$ 将由一个 $1\times n$ 的矩阵表示，正如从 $\mathbb{R}^n$ 到 $\mathbb{R}$ 的线性化方程。然而：

$$\begin{aligned} f\left(\mathbf{x}+\delta\mathbf{x}\right) &= \left(\mathbf{x}+\delta\mathbf{x}\right)^{\mathrm{T}}\cdot\mathbf{Q}\cdot\left(\mathbf{x}+\delta\mathbf{x}\right) \\ &= \mathbf{x}^{\mathrm{T}}\cdot\mathbf{Q}\cdot\mathbf{x} + \mathbf{x}^{\mathrm{T}}\cdot\mathbf{Q}\cdot\delta\mathbf{x} + \delta\mathbf{x}^{\mathrm{T}}\cdot\mathbf{Q}\cdot\mathbf{x} + \delta\mathbf{x}^{\mathrm{T}}\cdot\mathbf{Q}\cdot\delta\mathbf{x} \\ &= \mathbf{x}^{\mathrm{T}}\cdot\mathbf{Q}\cdot\mathbf{x} + 2\mathbf{x}^{\mathrm{T}}\cdot\mathbf{Q}\cdot\delta\mathbf{x} + o\left(||\delta\mathbf{x}||\right) \end{aligned}$$

因为 $\mathbf{Q}$ 是对称的且 $\delta\mathbf{x}^{\mathrm{T}}\cdot\mathrm{Q}\cdot\delta\mathbf{x}=o\left(||\delta\mathbf{x}||\right)$。通过利用泰勒展开的唯一性和给定的 $f(\mathbf{x}+\delta\mathbf{x})$ 的表达式，可得：

$$\frac{\mathrm{d}f}{\mathrm{d}\mathbf{x}}(\mathbf{x}) = \left(\frac{\partial f}{\partial x_1}(\mathbf{x}),\ldots,\frac{\partial f}{\partial x_n}(\mathbf{x})\right) = 2\mathbf{x}^{\mathrm{T}}\mathbf{Q}$$

例如，二次函数式（6.1）的导数为：

$$2\left(x_1\ \ x_2\right)\begin{pmatrix} 2 & -3 \\ -3 & 1 \end{pmatrix} + (-2\ \ 1) = \left(4x_1 - 6x_2 - 2\quad -6x_1 + 2x_2 + 1\right)$$

244

6.1.3　二次函数的特征值

这些是 $\mathbf{Q}$ 的特征值。所有的特征值都是实数，且这些特征值都是两两正交的。二次函数 $f(\mathbf{x})=\alpha$ 的等高线为如下形式：

$$\mathbf{x}^{\mathrm{T}}\mathbf{Q}\mathbf{x} + \mathbf{L}\mathbf{x} = \alpha - c$$

并将其称为二次型。如果所有特征值的符号相同，则构成椭圆体；或如果这些特征值具有不同的符号，则构成双曲面。如果 $\mathbf{Q}$ 的所有特征值都为正数，则称二次型 $\mathbf{x}^{\mathrm{T}}\mathbf{Q}\mathbf{x}$ 是正的。如果所有特征值都是非 0 的，则称该二次型是确定的。如果所有特征值都是严格正的，则称该二次型是正定的。当且仅当其相应的二次型是正定时，二次方程 f 有且只有一个最小值。

6.1.4　二次函数的最小化

定理：如果 $\mathbf{Q}$ 是正定的，那么 $f(\mathbf{x})=\mathbf{x}^{\mathrm{T}}\mathbf{Q}\mathbf{x}+\mathbf{L}\mathbf{x}+c$ 有且仅有一个最小值 $\mathbf{x}^*$ 如下所示：

$$\mathbf{x}^* = -\frac{1}{2}\mathbf{Q}^{-1}\mathbf{L}^{\mathrm{T}}$$

其最小值为：$f(\mathbf{x}^*) = -\frac{1}{4}\mathbf{L}\mathbf{Q}^{-1}\mathbf{L}^{\mathrm{T}} + c$

证明：函数 f 是凸的，可微的。在最小值 $\mathbf{x}^*$ 处，有：

$$\frac{\mathrm{d}f}{\mathrm{d}\mathbf{x}}(\mathbf{x}^*) = 2\mathbf{x}^{*\mathrm{T}}\mathbf{Q} + \mathbf{L} = \mathbf{0}$$

因此，$\mathbf{x}^*=-\frac{1}{2}\mathbf{Q}^{-1}\mathbf{L}^{\mathrm{T}}$，相应的最小值由以下公式给出：

$$\begin{aligned} f(\mathbf{x}^*) &= \left(-\frac{1}{2}\mathbf{Q}^{-1}\mathbf{L}^{\mathrm{T}}\right)^{\mathrm{T}}\mathbf{Q}\left(-\frac{1}{2}\mathbf{Q}^{-1}\mathbf{L}^{\mathrm{T}}\right) + \mathbf{L}\left(-\frac{1}{2}\mathbf{Q}^{-1}\mathbf{L}^{\mathrm{T}}\right) + c \\ &= \frac{1}{4}\mathbf{L}\mathbf{Q}^{-1}\mathbf{L}^{\mathrm{T}} - \frac{1}{2}\mathbf{L}\mathbf{Q}^{-1}\mathbf{L}^{\mathrm{T}} + c \\ &= -\frac{1}{4}\mathbf{L}\mathbf{Q}^{-1}\mathbf{L}^{\mathrm{T}} + c \end{aligned}$$

■

例　二次函数：

245

$$f(\mathbf{x}) = (x_1\ \ x_2)\begin{pmatrix} 2 & -1 \\ -1 & 1 \end{pmatrix}\begin{pmatrix} x_1 \\ x_2 \end{pmatrix} + (3\ 4)\begin{pmatrix} x_1 \\ x_2 \end{pmatrix} + 5$$

具有一个最小值，因为该函数二次型的矩阵 $\mathbf{Q}$ 是正定的（其特征值 $\frac{3}{2}\pm\frac{1}{2}\sqrt{5}$ 都是正数）。该方程将如下向量作为最小元：

$$\mathbf{x}^* = -\frac{1}{2}\begin{pmatrix} 2 & -1 \\ -1 & 1 \end{pmatrix}^{-1}\begin{pmatrix} 3 \\ 4 \end{pmatrix} = \begin{pmatrix} -\frac{7}{2} \\ -\frac{11}{2} \end{pmatrix}$$

则函数的最小值为：

$$f(\mathbf{x}^*) = -\frac{1}{4}(3\ 4)\begin{pmatrix} 2 & -1 \\ -1 & 1 \end{pmatrix}^{-1}\begin{pmatrix} 3 \\ 4 \end{pmatrix} + 5 = -\frac{45}{4}$$

例　函数 $f(x)=3x^2+6x+7$ 具有一个最小值，因为函数二次型（在此对应于标量 3）的矩阵是正定的（因为 3>0）。则其极小值是如下标量：

$$x^* = -\frac{1}{2}\cdot\frac{1}{3}\cdot 6 = -1$$

则函数的最小值为 $f(x^*)=3-6+7=4$。

6.2　最小二乘法

估计就表示从相同系统的其他变量的测量值中得到某一系统的确定变量的同一数量级的值。在本章将考虑如下的估计问题。考虑某一系统，对该系统而言已经得到各种测量值 $\mathbf{y}=(y_1,\cdots,y_p)$ 和一个依赖于参数 $\mathbf{p}$ 的某一向量的模型 $\mathcal{M}(\mathbf{p})$，需要估计 $\mathbf{p}$ 以实现由 $\mathcal{M}(\mathbf{p})$ 所产生的输出 $f(\mathbf{p})$ 尽可能与 $\mathbf{y}$ 相类似。

6.2.1　线性情形

假设可将输出向量写为如下形式：

$$\mathbf{f}(\mathbf{p}) = \mathbf{M}\mathbf{p}$$

那么将该模型称为关于参数是线性的。想要实现：

$$\mathbf{f}(\mathbf{p}) = \mathbf{y}$$

但是一般情况下，这是不可能的，因为噪声的存在且测量值的数量通常高于参数的数量（即，$\dim(\mathbf{y}) > \mathrm{din}(\mathbf{p})$），因此，我们将试图找到最优的 $\mathbf{p}$，即可以最小化所谓的最小二乘准则的 $\mathbf{p}$：

246

$$j(\mathbf{p}) = ||\mathbf{f}(\mathbf{p}) - \mathbf{y}||^2$$

则有：

$$\begin{aligned} j(\mathbf{p}) &= ||\mathbf{f}(\mathbf{p}) - \mathbf{y}||^2 = ||\mathbf{M}\mathbf{p} - \mathbf{y}||^2 \\ &= (\mathbf{M}\mathbf{p} - \mathbf{y})^{\mathrm{T}} (\mathbf{M}\mathbf{p} - \mathbf{y}) = \left(\mathbf{p}^{\mathrm{T}}\mathbf{M}^{\mathrm{T}} - \mathbf{y}^{\mathrm{T}}\right)(\mathbf{M}\mathbf{p} - \mathbf{y}) \\ &= \mathbf{p}^{\mathrm{T}}\mathbf{M}^{\mathrm{T}}\mathbf{M}\mathbf{p} - \mathbf{p}^{\mathrm{T}}\mathbf{M}^{\mathrm{T}}\mathbf{y} - \mathbf{y}^{\mathrm{T}}\mathbf{M}\mathbf{p} + \mathbf{y}^{\mathrm{T}}\mathbf{y} \\ &= \mathbf{p}^{\mathrm{T}}\mathbf{M}^{\mathrm{T}}\mathbf{M}\mathbf{p} - 2\mathbf{y}^{\mathrm{T}}\mathbf{M}\mathbf{p} + \mathbf{y}^{\mathrm{T}}\mathbf{y} \end{aligned}$$

然而，$\mathbf{M}^{\mathrm{T}}\mathbf{M}$ 是对称的（因为 $(\mathbf{M}^{\mathrm{T}}\mathbf{M})^{\mathrm{T}} = \mathbf{M}^{\mathrm{T}}\mathbf{M}$），因此，便得到一个二次函数。此外，$\mathbf{M}^{\mathrm{T}}\mathbf{M}$ 的所有特征值都为正或 0，则可通过如下所述获得极小值 $\hat{\mathbf{p}}$：

$$\begin{aligned} \tfrac{\mathrm{d}j}{\mathrm{d}\mathbf{p}}(\hat{\mathbf{p}}) = \mathbf{0} &\Leftrightarrow 2\hat{\mathbf{p}}^{\mathrm{T}}\mathbf{M}^{\mathrm{T}}\mathbf{M} - 2\mathbf{y}^{\mathrm{T}}\mathbf{M} = \mathbf{0} \Leftrightarrow \hat{\mathbf{p}}^{\mathrm{T}}\mathbf{M}^{\mathrm{T}}\mathbf{M} = \mathbf{y}^{\mathrm{T}}\mathbf{M} \\ &\Leftrightarrow \mathbf{M}^{\mathrm{T}}\mathbf{M}\hat{\mathbf{p}} = \mathbf{M}^{\mathrm{T}}\mathbf{y} \qquad \Leftrightarrow \hat{\mathbf{p}} = \left(\mathbf{M}^{\mathrm{T}}\mathbf{M}\right)^{-1}\mathbf{M}^{\mathrm{T}}\mathbf{y} \end{aligned}$$

矩阵：

$$\mathbf{K} = \left(\mathbf{M}^{\mathrm{T}}\mathbf{M}\right)^{-1}\mathbf{M}^{\mathrm{T}}$$

被称为长方阵的广义逆。将向量 $\hat{\mathbf{p}}$ 称为最小二乘估计。函数：

$$\mathbf{y} \mapsto \mathbf{K}\mathbf{y}$$

被称为估计器。应注意的是，因为该模型函数也是线性的，所以这个估计器是线性的。向量：

$$\hat{\mathbf{y}} = \mathbf{M}\hat{\mathbf{p}} = \mathbf{M}\mathbf{K}\mathbf{y}$$

是滤波测量值的向量，变量：

$$\mathbf{r} = \hat{\mathbf{y}} - \mathbf{y} = (\mathbf{M}\mathbf{K} - \mathbf{I})\,\mathbf{y}$$

被称为残差向量。该向量的范数表示 $\mathbf{y}$ 与超平面 $\mathbf{f}(\mathbb{R}^n)$ 之间的距离，如果该范数比较大，那么就意味着该模型中有一个误差或者数据不精确。

247

6.2.2 非线性情形

如果 $\mathbf{y}$ 是测量值的向量，$\mathbf{f}(\mathbf{p})$ 为模型所产生的输出，那么可将最小二乘估计定义为：

$$\hat{\mathbf{p}} = \arg\min_{\mathbf{p}\in\mathbb{R}^n} ||\mathbf{f}(\mathbf{p}) - \mathbf{y}||^2$$

当 $\mathbf{f}(\mathbf{p})$ 关于 $\mathbf{P}$ 线性时，即 $\mathbf{f}(\mathbf{p})=\mathbf{Mp}$，那么利用最小二乘法估计得到的参数向量为 $\hat{\mathbf{p}}=(\mathbf{M}^{\mathrm{T}}\mathbf{M})^{-1}\mathbf{My}$，滤波测量的向量为 $\hat{\mathbf{y}}=\mathbf{M}(\mathbf{M}^{\mathrm{T}}\mathbf{M})^{-1}\mathbf{My}$。一般而言，尽管当 $\mathbf{f}(\mathbf{p})$ 是非线性时，也可有如下的几何解释（见图 6.1）：

1）滤波变量的向量 $\hat{\mathbf{y}}$ 表示 $\mathbf{y}$ 在集合 $\mathbf{f}(\mathbb{R}^n)$ 上的投影；

2）利用最小二乘法估计得到的向量 $\hat{\mathbf{p}}$ 表示滤波测量的向量 $\mathbf{y}$ 相对于 $\mathbf{f}(.)$ 的逆象。

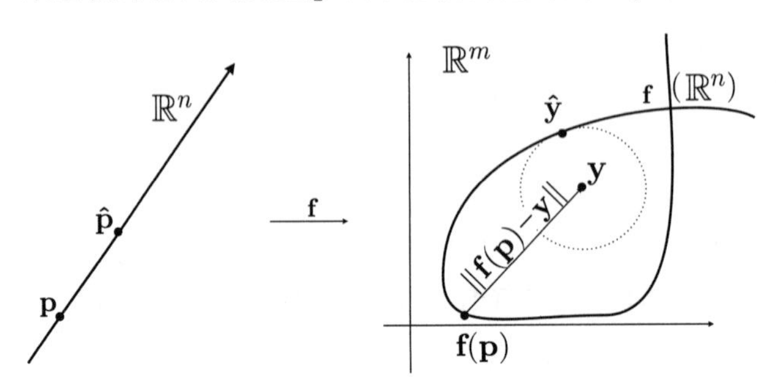

图 6.1 非线性情形下最小二乘法的图解

当 $\mathbf{f}(\mathbf{p})$ 是非线性时，便可利用局部优化算法尝试获取 $\hat{\mathbf{p}}$。现在我们将提出两种不同的方法来执行局部最小化：牛顿法和蒙特卡罗算法。

牛顿法。为了最小化 $j(\mathbf{p})=\|\mathbf{f}(\mathbf{p})-\mathbf{y}\|^2$，牛顿法假定有一个极小值的近似值 $\mathbf{p}_0$ 可用。$\mathbf{p}_0$ 附近，有：

248

$$\mathbf{f}(\mathbf{p}) \simeq \mathbf{f}(\mathbf{p}_0) + \frac{d\mathbf{f}}{d\mathbf{p}}(\mathbf{p}_0)\cdot(\mathbf{p}-\mathbf{p}_0)$$

因此：

$$\begin{aligned} j(\mathbf{p}) &= ||\mathbf{f}(\mathbf{p})-\mathbf{y}||^2 \\ &\simeq ||\mathbf{f}(\mathbf{p}_0)+\frac{d\mathbf{f}}{d\mathbf{p}}(\mathbf{p}_0)\cdot(\mathbf{p}-\mathbf{p}_0)-\mathbf{y}||^2 \\ &= ||\underbrace{\frac{d\mathbf{f}}{d\mathbf{p}}(\mathbf{p}_0)}_{=\mathbf{M}}\cdot\mathbf{p}+\underbrace{\mathbf{f}(\mathbf{p}_0)-\frac{d\mathbf{f}}{d\mathbf{p}}(\mathbf{p}_0)\cdot\mathbf{p}_0-\mathbf{y}}_{=-\mathbf{z}}||^2 \\ &= ||\mathbf{M}\cdot\mathbf{p}-\mathbf{z}||^2 \end{aligned}$$

最小值为：

$$\begin{aligned} \mathbf{p}_1 &= \underbrace{\left(\mathbf{M}^{\mathrm{T}}\mathbf{M}\right)^{-1}\mathbf{M}^{\mathrm{T}}}_{=\mathbf{K}}\cdot\mathbf{z} \\ &= \mathbf{K}\cdot(\mathbf{y}-\mathbf{f}(\mathbf{p}_0)+\mathbf{M}\cdot\mathbf{p}_0) \\ &= \mathbf{p}_0+\mathbf{K}\cdot(\mathbf{y}-\mathbf{f}(\mathbf{p}_0)) \end{aligned}$$

预计比 $\mathbf{p}_0$ 更接近解。可得牛顿算法如图 6.2 所示。

算法 NEWTON(in:$\mathbf{p}_0, \mathbf{y}$)	
1	for $k=0$ to k_{max}
2	$\mathbf{M}=\frac{d\mathbf{f}}{d\mathbf{p}}(\mathbf{p}_k)$
3	$\mathbf{K}=\left(\mathbf{M}^{\mathrm{T}}\mathbf{M}\right)^{-1}\mathbf{M}^{\mathrm{T}}$
4	$\mathbf{p}_{k+1}=\mathbf{p}_k+\mathbf{K}\cdot(\mathbf{y}-\mathbf{f}(\mathbf{p}_k))$

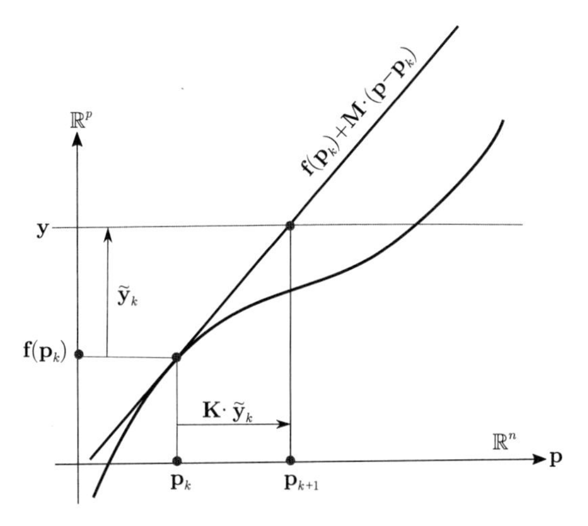

图 6.2　最小化 $\|\mathbf{f}(\mathbf{p})-\mathbf{y}\|^2$ 的牛顿法（有关此图的彩色版本，请参阅 www.iste.co.uk/julin/robotics.zip）　249

不幸的是，即使最小化问题的解是唯一的，牛顿算法也可能发散或收敛到不是我们问题的解的点。

蒙特卡罗法。下面的算法提出了蒙特卡罗算法的一个简单版本：

算法 MINIMIZE(input: $\mathbf{p}$)
1 take a random movement $\mathbf{d}$
2 $\mathbf{q}=\mathbf{p}+\mathbf{d}$
3 if $j(\mathbf{q})<j(\mathbf{p})$ then $\mathbf{p}=\mathbf{q}$
4 go to 1

同样，该算法有望收敛到该准则 $j(\mathbf{p})=\|\mathbf{f}(\mathbf{p})-\mathbf{y}\|^2$ 的局部最优值。数 $\mathbf{d}$ 表示从 $\mathbb{R}^n$ 中随机取的一个小向量的步长。在模拟退火法的情况下，这一步的振幅随着称为温度的参数的函数的迭代而减小，该参数随时间而减小。如果初始温度足够高，温度下降得足够慢，那么通常会收敛到全局最小值。

6.3　习题

习题 6.1　二次函数的表示法

考虑二次函数 $f(x,y)=x\cdot y$。

1）给出 f 在点 (x_0,y_0) 的梯度。

2）将 f 代入如下形式：$(x\ y)\cdot\mathbf{Q}\cdot(x\ y)^{\mathrm{T}}+\mathbf{L}(x\ y)^{\mathrm{T}}+c$，其中 $\mathbf{Q}$ 为对称矩阵。证明第一问中所述梯度为 $2(x\ y)\mathbf{Q}$。绘制与该梯度相关的向量场，并讨论。

3）画出 f 的轮廓线，进而绘制出 f 的图像。请问 f 有最小值吗？

4）以函数 $g(x,y)=2x^2+xy+4y^2+y-x+3$ 重新计算该习题。

习题 6.2　抛物线的辨识

寻求一个通过如下 n 个点的抛物线 $p_1t^2+p_2t+p_3$：

t	-3	-1	0	2	3	6
y	17	3	1	5	11	46

250

1）请给出参数 p_1, p_2, p_3 的一个最小二乘估计。

2）请问相应的滤波测量值是什么？给出该残差向量。

习题 6.3 直流电动机参数的辨识

在直流电动机的稳定工作范围内，其角速度 Ω 线性依赖于工作电压 U 和电阻转矩 T_r：

$$\Omega = p_1 U + p_2 T_r$$

在某一特殊的电动机上执行一系列的实验，可测得：

U/V	4	10	10	13	15
T_r/(Nm)	0	1	5	5	3
Ω/(rad/s)	5	10	8	14	17

1）请给出参数 p_1, p_2 的最小二乘估计，以及滤波测量值和相应的残差向量。

2）根据上述情形，推理出该电动机角速度的估计值，其中 U=20V，T_r= 10N · m。

习题 6.4 传递函数的估计

考虑由如下递推方程所描述的系统：

$$y(k) + a_1 y(k-1) + a_0 y(k-2) = b_1 u(k-1) + b_0 u(k-2)$$

对于 k 从 0 变化到 7，对该系统输入 $u(k)$ 和输出 $y(k)$ 进行噪声测量，可得：

k	0	1	2	3	4	5	6	7
$u(k)$	1	−1	1	−1	1	−1	1	−1
$y(k)$	0	−1	−2	3	7	11	16	36

请利用最小二乘法估计参数向量 $\mathbf{p} = (a_1, a_0, b_1, b_0)$，并讨论。

习题 6.5 蒙特卡罗法

考虑由如下状态方程所述的离散系统：

251

$$\begin{cases} \mathbf{x}(k+1) = \begin{pmatrix} 1 & 0 \\ a & 0.3 \end{pmatrix} \mathbf{x}(k) + \begin{pmatrix} b \\ 1-b \end{pmatrix} u(k) \\ y(k) = \begin{pmatrix} 1 & 1 \end{pmatrix} \mathbf{x}(k) \end{cases}$$

式中，a, b 为所要估计的两个变量。初始状态为 $\mathbf{x}(0)=(0,0)$，$u(k)=1$。已知如下 6 个测量值：

$$(y(0), \cdots, y(5)) = \left(0,\ 1,\ 2.5,\ 4.1,\ 5.8,\ 7.5\right)$$

应注意的是，这些值都是在 a^*=0.9 和 b^*=0.75 时获得的，但这些值是不应该知道的，因此仅仅假设 $a \in [0,2]$，$b \in [0,2]$。

1）建立一个利用蒙特卡罗法估计参数 a 和 b 程序。为此，利用统一随机抽签生成一组向量 $\mathbf{p}=(a,b)$，进而，通过对该状态方程进行仿真，计算出所有 $\mathbf{p}$ 对应的各个输出 $y_m(\mathbf{p},k)$。绘制出所有向量 $\mathbf{p}$，以使对于每个 $k \varepsilon \{0,\cdots,5\}$，均有 $|y_m(k)-y(k)|<\varepsilon$，其中 ε 是一个无穷小的正数。

2）计算该系统关于 a 和 b 的传递函数。

3）假设 a 和 b 的真实值 $a^* = 0.9$ a, d $b^* = 0.75$ 是已知的。计算所有能生成与 (a^*, b^*) 相同传递函数的 (a,b) 对的集合。由此推论出第一问所得结论的一个解释说明。

习题 6.6　利用模拟退火法定位

在此所要讨论的定位问题是从 [JAU 02] 启发而来。图 6.3 所示的机器人，装备有 8 个激光测距仪，这些激光测距仪能够以 $\frac{k\pi}{4}$,$k \in \{0, 2, \cdots, 7\}$ 角度测量机器人与墙壁之间的距离。假设障碍物由 n 部分 $[\mathbf{a}_i\,\mathbf{b}_i], i=1,\cdots,n$ 组成，其中 $\mathbf{a}_i$ 和 $\mathbf{b}_i$ 的坐标是已知的。测量到的 8 个距离保存在向量 $\mathbf{y}$ 中，则定位问题就相当于从向量 $\mathbf{y}$ 来估计机器人的位置和方向。

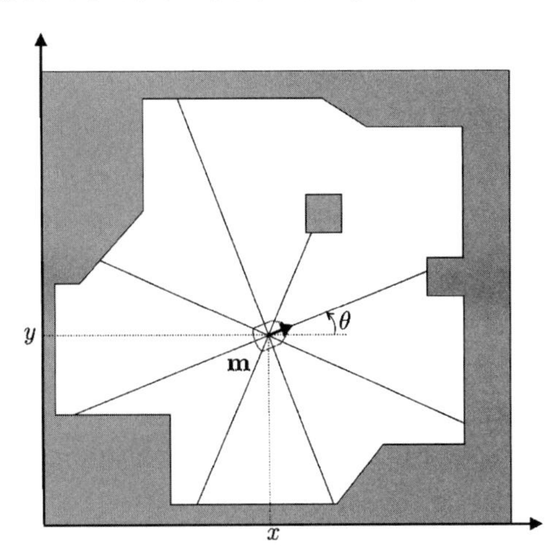

图 6.3　装备有 8 个测距仪的机器人进行定位

1）令 $\mathbf{m}, \mathbf{a}, \mathbf{b}$ 为 $\mathbb{R}^2$ 内的三个点，$\vec{\mathbf{u}}$ 为某一单位向量。证明射线 $\varepsilon(\mathbf{m}, \vec{\mathbf{u}})$ 与 $[\mathbf{ab}]$ 段相交，当且仅当：

$$\begin{cases} \det\left(\mathbf{a}-\mathbf{m}, \vec{\mathbf{u}}\right) \cdot \det\left(\mathbf{b}-\mathbf{m}, \vec{\mathbf{u}}\right) \leqslant 0 \\ \det(\mathbf{a}-\mathbf{m}, \mathbf{b}-\mathbf{a}) \cdot \det(\vec{\mathbf{u}}, \mathbf{b}-\mathbf{a}) \geqslant 0 \end{cases}$$

252

如果该条件成立，证明沿着 $\vec{\mathbf{u}}$ 从 $\mathbf{m}$ 至 $[\mathbf{ab}]$ 的距离为：

$$d = \frac{\det(\mathbf{a}-\mathbf{m}, \mathbf{b}-\mathbf{a})}{\det(\vec{\mathbf{u}}, \mathbf{b}-\mathbf{a})}$$

2）设计一个模拟器 $\mathbf{f}(\mathbf{p})$，通过该模拟器可以计算从位姿 $\mathbf{p}=(x, y, \theta)$ 至墙壁的距离。

3）利用全局模拟退火型优化方法，设计一个可以给出从向量 $\mathbf{y}$ 得到的位姿 $\mathbf{p}$ 的最小二乘估计 $\hat{\mathbf{p}}$ 的 MATLAB 程序，对于该房间的 $[\mathbf{a}_i, \mathbf{b}_i]$ 段和所测量得到的距离向量，采用如下数量：

$$\begin{aligned} \mathbf{A} &= \begin{pmatrix} 0 & 7 & 7 & 9 & 9 & 7 & 7 & 4 & 2 & 0 & 5 & 6 & 6 & 5 \\ 0 & 0 & 2 & 2 & 4 & 4 & 7 & 7 & 5 & 5 & 2 & 2 & 3 & 3 \end{pmatrix} \\ \mathbf{B} &= \begin{pmatrix} 7 & 7 & 9 & 9 & 7 & 7 & 4 & 2 & 0 & 0 & 6 & 6 & 5 & 5 \\ 0 & 2 & 2 & 4 & 4 & 7 & 7 & 5 & 5 & 0 & 2 & 3 & 3 & 2 \end{pmatrix} \\ \mathbf{y} &= \quad (6.4, 3.6, 2.3, 2.1, 1.7, 1.6, 3.0, 3.1)^{\mathrm{T}} \end{aligned}$$

6.4　习题参考答案

习题 6.1 参考答案 （二次函数的表示法）

1）$f(x, y)=x \cdot y$ 在点 (x_0, y_0) 处的梯度为：

253

$$\frac{\mathrm{d}f}{\mathrm{d}(x,y)}(x_0,y_0)=\left(\,y_0\;\;x_0\,\right)$$

2）已知：

$$f(x,y)=(x\;\;y)\begin{pmatrix}0&\frac{1}{2}\\\frac{1}{2}&0\end{pmatrix}\begin{pmatrix}x\\y\end{pmatrix}$$

则该梯度为：

$$\frac{\mathrm{d}f}{\mathrm{d}(x,y)}(x,y)\;=\;2\,(x\;\;y)\,\mathbf{Q}\;=\;2\,(x\;\;y)\begin{pmatrix}0&\frac{1}{2}\\\frac{1}{2}&0\end{pmatrix}\;=\;\left(\,y\;\;x\,\right)$$

该结论与 1）小问的结果相同。通过下述程序可获得与该梯度相对应的向量场：

```
1 x := −1 : 0.1 : 1; y = −1 : 0.1 : 1
2 (X, Y) := meshgrid(x, y)
3 G_x := Y;  G_y := X
4 quiver(x, y, G_x, G_y)
```

可获得图 6.4 所示 a 图。

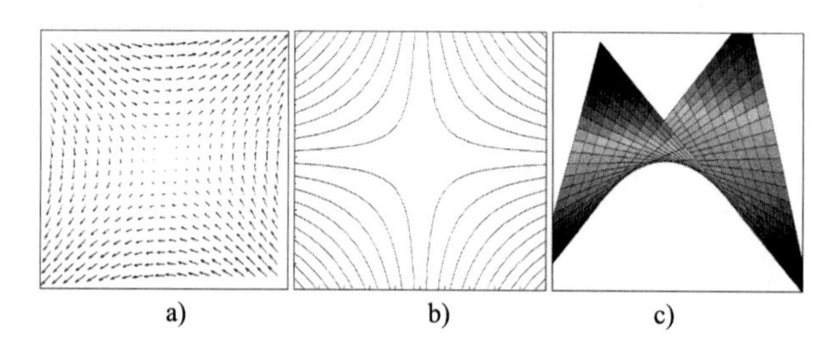

图 6.4 在 $[-1,1]^2$ 摊铺（paving）内函数 $x\cdot y$ 的表示方法：a）梯度的向量场；b）函数的等值面；c）3D 视图

3）分别可得到图 6.4 b、c。该函数并没有最小值。

4）对于函数 $g(x,y)=2x^2+xy+4y^2+y-x+3$，可得：

254

$$g(x,y)=(x\;\;y)\begin{pmatrix}2&\frac{1}{2}\\\frac{1}{2}&4\end{pmatrix}\begin{pmatrix}x\\y\end{pmatrix}+\left(-1\quad 1\right)\begin{pmatrix}x\\y\end{pmatrix}+3$$

因为该矩阵的特征值 $3+\frac{1}{2}\sqrt{5},3-\frac{1}{2}\sqrt{5}$ 都是严正的，与 g 相关的二次型是正定的，因此函数 f 有一个最小值。为了计算该最小值，需要解如下方程：

$$\frac{\mathrm{d}g}{\mathrm{d}(x,y)}=2\,(x\;\;y)\begin{pmatrix}2&\frac{1}{2}\\\frac{1}{2}&4\end{pmatrix}+\left(-1\;\;1\,\right)=\left(0\;\;0\right)$$

可得：

$$\begin{pmatrix}x\\y\end{pmatrix}=-\frac{1}{2}\begin{pmatrix}2&\frac{1}{2}\\\frac{1}{2}&4\end{pmatrix}^{-1}\begin{pmatrix}-1\\1\end{pmatrix}=\frac{1}{31}\cdot\begin{pmatrix}9\\-5\end{pmatrix}$$

通过与绘制 f 图像相同的方法绘制该图形（见图 6.5），则可证明 $g(x,y)$ 存在一个最小值且等高线是椭圆的。

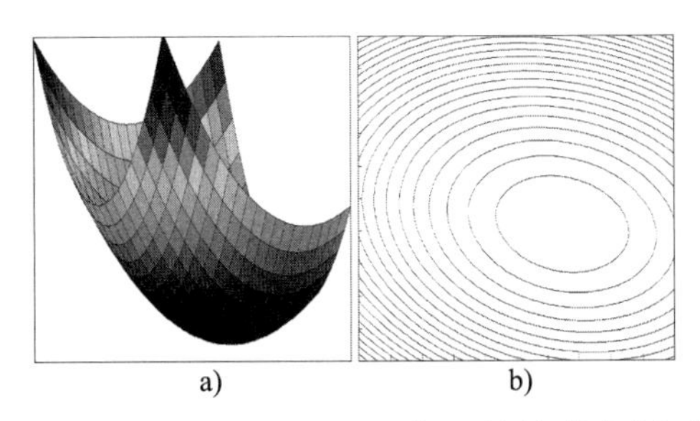

图 6.5　a）函数 $g(x,y)$ 的图像；b) 等高线。x 和 y 的搜索空间对应 $[-1,1]$ 的间隔

习题 6.2 参考答案（抛物线的辨识）

首先，应注意到为了获得这些测量值，取 $p_1^*=\sqrt{2}, p_2^*=-1, p_3^*=1$，为了推导出无噪声测量值：

$$\mathbf{y}^* = (16.72,\ 3.41,\ 1,\ 4.65,\ 10.73,\ 45.91)$$

将其截取为最近的整数。因此，在题中给出的测量值的向量为 $\mathbf{y}=(17,3,1,5,11,46)$，所需估计的参数向量 $\mathbf{p}=(p_1,p_2,p_3)$。当然，这种数据产生过程是未知的，不应该在解答习题时使用。 255

1）该模型的输出为：

$$\mathbf{f}(\mathbf{p}) = \begin{pmatrix} f_1(\mathbf{p}) \\ f_2(\mathbf{p}) \\ f_3(\mathbf{p}) \\ f_4(\mathbf{p}) \\ f_5(\mathbf{p}) \\ f_6(\mathbf{p}) \end{pmatrix} = \begin{pmatrix} 9p_1-3p_2+p_3 \\ p_1-p_2+p_3 \\ 0p_1-0p_2+p_3 \\ 4p_1+2p_2+p_3 \\ 9p_1+3p_2+p_3 \\ 36p_1+6p_2+p_3 \end{pmatrix} = \begin{pmatrix} 9 & -3 & 1 \\ 1 & -1 & 1 \\ 0 & 0 & 1 \\ 4 & 2 & 1 \\ 9 & 3 & 1 \\ 36 & 6 & 1 \end{pmatrix} \begin{pmatrix} p_1 \\ p_2 \\ p_3 \end{pmatrix}$$

因此，最小二乘估计向量为：

$$\hat{\mathbf{p}} = \left(\mathbf{M}^{\mathrm{T}}\mathbf{M}\right)^{-1}\mathbf{M}^{\mathrm{T}}\mathbf{y} = \begin{pmatrix} 1.41 \\ -0.98 \\ 1.06 \end{pmatrix}$$

2）过滤测量值为：

$$\hat{\mathbf{y}} = \mathbf{f}(\hat{\mathbf{p}}) = \mathbf{M}\hat{\mathbf{p}} = (16.76,\ 3.46,\ 1.06,\ 4.76,\ 10.84,\ 46.11)$$

残差向量为：

$$\mathbf{r} = \hat{\mathbf{y}} - \mathbf{y} = (-0.24,\ 0.46,\ 0.06,\ -0.24,\ -0.15,\ 0.11)$$

习题 6.3 参考答案（直流电动机参数的辨识）

1）已知：

$$\mathbf{f}(\mathbf{p}) = \mathbf{M}\cdot\mathbf{p}$$

式中，

$$\mathbf{M}=\begin{pmatrix}4 & 0\\ 10 & 1\\ 10 & 5\\ 13 & 5\\ 15 & 3\end{pmatrix},\ \mathbf{p}=\begin{pmatrix}p_1\\ p_2\end{pmatrix},\quad \mathbf{y}=\begin{pmatrix}5\\ 10\\ 8\\ 14\\ 17\end{pmatrix}$$

因此：

256

$$\hat{\mathbf{p}}=\left(\mathbf{M}^{\mathrm{T}}\mathbf{M}\right)^{-1}\mathbf{M}^{\mathrm{T}}\mathbf{y}=\begin{pmatrix}1.188\\ -0.516\end{pmatrix}$$

过滤测量值的向量为：

$$\hat{\mathbf{y}}=\mathbf{M}\cdot\hat{\mathbf{p}}=(4.75,\ 11.36,\ 9.3,\ 12.86,\ 16.27)^{\mathrm{T}}$$

残差向量为：

$$\mathbf{r}=\hat{\mathbf{y}}-\mathbf{y}=(-0.25,\ 1.36,\ 1.3,\ -1.14,\ -0.73)^{\mathrm{T}}$$

2）对于 U=20V 且 T_r=10N · m 而言，则有：

$$\hat{\Omega}=\begin{pmatrix}U & T_r\end{pmatrix}\cdot\hat{\mathbf{p}}=\begin{pmatrix}20 & 10\end{pmatrix}\begin{pmatrix}1.188\\ -0.516\end{pmatrix}=18.6\ \mathrm{rad/s}$$

习题 6.4 参考答案（传递函数的估计）

对于 $k=2\sim7$，递推方程为：

$$\begin{aligned}y(2)&=-a_1y(1)-a_0y(0)+b_1u(1)+b_0u(0)\\ y(3)&=-a_1y(2)-a_0y(1)+b_1u(2)+b_0u(1)\\ &\vdots\\ y(7)&=-a_1y(6)-a_0y(5)+b_1u(6)+b_0u(5)\end{aligned}$$

因此，矩阵 $\mathbf{M}$ 为：

$$\mathbf{M}=\begin{pmatrix}-y(1) & -y(0) & u(1) & u(0)\\ -y(2) & -y(1) & u(2) & u(1)\\ -y(3) & -y(2) & u(3) & u(2)\\ -y(4) & -y(3) & u(4) & u(3)\\ -y(5) & -y(4) & u(5) & u(4)\\ -y(6) & -y(5) & u(6) & u(5)\end{pmatrix}=\begin{pmatrix}1 & 0 & -1 & 1\\ 2 & 1 & 1 & -1\\ -3 & 2 & -1 & 1\\ -7 & -3 & 1 & -1\\ -11 & -7 & -1 & 1\\ -16 & -11 & 1 & -1\end{pmatrix}=\begin{pmatrix}\mathbf{m}_2^{\mathrm{T}}\\ \mathbf{m}_3^{\mathrm{T}}\\ \mathbf{m}_4^{\mathrm{T}}\\ \mathbf{m}_5^{\mathrm{T}}\\ \mathbf{m}_6^{\mathrm{T}}\\ \mathbf{m}_7^{\mathrm{T}}\end{pmatrix}$$

向量：

$$\mathbf{m}^{\mathrm{T}}(k)=(-y(k-1),-y(k-2),u(k-1),u(k-2))$$

包括连接第 k 个测量值与未知向量 $\mathbf{p}$ 的信息。并将其称为*回归量*。鉴于 $u(i)$ 和 $y(i)$ 仅仅是近似已知的，这 k 个方程并不是完全满足的，因此需要找出能够简化该准则的向量 $\hat{\mathbf{p}}$：

$$j(\mathbf{p}) = ||\mathbf{M}\mathbf{p} - \mathbf{y}||^2$$

257

式中，

$$\mathbf{y} = \begin{pmatrix} y(2) \\ \vdots \\ y(7) \end{pmatrix} = \begin{pmatrix} -2 \\ 3 \\ 7 \\ 11 \\ 16 \\ 36 \end{pmatrix}, \quad \mathbf{p} = \begin{pmatrix} a_1 \\ a_0 \\ b_1 \\ b_0 \end{pmatrix}$$

则有 $\hat{\mathbf{p}} = (\mathbf{M}^{\mathrm{T}}\mathbf{M})^{-1}\mathbf{M}^{\mathrm{T}}\mathbf{y}$。然而在此，矩阵 $\mathbf{M}$ 的秩为 3。的确，鉴于信号 $u(k)$ 的特殊形式，矩阵 $\mathbf{M}$ 的最后两列是相互依赖的。在本题中，这就意味着不能识别 $\mathbf{p}$。然而，这种情形仍然是不寻常的，因此，就需要选择其他输入使该问题成为可辨识的。

习题 6.5 参考答案 （蒙特卡罗法）

1）对于 $[0,2]\times[0,2]$ 的摊铺内且 $\varepsilon=0.3$，可利用如下程序描述所需的可能性集合：

```
1 y := (0, 1, 2.5, 4.1, 5.8, 7.5)^T
2 For i := 1 : 10000
3       (a, b) := 2 · rand_{1×2};  x := (0, 0)^T;  y_m = 0 · y
4       For k := 1 : 6 then
5             y_m(k) := (1  1) · x
6             x := (1  0; a  0.3) · x + (b; 1 − b)
7       If ||y_m − y||_∞ < 0.3 then plot((a, b), •) else plot((a, b), ·)
```

那么便可得到图 6.6 所示的一套解决方案。值得注意的是，图中连续的可能向量。

2）该系统的传递函数为：

$$\begin{pmatrix} 1 & 1 \end{pmatrix} \left(z\mathbf{I} - \begin{pmatrix} 1 & 0 \\ a & 0.3 \end{pmatrix} \right)^{-1} \begin{pmatrix} b \\ 1-b \end{pmatrix} = \frac{z + b(0.7-a) - 1}{z^2 - 1.3z + 0.3}$$

3）如果已知 $a^*=0.9$ 且 $b^*=0.75$ 是实参，那么对于每一对 (a,b) 都有：

$$\frac{z + b(0.7+a) - 1}{z^2 - 1.3z + 0.3} = \frac{z + b^*(0.7+a^*) - 1}{z^2 - 1.3z + 0.3}$$

258

则可得到相同的传递函数。将该条件通过下式进行转化：

$$b(0.7+a) = b^*(0.7+a^*) = 1.2$$

即

$$b = \frac{1.2}{a + 0.7}$$

它对应于图片中出现的双曲线，在这种情形下，当参数向量的不同值产生相同行为时，则称该模型为不可辨识的。

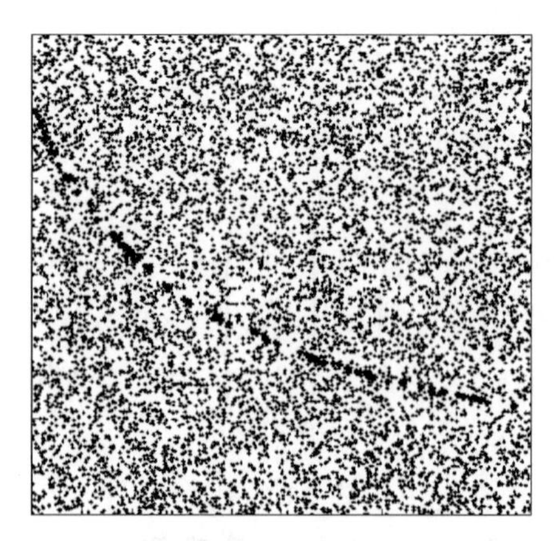

图 6.6　利用蒙特卡罗法估计参数 a 和 b

习题 6.6 参考答案 （利用模拟退火法定位）

1）为了理解如下证明，回顾①如果 $\vec{\mathbf{v}}$ 在 $\vec{\mathbf{u}}$ 的左边，$\det(\vec{\mathbf{u}},\vec{\mathbf{v}})>0$；②如果 $\vec{\mathbf{v}}$ 在 $\vec{\mathbf{u}}$ 的右边，$\det(\vec{\mathbf{u}},\vec{\mathbf{v}})<0$；③如果 $\vec{\mathbf{v}}$ 和 $\vec{\mathbf{u}}$ 共线。例如，在图 6.6 中，$\det(\mathbf{a}-\mathbf{m},\vec{\mathbf{u}})>0$ 且 $\det(\mathbf{b}-\mathbf{m},\vec{\mathbf{u}})<0$。同时，行列式是一种多重线性形式，即

$$\begin{aligned}\det(a\mathbf{u}+b\mathbf{v},c\mathbf{x}+d\mathbf{y}) &= a\det(\mathbf{u},c\mathbf{x}+d\mathbf{y})+b\det(\mathbf{v},c\mathbf{x}+d\mathbf{y})\\ &= ac\det(\mathbf{u},\mathbf{x})+bc\det(\mathbf{v},\mathbf{x})+ad\det(\mathbf{u},\mathbf{y})\\ &\quad +bd\det(\mathbf{v},\mathbf{y})\end{aligned}$$

259

证明：直线 $\mathcal{D}(\mathbf{m},\vec{\mathbf{u}})$ 穿过点 $\mathbf{m}$，沿向量 $\vec{\mathbf{u}}$ 将平面分为两半平面：一半平面满足 $\det(\mathbf{z}-\mathbf{m},\vec{\mathbf{u}})\geqslant 0$，另一半平面满足 $\det(\mathbf{z}-\mathbf{m},\vec{\mathbf{u}})\leqslant 0$。如果 $\mathbf{a}$ 和 $\mathbf{b}$ 不在相同的半平面（见图 6.7），即如果 $\det(\mathbf{a}-\mathbf{m},\vec{\mathbf{u}})\cdot\det(\mathbf{b}-\mathbf{m},\vec{\mathbf{u}})\leqslant 0$，那么这条直线将 $[\mathbf{ab}]$ 部分切断。

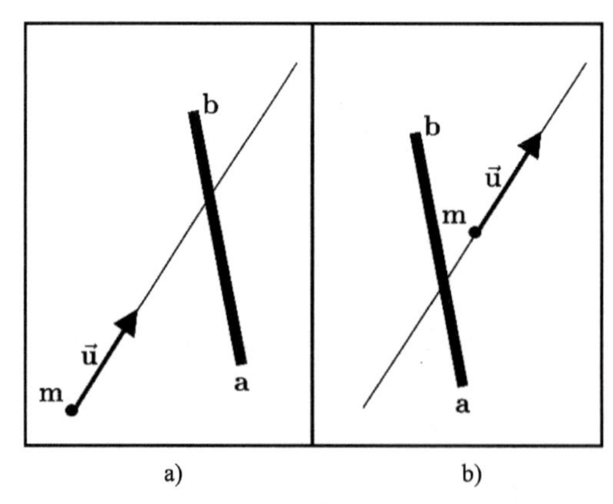

图 6.7　直线 $\mathcal{D}(\mathbf{m},\vec{\mathbf{u}})$ 将 $[\mathbf{ab}]$ 部分切断

在图 6.7a 中，射线 $\varepsilon(\mathbf{m},\vec{\mathbf{u}})$ 将 $[\mathbf{ab}]$ 部分切断，但在图 6.7b 中并非如此。因此，这种不同不足以陈述 $\varepsilon(\mathbf{m},\vec{\mathbf{u}})$ 切断 $[\mathbf{ab}]$。假设 $\det(\mathbf{a}-\mathbf{m},\vec{\mathbf{u}}),\det(\mathbf{b}-\mathbf{m},\vec{\mathbf{u}})\leqslant 0$（即 $\mathcal{D}(\mathbf{m},\vec{\mathbf{u}})$ 切断 $[\mathbf{ab}]$）。$\varepsilon(\mathbf{m},\vec{\mathbf{u}})$ 上的点满足 $\mathbf{z}=\mathbf{m}+\alpha\vec{\mathbf{u}},\alpha\geqslant 0$。如果 $\mathbf{m}+\alpha\vec{\mathbf{u}}-\mathbf{a}$ 和 $\mathbf{b}-\mathbf{a}$ 共线，即当 α 满足 $\det(\mathbf{m}+\alpha\vec{\mathbf{u}}-\mathbf{a},\mathbf{b}-\mathbf{a})=0$，则点 $\mathbf{z}$ 属于 $[\mathbf{ab}]$ 段（见图 6.8）。

因为该行列式是多重线性型，则有：

$$\det(\mathbf{m}-\mathbf{a},\mathbf{b}-\mathbf{a})+\alpha\det(\overrightarrow{\mathbf{u}},\mathbf{b}-\mathbf{a})=0$$

由此可得：

$$\alpha=\frac{\det(\mathbf{a}-\mathbf{m},\mathbf{b}-\mathbf{a})}{\det(\overrightarrow{\mathbf{u}},\mathbf{b}-\mathbf{a})}$$

如果 $\alpha\geqslant 0$，那么 α 就标识从 $\mathbf{m}$ 至下一段 $\overrightarrow{\mathbf{u}}$ 的距离。如果 $\alpha<0$，那么测距仪的半径范围将永远达不到该段。该条件 $\alpha\geqslant 0$ 对应于所需证明的第二个不同之处。 260

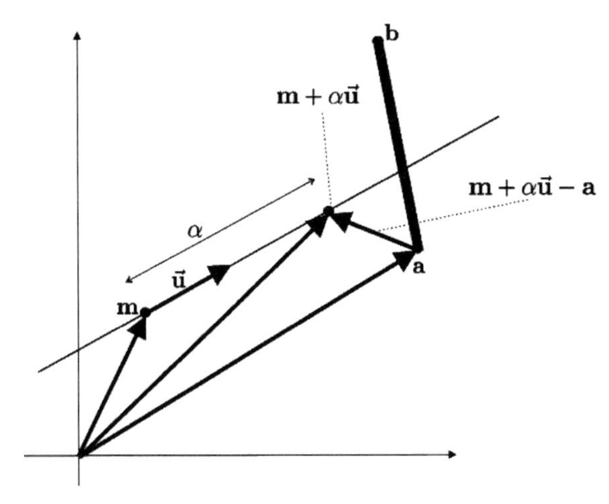

图 6.8　如果点 $\mathbf{m}+\alpha\overrightarrow{\mathbf{u}}$ 在 $[\mathbf{a},\mathbf{b}]$ 段，那么 α 就对应于方向距离

2）如下所述，将机器人中心 $\mathbf{m}$ 的坐标定义为 (x,y)，$\overrightarrow{\mathbf{u}}$ 代表对应于激光方向的单位向量。对于第 k 个传感器，则有：

$$\overrightarrow{\mathbf{u}}=\begin{pmatrix}\cos\left(\frac{k\pi}{4}+\theta\right)\\ \sin\left(\frac{k\pi}{4}+\theta\right)\end{pmatrix},\quad k\in\{0,1,\cdots,7\}$$

为了得到 $\mathbf{f}(\mathbf{p})$ 的一个表达式，需要计算测距仪所返回的距离。通过利用 1）小问中所示原理，便可推理出如下模拟器 $\mathbf{f}(\mathbf{p})$：

函数 $\mathbf{f}(\mathbf{p})$
1 $(x,y,\theta):=\mathbf{p}$
2 For $i:=1:8$
3 　　$\overrightarrow{\mathbf{u}}:=\begin{pmatrix}\cos\left(\frac{(i-1)\pi}{4}+\theta\right)\\ \sin\left(\frac{(i-1)\pi}{4}+\theta\right)\end{pmatrix}$; $\mathbf{m}:=\begin{pmatrix}x\\ y\end{pmatrix}$; $\ell_i:=\infty$
4 　　For $j:=1:n$
5 　　　　$\alpha:=\frac{\det(\mathbf{a}_j-\mathbf{m},\mathbf{b}_j-\mathbf{a}_j)}{\det(\overrightarrow{\mathbf{u}},\mathbf{b}_j-\mathbf{a}_j)}$
6 　　　　If $\left(\det\left(\mathbf{a}_j-\mathbf{m},\overrightarrow{\mathbf{u}}\right)\cdot\det\left(\mathbf{b}_j-\mathbf{m},\overrightarrow{\mathbf{u}}\right)\leqslant 0\right)$ and $(\alpha\geqslant 0)$
7 　　　　　　then $\ell_i:=\min(\ell_i,\alpha)$
8 Return $(\ell_1,\cdots,\ell_8)$

3）如下程序提出了一种利用模拟退火法将准则 $j(\mathbf{p})=\|\mathbf{f}(\mathbf{p})-\mathbf{y}\|$ 最小化的方法： 261

$$
\begin{array}{l}
1\ \mathbf{A} := \begin{pmatrix} 0 & 7 & 7 & 9 & 9 & 7 & 7 & 4 & 2 & 0 & 5 & 6 & 6 & 5 \\ 0 & 0 & 2 & 2 & 4 & 4 & 7 & 7 & 5 & 5 & 2 & 2 & 3 & 3 \end{pmatrix} \\
2\ \mathbf{B} := \begin{pmatrix} 7 & 7 & 9 & 9 & 7 & 7 & 4 & 2 & 0 & 0 & 6 & 6 & 5 & 5 \\ 0 & 2 & 2 & 4 & 4 & 7 & 7 & 5 & 5 & 0 & 2 & 3 & 3 & 2 \end{pmatrix} \\
3\ \mathbf{y} := (6.4,\ 3.6,\ 2.3,\ 2.1,\ 1.7,\ 1.6,\ 3.0,\ 3.1)^{\mathrm{T}} \\
4\ \mathbf{q} := (0,\ 0,\ 0)^{\mathrm{T}};\ T = 10 \\
5\ \text{While } T > 0.01 \\
6\qquad \mathbf{p} := \mathbf{q} + T \cdot \text{randn}(\mathbf{I}_3) \\
7\ \text{If } j(\mathbf{p}) < j(\mathbf{q}) \text{ then } \mathbf{q} = \mathbf{p} \\
8\ T := 0.99 \cdot T
\end{array}
$$

该程序执行了一个随机搜索，并保持当前最优参数 $\mathbf{p}$。变量 T 为温度，给定了搜索步长。该温度随时间呈指数减少。该算法所生成的解决方法如图 6.9 所示。

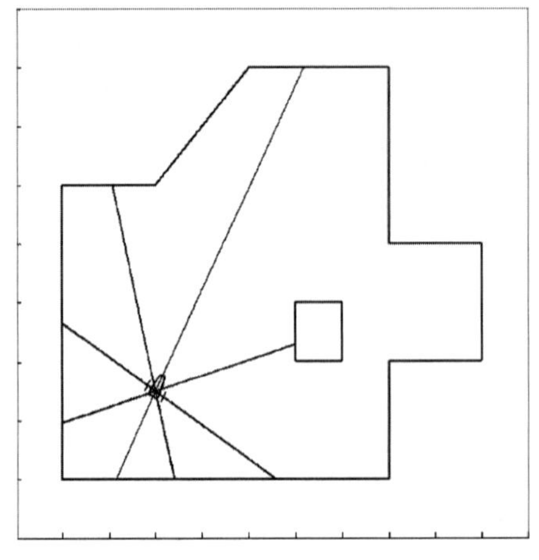

262

图 6.9 由激光测距仪所给的 8 个距离而获得的机器人位置

卡尔曼滤波器

在第 2 章和第 3 章，我们介绍了机器人的非线性控制方法。为实现这一目的，假设状态向量是完全已知的。当然，实际情况并非如此，该状态向量必须通过传感测量来估计。在未知变量仅和机器人的位置有关的情况下，第 5 章给出了确定这些变量的方法。在更寻常的情况下，滤波和状态观测能够利用所测数据尽可能好地重构该状态向量，这些数据是通过考虑机器人状态方程而在机器人运行全程所测量的。本章旨在呈现在某一随机环境中，假定所要观测的系统是线性的，则这一重构过程是如何实现的。本章将讨论能够实现这一目的的卡尔曼滤波器 [KLD 60]。通常将卡尔曼滤波器广泛应用于移动机器人中，即使问题所涉及的机器人具有强的非线性。在这类应用中，通常假定初始条件相对已知，以获得较为可靠的线性化。

7.1 协方差矩阵

卡尔曼滤波器主要以协方差矩阵为基础，掌握协方差矩阵对于理解该观测器的设计和使用是非常重要的。本节主要回顾有关协方差矩阵的一些基本概念。

7.1.1 定义和解释

考虑两个随机向量 $\mathbf{x}\in\mathbb{R}^n$ 和 $\mathbf{y}\in\mathbb{R}^m$，$\mathbf{x}$ 和 $\mathbf{y}$ 的数学期望可表示为 $\bar{\mathbf{x}}=E(\mathbf{x})$，$\bar{\mathbf{y}}=E(\mathbf{y})$，定义 $\mathbf{x}$ 和 $\mathbf{y}$ 的方差为 $\tilde{\mathbf{x}}=\mathbf{x}-\bar{\mathbf{x}}$ 和 $\tilde{\mathbf{y}}=\mathbf{y}-\bar{\mathbf{y}}$，则协方差矩阵可由下式给出：

263

$$\boldsymbol{\Gamma}_{\mathbf{xy}}=E\left(\widetilde{\mathbf{x}}\cdot\widetilde{\mathbf{y}}^{\mathrm{T}}\right)=E\left(\left(\mathbf{x}-\bar{\mathbf{x}}\right)\left(\mathbf{y}-\bar{\mathbf{y}}\right)^{\mathrm{T}}\right)$$

将 $\mathbf{x}$ 的协方差矩阵定义为：

$$\boldsymbol{\Gamma}_{\mathbf{x}}=\boldsymbol{\Gamma}_{\mathbf{xx}}=E\left(\widetilde{\mathbf{x}}\cdot\widetilde{\mathbf{x}}^{\mathrm{T}}\right)=E\left(\left(\mathbf{x}-\bar{\mathbf{x}}\right)\left(\mathbf{x}-\bar{\mathbf{x}}\right)^{\mathrm{T}}\right)$$

将 $\mathbf{y}$ 的协方差矩阵定义为：

$$\boldsymbol{\Gamma}_{\mathbf{y}}=\boldsymbol{\Gamma}_{\mathbf{yy}}=E\left(\widetilde{\mathbf{y}}\cdot\widetilde{\mathbf{y}}^{\mathrm{T}}\right)=E\left(\left(\mathbf{y}-\bar{\mathbf{y}}\right)\left(\mathbf{y}-\bar{\mathbf{y}}\right)^{\mathrm{T}}\right)$$

注意，$\mathbf{x},\mathbf{y},\tilde{\mathbf{x}},\tilde{\mathbf{y}}$ 为随机向量，而 $\bar{\mathbf{x}},\bar{\mathbf{y}},\boldsymbol{\Gamma}_{\mathrm{x}},\boldsymbol{\Gamma}_{\mathrm{y}},\boldsymbol{\Gamma}_{\mathrm{xy}}$ 为确定向量。除了在退化情况下，$\mathbf{x}$ 的协方差矩阵 $\boldsymbol{\Gamma}_{\mathrm{x}}$ 总是正定的（记为 $\boldsymbol{\Gamma}_{\mathrm{x}}\succ 0$）。在计算机中，随机向量可以用与实际情况相关的点云来描述，考虑如下程序：

$$
\begin{array}{|l|}
\hline
1\ N := 1000;\ \mathbf{x} := 2 \cdot \mathbf{1}_{N\times 1} + \mathrm{randn}_{N\times 1} \\
2\ \mathbf{y} := 2 \cdot \begin{pmatrix} x_1^2 \\ \vdots \\ x_N^2 \end{pmatrix} + \mathrm{randn}_{N\times 1} \\
3\ \bar{x} := \frac{1}{N}\sum_i x_i;\ \ \bar{y} = \frac{1}{N}\sum_i y_i \\
4\ \widetilde{\mathbf{x}} := \mathbf{x} - \bar{x}\cdot \mathbf{1}_{N\times 1}; \widetilde{\mathbf{y}} = \mathbf{y} - \bar{y}\cdot \mathbf{1}_{N\times 1} \\
5\ \begin{pmatrix} \Gamma_x & \Gamma_{xy} \\ \Gamma_{xy} & \Gamma_y \end{pmatrix} := \frac{1}{N} \cdot \begin{pmatrix} \sum_i \widetilde{x}_i^2 & \sum_i \widetilde{x}_i\widetilde{y}_i \\ \sum_i \widetilde{x}_i\widetilde{y}_i & \sum_i \widetilde{y}_i^2 \end{pmatrix} \\
\hline
\end{array}
$$

该程序可以生成图 7.1，它给出了随机变量 x，y（见图 7.1a）和 $\tilde{x},\tilde{y}$（见图 7.1b）的一种表示方法，该程序同时也给出了如下估计：

$$\bar{x} \simeq 1.99, \bar{y} \simeq 9.983, \mathbf{\Gamma}_x \simeq 1.003, \mathbf{\Gamma}_y \simeq 74.03, \mathbf{\Gamma}_{xy} \simeq 8.082$$

式中，$\bar{x},\bar{y},\Gamma_x,\Gamma_y,\Gamma_{xy}$ 对应于 xbar，ybar，Gx，Gy，Gxy。

如果 $\Gamma_{\mathbf{xy}}=0$，则随机向量 $\mathbf{x}$ 和 $\mathbf{y}$ 是线性无关的（不相关或正交）。图 7.2 中的两个点云为不相关变量，只有图 7.2b 中的点云为独立变量。

264

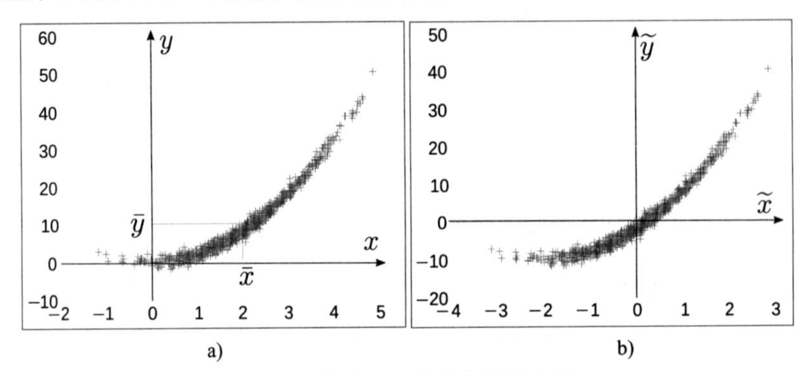

a)　b)

图 7.1　表示两个随机变量的点云

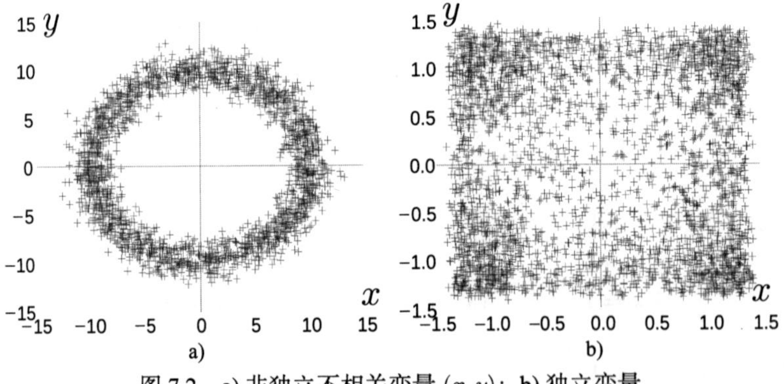

a)　b)

图 7.2　a) 非独立不相关变量 (x,y)；b) 独立变量

图 7.2a 所示图形由以下程序生成：

$$
\begin{array}{|l|}
\hline
1\ N := 2000; \\
2\ \boldsymbol{\rho} := 10 \cdot \mathbf{1}_{N\times 1} + \mathrm{randn}_{N\times 1} \\
3\ \boldsymbol{\theta} := 2\pi \cdot \mathrm{randn}_{N\times 1} \\
4\ \mathbf{x} := \begin{pmatrix} \rho_1 \sin\theta_1 \\ \vdots \\ \rho_N \sin\theta_N \end{pmatrix}; \mathbf{y} := \begin{pmatrix} \rho_1 \cos\theta_1 \\ \vdots \\ \rho_N \cos\theta_N \end{pmatrix} \\
\hline
\end{array}
$$

265

图 7.2b 所示图形通过以下程序生成：

1 $N := 2000;$
2 $\mathbf{x} := \text{atan}(2 \cdot \text{randn}_{N\times 1})$
3 $\mathbf{y} := \text{atan}(2 \cdot \text{randn}_{N\times 1})$

白度。当随机变量 $\mathbf{x}$ 中的所有组元 x_i 相互独立时将其称为白的，在这种情况下，$\mathbf{x}$ 的协方差矩阵 $\mathbf{\Gamma_x}$ 为对角型矩阵。

7.1.2 性质

协方差矩阵是对称且正定的矩阵，即其所有特征值都是正实数。协方差矩阵集合 $\mathbb{R}^{n\times n}$ 记为 $\mathcal{S}^+(\mathbb{R}^n)$。

分解。所有对称矩阵 Γ 都可以分解成一个对角矩阵和一个标准正交特征向量基。因此，可以表示如下：

$$\mathbf{\Gamma} = \mathbf{R} \cdot \mathbf{D} \cdot \mathbf{R}^{-1}$$

式中，$\mathbf{R}$ 为旋转矩阵（即 $\mathbf{R}^{\mathrm{T}}\mathbf{R}=\mathbf{I}$ 且 $\det \mathbf{R}=1$），矩阵 $\mathbf{R}$ 相当于特征向量，$\mathbf{D}$ 为对角矩阵，其元素为特征值。对于矩阵集 $\mathcal{S}^+(\mathbb{R}^n)$，这些特征值都是正定的。

平方根。在矩阵集 $\mathcal{S}^+(\mathbb{R}^n)$ 中，每个矩阵 Γ 都有一个属于 $\mathcal{S}^+(\mathbb{R}^n)$ 的平方根，将该平方根用 $\mathbf{\Gamma}^{\frac{1}{2}}$ 表示。根据特征值对应定理，矩阵 $\mathbf{\Gamma}^{\frac{1}{2}}$ 的特征值为矩阵 $\mathbf{\Gamma}$ 的特征值的平方根。

例 考虑如下程序：

1 $\mathbf{A} := \text{rand}_{3\times 3}; \mathbf{S}_1 := \mathbf{A} \cdot \mathbf{A}^{\mathrm{T}}$
2 $[\mathbf{R}, \mathbf{D}] := \text{eig}(\mathbf{S}_1); \mathbf{S}_2 := \mathbf{R} * \mathbf{D} * \mathbf{R}^{\mathrm{T}}$
3 $\mathbf{A}_2 := \mathbf{S}_2^{\frac{1}{2}}; \mathbf{S}_3 := \mathbf{A}_2 \cdot \mathbf{A}_2^{\mathrm{T}}$

其中，$\mathbf{D}$ 为对角矩阵，矩阵 $\mathbf{R}$ 为矩阵 $\mathbf{S}_1$ 的特征向量矩阵。矩阵 $\mathbf{S}_1$、$\mathbf{S}_2$ 和 $\mathbf{S}_3$ 是相等的，这种情况与矩阵 $\mathbf{A}$ 和 $\mathbf{A}_2$ 不同，因为只有 $\mathbf{A}_2$ 为对称矩阵。在这里 sqrt 返回 $\mathbf{S}_2$ 的平方根，因此 $\mathbf{A}_2$ 为协方差矩阵。

规则。如果 $\mathbf{\Gamma}_1$ 和 $\mathbf{\Gamma}_2$ 属于 $\mathcal{S}^+(\mathbb{R}^n)$，则 $\mathbf{\Gamma} = \mathbf{\Gamma}_1 + \mathbf{\Gamma}_2$ 也属于 $\mathcal{S}^+(\mathbb{R}^n)$，这就是说 $\mathcal{S}^+(\mathbb{R}^n)$ 为 $\mathbb{R}^{\bar{n}\times n}$ 的一个凸集。定义如下关系：

$$\mathbf{\Gamma}_1 \leqslant \mathbf{\Gamma}_2 \Leftrightarrow \mathbf{\Gamma}_2 - \mathbf{\Gamma}_1 \in \mathcal{S}^+(\mathbb{R}^n)$$

266

可以很容易证明上述关系具有自反性、反对称性和传递性。如果 $\mathbf{\Gamma}_1 \leqslant \mathbf{\Gamma}_2$，则 $\mathbf{\Gamma}_1$ 的 α 水平置信椭圆（见 7.1.3 节）是包含在 Γ_2 的 α 水平置信椭圆之内的。协方差矩阵越小（从这种秩序关系来讲），精度越高，即说明它更好或者更精确。

7.1.3 置信椭圆

用 $(\bar{\mathbf{x}}, \mathbf{\Gamma_x})$ 来描述 $\mathbb{R}^n$ 的一个随机向量 $\mathbf{x}$，则可在 $\mathbb{R}^n$ 中关联一个椭圆，使它始终包含 $\mathbf{x}$ 的值。实际上，为了纯粹的图形化，通常只考虑 $\mathbf{x}$ 的两个组分 $\mathbf{w}=(x_i, x_j)$（电脑屏幕实际是二维的）。平均值 $\bar{\mathbf{w}}$ 可以通过从 $\bar{\mathbf{x}}$ 中提取第 i 和第 j 个成分直接推理出来。协方差矩阵 $\mathbf{\Gamma_w} \in \mathcal{S}+(\mathbb{R}^2)$ 也可以通过从 $\mathbf{\Gamma_x} \in \mathcal{S}+(\mathbb{R}^n)$ 中提取第 i 行和第 j 列获得。与 $\mathbf{w}$ 相关的置信椭圆

可以用以下不等式描述：

$$\mathcal{E}_{\mathbf{w}}:(\mathbf{w}-\bar{\mathbf{w}})^{\mathrm{T}}\boldsymbol{\Gamma}_{\mathbf{w}}^{-1}(\mathbf{w}-\bar{\mathbf{w}})\leqslant a^2$$

式中，α 为任意正实数。因此，当 $\mathbf{w}$ 为高斯随机向量时，这个椭圆就相当于 $\mathbf{w}$ 的等概率密度线。因为 $\boldsymbol{\Gamma}_{\mathrm{w}}^{-1}\succ\mathbf{0}$，则其平方根 $\boldsymbol{\Gamma}_{\mathrm{w}}^{-\frac{1}{2}}$ 是正定的，所以：

$$\begin{aligned}\mathcal{E}_{\mathbf{w}}&=\left\{\mathbf{w}\mid(\mathbf{w}-\bar{\mathbf{w}})^{\mathrm{T}}\ \boldsymbol{\Gamma}_{\mathbf{w}}^{-\frac{1}{2}}\cdot\boldsymbol{\Gamma}_{\mathbf{w}}^{-\frac{1}{2}}(\mathbf{w}-\bar{\mathbf{w}})\leqslant a^2\right\}\\&=\left\{\mathbf{w}\mid\left\|\frac{1}{a}\cdot\boldsymbol{\Gamma}_{\mathbf{w}}^{-\frac{1}{2}}(\mathbf{w}-\bar{\mathbf{w}})\right\|\leqslant1\right\}\\&=\left\{\mathbf{w}\mid\frac{1}{a}\cdot\boldsymbol{\Gamma}_{\mathbf{w}}^{-\frac{1}{2}}(\mathbf{w}-\bar{\mathbf{w}})\in\mathcal{U}\right\},\text{其中 }\mathcal{U}\text{ 为单位圆}\\&=\left\{\mathbf{w}\mid\mathbf{w}\in\bar{\mathbf{w}}+a\boldsymbol{\Gamma}_{\mathbf{w}}^{\frac{1}{2}}\mathcal{U}\right\}\\&=\bar{\mathbf{w}}+a\boldsymbol{\Gamma}_{\mathbf{w}}^{\frac{1}{2}}\mathcal{U}.\end{aligned}$$

因此，椭圆 $\varepsilon_{\mathbf{w}}$ 可以通过仿射函数 $\mathbf{w}(\mathbf{s})-\ \bar{\mathbf{w}}\ +a\cdot\boldsymbol{\Gamma}_{\mathrm{w}}^{\frac{1}{2}}\ \mathbf{s}$ 定义为单位圆的映射，如图 7.3 所示。

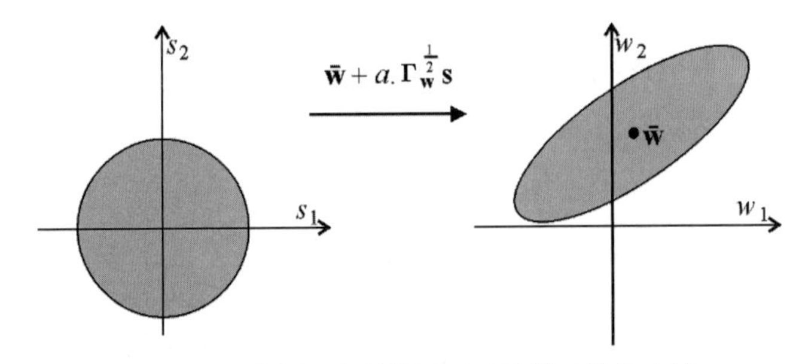

图 7.3　置信椭圆为单位圆通过仿射函数的映射

回顾一下对于一个中心单位的高斯随机向量 $\mathbf{s}$，随机变量 $z=\mathbf{s}^{\mathrm{T}}\mathbf{s}$ 遵循 $\mathcal{X}^2$ 定律，在二维空间，概率密度为：

$$\pi_z(z)=\begin{cases}\frac{1}{2}\exp\left(-\frac{z}{2}\right)&z\geqslant0\\0&\text{其他}\end{cases}$$

因此，对于某一给定的 $a>0$，有：

$$\begin{aligned}\eta\stackrel{\text{def}}{=}\text{prob}\left(\|\mathbf{s}\|\leqslant a\right)&=\text{prob}\left(\mathbf{s}^{\mathrm{T}}\mathbf{s}\leqslant a^2\right)=\text{prob}\left(z\leqslant a^2\right)\\&=\int_0^{a^2}\frac{1}{2}\exp\left(-\frac{z}{2}\right)\mathrm{d}z=1-\mathrm{e}^{-\frac{1}{2}a^2}\end{aligned}$$

267

因此：

$$a=\sqrt{-2\ln(1-\eta)}$$

可以根据这种关系计算出阈值 a，该阈值是为了使得落在椭圆内的概率为 η 而必须选择的。但是，必须注意的是，这种概率表示仅对高斯随机向量有意义。以下函数绘制了对于给定概率 η 的 $\varepsilon_{\mathbf{w}}$：

函数 DrawEllipse ($\bar{\mathbf{w}}\ \boldsymbol{\Gamma}_{\mathbf{w}},\eta$)
1 $\mathbf{w}=\left(\bar{\mathbf{w}}\ \ \bar{\mathbf{w}}\ \ \cdots\ \ \bar{\mathbf{w}}\right)+\sqrt{-2\ln(1-\eta)}\cdot\boldsymbol{\Gamma}_{\mathbf{w}}^{\frac{1}{2}}\cdot\begin{pmatrix}\cos0&\cos0.1&\cdots&\cos2\pi\\\sin0&\sin0.1&\cdots&\sin2\pi\end{pmatrix}$
2 plot($\mathbf{w}$)

7.1.4 生成高斯随机向量

如果生成以 n 为中心的高斯随机数，那么便可得到一个随机向量，其中心为 $\bar{\mathbf{x}}=0$，协方差矩阵 $\boldsymbol{\Gamma}_{\mathbf{x}}$ 为单位矩阵。本节将给出，如何根据一个给定的可以实现 $\mathbf{x}$ 的中心高斯随机数生成器，获得一个期望和协方差矩阵为 $\boldsymbol{\Gamma}_{\mathbf{y}}$ 的 n 维高斯随机向量 $\mathbf{y}$。这一生成过程的主要原则基于以下定理。

定理 如果 $\mathbf{x}$，α 和 $\mathbf{y}$ 是表达式 $\mathbf{y}=\mathbf{A}\mathbf{x}+\alpha+\mathbf{b}$ 中的三个随机向量（其中 $\mathbf{A}$ 和 $\mathbf{b}$ 是确定的），假设 $\mathbf{x}$ 和 α 独立且 α 为中心矩阵，则有：

$$\begin{aligned}\bar{\mathbf{y}} &= \mathbf{A}\bar{\mathbf{x}}+\mathbf{b}\\ \boldsymbol{\Gamma}_{\mathbf{y}} &= \mathbf{A}\cdot\boldsymbol{\Gamma}_{\mathbf{x}}\cdot\mathbf{A}^{\mathrm{T}}+\boldsymbol{\Gamma}_{\boldsymbol{\alpha}}\end{aligned} \tag{7.1}$$

268

证明：已知 $\bar{\mathbf{y}}=E\left(\mathbf{A}\mathbf{x}+\boldsymbol{\alpha}+\mathbf{b}\right)=\mathbf{A}E\left(\mathbf{x}\right)+E\left(\boldsymbol{\alpha}\right)+\mathbf{b}=\mathbf{A}\bar{\mathbf{x}}+\mathbf{b}$

此外：

$$\begin{aligned}\boldsymbol{\Gamma}_{\mathbf{y}} &= E\left(\left(\mathbf{y}-\bar{\mathbf{y}}\right)\left(\mathbf{y}-\bar{\mathbf{y}}\right)^{\mathrm{T}}\right)\\ &= E\left(\left(\mathbf{A}\mathbf{x}+\boldsymbol{\alpha}+\mathbf{b}-\mathbf{A}\bar{\mathbf{x}}-\mathbf{b}\right)\left(\mathbf{A}\mathbf{x}+\boldsymbol{\alpha}+\mathbf{b}-\mathbf{A}\bar{\mathbf{x}}-\mathbf{b}\right)^{\mathrm{T}}\right)\\ &= E\left(\left(\mathbf{A}\widetilde{\mathbf{x}}+\boldsymbol{\alpha}\right)\cdot\left(\mathbf{A}\widetilde{\mathbf{x}}+\boldsymbol{\alpha}\right)^{\mathrm{T}}\right)\\ &= \mathbf{A}\cdot\underbrace{E\left(\widetilde{\mathbf{x}}\cdot\widetilde{\mathbf{x}}^{\mathrm{T}}\right)}_{=\boldsymbol{\Gamma}_{\mathbf{x}}}\cdot\mathbf{A}^{\mathrm{T}}+\mathbf{A}\cdot\underbrace{E\left(\widetilde{\mathbf{x}}\cdot\boldsymbol{\alpha}^{\mathrm{T}}\right)}_{=\mathbf{0}}+\underbrace{E\left(\boldsymbol{\alpha}\cdot\widetilde{\mathbf{x}}^{\mathrm{T}}\right)}_{=\mathbf{0}}\cdot\mathbf{A}^{\mathrm{T}}+\underbrace{E\left(\boldsymbol{\alpha}\cdot\boldsymbol{\alpha}^{\mathrm{T}}\right)}_{=\boldsymbol{\Gamma}_{\boldsymbol{\alpha}}}\\ &= \mathbf{A}\cdot\boldsymbol{\Gamma}_{\mathbf{x}}\cdot\mathbf{A}^{\mathrm{T}}+\boldsymbol{\Gamma}_{\boldsymbol{\alpha}}\end{aligned}$$

证明结论如上。 ■

因此，如果 $\mathbf{x}$ 是中心单位高斯随机白噪声（即 $\bar{\mathbf{x}}=0$ 且 $\boldsymbol{\Gamma}_{\mathbf{x}}=\mathbf{I}$），则随机向量 $\mathbf{y}=\boldsymbol{\Gamma}_{\mathbf{y}}^{-\frac{1}{2}}\mathbf{x}+\bar{\mathbf{y}}$ 的期望为 $\bar{\mathbf{y}}$，协方差矩阵等于 $\boldsymbol{\Gamma}_{\mathbf{y}}$（见图 7.4）。为生成一个期望为 $\bar{\mathbf{y}}$、协方差矩阵为 $\boldsymbol{\Gamma}\mathbf{y}$ 的高斯随机向量，将会用到这个性质，图 7.4b 就是由以下程序获得的：

```
1 N := 1000; Γy := (3 1; 1 3); ȳ = (2; 3); X := randn_{2×n}
2 Y := (ȳ, ȳ, ··· , ȳ) + √Γy · X
3 plot(Y)
```

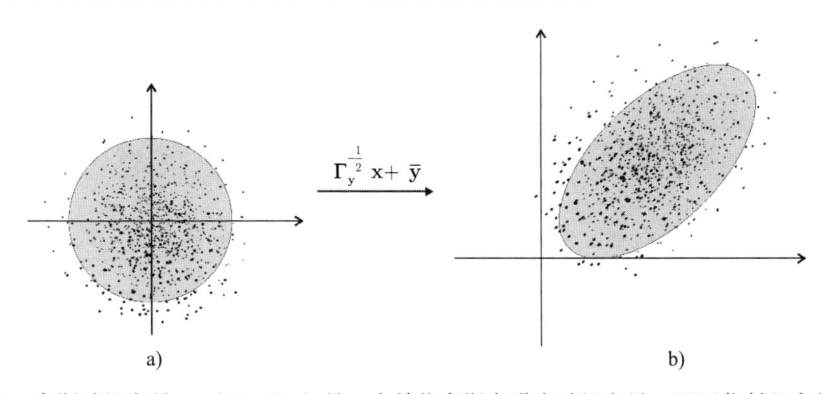

图 7.4 高斯随机向量 $\mathbf{y}$：（$\bar{\mathbf{y}}$，$\boldsymbol{\Gamma}\mathbf{y}$）是一个单位高斯白噪声随机向量 $\mathbf{x}$ 通过仿射程序的投影

7.2 无偏正交估计器

考虑两个随机向量 $\mathbf{x}\in\mathbb{R}^n$ 和 $\mathbf{y}\in\mathbb{R}^m$，向量 $\mathbf{y}$ 相当于一个测量向量，是一个只有在测量时可用的随机向量。随机向量 $\mathbf{x}$ 则是需要估计的向量，估计器就是为估计 $\mathbf{x}$ 所给定的关于测量向量 $\mathbf{y}$ 的函数 $\phi(\mathbf{y})$ 。图 7.5 为关于 $E(x|y)$ 的非线性估计器。

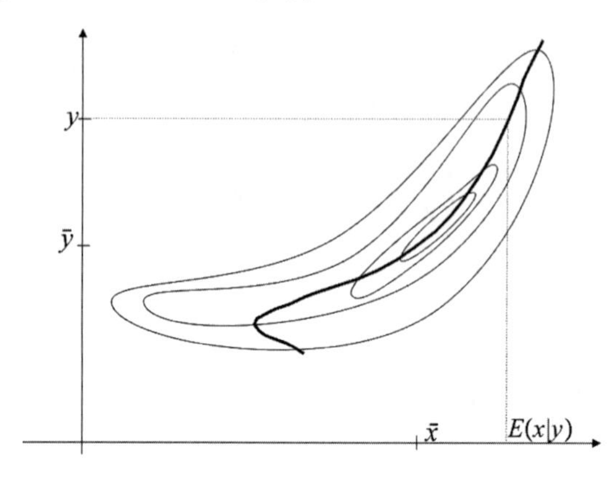

图 7.5　非线性估计器 $E(x|y)$

当然，获得这种估计器的解析式通常比较难，最好是限定为线性估计器。线性估计器是 $\mathbb{R}^m\rightarrow\mathbb{R}^n$ 的线性函数，其表达形式为：

269

$$\hat{\mathbf{x}}=\mathbf{K}\mathbf{y}+\mathbf{b} \tag{7.2}$$

式中，$\mathbf{K}\in\mathbb{R}^{n\times m}$，$\mathbf{b}\in\mathbb{R}^n$。本节将介绍一种从一阶变量 $\bar{\mathbf{x}}$ ，$\bar{\mathbf{y}}$ 和二阶变量 $\mathbf{\Gamma_x}$，$\mathbf{\Gamma_x}$，$\mathbf{\Gamma_{xy}}$ 中寻找某一最优 $\mathbf{K}$ 和 $\mathbf{b}$ 的方法。该估计偏差为：

$$\boldsymbol{\varepsilon}=\hat{\mathbf{x}}-\mathbf{x}$$

如果 $E(\boldsymbol{\varepsilon})=0$，则将该估计器称为无偏估计器。如果 $E(\boldsymbol{\varepsilon}\ \tilde{\mathbf{y}}^{\mathrm{T}})=0$，则将该估计器称为正交估计器。这样命名是鉴于如下事实，即 $\mathbb{R}$ 内的随机变量空间可以配备一个由 $\langle a, b\rangle=E((a-\bar{a})(b-\bar{b}))$ 所定义的内积，并且如果这个内积为 0，则称随机变量 a 和 b 正交。

270

在向量情形下（即本节所提及的内容，因为 $\boldsymbol{\varepsilon}$ 和 $\tilde{\mathbf{y}}$ 都是向量)，如果对于所有的 $(i,\ j)$ 而言，均有 $E((a_i-\bar{a}_i)(b_j-\bar{b}_j))$，或同等地，$E((\mathbf{a}-\bar{\mathbf{a}})(\mathbf{b}-\bar{\mathbf{b}})^{\mathrm{T}})=0$，则称随机向量 $\mathbf{a}$ 和 $\mathbf{b}$ 正交。图 7.6 所示为关于 (x,y) 的概率律的等值线，它阐明了一个线性估计器。从图中很明显可以看出，位于直线上方的概率值高，即使得 $\hat{x}<x$ 或使得 $E(\varepsilon)<0$ 的概率较高，此时估计器是存在偏差的。图 7.7 所示为 4 种不同的线性估计器，对于估计器 (a)，$E(\varepsilon)<0$；对于估计器 (c)，$E(\varepsilon)>0$ ；对于估计器 (b) 和 (d)，$E(\varepsilon)=0$，因此这两个估计器是无偏估计器，当然，很明显估计器 (b) 更好一些，这两个估计器的区别就在于正交性，对于估计器 (d)，有 $E(\varepsilon\ \tilde{y})<0$（如果 $\tilde{y}>0$，则 ε 趋于负；反之，当 $\tilde{y}<0$，则 ε 趋于正）。

定理：对于两个随机向量 $\mathbf{x}$ 和 $\mathbf{y}$，存在唯一的无偏正交估计器，如下式所示：

$$\hat{\mathbf{x}}=\bar{\mathbf{x}}+\mathbf{K}\cdot(\mathbf{y}-\bar{\mathbf{y}}) \tag{7.3}$$

式中：

$$\mathbf{K}=\mathbf{\Gamma_{xy}}\mathbf{\Gamma_y}^{-1} \tag{7.4}$$

则称为卡尔曼增益。

271

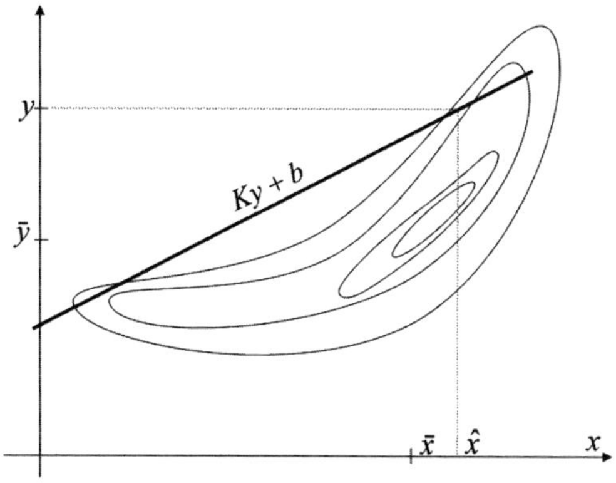

图 7.6 有偏线性估计器

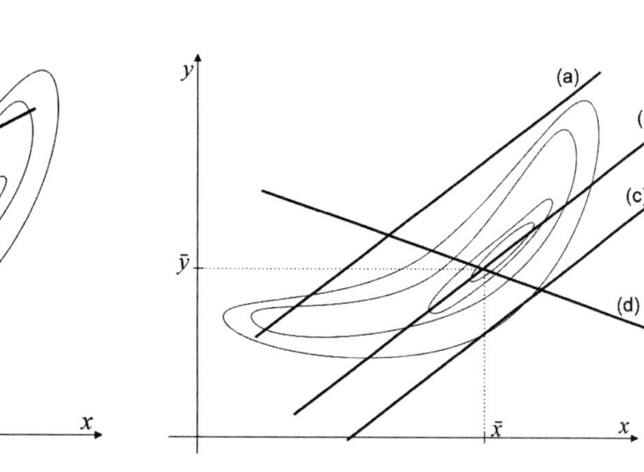

图 7.7 在这 4 种线性估计器中，估计器 (b) 是无偏和正交的，为最优估计器

例 再次考虑 7.1.1 节的例子，可得：

$$\hat{x}=\bar{x}+\mathbf{\Gamma}_{xy}\mathbf{\Gamma}_{y}^{-1}\cdot(y-\bar{y})=2+0.1\cdot(y-10)$$

相应的估计器如图 7.8 所示。

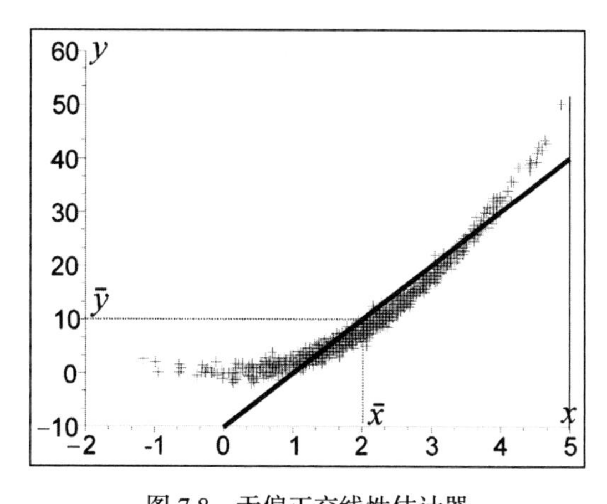

图 7.8 无偏正交线性估计器

272

证明：已知

$$E(\boldsymbol{\varepsilon})=E(\hat{\mathbf{x}}-\mathbf{x})\overset{\text{式 (7.2)}}{=}E(\mathbf{K}\mathbf{y}+\mathbf{b}-\mathbf{x})=\mathbf{K}E(\mathbf{y})+\mathbf{b}-E(\mathbf{x})=\mathbf{K}\bar{\mathbf{y}}+\mathbf{b}-\bar{\mathbf{x}}$$

如果 $E(\varepsilon)=0$，则该估计器为无偏估计器，即

$$\mathbf{b}=\bar{\mathbf{x}}-\mathbf{K}\bar{\mathbf{y}} \tag{7.5}$$

由上式可以得到式（7.3），在这种情况下：

$$\boldsymbol{\varepsilon}=\hat{\mathbf{x}}-\mathbf{x}\overset{\text{式 (7.3)}}{=}\bar{\mathbf{x}}+\mathbf{K}\cdot(\mathbf{y}-\bar{\mathbf{y}})-\mathbf{x}=\mathbf{K}\widetilde{\mathbf{y}}-\widetilde{\mathbf{x}} \tag{7.6}$$

如果满足：

$$
\begin{aligned}
E\left(\boldsymbol{\varepsilon}\cdot\widetilde{\mathbf{y}}^{\mathrm{T}}\right)=\mathbf{0} &\overset{\text{式 (7.6)}}{\Leftrightarrow} E\left((\mathbf{K}\widetilde{\mathbf{y}}-\widetilde{\mathbf{x}})\cdot\widetilde{\mathbf{y}}^{\mathrm{T}}\right)=\mathbf{0}\\
&\Leftrightarrow E\left(\mathbf{K}\widetilde{\mathbf{y}}\widetilde{\mathbf{y}}^{\mathrm{T}}-\widetilde{\mathbf{x}}\widetilde{\mathbf{y}}^{\mathrm{T}}\right)=\mathbf{0}\\
&\Leftrightarrow \mathbf{K}\boldsymbol{\Gamma}_{\mathbf{y}}-\boldsymbol{\Gamma}_{\mathbf{xy}}=\mathbf{0}\\
&\Leftrightarrow \mathbf{K}=\boldsymbol{\Gamma}_{\mathbf{xy}}\cdot\boldsymbol{\Gamma}_{\mathbf{y}}^{-1}
\end{aligned}
$$

则估计器是正交的。 ■

定理：与无偏正交估计器相关的误差的协方差矩阵为：

$$
\boldsymbol{\Gamma}_{\boldsymbol{\varepsilon}}=\boldsymbol{\Gamma}_{\mathbf{x}}-\mathbf{K}\cdot\boldsymbol{\Gamma}_{\mathbf{yx}} \tag{7.7}
$$

证明：在无偏估计情形下，将 ε 的协方差矩阵写为如下形式：

$$
\begin{aligned}
\boldsymbol{\Gamma}_{\boldsymbol{\varepsilon}}=E\left(\boldsymbol{\varepsilon}\cdot\boldsymbol{\varepsilon}^{\mathrm{T}}\right)&\overset{\text{式(7.6)}}{=}E\left((\mathbf{K}\widetilde{\mathbf{y}}-\widetilde{\mathbf{x}})\cdot(\mathbf{K}\widetilde{\mathbf{y}}-\widetilde{\mathbf{x}})^{\mathrm{T}}\right)\\
&=E\left((\mathbf{K}\widetilde{\mathbf{y}}-\widetilde{\mathbf{x}})\cdot\left(\widetilde{\mathbf{y}}^{\mathrm{T}}\mathbf{K}^{\mathrm{T}}-\widetilde{\mathbf{x}}^{\mathrm{T}}\right)\right)\\
&=E\left(\mathbf{K}\widetilde{\mathbf{y}}\widetilde{\mathbf{y}}^{\mathrm{T}}\mathbf{K}^{\mathrm{T}}-\widetilde{\mathbf{x}}\widetilde{\mathbf{y}}^{\mathrm{T}}\mathbf{K}^{\mathrm{T}}-\mathbf{K}\widetilde{\mathbf{y}}\widetilde{\mathbf{x}}^{\mathrm{T}}+\widetilde{\mathbf{x}}\widetilde{\mathbf{x}}^{\mathrm{T}}\right)
\end{aligned}
$$

利用期望算子的线性特性可得：

$$
\boldsymbol{\Gamma}_{\boldsymbol{\varepsilon}}=\underbrace{\left(\mathbf{K}\boldsymbol{\Gamma}_{\mathbf{y}}-\boldsymbol{\Gamma}_{\mathbf{xy}}\right)}_{\overset{\text{式 (7.4)}}{=}\mathbf{0}}\mathbf{K}^{\mathrm{T}}-\mathbf{K}\boldsymbol{\Gamma}_{\mathbf{yx}}+\boldsymbol{\Gamma}_{\mathbf{x}} \tag{7.8}
$$

■

在此，我们将提出一个定理，即在所有无偏估计器中，无偏正交线性估计器是最优估计器。为了理解“最优”的概念，需要回顾协方差矩阵中的不等式（见 7.1 节），根据该不等式可得，当且仅当 $\boldsymbol{\Gamma}_1\leqslant\boldsymbol{\Gamma}_2$ 时，$\boldsymbol{\Delta}=\boldsymbol{\Gamma}_2-\boldsymbol{\Gamma}_1$ 是一个协方差矩阵。

273

定理：*不存在这样一个无偏线性估计器，使所获得的协方差矩阵的误差比通过正交估计所得到的协方差矩阵的误差 $\boldsymbol{\Gamma}_{\varepsilon}$ 更小。*

证明：对于无偏线性估计器来讲，所有可能的矩阵 $\mathbf{K}$ 都可以写成 $\mathbf{K}=\mathbf{K}_0+\boldsymbol{\Delta}$ 的形式，其中 $\mathbf{K}_0=\boldsymbol{\Gamma}_{\mathbf{xy}}\ \boldsymbol{\Gamma}_{\mathbf{y}}^{-1}$ 且 $\boldsymbol{\Delta}$ 为任意矩阵，根据式（7.8）可得，协方差矩阵的误差为：

$$
\begin{aligned}
\boldsymbol{\Gamma}_{\boldsymbol{\varepsilon}}&=\left((\mathbf{K}_0+\boldsymbol{\Delta})\boldsymbol{\Gamma}_{\mathbf{y}}-\boldsymbol{\Gamma}_{\mathbf{xy}}\right)(\mathbf{K}_0+\boldsymbol{\Delta})^{\mathrm{T}}-(\mathbf{K}_0+\boldsymbol{\Delta})\boldsymbol{\Gamma}_{\mathbf{yx}}+\boldsymbol{\Gamma}_{\mathbf{x}}\\
&=(\mathbf{K}_0+\boldsymbol{\Delta})\big(\underbrace{\boldsymbol{\Gamma}_{\mathbf{y}}\mathbf{K}_0^{\mathrm{T}}}_{=\boldsymbol{\Gamma}_{\mathbf{yx}}}+\boldsymbol{\Gamma}_{\mathbf{y}}\boldsymbol{\Delta}^{\mathrm{T}}\big)-\big(\underbrace{\boldsymbol{\Gamma}_{\mathbf{xy}}\mathbf{K}_0^{\mathrm{T}}}_{=\mathbf{K}_0\boldsymbol{\Gamma}_{\mathbf{yx}}}+\boldsymbol{\Gamma}_{\mathbf{xy}}\boldsymbol{\Delta}^{\mathrm{T}}\big)\\
&\quad-\left(\mathbf{K}_0\boldsymbol{\Gamma}_{\mathbf{yx}}+\boldsymbol{\Delta}\boldsymbol{\Gamma}_{\mathbf{yx}}\right)+\boldsymbol{\Gamma}_{\mathbf{x}}\\
&=\mathbf{K}_0\boldsymbol{\Gamma}_{\mathbf{yx}}+\boldsymbol{\Delta}\boldsymbol{\Gamma}_{\mathbf{yx}}+\underbrace{\mathbf{K}_0\boldsymbol{\Gamma}_{\mathbf{y}}}_{=\boldsymbol{\Gamma}_{\mathbf{xy}}}\boldsymbol{\Delta}^{\mathrm{T}}+\boldsymbol{\Delta}\boldsymbol{\Gamma}_{\mathbf{y}}\boldsymbol{\Delta}^{\mathrm{T}}-\mathbf{K}_0\boldsymbol{\Gamma}_{\mathbf{yx}}-\boldsymbol{\Gamma}_{\mathbf{xy}}\boldsymbol{\Delta}^{\mathrm{T}}\\
&\quad-\mathbf{K}_0\boldsymbol{\Gamma}_{\mathbf{yx}}-\boldsymbol{\Delta}\boldsymbol{\Gamma}_{\mathbf{yx}}+\boldsymbol{\Gamma}_{\mathbf{x}}\\
&=-\mathbf{K}_0\boldsymbol{\Gamma}_{\mathbf{yx}}+\boldsymbol{\Delta}\boldsymbol{\Gamma}_{\mathbf{y}}\boldsymbol{\Delta}^{\mathrm{T}}+\boldsymbol{\Gamma}_{\mathbf{x}}
\end{aligned}
$$

因为 $\Delta\boldsymbol{\Gamma}_{\mathbf{y}}\Delta^{\mathrm{T}}$ 总是正定对称的，当 $\boldsymbol{\Delta}=0$ 时协方差矩阵 $\boldsymbol{\Gamma}_{\varepsilon}$ 最小，即 $\mathbf{K}=\boldsymbol{\Gamma}_{\mathbf{xy}}\ \boldsymbol{\Gamma}_{\mathbf{y}}^{-1}$，相当于正交无偏估计器。 ■

7.3　线性估计的应用

假设 $\mathbf{x}$ 和 $\mathbf{y}$ 满足以下关系：

$$
\mathbf{y}=\mathbf{C}\mathbf{x}+\boldsymbol{\beta}
$$

式中，$\boldsymbol{\beta}$ 为与 $\mathbf{x}$ 无关的中心随机向量。$\mathbf{x}$ 和 $\boldsymbol{\beta}$ 的协方差矩阵用 $\boldsymbol{\Gamma}_{\mathbf{x}}$ 和 $\boldsymbol{\Gamma}_{\beta}$ 表示。利用之前一节所得结论来寻求 $\mathbf{x}$ 的最优无偏线性估计器（关于线性估计的详细资料请参考 [WAL 14]），则有：

$$
\begin{aligned}
\bar{\mathbf{y}} &= \mathbf{C}\bar{\mathbf{x}} + \bar{\boldsymbol{\beta}} = \mathbf{C}\bar{\mathbf{x}} \\
\boldsymbol{\Gamma}_{\mathbf{y}} &\overset{\text{式(7.1)}}{=} \mathbf{C}\boldsymbol{\Gamma}_{\mathbf{x}}\mathbf{C}^{\mathrm{T}} + \boldsymbol{\Gamma}_{\boldsymbol{\beta}} \\
\boldsymbol{\Gamma}_{\mathbf{xy}} &= E\left(\widetilde{\mathbf{x}} \cdot \widetilde{\mathbf{y}}^{\mathrm{T}}\right) = E\left(\widetilde{\mathbf{x}} \cdot \left(\mathbf{C}\widetilde{\mathbf{x}} + \widetilde{\boldsymbol{\beta}}\right)^{\mathrm{T}}\right) = E\left(\widetilde{\mathbf{x}} \cdot \widetilde{\mathbf{x}}^{\mathrm{T}}\mathbf{C}^{\mathrm{T}} + \widetilde{\mathbf{x}} \cdot \widetilde{\boldsymbol{\beta}}^{\mathrm{T}}\right) \\
&= E\left(\widetilde{\mathbf{x}} \cdot \widetilde{\mathbf{x}}^{\mathrm{T}}\right)\mathbf{C}^{\mathrm{T}} + \underbrace{E\left(\widetilde{\mathbf{x}} \cdot \widetilde{\boldsymbol{\beta}}^{\mathrm{T}}\right)}_{=\mathbf{0}} = \boldsymbol{\Gamma}_{\mathbf{x}}\mathbf{C}^{\mathrm{T}}
\end{aligned}
\tag{7.9}
$$

因此，$\mathbf{x}$ 的最优无偏估计器以及误差的协方差矩阵可以通过以下公式从 $\Gamma_{\mathbf{x}}$，Γ_{β}，$\mathbf{C}$ 和 $\bar{\mathbf{x}}$ 中获得： 274

$$
\begin{array}{llll}
\text{(i)} & \hat{\mathbf{x}} & \overset{\text{式(7.3)}}{=} & \bar{\mathbf{x}} + \mathbf{K}\widetilde{\mathbf{y}} & \text{（估计）} \\
\text{(ii)} & \boldsymbol{\Gamma}_{\varepsilon} & \overset{\text{式(7.7)}}{=} & \boldsymbol{\Gamma}_{\mathbf{x}} - \mathbf{K}\mathbf{C}\boldsymbol{\Gamma}_{\mathbf{x}} & \text{（误差的协方差）} \\
\text{(iii)} & \widetilde{\mathbf{y}} & \overset{\text{式(7.9)}}{=} & \mathbf{y} - \mathbf{C}\bar{\mathbf{x}} & \text{（改进）} \\
\text{(iv)} & \boldsymbol{\Gamma}_{\mathbf{y}} & \overset{\text{式(7.9)}}{=} & \mathbf{C}\boldsymbol{\Gamma}_{\mathbf{x}}\mathbf{C}^{\mathrm{T}} + \boldsymbol{\Gamma}_{\boldsymbol{\beta}} & \text{（改进的协方差）} \\
\text{(v)} & \mathbf{K} & \overset{\text{式(7.4,7.9)}}{=} & \boldsymbol{\Gamma}_{\mathbf{x}}\mathbf{C}^{\mathrm{T}}\boldsymbol{\Gamma}_{\mathbf{y}}^{-1} & \text{（卡尔曼增益）}
\end{array}
\tag{7.10}
$$

注释 图 7.5 给出了一种情形，在该情形下，不使用线性估计器可能是有利的。在此所选的估计器对应于 $\hat{x} = E(x|y)$。在 $(\mathbf{x}, \mathbf{y})$ 为高斯估计的特殊情况下，估计器 $\hat{x} = E(x|y)$ 对应于无偏正交估计器。在这种情形下，根据式（7.10）可得：

$$
\begin{aligned}
E\left(\mathbf{x}|\mathbf{y}\right) &= \bar{\mathbf{x}} + \boldsymbol{\Gamma}_{\mathbf{xy}}\boldsymbol{\Gamma}_{\mathbf{y}}^{-1}\left(\mathbf{y} - \bar{\mathbf{y}}\right) \\
E\left(\varepsilon \cdot \varepsilon^{\mathrm{T}}|\mathbf{y}\right) &= E\left(\left(\hat{\mathbf{x}} - \mathbf{x}\right)\left(\hat{\mathbf{x}} - \mathbf{x}\right)^{\mathrm{T}}|\mathbf{y}\right) = \boldsymbol{\Gamma}_{\mathbf{x}} - \boldsymbol{\Gamma}_{\mathbf{xy}}\boldsymbol{\Gamma}_{\mathbf{y}}^{-1}\boldsymbol{\Gamma}_{\mathbf{yx}}
\end{aligned}
$$

7.4 卡尔曼滤波器

本节将介绍卡尔曼滤波（可参考 [DEL 93] 获取更多相关信息）。考虑由下述状态方程描述的系统：

$$
\left\{
\begin{aligned}
\mathbf{x}_{k+1} &= \mathbf{A}_k\mathbf{x}_k + \mathbf{u}_k + \boldsymbol{\alpha}_k \\
\mathbf{y}_k &= \mathbf{C}_k\mathbf{x}_k + \boldsymbol{\beta}_k
\end{aligned}
\right.
$$

式中，α_k 和 β_k 是指时间序列中随机的、独立的高斯白噪声。加入白噪声后，如果 $k_1 \neq k_2$，向量 α_{k_1} 和 α_{k_2}（或者 β_{k_1} 和 β_{k_2}）是相互独立的。卡尔曼滤波总是在修正和预测两种情形下交替进行。为了理解滤波的机理，将时间定为 k 时刻，进而假定已经完成了对 $y_0, y_1,\cdots, y_{k-1}$ 的测量。在这个阶段，状态向量是一个随机向量，用 $\mathbf{x}_{k|k-1}$ 来表示该随机向量（因为现在为 k 时刻，而直至 $k-1$ 时刻测量已经完成）。这个随机向量由一个估计 $\hat{\mathbf{x}}_{k|k-1}$ 和协方差矩阵 $\Gamma_{k|k-1}$ 来表征。

修正。取测量值 y_k。此时与 $\mathbf{x}_{k|k-1}$ 不同的是，因为 $\mathbf{x}_{k|k}$ 包含了测量值 $\mathbf{y}$ 的信息，所以表征状态的随机向量为 $\mathbf{x}_{k|k}$。$\mathbf{x}_{k|k}$ 所对应的期望 $\hat{\mathbf{x}}_{k|k}$ 和协方差矩阵 $\Gamma_{k|k}$ 由方程（7.10）给出，由此可得： 275

$$\begin{array}{llll}
\text{(i)} & \hat{\mathbf{x}}_{k|k} & = \hat{\mathbf{x}}_{k|k-1} + \mathbf{K}_k \cdot \widetilde{\mathbf{y}}_k & \text{（修正估计）} \\
\text{(ii)} & \mathbf{\Gamma}_{k|k} & = \mathbf{\Gamma}_{k|k-1} - \mathbf{K}_k \cdot \mathbf{C}_k \mathbf{\Gamma}_{k|k-1} & \text{（修正协方差）} \\
\text{(iii)} & \widetilde{\mathbf{y}}_k & = \mathbf{y}_k - \mathbf{C}_k \hat{\mathbf{x}}_{k|k-1} & \text{（改进）} \\
\text{(iv)} & \mathbf{S}_k & = \mathbf{C}_k \mathbf{\Gamma}_{k|k-1} \mathbf{C}_k^{\mathrm{T}} + \mathbf{\Gamma}_{\boldsymbol{\beta}_k} & \text{（改进式的协方差）} \\
\text{(v)} & \mathbf{K}_k & = \mathbf{\Gamma}_{k|k-1} \mathbf{C}_k^{\mathrm{T}} \mathbf{S}_k^{-1} & \text{（卡尔曼增益）}
\end{array} \tag{7.11}$$

预测。给定测量值 $y_0, y_1, \ldots, y_k$，此刻表征状态的随机向量为 $\mathbf{x}_{k+1|k}$。计算其期望 $\hat{\mathbf{x}}_{k+1|k}$ 和协方差矩阵 $\Gamma_{k+1|k}$。因为：

$$\mathbf{x}_{k+1} = \mathbf{A}_k \mathbf{x}_k + \mathbf{u}_k + \boldsymbol{\alpha}_k$$

根据式（7.1），可得：

$$\hat{\mathbf{x}}_{k+1|k} = \mathbf{A}_k \hat{\mathbf{x}}_{k|k} + \mathbf{u}_k \tag{7.12}$$

$$\mathbf{\Gamma}_{k+1|k} = \mathbf{A}_k \cdot \mathbf{\Gamma}_{k|k} \cdot \mathbf{A}_k^{\mathrm{T}} + \mathbf{\Gamma}_{\boldsymbol{\alpha}_k} \tag{7.13}$$

卡尔曼滤波。完整的卡尔曼滤波由下述方程给出：

$$\begin{array}{llll}
\hat{\mathbf{x}}_{k+1|k} & \overset{\text{式(7.12)}}{=} & \mathbf{A}_k \hat{\mathbf{x}}_{k|k} + \mathbf{u}_k & \text{（预测估计）} \\
\mathbf{\Gamma}_{k+1|k} & \overset{\text{式(7.13)}}{=} & \mathbf{A}_k \cdot \mathbf{\Gamma}_{k|k} \cdot \mathbf{A}_k^{\mathrm{T}} + \mathbf{\Gamma}_{\boldsymbol{\alpha}_k} & \text{（预测协方差）} \\
\hat{\mathbf{x}}_{k|k} & \overset{\text{式(7.10,i)}}{=} & \hat{\mathbf{x}}_{k|k-1} + \mathbf{K}_k \cdot \widetilde{\mathbf{y}}_k & \text{（修正估计）} \\
\mathbf{\Gamma}_{k|k} & \overset{\text{式(7.10,ii)}}{=} & (\mathbf{I} - \mathbf{K}_k \mathbf{C}_k) \mathbf{\Gamma}_{k|k-1} & \text{（修正协方差）} \\
\widetilde{\mathbf{y}}_k & \overset{\text{式(7.10,iii)}}{=} & \mathbf{y}_k - \mathbf{C}_k \hat{\mathbf{x}}_{k|k-1} & \text{（改进）} \\
\mathbf{S}_k & \overset{\text{式(7.10,iv)}}{=} & \mathbf{C}_k \mathbf{\Gamma}_{k|k-1} \mathbf{C}_k^{\mathrm{T}} + \mathbf{\Gamma}_{\boldsymbol{\beta}_k} & \text{（改进式的协方差）} \\
\mathbf{K}_k & \overset{\text{式(7.10,v)}}{=} & \mathbf{\Gamma}_{k|k-1} \mathbf{C}_k^{\mathrm{T}} \mathbf{S}_k^{-1}. & \text{（卡尔曼增益）}
\end{array}$$

图 7.9 表述了如下事实，即卡尔曼滤波器储存向量 $\hat{\mathbf{x}}_{k+1|k}$ 和矩阵 $\mathbf{\Gamma}_{k+1|k}$，其输入为 $\mathbf{y}_k, \mathbf{u}_k, \mathbf{A}_k, Ck, \mathbf{\Gamma}_{\alpha k}$ 和 $\mathbf{\Gamma}_{\beta\, k}$。$\hat{\mathbf{x}}_{k|k}$，$\mathbf{\Gamma}_{k|k}$，$\tilde{\mathbf{y}}_k, \mathbf{S}_k, \mathbf{K}_k$ 为辅助变量。

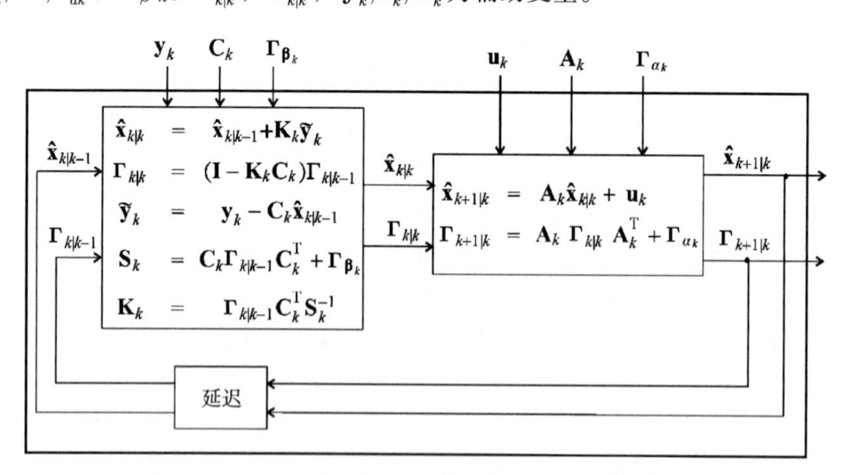

图 7.9　卡尔曼滤波器由一个修正因子和预测因子组成

下面的函数 KALMAN 实现卡尔曼滤波器并返回 $\hat{\mathbf{x}}_{k+1|k}$，$\mathbf{\Gamma}_{k+1|k}$，在该程序中，有如下的对应关系：$\hat{\mathbf{x}}^{\text{pred}} \leftrightarrow \hat{\mathbf{x}}_{k|k-1}, \mathbf{\Gamma}^{\text{pred}} \leftrightarrow \mathbf{\Gamma}_{k|k-1}, \hat{\mathbf{x}}^{\text{up}} \leftrightarrow \hat{\mathbf{x}}_{k|k}, \mathbf{\Gamma}^{\text{up}} \leftrightarrow \mathbf{\Gamma}_{k|k}$（这里的上标 up 表示更新（update），

亦为修正)。

276

函数 KALMAN $(\hat{\mathbf{x}}^{\text{pred}}, \mathbf{\Gamma}^{\text{pred}}, \mathbf{u}, \mathbf{y}, \mathbf{\Gamma}_{\boldsymbol{\alpha}}, \mathbf{\Gamma}_{\boldsymbol{\beta}}, \mathbf{A}, \mathbf{C})$
1 $\mathbf{S} := \mathbf{C} \cdot \mathbf{\Gamma}^{\text{pred}} \cdot \mathbf{C}^{\text{T}} + \mathbf{\Gamma}_{\boldsymbol{\beta}}$ 2 $\mathbf{K} := \mathbf{\Gamma}^{\text{pred}} \cdot \mathbf{C}^{\text{T}} \cdot \mathbf{S}^{-1}$ 3 $\widetilde{\mathbf{y}} := \mathbf{y} - \mathbf{C} \cdot \hat{\mathbf{x}}^{\text{pred}}$ 4 $\hat{\mathbf{x}}^{\text{up}} := \hat{\mathbf{x}}^{\text{pred}} + \mathbf{K} \cdot \widetilde{\mathbf{y}}$ 5 $\mathbf{\Gamma}^{\text{up}} := (\mathbf{I} - \mathbf{K} \cdot \mathbf{C})\, \mathbf{\Gamma}^{\text{pred}}$ 6 $\hat{\mathbf{x}}^{\text{pred}} := \mathbf{A} \cdot \hat{\mathbf{x}}^{\text{up}} + \mathbf{u}$ 7 $\mathbf{\Gamma}^{\text{pred}} := \mathbf{A} \cdot \mathbf{\Gamma}^{\text{up}} \cdot \mathbf{A}^{\text{T}} + \mathbf{\Gamma}_{\boldsymbol{\alpha}}$ 8 Return$\left(\hat{\mathbf{x}}^{\text{pred}}, \mathbf{\Gamma}^{\text{pred}}\right)$

失正性。由于数值问题，改进的 $\mathbf{S}_k$ 的协方差有时会出现负值的情形，如果出现这种问题，采用下述方程代替修正的协方差会更好：

$$\mathbf{\Gamma}_{k|k} := \sqrt{(\mathbf{I} - \mathbf{K}_k \mathbf{C}_k)\, \mathbf{\Gamma}_{k|k-1} \mathbf{\Gamma}_{k|k-1}^{\text{T}} (\mathbf{I} - \mathbf{K}_k \mathbf{C}_k)^{\text{T}}}$$

该式将一直为正定的，即使矩阵 $\mathbf{\Gamma}_{k|k+1}$ 不是正定的。当在下一步迭代中，将协方差矩阵的正定特征的微小误差消除之后，卡尔曼滤波器将会更加稳定。

预测器。当测量值均不可用时，卡尔曼滤波器工作在预测状态。为了能够使用卡尔曼函数，$\mathbf{y}, \mathbf{\Gamma}_{\beta}, \mathbf{C}$ 必须为空。然而，为了在 MATLAB 中能够进行矩阵操作，它们需要正确的矩阵维度。

277

初始化。大多数情况下，我们不知道初始状态 $\mathbf{x}_0$。在这种情况下，通常设定：

$$\hat{\mathbf{x}}_0 = (0, 0, \cdots, 0) \ , \quad \mathbf{\Gamma}_{\mathbf{x}}(0) = \begin{pmatrix} \frac{1}{\varepsilon^2} & 0 & 0 & \\ 0 & \frac{1}{\varepsilon^2} & & \\ 0 & & \ddots & 0 \\ & & 0 & \frac{1}{\varepsilon^2} \end{pmatrix}$$

其中，ε 为小正数（例如 0.001）。这个假设或多或少相当于说 $\mathbf{x}_0$ 在一个球体内，该球体以 0 为中心，半径为 $\dfrac{1}{\varepsilon}$。

对于与时间无关的系统，$\mathbf{\Gamma}_{k+1|k}$ 收敛到矩阵 $\mathbf{\Gamma}$，对于大的 k，$\mathbf{\Gamma} = \mathbf{\Gamma}_{k+1|k} = \mathbf{\Gamma}_{k|k-1}$，因此：

$$\begin{aligned} \mathbf{\Gamma}_{k+1|k} &= \mathbf{A} \cdot \mathbf{\Gamma}_{k|k} \cdot \mathbf{A}^{\text{T}} + \mathbf{\Gamma}_{\boldsymbol{\alpha}} \\ &= \mathbf{A} \cdot (\mathbf{I} - \mathbf{K}_k \mathbf{C})\, \mathbf{\Gamma}_{k|k-1} \cdot \mathbf{A}^{\text{T}} + \mathbf{\Gamma}_{\boldsymbol{\alpha}} \\ &= \mathbf{A} \cdot \left(\mathbf{I} - \left(\mathbf{\Gamma}_{k|k-1} \mathbf{C}^{\text{T}} \mathbf{S}^{-1}\right) \mathbf{C}\right) \mathbf{\Gamma}_{k|k-1} \cdot \mathbf{A}^{\text{T}} + \mathbf{\Gamma}_{\boldsymbol{\alpha}} \\ &= \mathbf{A} \cdot \left(\mathbf{I} - \left(\mathbf{\Gamma}_{k|k-1} \mathbf{C}^{\text{T}} \left(\mathbf{C} \mathbf{\Gamma}_{k|k-1} \mathbf{C}^{\text{T}} + \mathbf{\Gamma}_{\boldsymbol{\beta}}\right)^{-1}\right) \mathbf{C}\right) \mathbf{\Gamma}_{k|k-1} \cdot \mathbf{A}^{\text{T}} + \mathbf{\Gamma}_{\boldsymbol{\alpha}} \end{aligned}$$

因此，对于较大的 k，有：

$$\mathbf{\Gamma} = \mathbf{A} \cdot \left(\mathbf{\Gamma} - \mathbf{\Gamma} \cdot \mathbf{C}^{\text{T}} \cdot \left(\mathbf{C} \cdot \mathbf{\Gamma} \cdot \mathbf{C}^{\text{T}} + \mathbf{\Gamma}_{\boldsymbol{\beta}}\right)^{-1} \cdot \mathbf{C} \cdot \mathbf{\Gamma}\right) \cdot \mathbf{A}^{\text{T}} + \mathbf{\Gamma}_{\boldsymbol{\alpha}}$$

这是 $\mathbf{\Gamma}$ 中的里卡提方程，可以用序列来求解：

$$\mathbf{\Gamma}(k+1) = \mathbf{A} \cdot \left(\mathbf{\Gamma}(k) - \mathbf{\Gamma}(k) \cdot \mathbf{C}^{\text{T}} \cdot \left(\mathbf{C} \cdot \mathbf{\Gamma}(k) \cdot \mathbf{C}^{\text{T}} + \mathbf{\Gamma}_{\boldsymbol{\beta}}\right)^{-1} \cdot \mathbf{C} \cdot \mathbf{\Gamma}(k)\right) \cdot \mathbf{A}^{\text{T}} + \mathbf{\Gamma}_{\boldsymbol{\alpha}}$$

以达到平衡且始于大的 $\mathbf{\Gamma}(0)$(例如 $10^{10}\cdot\mathbf{I}$). 该计算可以在滤波器实现之前完成，这从而避免不必要的实时 $\mathbf{\Gamma}_{k+1|k}$ 计算。因此，相应的平稳卡尔曼滤波器为

$$\hat{\mathbf{x}}_{k+1|k} = \mathbf{A}\hat{\mathbf{x}}_{k|k-1}+\mathbf{A}\mathbf{K}\cdot\left(\mathbf{y}_k - \mathbf{C}\hat{\mathbf{x}}_{k|k-1}\right)+\mathbf{u}_k$$

278 其中 $\mathbf{K}=\mathbf{\Gamma}\mathbf{C}^{\mathrm{T}}(\mathbf{C}\mathbf{\Gamma}\mathbf{C}^{\mathrm{T}}+\mathbf{\Gamma})^{-1}$

7.5 卡布滤波器

现在考虑下式描述的线性连续时间系统：

$$\begin{cases}\dot{\mathbf{x}}_t = \mathbf{A}_t\mathbf{x}_t+\mathbf{u}_t+\boldsymbol{\alpha}_t\\ \mathbf{y}_t = \mathbf{C}_t\mathbf{x}_t+\boldsymbol{\beta}_t\end{cases}$$

其中，对于所有的 t 而言，$\mathbf{u}_t$ 和 $\mathbf{y}_t$ 均是已知的。假设噪声 $\boldsymbol{\alpha}_t$ 和 $\boldsymbol{\beta}_t$ 为白噪声和高斯噪声。为了更好地理解，所使用的关于 $\mathrm{d}t$（假设为无限小）的变量的顺序如下：

Size	Order	Random	Deterministic
Infinitely small	$O(\mathrm{d}t)$	$\boldsymbol{\alpha}_k$	$\mathbf{K}_t,\mathbf{u}_k$
Medium	$O(1)$	$\mathbf{x}_t,\mathbf{x}_k$	$\mathbf{\Gamma}_{\boldsymbol{\alpha}},\mathbf{\Gamma}_{\boldsymbol{\beta}},\mathbf{K}_b,\mathbf{u}_t,\mathbf{A}_t,\mathbf{C}_t$
Infinitely large	$O\left(\frac{1}{\mathrm{d}t}\right)$	$\boldsymbol{\alpha}_t,\boldsymbol{\beta}_t,\boldsymbol{\beta}_k,\dot{\mathbf{x}}_t,\mathbf{y}_t$	$\mathbf{\Gamma}_{\boldsymbol{\alpha}_t},\mathbf{\Gamma}_{\boldsymbol{\beta}_t}$

$\boldsymbol{\alpha}_t$ 和 $\boldsymbol{\beta}_t$ 的协方差矩阵 $\mathbf{\Gamma}_{\boldsymbol{\alpha}_t}$, $\mathbf{\Gamma}_{\boldsymbol{\beta}_t}$ 是无限的 $(O(\frac{1}{\mathrm{d}t}))$，记 $\mathbf{\Gamma}_{\boldsymbol{\alpha}_t}=\frac{1}{\mathrm{d}t}$，$\mathbf{\Gamma}_{\boldsymbol{\beta}_t}=\frac{1}{\mathrm{d}t}\cdot\Gamma_{\boldsymbol{\beta}}$。

注释 在此，因为噪声 $\boldsymbol{\alpha}_t$ 和 $\boldsymbol{\beta}_t$ 是无限的，因此认为 $\hat{\mathbf{x}}_t$，$\mathbf{y}_t$ 也是无限的。如果一切都是有限的，这个状态可能在无限小的时间内就会被发现。为了能够恰当地处理这些无限大的量，需要用到分布理论。在此，我们将不使用这些困难的概念，而只考虑来自信号处理的经典概念。请注意，这种简化通常是在物理学中进行的，例如，当我们用狄拉克函数 $\delta_0(t)$ 来同化狄拉克分布时。

因为已知：

$$\begin{aligned}\mathbf{x}_{t+\mathrm{d}t} &= \mathbf{x}_t+\int_t^{t+\mathrm{d}t}\dot{\mathbf{x}}_\tau\mathrm{d}\tau\\ &= \mathbf{x}_t+\int_t^{t+\mathrm{d}t}(\mathbf{A}_\tau\mathbf{x}_\tau+\mathbf{u}_\tau+\boldsymbol{\alpha}_\tau)\mathrm{d}\tau\\ &\mathbf{x}_t+\mathrm{d}t\cdot(\mathbf{A}_t\mathbf{x}_t+\mathbf{u}_t)+\int_t^{t+\mathrm{d}t}\boldsymbol{\alpha}_\tau\mathrm{d}\tau\end{aligned}$$

以采样时间 $\mathrm{d}t$ 的离散化为：

$$\begin{cases}\underbrace{\mathbf{x}_{t+\mathrm{d}t}}_{\mathbf{x}_{k+1}} = \underbrace{(\mathbf{I}+\mathrm{d}t\cdot\mathbf{A}_t)}_{\mathbf{A}_k}\underbrace{\mathbf{x}_t}_{\mathbf{x}_k}+\underbrace{\mathrm{d}t\cdot\mathbf{u}_t}_{\mathbf{u}_k}+\underbrace{\int_t^{t+\mathrm{d}t}\boldsymbol{\alpha}_\tau\mathrm{d}\tau}_{\boldsymbol{\alpha}_k}\\ \underbrace{\mathbf{y}_t}_{\mathbf{y}_k} = \mathbf{C}_t\underbrace{\mathbf{x}_t}_{\mathbf{x}_k}+\underbrace{\boldsymbol{\beta}_t}_{\boldsymbol{\beta}_k}\end{cases}$$

注意，如习题 7.6 所述，状态噪声 $\boldsymbol{\alpha}_k$ 的协方差随 $\mathrm{d}t$ 线性增加。更准确地说，

279

$$\mathbf{\Gamma}_{\boldsymbol{\alpha}_k}=\mathrm{d}t\cdot\mathbf{\Gamma}_{\boldsymbol{\alpha}}$$

这意味着当 $\mathrm{d}t$ 无限小时，$\boldsymbol{\alpha}_k$ 是无限小的，$\boldsymbol{\alpha}_t$ 是无限大的。测量值 $\mathbf{y}_k$ 表示当 $t\in(t, t+\mathrm{d}t)$ 时，所有测量值 $\mathbf{y}_t$ 的融合。对于 β_t 而言，它的协方差矩阵为：

$$\boldsymbol{\Gamma}_{\boldsymbol{\beta}_k}=\frac{1}{\mathrm{d}t}\cdot\boldsymbol{\Gamma}_{\boldsymbol{\beta}}$$

现有一个线性离散时间系统，那么应用 7.4 节给出的经典卡尔曼滤波器，可得如下对应关系：

$$\begin{array}{llllll}
\mathbf{A}_k & \to (\mathbf{I}+\mathrm{d}t\mathbf{A}_t) & \mathbf{u}_k & \to \mathrm{d}t\cdot\mathbf{u}_t & \boldsymbol{\alpha}_k & \to \int_t^{t+\mathrm{d}t}\boldsymbol{\alpha}_\tau\mathrm{d}t\\
\hat{\mathbf{x}}_{k+1|k} & \to \hat{\mathbf{x}}_{t+\mathrm{d}t} & \hat{\mathbf{x}}_{k|k-1} & \to \hat{\mathbf{x}}_t & \hat{\mathbf{x}}_{k|k} & \to \mathring{\mathbf{x}}_t\\
\boldsymbol{\Gamma}_{k+1|k} & \to \boldsymbol{\Gamma}_{t+\mathrm{d}t} & \boldsymbol{\Gamma}_{k|k-1} & \to \boldsymbol{\Gamma}_t & \boldsymbol{\Gamma}_{k|k} & \to \mathring{\boldsymbol{\Gamma}}_t\\
\boldsymbol{\Gamma}_{\boldsymbol{\alpha}_k} & \to \mathrm{d}t\cdot\boldsymbol{\Gamma}_{\boldsymbol{\alpha}} & \boldsymbol{\Gamma}_{\boldsymbol{\beta}_k} & \to \frac{1}{\mathrm{d}t}\cdot\boldsymbol{\Gamma}_{\boldsymbol{\beta}} & &
\end{array}$$

该卡尔曼滤波器变为：

$$\left\{\begin{array}{llr}
\hat{\mathbf{x}}_{t+\mathrm{d}t} & =(\mathbf{I}+\mathrm{d}t\mathbf{A}_t)\mathring{\mathbf{x}}_t+\mathrm{d}t\cdot\mathbf{u}_t & \text{(i)}\\
\boldsymbol{\Gamma}_{t+\mathrm{d}t} & =(\mathbf{I}+\mathrm{d}t\mathbf{A}_t)\cdot\mathring{\boldsymbol{\Gamma}}_t\cdot(\mathbf{I}+\mathrm{d}t\mathbf{A}_t)^{\mathrm{T}}+\mathrm{d}t\boldsymbol{\Gamma}_{\boldsymbol{\alpha}} & \text{(ii)}\\
\mathring{\mathbf{x}}_t & =\hat{\mathbf{x}}_t+\mathbf{K}_t\cdot\widetilde{\mathbf{y}}_t & \text{(iii)}\\
\mathring{\boldsymbol{\Gamma}}_t & =(\mathbf{I}-\mathbf{K}_t\mathbf{C}_t)\cdot\boldsymbol{\Gamma}_t & \\
\widetilde{\mathbf{y}}_t & =\mathbf{y}_t-\mathbf{C}_t\hat{\mathbf{x}}_t & \text{(iv)}\\
\mathbf{S}_t & =\mathbf{C}_t\boldsymbol{\Gamma}_t\mathbf{C}_t^{\mathrm{T}}+\frac{1}{\mathrm{d}t}\cdot\boldsymbol{\Gamma}_{\boldsymbol{\beta}} & \text{(vi)}\\
\mathbf{K}_t & =\boldsymbol{\Gamma}_t\mathbf{C}_t^{\mathrm{T}}\mathbf{S}_t^{-1} & \text{(vii)}
\end{array}\right.$$

考虑到以下事实：$\mathbf{C}_t\boldsymbol{\Gamma}_t\mathbf{C}_t^{\mathrm{T}}$ 与 $\frac{1}{\mathrm{d}t}$ 相比较小（第 (vi) 行）。Γ_β(无限大）可简化为 $\mathbf{S}_t=\frac{1}{\mathrm{d}t}\cdot\boldsymbol{\Gamma}_\beta(t)$。可得结论——$\mathbf{S}_t$ 很大 $(=O(1/\mathrm{d}t))$，因此第（vii）行 $\mathbf{S}_t^{-1}$ 很小 $(=O(\mathrm{d}t))$。卡尔曼滤波器变成：

$$\left\{\begin{array}{ll}
\hat{\mathbf{x}}_{t+\mathrm{d}t} & =(\mathbf{I}+\mathrm{d}t\mathbf{A}_t)\left(\hat{\mathbf{x}}_t+\mathbf{K}_t\cdot(\mathbf{y}_t-\mathbf{C}_t\hat{\mathbf{x}}_t)\right)+\mathrm{d}t\cdot\mathbf{u}_t\\
\boldsymbol{\Gamma}_{t+\mathrm{d}t} & =(\mathbf{I}+\mathrm{d}t\mathbf{A}_t)\cdot(\mathbf{I}-\mathbf{K}_t\mathbf{C}_t)\boldsymbol{\Gamma}_t\cdot(\mathbf{I}+\mathrm{d}t\mathbf{A}_t)^T+\mathrm{d}t\boldsymbol{\Gamma}_{\boldsymbol{\alpha}}\\
\mathbf{K}_t & =\mathrm{d}t\boldsymbol{\Gamma}_t\mathbf{C}_t^{\mathrm{T}}\boldsymbol{\Gamma}_{\boldsymbol{\beta}}^{-1}
\end{array}\right.$$

因为 $\mathbf{K}_t$ 很小 $(=O(\mathrm{d}t))$，则引入卡布增益 $\mathbf{K}_b=\Gamma_t\mathbf{C}_t^{\mathrm{T}}\boldsymbol{\Gamma}_\beta^{-1}$（$=O(1)$）更为方便，其既不是无限小也不是无限大，则有：

$$\left\{\begin{array}{ll}
\hat{\mathbf{x}}_{t+\mathrm{d}t} & =\underbrace{(\mathbf{I}+\mathrm{d}t\mathbf{A}_t)\left(\hat{\mathbf{x}}_t+\mathrm{d}t\mathbf{K}_b\cdot(\mathbf{y}_t-\mathbf{C}_t\hat{\mathbf{x}}_t)\right)}_{=(\mathbf{I}+\mathrm{d}t\mathbf{A}_t)\hat{\mathbf{x}}_t+\mathrm{d}t\mathbf{K}_b\cdot(\mathbf{y}_t-\mathbf{C}_t\hat{\mathbf{x}}_t)+O(\mathrm{d}t)^2}+\mathrm{d}t\cdot\mathbf{u}_t\\
\boldsymbol{\Gamma}_{t+\mathrm{d}t} & =\underbrace{(\mathbf{I}+\mathrm{d}t\mathbf{A}_t)\cdot(\mathbf{I}-\mathrm{d}t\mathbf{K}_b\mathbf{C}_t)\boldsymbol{\Gamma}_t\cdot(\mathbf{I}+\mathrm{d}t\mathbf{A}_t)^T}_{=\boldsymbol{\Gamma}_t+\mathrm{d}t\left(\mathbf{A}_t\boldsymbol{\Gamma}_t-\mathbf{K}_b\mathbf{C}_t\boldsymbol{\Gamma}_t+\boldsymbol{\Gamma}_t\mathbf{A}_t^T\right)+O(\mathrm{d}t)^2}+\mathrm{d}t\boldsymbol{\Gamma}_{\boldsymbol{\alpha}}\\
\mathbf{K}_b & =\boldsymbol{\Gamma}_t\mathbf{C}_t^{\mathrm{T}}\boldsymbol{\Gamma}_{\boldsymbol{\beta}}^{-1}
\end{array}\right.$$

280

或者等效地

$$\left\{\begin{array}{ll}
\frac{\hat{\mathbf{x}}_{t+\mathrm{d}t}-\hat{\mathbf{x}}_t}{\mathrm{d}t} & =\mathbf{A}_t\hat{\mathbf{x}}_t+\mathbf{K}_b\cdot(\mathbf{y}_t-\mathbf{C}_t\hat{\mathbf{x}}_t)+\mathbf{u}_t\\
\frac{\boldsymbol{\Gamma}_{t+\mathrm{d}t}-\boldsymbol{\Gamma}_t}{\mathrm{d}t} & =\left(\mathbf{A}_t\boldsymbol{\Gamma}_t-\mathbf{K}_b\mathbf{C}_t\boldsymbol{\Gamma}_t+\boldsymbol{\Gamma}_t\mathbf{A}_t^{\mathrm{T}}\right)+\boldsymbol{\Gamma}_{\boldsymbol{\alpha}}\\
\mathbf{K}_b & =\boldsymbol{\Gamma}_t\mathbf{C}_t^{\mathrm{T}}\boldsymbol{\Gamma}_{\boldsymbol{\beta}}^{-1}
\end{array}\right.$$

此时，$\mathbf{C}_t\boldsymbol{\Gamma}_t=(\boldsymbol{\Gamma}_t\mathrm{C}_t^{\mathrm{T}})^{\mathrm{T}}=(\mathbf{C}_b\boldsymbol{\Gamma}_\beta)^{\mathrm{T}}=\boldsymbol{\Gamma}_\beta\mathbf{K}_b^{\mathrm{T}}$。因此可得卡布滤波器为：

$$\begin{cases} \frac{\mathrm{d}}{\mathrm{d}t}\hat{\mathbf{x}}_t &= \mathbf{A}_t\hat{\mathbf{x}}_t + \mathbf{K}_b\left(\mathbf{y}_t - \mathbf{C}_t\hat{\mathbf{x}}_t\right) + \mathbf{u}_t \\ \frac{\mathrm{d}}{\mathrm{d}t}\mathbf{\Gamma}_t &= \mathbf{A}_t\mathbf{\Gamma}_t + \mathbf{\Gamma}_t \cdot \mathbf{A}_t^{\mathrm{T}} - \mathbf{K}_b\mathbf{\Gamma}_{\boldsymbol{\beta}}\mathbf{K}_b^T + \mathbf{\Gamma}_{\boldsymbol{\alpha}} \\ \mathbf{K}_b &= \mathbf{\Gamma}_t\mathbf{C}_t^{\mathrm{T}}\mathbf{\Gamma}_{\boldsymbol{\beta}}^{-1} \end{cases}$$

后者与前者相比的优势为结果 $\mathbf{K}_b\mathbf{\Gamma}_{\beta}\mathbf{K}^{\mathrm{T}}{}_b$ 比 $\mathbf{K}_b\mathbf{C}_t\mathbf{\Gamma}_t$ 更稳定，因为它保持了所得矩阵的对称性。该卡布滤波器对应于卡尔曼滤波器的连续版本。在它的公式中，所有的量都是 $O(1)$，因此不再出现无限小 ($O(\mathrm{d}t)$) 或无限大 ($O(\frac{1}{\mathrm{d}t})$) 的量。

注释　卡布滤波器能够使我们理解当离散时间卡尔曼滤波器用于连续时间系统时产生的一些效果，例如，对于如下所述的机器人：

$$\begin{cases} \dot{\mathbf{x}} = \mathbf{f}_c(\mathbf{x}, \mathbf{u}) \\ \mathbf{y} = \mathbf{g}(\mathbf{x}) \end{cases}$$

为了进行模拟，将其离散化，如使用欧拉积分，可得：

$$\begin{cases} \mathbf{x}_{k+1} &= \mathbf{f}(\mathbf{x}_k, \mathbf{u}_k) + \boldsymbol{\alpha}_k \\ \mathbf{y}_k &= \mathbf{g}(\mathbf{x}_k) + \boldsymbol{\beta}_k \end{cases}$$

其中，$\mathbf{f}(\mathbf{x}_k,\mathbf{u}_k) = \mathbf{x}_k + \mathrm{d}t \cdot \mathbf{f}_c(\mathbf{x}_k,\mathbf{u}_k)$，$\boldsymbol{\alpha}_k, \boldsymbol{\beta}_k$ 为噪声。现在，如果我们改变 $\mathrm{d}t$，在给定的采样时间 $\mathrm{d}t$，协方差矩阵 $\mathbf{\Gamma}_\alpha, \mathbf{\Gamma}_\beta$ 的良好调谐应该保持不变。

卡布滤波器告诉我们协方差矩阵应取决于 $\mathrm{d}t$，如下所示：

$$\begin{aligned} \mathbf{\Gamma}_{\boldsymbol{\alpha}} &= \mathrm{d}t \cdot \mathbf{\Gamma}_{\boldsymbol{\alpha}}^0 \\ \mathbf{\Gamma}_{\boldsymbol{\beta}} &= \frac{1}{\mathrm{d}t} \cdot \mathbf{\Gamma}_{\boldsymbol{\beta}}^0 \end{aligned}$$

在这种情况下，模拟系统的行为不会受 $\mathrm{d}t$ 变化的影响。因此，如果我们改变 $\mathrm{d}t \to 2 \cdot \mathrm{d}t$（例如，使模拟速度提高一倍），则需分别以 $\sqrt{2}, \frac{1}{\sqrt{2}}$ 倍数增加噪声 $\boldsymbol{\alpha}_k, \boldsymbol{\beta}_k$。

281

7.6　扩展卡尔曼滤波器

正如我们在前面几章中看到的，如下连续状态方程描述的一个机器人：

$$\begin{cases} \dot{\mathbf{x}} = \mathbf{f}_c(\mathbf{x}, \mathbf{u}) \\ \mathbf{y} = \mathbf{g}(\mathbf{x}) \end{cases}$$

是非线性的，卡尔曼滤波器仍然可以用来估计状态向量 $\mathbf{x}$，但是我们需要离散化系统并将其线性化。可以用欧拉方法进行可能的离散化。可得：

$$\begin{cases} \mathbf{x}_{k+1} &= \mathbf{x}_k + \mathrm{d}t \cdot \mathbf{f}_c(\mathbf{x}_k, \mathbf{u}_k) = \mathbf{f}(\mathbf{x}_k, \mathbf{u}_k) \\ \mathbf{y}_k &= \mathbf{g}(\mathbf{x}_k) \end{cases}$$

为了使系统线性化，假设对状态向量的估计为 $\hat{\mathbf{x}}_k$。因此：

$$\begin{cases} \mathbf{x}_{k+1} \simeq \mathbf{f}(\hat{\mathbf{x}}_k, \mathbf{u}_k) + \frac{\partial \mathbf{f}(\hat{\mathbf{x}}_k, \mathbf{u}_k)}{\partial \mathbf{x}} \cdot (\mathbf{x}_k - \hat{\mathbf{x}}_k) \\ \mathbf{y}_k \simeq \mathbf{g}(\hat{\mathbf{x}}_k) + \frac{\mathrm{d}\mathbf{g}(\hat{\mathbf{x}}_k)}{\mathrm{d}\mathbf{x}} (\mathbf{x}_k - \hat{\mathbf{x}}_k) \end{cases}$$

如果令：

$$\mathbf{A}_k = \frac{\partial \mathbf{f}(\hat{\mathbf{x}}_k, \mathbf{u}_k)}{\partial \mathbf{x}}, \ \mathbf{C}_k = \frac{\mathrm{d}\mathbf{g}(\hat{\mathbf{x}}_k)}{\mathrm{d}\mathbf{x}}$$

可得：

$$\begin{cases} \mathbf{x}_{k+1} & \simeq \mathbf{A}_k \cdot \mathbf{x}_k + \underbrace{(\mathbf{f}(\hat{\mathbf{x}}_k, \mathbf{u}_k) - \mathbf{A}_k \cdot \hat{\mathbf{x}}_k)}_{\mathbf{v}_k} \\ \underbrace{(\mathbf{y}_k - \mathbf{g}(\hat{\mathbf{x}}_k) + \mathbf{C}_k \cdot \hat{\mathbf{x}}_k)}_{\mathbf{z}_k} & \simeq \mathbf{C}_k \cdot \mathbf{x}_k \end{cases}$$

该近似值可以写成：

$$\begin{cases} \mathbf{x}_{k+1} = \mathbf{A}_k \mathbf{x}_k + \mathbf{v}_k + \boldsymbol{\alpha}_k \\ \mathbf{z}_k = \mathbf{C}_k \mathbf{x}_k + \boldsymbol{\beta}_k \end{cases}$$

因为噪声 α_k 和 β_k 包括一些线性化误差，所以是是非高斯的，并且不是白的。可以使用经典卡尔曼滤波器（用已知的 $\mathbf{v}_k$ 和 $\mathbf{z}_k$ 代替 $\mathbf{u}_k$ 和 $\mathbf{y}_k$），但是它的行为不再可靠。如果我们幸运的话，结果不会那么糟糕，即使总的来说过于乐观。但是很多时候，我们并不幸运，滤波器提供了错误的结果。量化线性化误差，以便推导出噪声的协方差矩阵异常困难。 282

本书考虑到所有过去的测量，$\hat{\mathbf{x}}_k$ 对应于 $\hat{\mathbf{x}}_{k|k-1}$，为状态变量 $\mathbf{x}_k$ 的估计。但是在可用时，它也可以对应于 $\hat{\mathbf{x}}_{k|k}$，因此，线性化卡尔曼滤波器，即扩展卡尔曼滤波器为：

$$\begin{array}{rcll} \mathbf{A}_k &=& \frac{\partial \mathbf{f}(\hat{\mathbf{x}}_{k|k}, \mathbf{u}_k)}{\partial \mathbf{x}} & \text{演化矩阵} \\ \mathbf{C}_k &=& \frac{\mathrm{d}\mathbf{g}(\hat{\mathbf{x}}_{k|k-1})}{\mathrm{d}\mathbf{x}} & \text{观测矩阵} \\ \hat{\mathbf{x}}_{k+1|k} &=& \mathbf{A}_k \hat{\mathbf{x}}_{k|k} + \underbrace{(\mathbf{f}(\hat{\mathbf{x}}_{k|k}, \mathbf{u}_k) - \mathbf{A}_k \cdot \hat{\mathbf{x}}_{k|k})}_{\mathbf{v}_k} & \\ && = \mathbf{f}(\hat{\mathbf{x}}_{k|k}, \mathbf{u}_k) & \text{预测估计} \\ \boldsymbol{\Gamma}_{k+1|k} &=& \mathbf{A}_k \cdot \boldsymbol{\Gamma}_{k|k} \cdot \mathbf{A}_k^{\mathrm{T}} + \boldsymbol{\Gamma}_{\boldsymbol{\alpha}_k} & \text{预测协方差} \\ \hat{\mathbf{x}}_{k|k} &=& \hat{\mathbf{x}}_{k|k-1} + \mathbf{K}_k \cdot \widetilde{\mathbf{z}}_k & \text{修正估计} \\ \boldsymbol{\Gamma}_{k|k} &=& (\mathbf{I} - \mathbf{K}_k \mathbf{C}_k) \boldsymbol{\Gamma}_{k|k-1} & \text{修正协方差} \\ \widetilde{\mathbf{z}}_k &=& \underbrace{(\mathbf{y}_k - \mathbf{g}(\hat{\mathbf{x}}_{k|k-1}) + \mathbf{C}_k \cdot \hat{\mathbf{x}}_{k|k-1})}_{\mathbf{z}_k} & \\ && -\mathbf{C}_k \hat{\mathbf{x}}_{k|k-1} = \mathbf{y}_k - \mathbf{g}(\hat{\mathbf{x}}_{k|k-1}) & \text{新息} \\ \mathbf{S}_k &=& \mathbf{C}_k \boldsymbol{\Gamma}_{k|k-1} \mathbf{C}_k^{\mathrm{T}} + \boldsymbol{\Gamma}_{\boldsymbol{\beta}_k} & \text{新息的协方差} \\ \mathbf{K}_k &=& \boldsymbol{\Gamma}_{k|k-1} \mathbf{C}_k^{\mathrm{T}} \mathbf{S}_k^{-1} & \text{卡尔曼增益} \end{array}$$

扩展卡尔曼滤波器采用 $\hat{\mathbf{x}}_{k|k-1}$，$\boldsymbol{\Gamma}_{k|k-1}$，$\mathbf{y}_k, \mathbf{u}_k$ 作为输入，返回 $\hat{\mathbf{x}}_{k+1|k}$ 和 $\boldsymbol{\Gamma}_{k+1|k}$。

7.7 习题

习题 7.1 高斯分布

高斯随机向量 $\mathbf{x}$ 的概率分布可由其期望 $\bar{\mathbf{x}}$ 和协方差矩阵 $\boldsymbol{\Gamma}_{\mathbf{x}}$ 充分描述，更精确而言，由下式给出：

$$\pi_{\mathbf{x}}(\mathbf{x}) = \frac{1}{\sqrt{(2\pi)^n \det(\boldsymbol{\Gamma}_{\mathbf{x}})}} \cdot \exp\left(-\frac{1}{2}(\mathbf{x} - \bar{\mathbf{x}})^{\mathrm{T}} \cdot \boldsymbol{\Gamma}_{\mathbf{x}}^{-1} \cdot (\mathbf{x} - \bar{\mathbf{x}})\right)$$

1）画出 $\pi_{\mathbf{x}}$ 的曲线及等高线，其中：

$$\bar{\mathbf{x}} = \begin{pmatrix} 1 \\ 2 \end{pmatrix},\ \mathbf{\Gamma_x} = \begin{pmatrix} 1 & 0 \\ 0 & 1 \end{pmatrix}$$

2）定义随机向量为：

283

$$\mathbf{y} = \begin{pmatrix} \cos\frac{\pi}{6} & -\sin\frac{\pi}{6} \\ \sin\frac{\pi}{6} & \cos\frac{\pi}{6} \end{pmatrix} \begin{pmatrix} 1 & 0 \\ 0 & 3 \end{pmatrix} \mathbf{x} + \begin{pmatrix} 2 \\ -5 \end{pmatrix}$$

画出 $\pi_{\mathbf{y}}$ 的曲线及等高线，并讨论。

习题 7.2　置信椭圆

生成 6 个协方差矩阵，如下所示：

$$\begin{array}{lll} \mathbf{A}_1 = \begin{pmatrix} 1 & 0 \\ 0 & 3 \end{pmatrix} & \mathbf{A}_2 = \begin{pmatrix} \cos\frac{\pi}{4} & -\sin\frac{\pi}{4} \\ \sin\frac{\pi}{4} & \cos\frac{\pi}{4} \end{pmatrix} & \\ \mathbf{\Gamma}_1 = \mathbf{I}_{2\times 2} & \mathbf{\Gamma}_2 = 3\mathbf{\Gamma}_1 & \mathbf{\Gamma}_3 = \mathbf{A}_1 \cdot \mathbf{\Gamma}_2 \cdot \mathbf{A}_1^{\mathrm{T}} + \mathbf{\Gamma}_1 \\ \mathbf{\Gamma}_4 = \mathbf{A}_2 \cdot \mathbf{\Gamma}_3 \cdot \mathbf{A}_2^{\mathrm{T}} & \mathbf{\Gamma}_5 = \mathbf{\Gamma}_4 + \mathbf{\Gamma}_3 & \mathbf{\Gamma}_6 = \mathbf{A}_2 \cdot \mathbf{\Gamma}_5 \cdot \mathbf{A}_2^{\mathrm{T}} \end{array}$$

此处，$\mathbf{A}_2$ 相当于角度为 $\pi/4$ 的旋转矩阵。然后，画出中心为 0 的 6 个置信度为 90% 的置信椭圆。由此可得图 7.10。

1）在图中将每一个协方差矩阵与其置信椭圆相对应。

2）重新生成这些椭圆以验证所得结论。

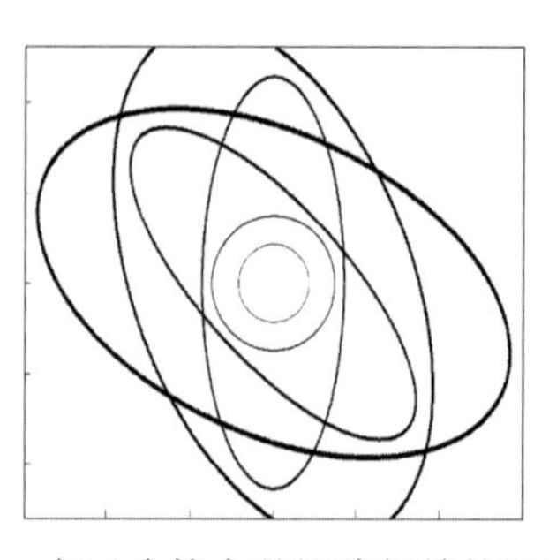

图 7.10　与 6 个协方差矩阵相关的置信椭圆

习题 7.3　置信椭圆：预测

1）生成一个含 1000 个点的点云，用以表示以 $\mathbb{R}^2$ 为中心的随机高斯向量，其中 $\mathbb{R}^2$ 的协方差矩阵为单位矩阵）。推断出随机向量 $\mathbf{x}$ 在下述情形下的点云：

$$\bar{\mathbf{x}} = \begin{pmatrix} 1 \\ 2 \end{pmatrix},\ \mathbf{\Gamma_x} = \begin{pmatrix} 4 & 3 \\ 3 & 3 \end{pmatrix}$$

284

使用 2 行、n 列的矩阵 $\mathbf{x}$ 来储存该点云。

2）假设 $\bar{\mathbf{x}}$ 和 $\Gamma_{\mathbf{x}}$ 已知，画出概率为 $\eta \in \{0.9, 0.99, 0.999\}$ 时的置信椭圆。用图形显示与云 $\mathbf{x}$ 的一致性。

3）从 $\mathbf{x}$ 的点云中找出 $\bar{\mathbf{x}}$ 和 $\Gamma_{\mathbf{x}}$ 的估计。

4）这种分布情况代表了我们对一个系统（比如机器人）初始条件信息的掌握，该系统由如下状态方程描述：

$$\dot{\mathbf{x}} = \begin{pmatrix} 0 & 1 \\ -1 & 0 \end{pmatrix}\mathbf{x} + \begin{pmatrix} 2 \\ 3 \end{pmatrix}u$$

其中，输入 $u(t)=\sin(t)$ 是已知的。编写程序来说明该粒子云随时间的演化过程，采采样周期为 $\mathrm{d}t=0.01$。对于离散化，我们采用欧拉积分：

$$\mathbf{x}(k+1) = \mathbf{x}(k) + \mathrm{d}t\left(\begin{pmatrix} 0 & 1 \\ -1 & 0 \end{pmatrix}\mathbf{x} + \begin{pmatrix} 2 \\ 3 \end{pmatrix}u(k)\right) + \boldsymbol{\alpha}(k)$$

式中，$\alpha(k)$: $\mathcal{N}(0,\ \mathrm{d}t\cdot\mathbf{I}_2)$ 为高斯白噪声，当 $t\in\{0,1,2,3,4,5\}$ 时，绘制相应点云。

5）仅使用卡尔曼预测来表示这种演变。将生成的置信椭圆与问题 4）中计算的云进行比较。

习题 7.4　置信椭圆：修正

1）同上一习题一样，生成一个含 1000 个点的高斯点云，其与随机向量 $\mathbf{x}$ 以下式相关：

$$\bar{\mathbf{x}} = \begin{pmatrix} 1 \\ 2 \end{pmatrix},\quad \boldsymbol{\Gamma}_{\mathbf{x}} = \begin{pmatrix} 3 & 1 \\ 1 & 3 \end{pmatrix}$$

利用一个 2 行、n 列的矩阵来储存这些点云。

2）寻找一个无偏正交线性估计器，可用该估计器从 $\mathbf{x}_2$ 找到 $\mathbf{x}_1$，画出该估计器。

3）与上述问题相同，但是该估计器满足从 $\mathbf{x}_2$ 找到 $\mathbf{x}_2$，画出该估计器，并讨论两者之间的差异。

习题 7.5　协方差矩阵的传播

考虑协方差矩阵等于单位矩阵的三个中心随机向量 $\mathbf{a}$，$\mathbf{b}$，$\mathbf{c}$。这三个向量之间是相互独立的。令 $\mathbf{x}$, $\mathbf{y}$ 为如下定义的两个随机向量：

$$\begin{aligned} \mathbf{x} &= \mathbf{A}\cdot\mathbf{a} - \mathbf{b} \\ \mathbf{y} &= \mathbf{C}\cdot\mathbf{x} + \mathbf{c} \end{aligned}$$

其中，$\mathbf{A}$, $\mathbf{C}$ 均为已知矩阵。

285

1）给出这两个向量的的数学期望 $\bar{\mathbf{x}}$ 和 $\bar{\mathbf{y}}$，及其协方差矩阵 $\Gamma_{\mathbf{x}}$, $\Gamma_{\mathbf{y}}$ 的表达式，并将其写为关于 $\mathbf{A}$ 和 $\mathbf{C}$ 的函数。

2）形成向量 $\mathbf{v}$-$(\mathbf{x},\mathbf{y})$，计算 v 的数学期望 $\bar{\mathbf{v}}$ 和协方差矩阵 $\Gamma_{\mathbf{v}}$。

3）根据之前问题，推导出随机向量 $\mathbf{z}=\mathbf{y}-\mathbf{x}$ 的协方差矩阵，当然必须假定 $\mathbf{x}$ 和 $\mathbf{y}$ 的维度相同。

4）假定 $\mathbf{y}$ 是已知的，利用无偏正交的线性估计器给出 $\mathbf{x}$ 的估计量 $\hat{\mathbf{x}}$。

习题 7.6　布朗噪声

考虑一个随机平稳、离散、白色和中心随机信号。用 $x(t_k)$，$k\in\mathbb{N}$ 表示该信号。严格意义上而言，对于每一个 t_k=$k\delta$ 而言，方差为 $\sigma^2{}_x$ 的随机变量 $x(t_k)$ 间是相互独立的。将布朗噪声定义为白噪声的积分。在本题中，布朗噪声如下所示：

$$y(t_k) = \delta\cdot\sum_{i=0}^{k} x(t_k)$$

1）计算信号 $y(t_k)$ 的方差 $\sigma_y^2(t_k)$，并将其写为关于时间的函数。标准差 $\sigma_y(t_k)$ 是如何演

变为一个关于 δ 的函数和一个关于 t_k 的函数？请讨论。仿真验证结果。

2）此时令 δ 趋向于0，为了使方差 $\sigma_y^2(t_k)$ 保持不变，应该如何按次序选择 δ 对应的标准差 σ_x？利用能够生成不会随采样周期而变化的布朗噪声 $y(t)$ 的 MATLAB 程序验证该结论。

习题 7.7　采用线性估计器求解方程组

线性估计器可以被用来求解线性方程组。考虑如下系统：

$$\begin{cases} 2x_1 + 3x_2 = 8 \\ 3x_1 + 2x_2 = 7 \\ x_1 - x_2 = 0 \end{cases}$$

286

由于方程数目多于未知量的数目，则线性估计器必须要在所有的方程式中找到一些折中的方案。假定第 i 个方程的误差 ε_i 是有心的，且方差为：$\sigma_1^2=1$，$\sigma_2^2=4$，$\sigma_3^2=4$，通过线性估计器来求解这个系统，并求出相应的协方差矩阵。

习题 7.8　采用线性估计器来预估电动机的参数

考虑某一直流电动机，其参数已用最小二乘法估计得出（见习题6.3）。回顾在习题6.3中，直流电动机的角速度 Ω 证明了如下关系：

$$\Omega = x_1 U + x_2 T_r$$

式中，U 为输入电压；T_r 为电阻扭矩；$\mathbf{x}=(x_1, x_2)$ 是所需估计的参数向量。下表给出了各种实验条件下的测量值：

U/V	4	10	10	13	15
$T_r/\mathbf{N \cdot m}$	0	1	5	5	3
$\Omega/(\mathbf{rad/s})$	5	10	8	14	17

假定测量误差的方差等于9且与实验条件无关。此外，假定已知一个先决条件：$x_1 \simeq 1 x_2 \simeq -1$，且方差为4。请以此估计发动机的参数，并求出相应的协方差矩阵。

习题 7.9　轨迹线

1）某一质点（置于轮子上）按照如下形式的轨迹前进：

$$\begin{cases} x(t) = p_1 t - p_2 \sin t \\ y(t) = p_1 - p_2 \cos t \end{cases}$$

式中，x 为横坐标，y 为质点对应的高度。下表列出了不同时刻所测得的 y 值：

t/s	1	2	3	7
y/m	0.38	3.25	4.97	−0.26

该测量误差的标准差为10cm。利用无偏正交滤波器，计算 ρ_1 和 ρ_2 的估计值。

287

2）绘制出该质点的预估轨迹。

习题 7.10　采用卡尔曼滤波器求解方程组

再次考虑习题7.7所示的线性方程组：

$$\begin{cases} 2x_1 + 3x_2 = 8 + \beta_1 \\ 3x_1 + 2x_2 = 7 + \beta_2 \\ x_1 - x_2 = 0 + \beta_3 \end{cases}$$

式中，$\beta_1, \beta_2, \beta_3$ 是三个独立的，中心化随机变量，其方差分别为 1,4,4。

1）通过三次调用卡尔曼滤波求解系统。请给出一个该系统解的估计值并求出误差的协方差矩阵。

2）请画出每次调用时的置信椭圆。

3）将结果与习题 7.7 得到的结果进行对比。

习题 7.11　三步法卡尔曼滤波器

考虑如下离散时间系统：

$$\begin{cases} \mathbf{x}_{k+1} = \mathbf{A}_k \mathbf{x}_k + \mathbf{u}_k + \boldsymbol{\alpha}_k \\ y_k = \mathbf{C}_k \mathbf{x}_k + \beta_k \end{cases}$$

式中，$k \in \{0,1,2\}$。变量 $\mathbf{A}_k$, $\mathbf{C}_k$, $\mathbf{u}_k$, y_k 的值由下表给出：

k	$\mathbf{A}_k$	$\mathbf{u}_k$	$\mathbf{C}_k$	y_k
0	$\begin{pmatrix} 0.5 & 0 \\ 0 & 1 \end{pmatrix}$	$\begin{pmatrix} 8 \\ 16 \end{pmatrix}$	$\begin{pmatrix} 1 & 1 \end{pmatrix}$	7
1	$\begin{pmatrix} 1 & -1 \\ 1 & 1 \end{pmatrix}$	$\begin{pmatrix} -6 \\ -18 \end{pmatrix}$	$\begin{pmatrix} 1 & 1 \end{pmatrix}$	30
2	$\begin{pmatrix} 1 & -1 \\ 1 & 1 \end{pmatrix}$	$\begin{pmatrix} 32 \\ -8 \end{pmatrix}$	$\begin{pmatrix} 1 & 1 \end{pmatrix}$	−6

假设信号 α_k 和 β_k 为协方差矩阵是单位矩阵白噪声信号，即

$$\boldsymbol{\Gamma}_{\boldsymbol{\alpha}} = \begin{pmatrix} 1 & 0 \\ 0 & 1 \end{pmatrix}, \quad \boldsymbol{\Gamma}_{\beta} = 1$$

初始状态向量未知，并由估计量 $\hat{\mathbf{x}}_{0|-1}$ 和协方差矩阵 $\boldsymbol{\Gamma}_{0|-1}$ 表示，可取：

$$\hat{\mathbf{x}}_{0|-1} = \begin{pmatrix} 0 \\ 0 \end{pmatrix}, \; \boldsymbol{\Gamma}_{0|-1} = \begin{pmatrix} 100 & 0 \\ 0 & 100 \end{pmatrix}$$

288

通过卡尔曼滤波，绘制出中心为 $\hat{\mathbf{x}}_{k|k}$，协方差矩阵为 $\boldsymbol{\Gamma}_{k|k}$ 的置信椭圆。

习题 7.12　估计电动机的参数

再次考虑有角速度的直流电动机（见习题 6.3-7.8），已知：

$$\Omega = x_1 U + x_2 T_{\mathrm{r}}$$

式中，U 为输入电压；T_{r} 为电阻扭矩；$x=(x_1, x_2)$ 是所需估计的参数向量。下表给出了各种实验条件下的测量值。

k	0	1	2	3	4
U/V	4	10	10	13	15
T_{r}/N·m	0	1	5	5	3
Ω/(rad/s)	5	10	11	14	17

同样假设测量误差的方差等于 9，$x_1 \simeq 1, x_2 \simeq -1$，且方差为 4。利用卡尔曼滤波，计算参数 x_1, x_2 的估计值，并求出相应的协方差矩阵。

习题 7.13　利用墙距测量值进行定位

考虑一个位于 $\mathbf{x}=(x_1,x_2)$ 的精确机器人，如图 7.11 所示，该机器人测量其自身与三个墙之间的距离。第 i 面墙对应于一条由两个点 $\mathbf{a}(i)$ 和 $\mathbf{b}(i)$ 所定义的一条直线。与第 i 面墙之间的距离为：

$$d(i)=\det\left(\mathbf{u}(i),\mathbf{x}-\mathbf{a}(i)\right)+\beta_i$$

式中，$\mathbf{u}(i)=\dfrac{\mathbf{b}(i)-\mathbf{a}(i)}{\|\mathbf{b}(i)-\mathbf{a}(i)\|}$，每一段距离都由一个方差为 1 的中心误差 β_i 测量，而且所有的误差是相互独立的。在测量之前，假设机器人位于 $\overline{\mathbf{x}}=(1,2)$，其协方差矩阵为 $100\cdot\boldsymbol{I}$，其中 $\boldsymbol{I}$ 为单位矩阵。

1）给出机器人估计位置关于 $\mathbf{a}(i),\mathbf{b}(i),\mathbf{d}(i)$ 的函数，及其误差的协方差矩阵。在此，289 可以采用无偏正交线性估计器或者修正的卡尔曼滤波器。

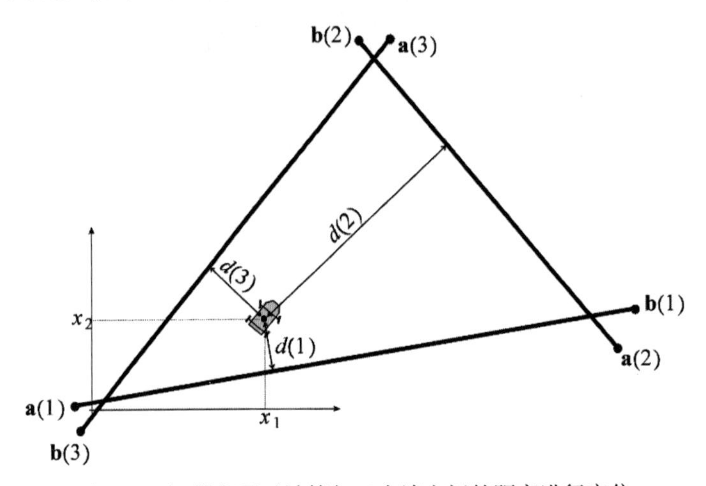

图 7.11　机器人通过计算与三个墙之间的距离进行定位

2）位置坐标和距离由下表给出：

i	1	2	3
$\mathbf{a}(i)$	$\begin{pmatrix}2\\1\end{pmatrix}$	$\begin{pmatrix}15\\5\end{pmatrix}$	$\begin{pmatrix}3\\12\end{pmatrix}$
$\mathbf{b}(i)$	$\begin{pmatrix}15\\5\end{pmatrix}$	$\begin{pmatrix}3\\12\end{pmatrix}$	$\begin{pmatrix}2\\1\end{pmatrix}$
$d(i)$	2	5	4

编写一个可实现所需估计的程序。

习题 7.14　温度估计

室内温度必须满足（经时间离散化后）下述状态方程：

$$\begin{cases} x_{k+1} = x_k+\alpha_k \\ y_k = x_k+\beta_k \end{cases}$$

假设状态噪声 α_k 和测量噪声 β_k 是相互独立的且都为高斯白噪声，同时各自对应的协方差分别为 $\Gamma_\alpha=4$，$\Gamma_\beta=3$。

1）给出可以从测量值 y_k 估计出温度值 x_k 的卡尔曼滤波器的表达式。据此，推理出 $\hat{x}_{k+1|k}$ 和 $\Gamma_{k+1|k}$ 的表达式，并将其写为关于 $\hat{x}_{k|k-1},\Gamma_{k|k-1},y_k$ 的表达式。 290

2）对于一个足够大的 k 值，若假定 $\Gamma_{k+1|k}=\Gamma_{k|k-1}=\Gamma_{\infty}$，则可获得所谓的渐近卡尔曼滤波器，请给出渐近卡尔曼滤波器的表达式。思考如何描述该滤波器的精度。

3）回到非渐近的情况，但在此假设 $\Gamma_{\alpha_k}=0$ 求 Γ_{∞} 的值，并讨论。

习题 7.15 盲人行走

考虑一个沿水平直线行走的盲人，其移动由下述离散状态方程描述：

$$\begin{cases} x_1(k+1) = x_1(k) + x_2(k)\cdot u(k) \\ x_2(k+1) = x_2(k) + \alpha_2(k) \end{cases}$$

式中，$x_1(k)$ 为此人的位置；$x_2(k)$ 为步长（可看作比例因子）；$u(k)$ 为每个单位时间内的步数，测量得到 $u(k)$。则在每个单位时间内，盲人行走的距离为 $x_2(k)\cdot u(k)$。在初始时刻，已知 x_1 为 0，x_2 近似为 1。$x_1(0)$ 由高斯分布表示，其均值为 1，标准差为 0.02。比例因子 x_2 以均值 $\alpha_2(k)$ 缓慢变化，在此假设均值 $\alpha_2(k)$ 为白的、有中心的，且其标准差为 0.01。

1）输入为 $u(k)=1, (k=0,1,\cdots,9)$ 和 $u(k)=-1, (k=10,11,\cdots,19)$。编写一个程序实现预测卡尔曼滤波器，使其能够估计位置 $x_1(k)$。

2）画出概率为 $\eta=0.99$ 对应的置信椭圆。$x_1(k)$ 的不确定变化是怎样的，其中 $x_1(k)$ 是关于 k 的函数？

3）以 k 为自变量，画出协方差矩阵 Γ_x 的行列式，并讨论。

习题 7.16 倒立摆的状态估计

考虑一个倒立摆，其状态方程如下：

$$\begin{pmatrix} \dot{x}_1 \\ \dot{x}_2 \\ \dot{x}_3 \\ \dot{x}_4 \end{pmatrix} = \begin{pmatrix} x_3 \\ x_4 \\ \dfrac{m\sin x_2(g\cos x_2 - \ell x_4^2)+u}{M+m\sin^2 x_2} \\ \dfrac{\sin x_2((M+m)g - m\ell x_4^2\cos x_2)+\cos x_2 u}{\ell(M+m\sin^2 x_2)} \end{pmatrix} \quad \text{and} \quad \mathbf{y} = \begin{pmatrix} x_1 \\ x_2 \end{pmatrix}$$

在此，取状态向量为 $\mathbf{x}=(x,\theta,\dot{x},\dot{\theta})$，其中，输入 u 为施加在质量为 M 的二轮车上的力，x 为二轮车的位置，θ 为倒立摆与垂直方向的夹角。在此假定已测得二轮车的位置 x 和单摆的角度 θ。 291

1）绕着状态 $\mathbf{x}=0$，将该系统线性化。

2）建立一个形为 $u=-\mathbf{K}\cdot\mathbf{x}+h\,w$ 的状态反馈控制器，以稳定该系统，采用极点配置法实现（MATLAB 中的 place 命令）。所有的极点均为 -2。对于预先补偿器 h 而言，选择一个设定点 w 作为二轮车的期望位置。根据 [JAU 15]，必须取：

$$h = -\left(\mathbf{E}\cdot(\mathbf{A}-\mathbf{B}\cdot\mathbf{K})^{-1}\cdot\mathbf{B}\right)^{-1}$$

式中，$\mathbf{E}$ 为设定点的矩阵，如下所示：

$$\mathbf{E} = \begin{pmatrix} 1 & 0 & 0 & 0 \end{pmatrix}$$

对由状态反馈控制的该系统进行仿真。

3）为了预先形成输出反馈，需要得到状态 $\mathbf{x}$ 的估计 $\hat{\mathbf{x}}$。为此，使用卡尔曼滤波器实现，如图 7.12 所示。

取步长为 $\mathrm{d}t=0.01\,\mathrm{s}$ 对该系统离散化，进而建立一个观测该状态的卡尔曼滤波器。

292

4）实现该滤波器，研究测量噪声增加时卡尔曼观测器的鲁棒性。

5）在卡尔曼滤波的预测阶段，采用如下替换可以获得一个扩展的卡尔曼滤波器。

用 $\hat{\mathbf{x}}_{k+1|k}=\hat{\mathbf{x}}_{k|k}+\mathbf{f}\left(\hat{\mathbf{x}}_{k|k},\mathbf{u}_k\right)\cdot\mathrm{d}t$ 代替 $\hat{\mathbf{x}}_{k+1|k}=\mathbf{A}_k\hat{\mathbf{x}}_{k|k}+\mathbf{B}_k\mathbf{u}_k$。

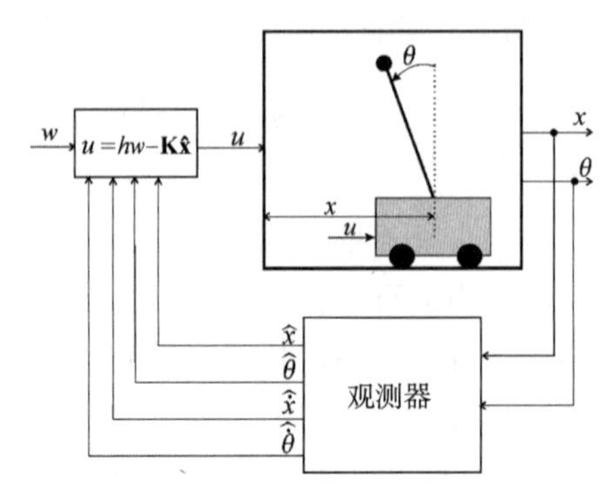

图 7.12　用卡尔曼滤波来估计倒立摆的状态

在此，已经用在更接近于实际的初始非线性模型上执行的预测代替了在线性化模型上执行的预测。采用初始非线性模型的预测要比线性模型的预测更加接近实际。请给出一种实现这种扩展的卡尔曼滤波器的方法。

习题 7.17　航位推测法

航位推测法对应于仅本体传感器可用的定位问题中。早期的航海家常采用这种导航方法在远距离航行中对自己进行定位。航海家们能以一种非常近似的方法来实现定位，这种近似方法通过测量船的航向、各个时刻的速度以及整合整个航行中的所有位置变化信息来定位。在更一般的情形下，可考虑在预测模式中使用状态观测器而没有进行航位推测校正（在系统状态为机器人位置的特殊情形下）。在此考虑图 7.13 中所示的机器人，其状态方程为：

$$\begin{pmatrix}\dot{x}\\ \dot{y}\\ \dot{\theta}\\ \dot{v}\\ \dot{\delta}\end{pmatrix}=\begin{pmatrix}v\cos\delta\cos\theta\\ v\cos\delta\sin\theta\\ \frac{v\sin\delta}{3}+\alpha_\theta\\ u_1+\alpha_v\\ u_2+\alpha_\delta\end{pmatrix}$$

式中，$\alpha_\theta,\alpha_v,\alpha_\delta$ 是独立的连续时间高斯白噪声。更严格地来说，这些是具有无穷次幂的随机分布，但是一旦离散化后，问题就简单多了。

机器人配备一个能高精度测量 θ 值的罗盘以及一个能返回前轮的角度 δ 的角度传感器。

1）用欧拉法离散该系统。以随机输入 $\mathbf{u}(t)$ 和初始向量仿真该系统。对于离散噪声的方差 $\alpha_\theta,\alpha_v,\alpha_\delta$，在此取 $0.01\cdot\mathrm{d}t$，其中 $\mathrm{d}t$ 是离散化步长。

2）以线性和离散的形式来描述这个定位问题。

293

3）使用卡尔曼滤波器，预测机器人的位置及其相应的协方差矩阵。

4）如果假设利用里程计，该机器人能够以 0.01 的方差测量其速度 v，那么定位程序应该如何改变。

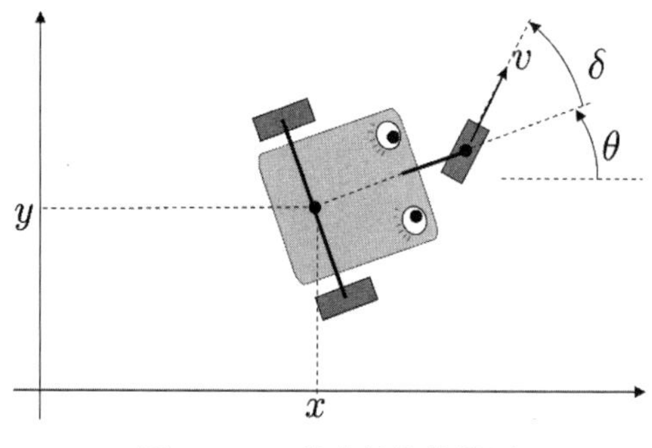

图 7.13　三轮车的航位推测

习题 7.18　测角定位

再次考虑由下述状态方程描述的机器人小车：

$$\begin{pmatrix} \dot{x}_1 \\ \dot{x}_2 \\ \dot{x}_3 \\ \dot{x}_4 \\ \dot{x}_5 \end{pmatrix} = \begin{pmatrix} x_4 \cos x_5 \cos x_3 \\ x_4 \cos x_5 \sin x_3 \\ \frac{x_4 \sin x_5}{3} \\ u_1 \\ u_2 \end{pmatrix}$$

向量 (x_1, x_2) 表示机器人的中心坐标，x_3 是机器人的前进方向，x_4 为其速度，x_5 是其前轮的角度。机器人被位置已知的点地标 $\mathbf{m}(1)$，$\mathbf{m}(2), \cdots$ 所环绕。如果与点地标之间的距离足够小（小于 15m），机器人才能检测到这些地标 $\mathbf{m}(i)$。在这种情况下，机器人以高精度测量角度 δ_i。在此也假设机器人的角度 x_3 和 x_5 是全程已知的，而且没有任何误差。最后，机器人以方差 1 的误差测量其速度 x_4。图 7.14 所示为机器人检测到两个地标 $\mathbf{m}(1)$ 和 $\mathbf{m}(2)$ 的情况。

为了使机器人能够定位自身，在此使用卡尔曼滤波器。为此，需要一个线性方程。由于 x_3 和 x_5 是已知的，所以非线性可以是基于时序依赖的。取 $\mathbf{z} = (x_1, x_2, x_4)$。

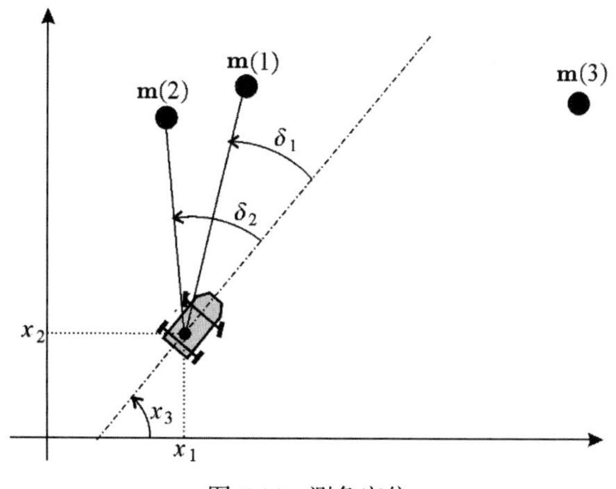

图 7.14　测角定位

1）证明 $\mathbf{z}$ 满足某一线性状态演化方程。找出相关的观测方程。

2）找出 $\mathbf{z}$ 的演化方程的离散形式以满足卡尔曼滤波器。

294

3）实现一个由以下四个地标环绕的机器人仿真器：

$$\mathbf{a}(1)=\begin{pmatrix}0\\25\end{pmatrix},\ \mathbf{a}(2)=\begin{pmatrix}15\\30\end{pmatrix},\ \mathbf{a}(3)=\begin{pmatrix}30\\15\end{pmatrix},\ \mathbf{a}(4)=\begin{pmatrix}15\\20\end{pmatrix}$$

如上所述，一旦机器人靠近，机器人就能以测角方式检测地标。

4）在假设初始状态未知的情况下，实现一个能够定位的卡尔曼滤波器。

5）现有两个机器人 $\mathcal{R}_a$ 和 $\mathcal{R}_b$，当测量地标角度时，它们能够无线通信（见图 7.15）。当距离较小时（即小于 20m），机器人可以使用相机高精度测量角度 φ_a 和 φ_b（见图 7.15）。提出集中式卡尔曼滤波器，以用于这两个机器人的定位。

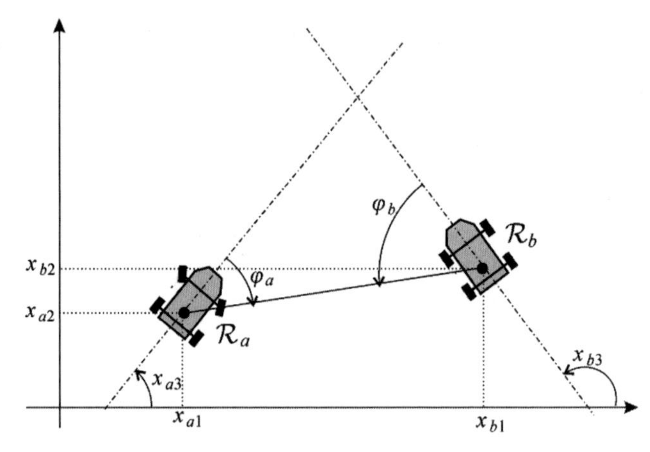

图 7.15　两个相互通信机器人的测角定位

习题 7.19　双雷达跟踪船只

在此所要跟踪船只的移动由如下状态方程描述：

295

$$\begin{cases}p_x(k+1)=p_x(k)+\mathrm{d}t\cdot v_x(k)\\ v_x(k+1)=v_x(k)-\mathrm{d}t\cdot v_x(k)+\alpha_x(k)\\ p_y(k+1)=p_y(k)+\mathrm{d}t\cdot v_y(k)\\ v_y(k+1)=v_y(k)-\mathrm{d}t\cdot v_y(k)+\alpha_y(k)\end{cases}$$

式中，$\mathrm{d}t$=0.01，a_x 和 a_y 均为方差矩阵为 $\mathrm{d}t$ 的高斯白噪声。因此，状态向量为 $\mathbf{x}=(p_x,v_x,p_y,v_y)$。

1）编写一个程序模拟该船只。

2）两个雷达位于点 $\mathbf{a}:(a_x,a_y)=(0,0)$ 和 $\mathbf{b}:(b_x,b_y)=(1,0)$ 处，用以测量到船的距离的平方值。其观测方程为：

$$\mathbf{y}_k=\underbrace{\begin{pmatrix}(p_x(k)-a_x)^2+(p_y(k)-a_y)^2\\(p_x(k)-b_x)^2+(p_y(k)-b_y)^2\end{pmatrix}}_{\mathbf{g}(\mathbf{x}_k)}+\boldsymbol{\beta}_k$$

其中，$\beta_1(k)$ 和 $\beta_2(k)$ 是独立的单位高斯白噪声。调整该仿真，以便可视化雷达并生成测量向量 $\mathbf{y}(k)$。

3）围绕状态向量 $\mathbf{x}_k$ 的当前估计 $\hat{\mathbf{x}}_k$，线性化该观测方程。由此推导出形为 $\mathbf{z}_k=\mathbf{C}_k\mathbf{x}_k$ 的方程，其中 $\mathbf{z}_k=\mathbf{h}(\mathbf{y}_k,\hat{\mathbf{x}}_k)$ 为承担在时间 k 进行测量的角色。

4）建立一个能够实现船只定位的卡尔曼滤波器。

习题 7.20 水池中的机器人定位

考虑一个在长为 $2R_y$、宽为 $2R_y$ 的矩形水池中移动的水下机器人。置于机器人上方的声呐以一个常值角速度旋转。机器人的深度 z 可通过一个压力传感器轻松获得，因此假设该变量是已知的。将该机器人进行如下方式加权，即可以假设机器人的横滚角和俯仰角为 0。在本题中，定位机器人就意味着估计机器人的坐标 (x, y)。坐标系原点位于水池的中央。对于该定位而言，假设声呐相对于机器人的角度 α 是已测得的，偏航角 θ 用罗盘测量，用加速度计测量切向加速度 a_{T} 和法向加速度 a_{N}。每过 0.1s，声呐返回声呐束的长度。图 7.16 表示当声呐在机器人移动时围绕自身进行七次旋转时通过仿真获得的声呐束的长度 $l(t)$。 296

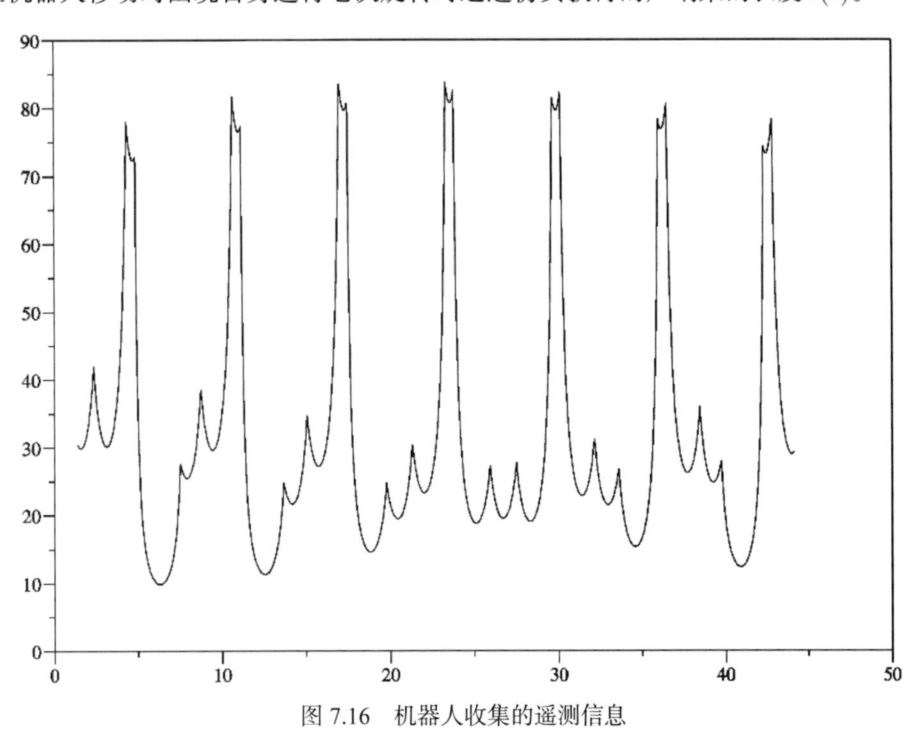

图 7.16 机器人收集的遥测信息

1）考虑到声呐收集的信号，提出一个鲁棒方法检测如下情形下的局部最小值，即声呐垂直指向水池四个墙壁之一。

2）令 $v_x = \dot{x}, v_y = \dot{y}$，证明可以写出如下状态方程以关联测量值：

$$\begin{cases} \dot{x} &= v_x \\ \dot{y} &= v_y \\ \dot{v}_x &= a_{\mathrm{T}}\cos\theta - a_{\mathrm{N}}\sin\theta \\ \dot{v}_y &= a_{\mathrm{T}}\sin\theta + a_{\mathrm{N}}\cos\theta \end{cases}$$

3）在此假设已经收集到（仿真或实际）每个 $t \in [0, t_{\max}]$ 的相对于加速度 $(a_{\mathrm{T}}, a_{\mathrm{N}})$、航向角度 θ 和声呐角度 α 的信息。提出一种基于卡尔曼滤波器的递归方法，以定位机器人。 297

7.8 习题参考答案

习题 7.1 参考答案（高斯分布）

1）绘制 π_{x} 的图像结果如图 7.17 所示。

2）采用如下关系获得 $\pi_{\mathbf{y}}$ 的特性：

$$\begin{aligned}\bar{\mathbf{y}} &= \mathbf{A}\bar{\mathbf{x}}+\mathbf{b}\\ \mathbf{\Gamma_y} &= \mathbf{A}\cdot\mathbf{\Gamma_x}\cdot\mathbf{A}^{\mathrm{T}}\end{aligned}$$

图 7.18 所示为所得结果。

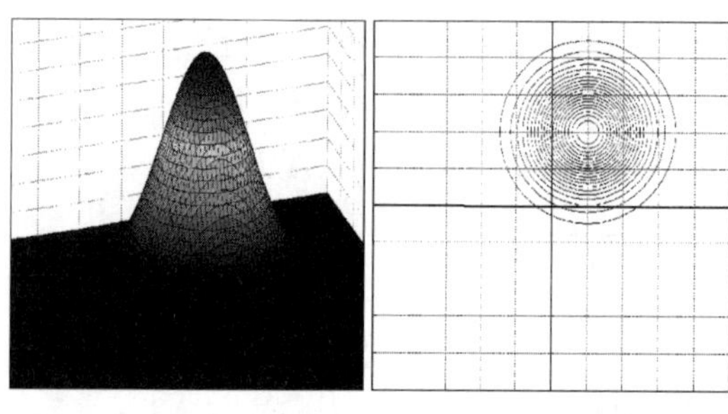

298

图 7.17　非中心单位高斯随机向量的概率密度

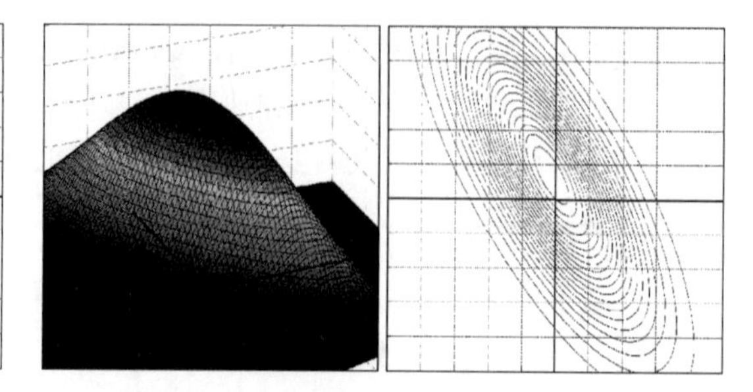

图 7.18　线性变换后随机向量 $\mathbf{y}$ 的分布密度

注意，依照连接 $\mathbf{x}$ 和 $\mathbf{y}$ 的线性关系，$\pi_{\mathbf{y}}$ 可以由 $\pi_{\mathbf{x}}$ 通过旋转 $\frac{\pi}{6}$ 并关于 $\mathbf{x}_1$ 放大 2 倍变换得到。但其高斯特征被沿存下来。

习题 7.2 参考答案 （置信椭圆）

1）图 7.19 中绘制出了矩阵 $\mathbf{\Gamma}_1,\mathbf{\Gamma}_2\cdots,\mathbf{\Gamma}_6$。根据矩阵指令 $\mathbf{\Gamma}_6=\mathbf{I}_{2\times2}$ 和 $\mathbf{\Gamma}_2=3\mathbf{\Gamma}_1$，则 $\mathbf{\Gamma}_1$ 和 $\mathbf{\Gamma}_2$ 相关的椭圆是圆形的，$\mathbf{\Gamma}_2$ 等于 $\sqrt{3}$ 倍的 $\mathbf{\Gamma}_1$。由于 $\mathbf{\Gamma}_3=\mathbf{A}_1\cdot\mathbf{\Gamma}_2\cdot\mathbf{A}_1^{\mathrm{T}}+\mathbf{\Gamma}_1$，则可通过将 $\mathbf{\Gamma}_1$ 的椭圆关于 $\mathbf{x}_2$ 放大 3 倍得到 $\mathbf{\Gamma}_3$。将 $\mathbf{\Gamma}_3$ 旋转 $\frac{\pi}{4}$ 的角度即可获得 $\mathbf{\Gamma}_4$（因为 $\mathbf{\Gamma}_4=\mathbf{A}_2\cdot\mathbf{\Gamma}_3\cdot\mathbf{A}_2^{\mathrm{T}}$）。由于 $\mathbf{\Gamma}_5=\mathbf{\Gamma}_4+\mathbf{\Gamma}_3$，则 $\mathbf{\Gamma}_5$ 包含椭圆 $\mathbf{\Gamma}_3$ 和 $\mathbf{\Gamma}_4$。同样，$\mathbf{\Gamma}_6$ 由 $\mathbf{\Gamma}_4$ 旋转 $\frac{\pi}{4}$ 角度得到。

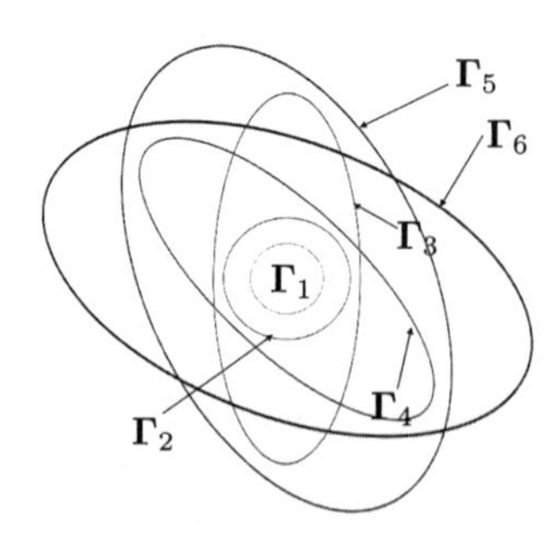

图 7.19　与 $\Gamma_1,\Gamma_2,\cdots,\Gamma_6$ 相关的置信椭圆，从最薄到最厚

2）略

习题 7.3 参考答案 （置信椭圆：预测）

1）我们使用以下程序得到了图 7.20a。

```
1 N := 1000; Γx := (4 3; 3 3); x̄ := (1; 2)
2 X := (x̄, x̄, ··· , x̄) + √Γx · randn_{2×N}
3 Plot(X)
```

299

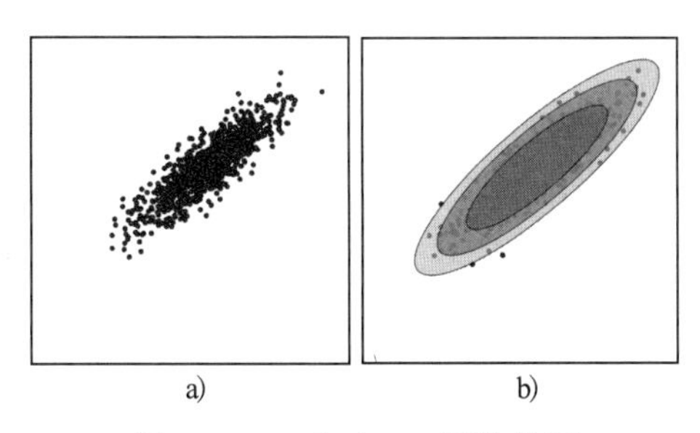

图 7.20 a) 点云；b) 置信椭圆

2）对于 $\eta \in \{0.9, 0.99, 0.999\}$，调用 DrawEllipse($\hat{\mathbf{x}}$, $\mathbf{\Gamma_x}, \eta$)（见 7.2.2 节）可得图 7.20b，该图显示了云 $\mathbf{X}$ 和椭圆之间的一致性。外框为 $[-10, 10]^{\times 2}$。

3）使用以下语句：

```
1 x̂ := (1/N) Σ_i X_{:,i};
2 X̃ := X − x̂ · 1_{1×N}
3 Γ̂_x := (1/N) · X̃ · X̃^T
```

可得 $\hat{\mathbf{x}}$,$\mathbf{\Gamma_x}$ 的如下估计：

$$\hat{\mathbf{x}} = \begin{pmatrix} 0.944 \\ 1.982 \end{pmatrix}, \quad \hat{\mathbf{\Gamma}}_{\mathbf{x}} = \begin{pmatrix} 3.901 & 2.984 \\ 2.984 & 3.066 \end{pmatrix}$$

4）如下仿真程序可得图 7.21，外框为 $[-20, 20]^{\times 2}$。

```
1 dt := 0.01; A := ( 1  dt ; −dt  1 )
2 N := 1000; Γ_x := ( 4  3 ; 3  3 ); x̄ := ( 1 ; 2 )
3 X := (x̄, x̄, ..., x̄) + √Γ_x · randn_{2×N}
4 For t = 0 : dt : 5
5         u := sin(t) · dt · ( 2 ; 3 )
6         X := A · X + u · 1_{1×N} + √dt · randn_{2×N}
```

300

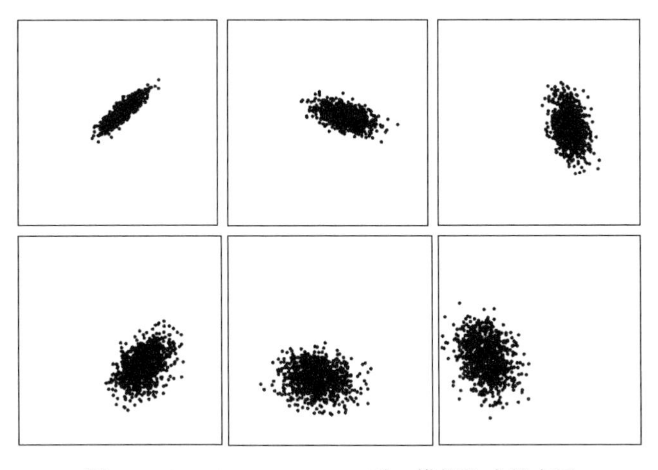

图 7.21 $t \in \{0, 1, 2, 3; 4, 5\}$ 时，模拟生成的点云

5）置信椭圆的计算方法如下：

1 $\mathrm{d}t := 0.01;\ \mathbf{A} := \begin{pmatrix} 1 & \mathrm{d}t \\ -\mathrm{d}t & 1 \end{pmatrix};\ \mathbf{\Gamma}_{\boldsymbol{\alpha}} := \mathrm{d}t \cdot \mathbf{I}_{2\times 2}$
2 $\mathbf{\Gamma}_{\mathbf{x}} := \begin{pmatrix} 4 & 3 \\ 3 & 3 \end{pmatrix};\ \bar{\mathbf{x}} := \begin{pmatrix} 1 \\ 2 \end{pmatrix}$
3 For $t := 0 : \mathrm{d}t : 5$
4 　　$\bar{\mathbf{x}} := \mathbf{A} \cdot \bar{\mathbf{x}} + \sin(t) \cdot \mathrm{d}t \cdot \begin{pmatrix} 2 \\ 3 \end{pmatrix}$
5 　　$\mathbf{\Gamma}_{\mathbf{x}} := \mathbf{A} \cdot \mathbf{\Gamma}_{\mathbf{x}} \cdot \mathbf{A}^{\mathrm{T}} + \mathbf{\Gamma}_{\boldsymbol{\alpha}}$

其中一些如图 7.22 所示。

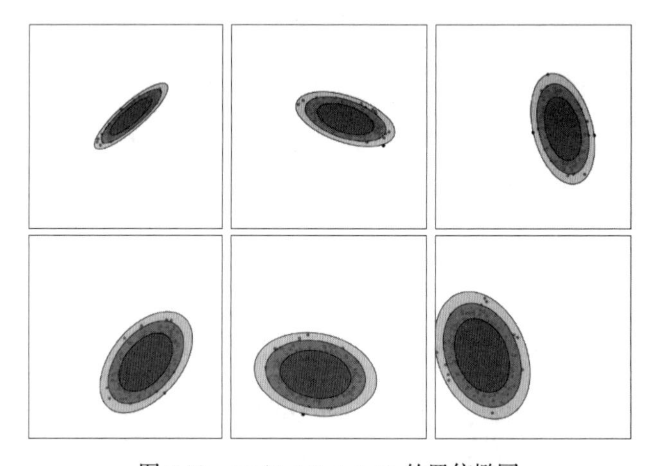

图 7.22　$t\in\{0,1,2,3;4,5\}$ 的置信椭圆

相较于控制粒子云所需时间，前面指令所需时间微乎其微。因此，在线性高斯环境下，便可直接处理协方差矩阵和均值，根据这些便可得到卡尔曼滤波器。在非线性环境下，控制粒子云通常成为首选。

习题 7.4 参考答案（置信椭圆：修正）

301　1）点云是由以下程序生成：

1 $N := 1000;\ \mathbf{\Gamma}_{\mathbf{x}} := \begin{pmatrix} 3 & 1 \\ 1 & 3 \end{pmatrix};\ \bar{\mathbf{x}} := \begin{pmatrix} 1 \\ 2 \end{pmatrix}$
2 $\mathbf{X} := (\bar{\mathbf{x}}, \bar{\mathbf{x}}, \ldots, \bar{\mathbf{x}}) + \sqrt{\mathbf{\Gamma}_{\mathbf{x}}} \cdot \mathrm{randn}_{2\times N}$
3 $\mathrm{plot}(\mathbf{X})$

2）已知 $\hat{x}_1 = \bar{x}_1 + K\cdot(x_2 - \bar{x}_2)$，其中，$K = \Gamma_{x_1x_2}\Gamma_{x_2}^{-1} = \frac{1}{3}$，因此：

$$\hat{x}_1 = 1 + \frac{1}{3}\cdot(x_2 - 2)$$

3）已知 $\hat{x}_2 = \bar{x}_2 + K\cdot(x_1 - \bar{x}_1)$，其中，$K = \Gamma_{x_1x_2}\Gamma_{x_1}^{-1} = \frac{1}{3}$，因此：

$$\hat{x}_2 = 2 + \frac{1}{3}\cdot(x_1 - 1)$$

为了准确理解估计器的不可逆性，用图 7.23 所示图像进行表示。首先调用某一个方向上的估计器，然后再去调用其他方向，并且绝不返回相同点。

习题 7.5 参考答案 （协方差矩阵的传播）

1）已知：

$$\bar{\mathbf{x}} = E(\mathbf{x}) = E(\mathbf{A}\,\mathbf{a} - \mathbf{b}) = \mathbf{A}E(\mathbf{a}) - E(\mathbf{b}) = \mathbf{0}$$

302

由于随机变量 **a** 和 **b** 是中心化的，类似地：

$$\bar{y} = E(\mathbf{y}) = E(\mathbf{C}\,\mathbf{x} + \mathbf{c}) = \mathbf{C}E(\mathbf{x}) + E(\mathbf{c}) = \mathbf{0}$$

其中，**c** 也是中心化的。对于协方差矩阵而言，则有：

$$\begin{aligned}\mathbf{\Gamma_x} &= E\left((\mathbf{x}-\bar{\mathbf{x}})\ (\mathbf{x}-\bar{\mathbf{x}})^{\mathrm{T}}\right) = E\left(\mathbf{x}\,\mathbf{x}^{\mathrm{T}}\right)\\ &= E\left((\mathbf{A}\,\mathbf{a}-\mathbf{b})\,(\mathbf{A}\,\mathbf{a}-\ \mathbf{b})^{\mathrm{T}}\right)\\ &= E\left(\mathbf{A}\,\mathbf{a}\,\mathbf{a}^{\mathrm{T}}\mathbf{A}^{\mathrm{T}} -\ \mathbf{A}\,\mathbf{a}\,\mathbf{b}^{\mathrm{T}} -\ \mathbf{b}\,\mathbf{a}^{\mathrm{T}}\mathbf{A}^{\mathrm{T}} + \mathbf{b}\,\mathbf{b}^{\mathrm{T}}\right)\\ &= \mathbf{A}\underbrace{E\left(\mathbf{a}\,\mathbf{a}^{\mathrm{T}}\right)}_{=\mathbf{I}}\mathbf{A}^{\mathrm{T}} - \mathbf{A}\underbrace{E\left(\mathbf{a}\,\mathbf{b}^{\mathrm{T}}\right)}_{=\mathbf{0}} - \underbrace{E\left(\mathbf{b}\,\mathbf{a}^{\mathrm{T}}\right)}_{=\mathbf{0}}\mathbf{A}^{\mathrm{T}} + \underbrace{E\left(\mathbf{b}\,\mathbf{b}^{\mathrm{T}}\right)}_{=\mathbf{I}}\\ &= \mathbf{A}\cdot\mathbf{A}^{\mathrm{T}} + \mathbf{I}.\end{aligned}$$

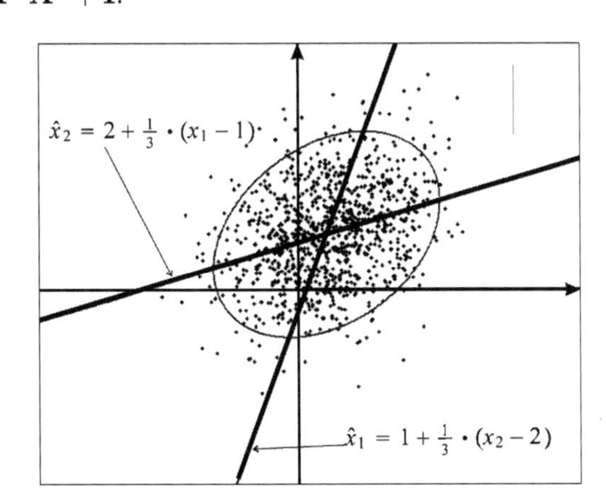

图 7.23　粗体的两条线表示两个估计值 $\hat{x}_1(x_2)$ 和 $\hat{x}_2(x_1)$

类似地：

$$\mathbf{\Gamma_y} = \mathbf{C}\,\mathbf{\Gamma_x}\,\mathbf{C}^{\mathrm{T}} + \mathbf{\Gamma_c} = \mathbf{C}\ \left(\mathbf{A}\ \mathbf{A}^{\mathrm{T}} + \mathbf{I}\right)\ \mathbf{C}^{\mathrm{T}} + \mathbf{I}.$$

2）必然有 $\bar{\mathbf{v}} = (\bar{\mathbf{x}}, \bar{\mathbf{y}}) = 0$，由此可得：

$$\mathbf{\Gamma_v} = E\left(\mathbf{v}\,\mathbf{v}^{\mathrm{T}}\right) = \begin{pmatrix} E\left(\mathbf{x}\,\mathbf{x}^{\mathrm{T}}\right) & E\left(\mathbf{x}\,\mathbf{y}^{\mathrm{T}}\right) \\ E\left(\mathbf{y}\,\mathbf{x}^{\mathrm{T}}\right) & E\left(\mathbf{y}\,\mathbf{y}^{\mathrm{T}}\right) \end{pmatrix}$$

303

然而：

$$\begin{aligned}\mathbf{\Gamma_{xy}} &= E\left(\mathbf{x}\,\mathbf{y}^{\mathrm{T}}\right) = E\left(\mathbf{x}\ (\mathbf{C}\,\mathbf{x}+\mathbf{c})^{\mathrm{T}}\right) = E\left(\mathbf{x}\mathbf{x}^{\mathrm{T}}\mathbf{C}^{\mathrm{T}}\ + \mathbf{x}\mathbf{c}^{\mathrm{T}}\right)\\ &= \mathbf{\Gamma_x}\mathbf{C}^{\mathrm{T}}\ +\ \mathbf{\Gamma_{xc}} = \mathbf{\Gamma_x}\mathbf{C}^{\mathrm{T}}\end{aligned}$$

因为 **x** 和 **c** 是独立的（从而有 $\mathbf{\Gamma_{xc}}$=0），于是便有如下结果：

$$\mathbf{\Gamma_v} = \begin{pmatrix} \mathbf{\Gamma_x} & \mathbf{\Gamma_x C^T} \\ \mathbf{C\,\Gamma_x} & \mathbf{\Gamma_y} \end{pmatrix}$$

3）已知：

$$\mathbf{z} = (-\mathbf{I}\ \ \mathbf{I}) \cdot \mathbf{v}$$

因此：

$$\mathbf{\Gamma_z} = (-\mathbf{I}\ \ \mathbf{I})\ \mathbf{\Gamma_v} \begin{pmatrix} -\mathbf{I} \\ \mathbf{I} \end{pmatrix} = (-\mathbf{I}\ \ \mathbf{I}) \begin{pmatrix} \mathbf{\Gamma_x} & \mathbf{\Gamma_x C^T} \\ \mathbf{C\,\Gamma_x} & \mathbf{\Gamma_y} \end{pmatrix} \begin{pmatrix} -\mathbf{I} \\ \mathbf{I} \end{pmatrix}$$

$$= (-\mathbf{I}\ \ \mathbf{I}) \begin{pmatrix} -\mathbf{\Gamma_x} + \mathbf{\Gamma_x C^T} \\ -\mathbf{C\,\Gamma_x} + \mathbf{\Gamma_y} \end{pmatrix} = \mathbf{\Gamma_x} - \mathbf{\Gamma_x C^T} - \mathbf{C\,\Gamma_x} + \mathbf{\Gamma_y}$$

4）根据线性估计器的表达式，可得 $\hat{\mathbf{x}} = \bar{\mathbf{x}} + \mathbf{K}\tilde{\mathbf{y}}$，其中 $\mathbf{K}=\mathbf{\Gamma_{xy}\Gamma_y^{-1}}=\mathbf{\Gamma_x C^T \Gamma_y^{-1}}$， $\tilde{\mathbf{y}} = \mathbf{y} - \mathbf{C}\bar{\mathbf{x}}$。因此：

$$\hat{\mathbf{x}} = \bar{\mathbf{x}} + \left(\mathbf{\Gamma_x C^T \Gamma_y^{-1}}\right)(\mathbf{y} - \mathbf{C}\bar{\mathbf{x}}) = \mathbf{\Gamma_x C^T \Gamma_y^{-1}} \cdot \mathbf{y}$$

其中，$\bar{\mathbf{x}} = 0$。

习题 7.6 参考答案 （布朗噪声）

1）首先回顾如下内容，如果 a 和 b 是两个独立的居中随机变量，其方差分别为 σ_a^2 和 σ_b^2，而且如果 α 是一个确定的实数，则：

$$\sigma_{a+b}^2 = E\left((a+b)^2\right) = E\left(a^2 + b^2 + 2ab\right) = \sigma_a^2 + \sigma_b^2 + 2E(ab) = \sigma_a^2 + \sigma_b^2$$

$$\sigma_{\alpha a}^2 = E\left((\alpha a)^2\right) = \alpha^2 \sigma_a^2$$

由此可得：

$$\sigma_y^2(t_k) = \delta^2 \cdot \sum_{j=0}^{k} \sigma_x^2(t_j) = \delta^2 \cdot k\sigma_x^2.$$

304

然而，$t_k=k\delta$，因此有 $\sigma_y^2(t_k)=\delta t_k \sigma_x^2$。由此可以看出，当 $\delta \to 0$ 时，标准差 $\sigma_y(t_k) = \sqrt{\delta}\sqrt{t_k}\sigma_x$ 趋于零，而且这个误差以 $\sqrt{t}$ 演变（由于随机游动）。这种现象来源于如下事实，即这些误差之间是相互补偿的。尤其当 δ 很小时。为了阐明这个现象，写出如下所示的一个仿真函数：

函数 SIMU $(\delta, \sigma_x, t_{\max})$
1 $T := (0, \delta, 2\delta, \ldots, t_{\max})$
2 $k_{\max} := \frac{t_{\max}}{\delta}$; $Y(0) := 0$
3 For $k := 0{:}k_{\max}$
4 $\quad X(k) := \sigma_x \cdot \mathrm{randn}(1)$
5 $\quad Y(k+1) := Y(k) + \delta X(k)$
6 Return (T, X, Y)

下面取 δ=0.1, δ=0.01 和 δ=0.001，应用该函数。所得结果如图 7.24 所示。每个图对应的范围为：$t \in [0, 100]$ 和 $y \in [-7, 7]$。注意，当采样周期 δ 减小时，由于补偿效应，布朗噪声将变得越来越小。生成该图的程序如下：

```
1 For i := 0 : 100
2     δ := 0.1 (or 0.01, 0.001)
3     σ_x := 1; t_max := 100
4     (T, X, Y):=SIMU (δ, σ_x, t_max)
5     Plot(T, Y)
```

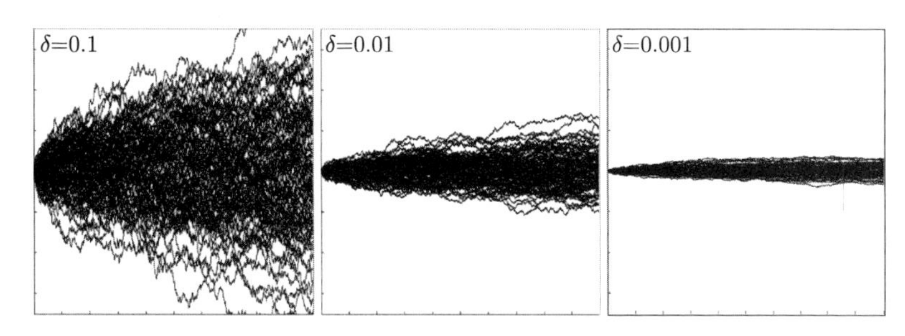

图 7.24　当 δ 趋近于 0 时，布朗噪声（白噪声的积分）会减小

2）可得：

$$\sigma_x(\delta)=\frac{1}{\sqrt{\delta}}\cdot\frac{\sigma_y(t_k)}{\sqrt{t_k}}$$

为了维持独立于 δ 的 $\sigma_y(t_k)$，$x(t_k)$ 的标准差 σ_x 必须增至无穷大，以降低补偿效应。当达到极限时，即 $\delta=0$，信号 $x(t_k)$ 有一个无限的标准差。正是因为如下原因，即一个连续时间的居中的白噪声随机信号（当 $\delta=0$ 时）一定有一个无限次幂以影响积分器，或者更一般地说，影响任何物理系统。当研究微粒在有限空间的布朗运动时，便可以观察到这一物理现象。在这种情形下，$y(t)$ 对应于微粒的运动，$x(t)$ 对应于其速度。图 7.25 给出了不同 δ 值所对应的白噪声及其积分。其比例与图 7.24 所选一致。可以看出，当 δ 趋向于 0 时，为了获得相似的布朗噪声，白噪声 $x(t)$ 的次幂一定是增加的。该图是由下述程序获得的：　305

```
1 For i := 0 : 100
2     δ := 10 (or 1, 0.1, 0.01)
3     σ_x := 1/√δ; t_max := 100
4     (T, X, Y):=SIMU (δ, σ_x, t_max)
5     Plot(T, X); Plot(T, Y)
```

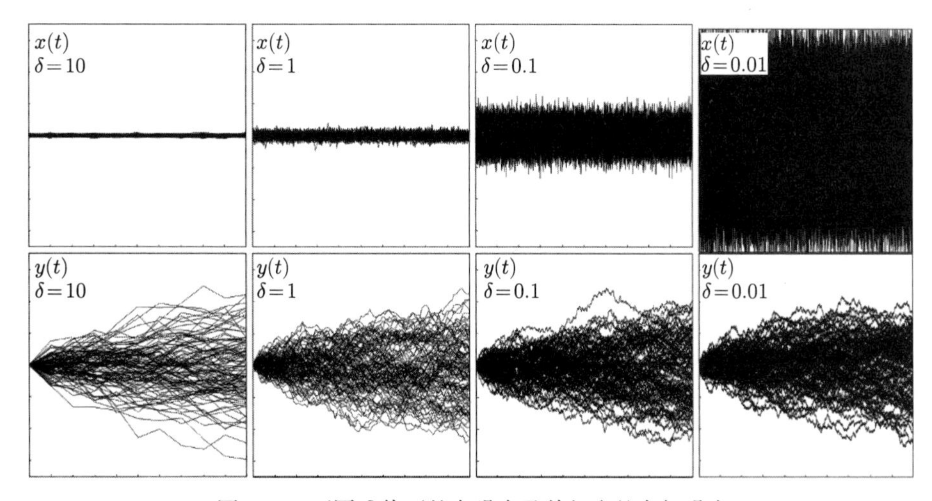

图 7.25　不同 δ 值下的白噪声及其相应的布朗噪声　306

习题 7.7 参考答案（采用线性估计器求解方程组）

在此将该问题转换为：

$$\underbrace{\begin{pmatrix}8\\7\\0\end{pmatrix}}_{\mathbf{y}}=\underbrace{\begin{pmatrix}2&3\\3&2\\1&-1\end{pmatrix}}_{\mathbf{C}}\underbrace{\begin{pmatrix}x_1\\x_2\end{pmatrix}}_{\mathbf{x}}+\underbrace{\begin{pmatrix}\beta_1\\\beta_2\\\beta_3\end{pmatrix}}_{\boldsymbol{\beta}}$$

取：

$$\bar{\mathbf{x}}=\begin{pmatrix}0\\0\end{pmatrix},\mathbf{\Gamma_x}=\begin{pmatrix}1000&0\\0&1000\end{pmatrix},\ \mathbf{\Gamma}_{\boldsymbol{\beta}}=\begin{pmatrix}1&0&0\\0&4&0\\0&0&4\end{pmatrix}$$

相当于一个先决条件，即向量 $\mathbf{x}$ 或多或少在区间 [−33,33] 内，β_i 之间是相互独立的，第一个方程具有两倍精度。则可得：

$$\begin{aligned}
\widetilde{\mathbf{y}}\ &=\mathbf{y}-\mathbf{C}\bar{\mathbf{x}}=\begin{pmatrix}8\\7\\0\end{pmatrix}\\
\mathbf{\Gamma_y}\ &=\mathbf{C\Gamma_xC}^{\mathrm{T}}+\mathbf{\Gamma}_{\boldsymbol{\beta}}=\begin{pmatrix}13001&12000&-1000\\12\,000&13\,004&1000\\-1000&1000&2004\end{pmatrix}\\
\mathbf{K}\ &=\mathbf{\Gamma_xC}^{\mathrm{T}}\mathbf{\Gamma_y}^{-1}=\begin{pmatrix}-0.09&0.288&0.311\\0.355&-0.155&-0.24\end{pmatrix}\\
\hat{\mathbf{x}}\ &=\bar{\mathbf{x}}+\mathbf{K}\widetilde{\mathbf{y}}=\begin{pmatrix}1.311\\1.756\end{pmatrix}\\
\mathbf{\Gamma}_{\varepsilon}\ &=\mathbf{\Gamma_x}-\mathbf{KC\Gamma_x}=\begin{pmatrix}0.722&-0.517\\-0.54&0.44\end{pmatrix}
\end{aligned}$$

因此，可用 $\hat{\mathbf{x}}$ 和 Γ_ε 来表示线性系统。

习题 7.8 参考答案（采用线性估计器来预估电动机的参数）

应用式（7.10），取：

$$\bar{\mathbf{x}}=\begin{pmatrix}1\\-1\end{pmatrix},\mathbf{\Gamma_x}=\begin{pmatrix}4&0\\0&4\end{pmatrix};\mathbf{C}=\begin{pmatrix}4&0\\10&1\\10&5\\13&5\\15&3\end{pmatrix},\ \mathbf{\Gamma}_{\boldsymbol{\beta}}=9\cdot\mathbf{I}_{5\times5},\quad \mathbf{y}=\begin{pmatrix}5\\10\\8\\14\\17\end{pmatrix}$$

307

可得：

$$\widetilde{\mathbf{y}}=\mathbf{y}-\mathbf{C}\bar{\mathbf{x}}=\begin{pmatrix}1\\1\\3\\6\\5\end{pmatrix}$$

$$\mathbf{\Gamma_y}=\mathbf{C\Gamma_xC}^{\mathrm{T}}+\mathbf{\Gamma}_{\boldsymbol{\beta}}=\begin{pmatrix}73&160&160&208&240\\160&413&420&540&612\\160&420&509&620&660\\208&540&620&785&840\\240&612&660&840&945\end{pmatrix}$$

$$\mathbf{K}=\mathbf{\Gamma_xC}^{\mathrm{T}}\mathbf{\Gamma_y}^{-1}=\begin{pmatrix}0.027&0.0491&-0.0247&-0.0044&0.046\\-0.0739&-0.118&0.148&0.092&-0.077\end{pmatrix}$$

$$\hat{\mathbf{x}}=\bar{\mathbf{x}}+\mathbf{K}\widetilde{\mathbf{y}}=\begin{pmatrix}1.2\\-0.58\end{pmatrix}$$

$$\mathbf{\Gamma}_{\varepsilon}=\mathbf{\Gamma_x}-\mathbf{KC\Gamma_x}=\begin{pmatrix}0.062&-0.166\\-0.179&0.593\end{pmatrix}$$

习题 7.9 参考答案 （轨迹线）

1）已知：

$$\bar{\mathbf{p}}=\begin{pmatrix}0\\0\end{pmatrix},\mathbf{\Gamma_p}=\begin{pmatrix}10^2&0\\0&10^2\end{pmatrix}$$

$$\mathbf{y}=\begin{pmatrix}0.38\\3.25\\4.97\\-0.26\end{pmatrix},\ \mathbf{C}=\begin{pmatrix}1&-\cos(1)\\1&-\cos(2)\\1&-\cos(3)\\1&-\cos(7)\end{pmatrix},\mathbf{\Gamma}_{\boldsymbol{\beta}}=10^{-2}\begin{pmatrix}1&0&0&0\\0&1&0&0\\0&0&1&0\\0&0&0&1\end{pmatrix}$$

应用线性估计器，可得：

$$\hat{\mathbf{p}}=\begin{pmatrix}2.001\\2.999\end{pmatrix},\quad \mathbf{\Gamma}_{\varepsilon}=\begin{pmatrix}0.0025&-0.0001\\-0.0001&0.0050\end{pmatrix}$$

2）为绘制质点的估计路径，编写程序如下：

$$\begin{pmatrix}x\\y\end{pmatrix}=\hat{p}_1\begin{pmatrix}t\\1\end{pmatrix}-\hat{p}_2\begin{pmatrix}\sin t\\\cos t\end{pmatrix}$$

进而得到图 7.26。

308

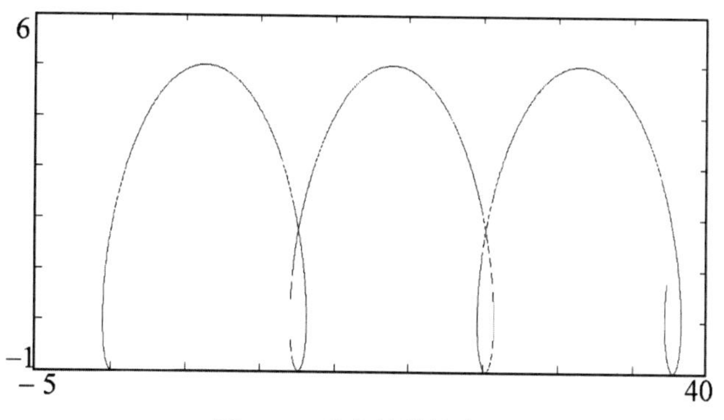

图 7.26 质点的估计路径

习题 7.10 参考答案 （采用卡尔曼滤波器求解方程组）

1）所需程序如下所示：

$$
\begin{array}{|l|}
\hline
1\ \mathbf{\Gamma}_{\boldsymbol{\alpha}} := \mathbf{0}_{2\times2};\ \mathbf{A} := \mathbf{I}_{2\times2} \\
2\ \hat{\mathbf{x}} := \begin{pmatrix}0\\0\end{pmatrix};\ \mathbf{u} := \begin{pmatrix}0\\0\end{pmatrix};\ \mathbf{\Gamma}_{\mathbf{x}} := 1000\cdot\mathbf{I}_{2\times2} \\
3\ \mathbf{C} := \begin{pmatrix}2 & 3\end{pmatrix};\mathbf{\Gamma}_{\boldsymbol{\beta}} := 1;\ y := 8 \\
3\ (\hat{\mathbf{x}},\mathbf{\Gamma}_{\mathbf{x}}) := \text{KALMAN}\,(\hat{\mathbf{x}},\mathbf{\Gamma}_{\mathbf{x}},\mathbf{u},y,\mathbf{\Gamma}_{\boldsymbol{\alpha}},\mathbf{\Gamma}_{\boldsymbol{\beta}},\mathbf{A},\mathbf{C}) \\
\quad \mathbf{C} := \begin{pmatrix}3 & 2\end{pmatrix};\mathbf{\Gamma}_{\boldsymbol{\beta}} := 4;\ y := 7 \\
\quad (\hat{\mathbf{x}},\mathbf{\Gamma}_{\mathbf{x}}) := \text{KALMAN}\,(\hat{\mathbf{x}},\mathbf{\Gamma}_{\mathbf{x}},\mathbf{u},y,\mathbf{\Gamma}_{\boldsymbol{\alpha}},\mathbf{\Gamma}_{\boldsymbol{\beta}},\mathbf{A},\mathbf{C}) \\
\quad \mathbf{C} := \begin{pmatrix}1 & -1\end{pmatrix};\mathbf{\Gamma}_{\boldsymbol{\beta}} := 4;\ y := 0 \\
\quad (\hat{\mathbf{x}},\mathbf{\Gamma}_{\mathbf{x}}) := \text{KALMAN}\,(\hat{\mathbf{x}},\mathbf{\Gamma}_{\mathbf{x}},\mathbf{u},y,\mathbf{\Gamma}_{\boldsymbol{\alpha}},\mathbf{\Gamma}_{\boldsymbol{\beta}},\mathbf{A},\mathbf{C}) \\
\hline
\end{array}
$$

2）如果绘制出三个相应的协方差矩阵，则可得在每个新的迭代时，协方差矩阵会缩小直至集中于一点，这与结论是一致的。

3）正如所预料的，所得结果与习题 7.7 的结论是一致的。

习题 7.11 参考答案 （三步法卡尔曼滤波器）

309　图 7.27 给出了用卡尔曼滤波器获得的置信椭圆。

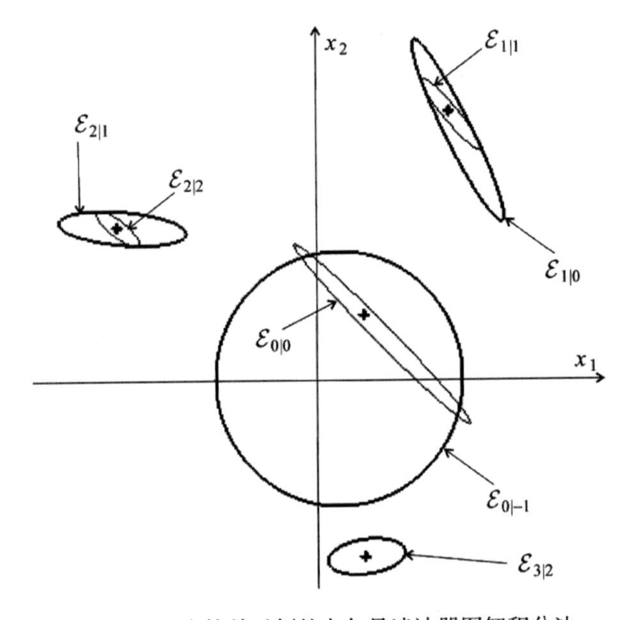

图 7.27　一个简单示例的卡尔曼滤波器图解积分法

对应的程序如下所示。

$$
\begin{array}{|l|}
\hline
1\ \mathbf{\Gamma}_{\boldsymbol{\alpha}} := \mathbf{I}_2;\ \mathbf{\Gamma}_{\beta} := 1;\ \hat{\mathbf{x}} := \begin{pmatrix}0\\0\end{pmatrix};\ \mathbf{\Gamma}_{\mathbf{x}} := 100\cdot\mathbf{I}_2 \\
2\ \mathbf{A}_0 := \begin{pmatrix}0.5 & 0\\0 & 1\end{pmatrix};\mathbf{C}_0 := \begin{pmatrix}1 & 1\end{pmatrix};\mathbf{u}_0 := \begin{pmatrix}8\\16\end{pmatrix};\ y_0 := 7 \\
3\ (\hat{\mathbf{x}},\mathbf{\Gamma}_{\mathbf{x}}) := \text{KALMAN}\,(\hat{\mathbf{x}},\mathbf{\Gamma}_{\mathbf{x}},\mathbf{u}_0,y_0,\mathbf{\Gamma}_{\boldsymbol{\alpha}},\mathbf{\Gamma}_{\boldsymbol{\beta}},\mathbf{A}_0,\mathbf{C}_0) \\
4\ \mathbf{A}_1 := \begin{pmatrix}1 & -1\\1 & 1\end{pmatrix};\mathbf{C}_1 := \begin{pmatrix}1 & 1\end{pmatrix};\mathbf{u}_1 := \begin{pmatrix}-6\\-18\end{pmatrix};\ y_1 := 30 \\
5\ (\hat{\mathbf{x}},\mathbf{\Gamma}_{\mathbf{x}}) := \text{KALMAN}\,(\hat{\mathbf{x}},\mathbf{\Gamma}_{\mathbf{x}},\mathbf{u}_1,y_1,\mathbf{\Gamma}_{\boldsymbol{\alpha}},\mathbf{\Gamma}_{\boldsymbol{\beta}},\mathbf{A}_1,\mathbf{C}_1) \\
6\ \mathbf{A}_2 := \begin{pmatrix}1 & -1\\1 & 1\end{pmatrix};\mathbf{C}_2 := \begin{pmatrix}1 & 1\end{pmatrix};\mathbf{u}_2 := \begin{pmatrix}32\\-8\end{pmatrix};\ y_2 := -6 \\
7\ (\hat{\mathbf{x}},\mathbf{\Gamma}_{\mathbf{x}}) := \text{KALMAN}\,(\hat{\mathbf{x}},\mathbf{\Gamma}_{\mathbf{x}},\mathbf{u}_2,y_2,\mathbf{\Gamma}_{\boldsymbol{\alpha}},\mathbf{\Gamma}_{\boldsymbol{\beta}},\mathbf{A}_2,\mathbf{C}_2) \\
\hline
\end{array}
$$

习题 7.12 参考答案 （估计电动机的参数）

为了使用卡尔曼滤波器，取下述状态方程：

$$\begin{cases} \mathbf{x}_{k+1} = \underbrace{\begin{pmatrix} 1 & 0 \\ 0 & 1 \end{pmatrix}}_{\mathbf{A}_k} \mathbf{x}_k + \mathbf{u}_k + \boldsymbol{\alpha}_k \\ y_k = \underbrace{\begin{pmatrix} U(k) & T_r(k) \end{pmatrix}}_{\mathbf{C}_k} \mathbf{x}_k + \beta_k \end{cases}$$

310

对应的 MATLAB 程序如下：

1 $\mathbf{C} := \begin{pmatrix} 4 & 0 \\ 10 & 1 \\ 10 & 5 \\ 13 & 5 \\ 15 & 3 \end{pmatrix}; \mathbf{y} := \begin{pmatrix} 5 \\ 10 \\ 11 \\ 14 \\ 17 \end{pmatrix}$
2 $\hat{\mathbf{x}} := \begin{pmatrix} 1 \\ -1 \end{pmatrix}; \mathbf{u} := \begin{pmatrix} 0 \\ 0 \end{pmatrix}; \mathbf{\Gamma_x} := 4 \cdot \mathbf{I}_2; \mathbf{\Gamma}_{\boldsymbol{\alpha}} := \mathbf{0}_2; \mathbf{\Gamma}_\beta := 9; \mathbf{A} := \mathbf{I}_2$
3 For $k := 1$ to 5
4 $\quad (\hat{\mathbf{x}}, \mathbf{\Gamma_x}) := \text{KALMAN}(\hat{\mathbf{x}}, \mathbf{\Gamma_x}, \mathbf{u}, y(k), \mathbf{\Gamma}_{\boldsymbol{\alpha}}, \mathbf{\Gamma}_\beta, \mathbf{A}, \mathbf{C}(k,:))$

所得估计为：

$$\hat{\mathbf{x}} = \begin{pmatrix} 1.13 \\ -0.14 \end{pmatrix}, \ \mathbf{\Gamma_x} = \begin{pmatrix} 0.06 & -0.17 \\ -0.17 & 0.6 \end{pmatrix}$$

习题 7.13 参考答案 （利用墙距测量值进行定位）

1）已知：

$$d(i) = -u_2(i) \cdot x_1 + u_1(i) \cdot x_2 + u_2(i) \cdot a_1(i) - u_1(i) \cdot a_2(i) + \beta_i$$

通过取 $y_i = d(i) - \bar{d}(i)$ 和 $\bar{d}(i) = u_2(i) \cdot a_1(i) - u_1(i) \cdot a_2(i)$，可得：

$$y_i = \begin{pmatrix} -u_2(i) & u_1(i) \end{pmatrix} \mathbf{x} + \beta_i$$

由此，形成以下的变量：

$$\mathbf{y} = \begin{pmatrix} d(1) - \bar{d}(i) \\ d(2) - \bar{d}(i) \\ d(3) - \bar{d}(i) \end{pmatrix}, \mathbf{C} = \begin{pmatrix} -u_2(1) & u_1(1) \\ -u_2(2) & u_1(2) \\ -u_2(3) & u_1(3) \end{pmatrix}$$

$$\mathbf{\Gamma}_{\boldsymbol{\beta}} = \mathbf{I}_3, \ \mathbf{\Gamma_x} = 100 \cdot \mathbf{I}_2, \ \bar{\mathbf{x}} = \begin{pmatrix} 1 \\ 2 \end{pmatrix}$$

然后，应用正交线性估计器方程：

$$\begin{array}{lll} \hat{\mathbf{x}} = \bar{\mathbf{x}} + \mathbf{K} \cdot \tilde{\mathbf{y}} & \tilde{\mathbf{y}} = \mathbf{y} - \mathbf{C}\bar{\mathbf{x}} & \mathbf{\Gamma_y} = \mathbf{C}\mathbf{\Gamma_x}\mathbf{C}^{\mathrm{T}} + \mathbf{\Gamma}_{\boldsymbol{\beta}} \\ \mathbf{\Gamma}_\varepsilon = (\mathbf{I} - \mathbf{KC})\mathbf{\Gamma_x} & \mathbf{K} = \mathbf{\Gamma_x}\mathbf{C}^{\mathrm{T}}\mathbf{\Gamma_y}^{-1} & \end{array}$$

311

2）所需程序为：

$$
\begin{array}{|l|}
\hline
1\ \mathbf{A} := \begin{pmatrix} 2 & 15 & 3 \\ 1 & 5 & 12 \end{pmatrix};\ \mathbf{B} := \begin{pmatrix} 15 & 3 & 2 \\ 5 & 12 & 1 \end{pmatrix};\ \mathbf{C} := \emptyset;\ \overline{\mathbf{d}} := \emptyset \\
2\ \text{For } i := 1 \text{ to } 3 \\
3\qquad \mathbf{a} := i\text{th-column}(\mathbf{A});\ \mathbf{b} = i\text{th-column}(\mathbf{B}); \\
4\qquad \mathbf{u} := \frac{\mathbf{b}-\mathbf{a}}{\|\mathbf{b}-\mathbf{a}\|};\ d_i := -\det\begin{pmatrix} u_1 & a_1 \\ u_2 & a_2 \end{pmatrix} \\
5\qquad \mathbf{C} := \begin{pmatrix} \mathbf{C} \\ -u_2 \quad u_1 \end{pmatrix};\ \overline{\mathbf{d}} := \begin{pmatrix} \overline{\mathbf{d}} \\ d_i \end{pmatrix} \\
6\ \mathbf{x}_0 := \begin{pmatrix} 1 \\ 2 \end{pmatrix};\ \mathbf{\Gamma}_0 := 10^2 \cdot \mathbf{I}_2;\ \mathbf{u} := \begin{pmatrix} 0 \\ 0 \end{pmatrix};\ \mathbf{y} := \begin{pmatrix} 2 \\ 5 \\ 4 \end{pmatrix} - \overline{\mathbf{d}};\ \mathbf{\Gamma}_{\boldsymbol{\alpha}} := \mathbf{0}_2;\ \mathbf{\Gamma}_{\boldsymbol{\beta}} := \mathbf{I}_3 \\
7\ (\mathbf{x}_1, \mathbf{\Gamma}_1) := \text{KALMAN}\,(\mathbf{x}_0, \mathbf{\Gamma}_0, \mathbf{u}, \mathbf{y}, \mathbf{\Gamma}_{\boldsymbol{\alpha}}, \mathbf{\Gamma}_{\boldsymbol{\beta}}, \mathbf{I}_2, \mathbf{C}) \\
\hline
\end{array}
$$

图 7.28 所示为由此计算所得的估计及其置信椭圆。

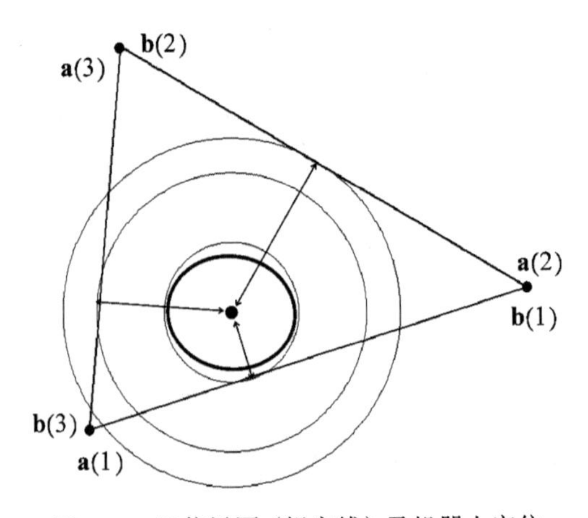

312

图 7.28 置信椭圆（粗实线）及机器人定位

习题 7.14 参考答案 （温度估计）

1）卡尔曼滤波器由下式给出：

$$
\begin{cases}
\hat{x}_{k+1|k} &= \hat{x}_{k|k} \\
\Gamma_{k+1|k} &= \Gamma_{k|k} + \Gamma_\alpha \\
\hat{x}_{k|k} &= \hat{x}_{k|k-1} + K_k \widetilde{y}_k \\
\Gamma_{k|k} &= (1 - K_k)\,\Gamma_{k|k-1} \\
\widetilde{y}_k &= y_k - \hat{x}_{k|k-1} \\
S_k &= \Gamma_{k|k-1} + \Gamma_\beta \\
K_k &= \Gamma_{k|k-1} S_k^{-1}
\end{cases}
$$

即

$$
\begin{cases}
\hat{x}_{k+1|k} = \hat{x}_{k|k-1} + \frac{\Gamma_{k|k-1}}{\Gamma_{k|k-1}+\Gamma_\beta}\left(y_k - \hat{x}_{k|k-1}\right) \\
\qquad\quad = \hat{x}_{k|k-1} + \frac{\Gamma_{k|k-1}}{\Gamma_{k|k-1}+3}\left(y_k - \hat{x}_{k|k-1}\right) \\
\Gamma_{k+1|k} = \left(1 - \frac{\Gamma_{k|k-1}}{\Gamma_{k|k-1}+\Gamma_\beta}\right)\Gamma_{k|k-1} + \Gamma_\alpha = \left(1 - \frac{\Gamma_{k|k-1}}{\Gamma_{k|k-1}+3}\right)\Gamma_{k|k-1} + 4
\end{cases}
$$

2）对于 $k \to \infty$，则有 $\Gamma_{k+1|k} - \Gamma_{k|k+1} \to 0$，即 $\Gamma_{k+1|k} \to \Gamma_\infty$。因此：

$$\Gamma_\infty = \left(1 - \frac{\Gamma_\infty}{\Gamma_\infty + \Gamma_\beta}\right)\Gamma_\infty + \Gamma_\alpha$$

即

$$\Gamma_\infty^2 - \Gamma_\alpha\Gamma_\infty - \Gamma_\alpha\Gamma_\beta = 0$$

上式存在唯一的正解，由下式给出：

$$\Gamma_\infty = \frac{\Gamma_\alpha + \sqrt{\Gamma_\alpha^2 + 4\Gamma_\alpha\Gamma_\beta}}{2} = \frac{4 + \sqrt{16 + 4 \cdot 4 \cdot 3}}{2} = 6$$

因此，将渐近滤波器表示为：

$$\hat{x}_{k+1} = \hat{x}_k + \frac{2}{3}\left(y_k - \hat{x}_k\right)$$

估计量的精度由方差 $\Gamma_\infty = 6$ 给出。由此将会获得一个精度为 $\pm\sqrt{6}$(°) 的温度值。

3）在 Γ_{ak}=0 的情形下，可得 Γ_∞=0。这意味着，在经历一段足够长的时间之后，非渐近的卡尔曼滤波器将毫无疑问地返回到正确温度。 313

习题 7.15 参考答案 （盲人行走）

1）可得线性变化：

$$\mathbf{x}(k+1) = \begin{pmatrix} 1 & u(k) \\ 0 & 1 \end{pmatrix} \mathbf{x}(k)$$

使用卡尔曼滤波其仿真系统和估计状态的程序如下所示：

```
1 x̂ := (0; 1); Γx := (0 0; 0 2·10^-2); Γα := (0 0; 0 10^-2); x := (0; 1 + 0.02·randn(1))
2 For k = 0 to 19
3         if k < 10, then u := 1 else u := −1;
4         A := (1 u; 0 1); C := (1 0; 0 1)
5         (x̂,Γx) :=KALMAN (x̂, Γx, 0, ∅, Γα, ∅, A, C)
6         x := A · x + randn (Γα)
```

2）图 7.29 中上图给出了置信椭圆。因为在此没有外部测量值，则注意到这些椭圆正在增长变化。然而，当标准差表示为时间的函数时，这些椭圆沿 x_1 的投影形成了一个尺寸能够变小的间隔。的确，在前进的路上比例因子的累积不确定性会在返程路上有一定程度恢复。如果取同样长度地向前进 10 步和向后回 10 步，不论步长为多少，均会回到初始的位置。

注释 在使用航位推测法的商业水下机器人航行中（使用卡尔曼预测器进行定位），如果比例因子不是已知的，那么返程途中便可观察到一个递减的不确定性。这与本题描述的现象是一样的。

3）（略）

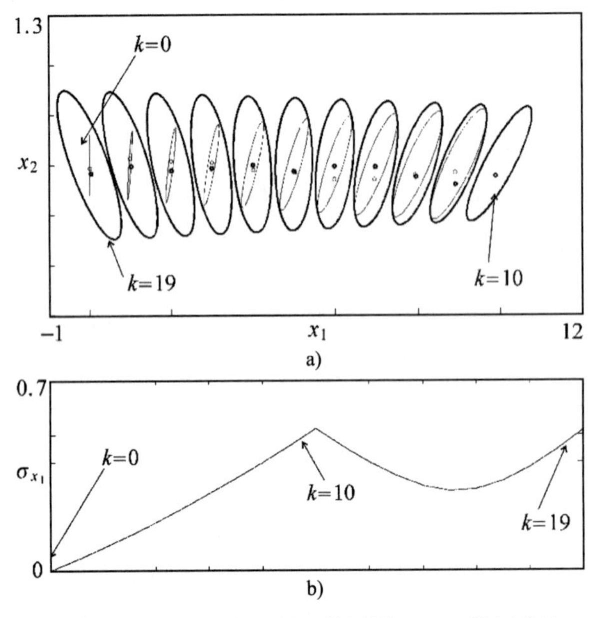

图 7.29　a) k 从 0 到 19 的置信椭圆；b) x_1 的标准差

习题 7.16 参考答案 （倒立摆的状态估计）

1）使用 Taylor-Young 方法，绕 $\mathbf{x}$=0 线性化该系统。则有：

$$\frac{m\sin x_2(g\cos x_2-\ell x_4^2)+u}{M+m\sin^2 x_2}=\frac{(x_2+\varepsilon)(g(1+\varepsilon)-\ell\varepsilon)+u}{M+m\,(x_2+\varepsilon)^2}$$
$$=\frac{m\,(x_2+\varepsilon)\,(g+\varepsilon)+u}{M+\varepsilon}=\frac{mgx_2+u}{M}+\varepsilon$$
$$\frac{\sin x_2((M+m)g-m\ell x_4^2\cos x_2)+\cos x_2 u}{\ell(M+m\sin^2 x_2)}$$
$$=\frac{(x_2+\varepsilon)\,((M+m)g-m\ell\varepsilon\,(1+\varepsilon))+(1+\varepsilon)\,u}{\ell(M+m\,(x_2+\varepsilon)^2)}$$
$$=\frac{x_2(M+m)g+u}{\ell M}+\varepsilon$$

314

因此，得到的线性化系统为：

$$\begin{cases}\dot{\mathbf{x}}=\underbrace{\begin{pmatrix}0&0&1&0\\0&0&0&1\\0&\frac{mg}{M}&0&0\\0&\frac{(M+m)g}{M\ell}&0&0\end{pmatrix}}_{\mathbf{A}}\mathbf{x}+\underbrace{\begin{pmatrix}0\\0\\\frac{1}{M}\\\frac{1}{M\ell}\end{pmatrix}}_{\mathbf{B}}u\\ \mathbf{y}=\underbrace{\begin{pmatrix}1&0&0&0\\0&1&0&0\end{pmatrix}}_{\mathbf{C}}\mathbf{x}\end{cases}$$

2）求解这个系统便可得到增益 $\mathbf{K}$：

$$\det(\mathbf{A}-\mathbf{BK})=(s+2)^4$$

采用 MATLAB 指令可计算得到该结果为：

315

```
K=place(A,B,[-2 -2.01 -2.02 -2.03])
```

在此，为使 place 函数能够运行，注意避免出现多个极点。利用下述关系式可获得预补偿器：

$$h = -\left(\mathbf{E} \cdot (\mathbf{A} - \mathbf{B} \cdot \mathbf{K})^{-1} \cdot \mathbf{B}\right)^{-1}$$

式中，

$$\mathbf{E} = \begin{pmatrix} 1 & 0 & 0 & 0 \end{pmatrix}$$

程序的初始化部分为：

```
1 m := 1;M := 5;l := 1;g := 9.81
2 A := ( 0  0            1  0
         0  0            0  1
         0  mg/M         0  0
         0  (M+m)g/(Mℓ)  0  0 ); B := ( 0; 0; 1/M; 1/(Mℓ) ); C := ( 1 0 0 0
                                                                    0 1 0 0 )
3 K := place(A, B, (−2, −2.1, −2.2, −2.3))
4 E := (1  0  0  0); h = −(E · (A − B · K)^−1 · B)^−1
```

仿真代码为：

```
5 x := (0; 0.1; 0; 0); w := 1; dt := 0.1
6 For t := 0 : dt : 10
7        u := −K · x + h · w
8        x := x + f(x, u) · dt
```

3）欧拉离散化可得：

$$\mathbf{x}(k+1) = (\mathbf{I}+\mathrm{d}t\,\mathbf{A}) \cdot \mathbf{x}(k) + \mathrm{d}t\,\mathbf{B}\,u(k) + \boldsymbol{\alpha}(k)$$

式中，向量 $\alpha(k) \in \mathbb{R}^4$ 是一个状态噪声，该噪声是考虑到由于建模和离散化的原因所产生的误差。观测方程为：

$$\mathbf{y}(k) = \underbrace{\begin{pmatrix} 1 & 0 & 0 & 0 \\ 0 & 1 & 0 & 0 \end{pmatrix}}_{\mathbf{C}} \mathbf{x}(k) + \begin{pmatrix} \beta_1(k) \\ \beta_2(k) \end{pmatrix}$$

要实现与采样时间 $\mathrm{d}t$ 无关的模拟行为，则需将 Γ_α 与 $\mathrm{d}t$ 成正比，将 Γ_β 与 $\frac{1}{\mathrm{d}t}$ 成正比。这在 7.5 节中有解释。

316

4）程序如下：

```
5  Γx := 10^5 · I4; Γα := dt · 10^−5 · I4; Γβ := (1/dt) · 10^−5 · I2
6  x := (0; 0.1; 0; 0); x̂ := (0; 0; 0; 0); w := 1; dt := 0.1
7  For t = 0 : dt : 10
8         u := −K · x̂ + h · w
9         y := C · x + randn(Γβ)
10        (x̂,Γx) :=KALMAN (x̂, Γx, dt · B · u, y, Γα, Γβ, I4 + dt · A, C)
11        x := x + dt · f(x, u) + randn(Γα)
```

5）(略)

习题 7.17 参考答案 （航位推测法）

1）此题的难点在于选择协方差矩阵和绘制随机噪声。使用简单的欧拉法来实现仿真：

$$\begin{array}{|l|}\hline \mathbf{x} := \begin{pmatrix} 0 \\ 0 \\ \frac{\pi}{3} \\ 4 \\ 0.3 \end{pmatrix}; \mathrm{d}t := 10^{-2}; \mathbf{u} := \begin{pmatrix} 0 \\ 0 \end{pmatrix} \; \mathbf{\Gamma}_{\boldsymbol{\alpha}} := \mathrm{d}t \cdot 10^{-2} \begin{pmatrix} 0 & 0 & 0 & 0 & 0 \\ 0 & 0 & 0 & 0 & 0 \\ 0 & 0 & 1 & 0 & 0 \\ 0 & 0 & 0 & 1 & 0 \\ 0 & 0 & 0 & 0 & 1 \end{pmatrix} \\ \text{For } t = 0 : \mathrm{d}t : 1 \\ \quad \mathbf{x} := \mathbf{x} + \mathrm{d}t \cdot \mathbf{f}(\mathbf{x}, \mathbf{u}) + \text{randn}(\mathbf{\Gamma}_{\boldsymbol{\alpha}}) \\ \hline \end{array}$$

2）为了利用卡尔曼滤波器来预测系统的状态，需要采用一个线性状态方程描述不同状态变量之间的从属关系。如果令 $z=(x,y,v)$，可得：

$$\dot{\mathbf{z}} = \begin{pmatrix} 0 & 0 & \cos\delta\cos\theta \\ 0 & 0 & \cos\delta\sin\theta \\ 0 & 0 & 0 \end{pmatrix} \mathbf{z} + \begin{pmatrix} 0 \\ 0 \\ u_1 \end{pmatrix} + \begin{pmatrix} 0 \\ 0 \\ \alpha_2 \end{pmatrix}$$

通过欧拉法离散化后：

$$\mathbf{z}_{k+1} = \underbrace{\begin{pmatrix} 1 & 0 & \mathrm{d}t\cos\delta\cos\theta \\ 0 & 1 & \mathrm{d}t\cos\delta\sin\theta \\ 0 & 0 & 1 \end{pmatrix}}_{=\mathbf{A}_k} \mathbf{z}_k + \underbrace{\begin{pmatrix} 0 \\ 0 \\ \mathrm{d}t \cdot u_1(k) \end{pmatrix}}_{=\mathbf{u}_k} + \underbrace{\begin{pmatrix} 0 \\ 0 \\ \mathrm{d}t \cdot \alpha_2 \end{pmatrix}}_{=\boldsymbol{\alpha}_k}$$

317

3) 程序如下：

$$\begin{array}{|l|}\hline \mathbf{x} := \begin{pmatrix} 0 \\ 0 \\ \frac{\pi}{3} \\ 4 \\ 0.3 \end{pmatrix}; \mathrm{d}t := 0.01; \mathbf{\Gamma}_{\boldsymbol{\alpha}} := \mathrm{d}t \cdot 10^{-2} \begin{pmatrix} 0 & 0 & 0 & 0 & 0 \\ 0 & 0 & 0 & 0 & 0 \\ 0 & 0 & 1 & 0 & 0 \\ 0 & 0 & 0 & 1 & 0 \\ 0 & 0 & 0 & 0 & 1 \end{pmatrix} \\ \hat{\mathbf{z}} := \begin{pmatrix} x_1 \\ x_2 \\ x_4 \end{pmatrix}; \mathbf{\Gamma}_{\mathbf{z}} = \mathrm{d}t \cdot 10^{-2} \cdot \mathbf{I}_3; \\ \text{For } t = 0 : \mathrm{d}t : 10 \\ \quad \mathbf{u} = (0,0)^{\mathrm{T}}; \mathbf{u}_z = (0, 0, \mathrm{d}t \cdot u_1)^{\mathrm{T}} \\ \quad \mathbf{A}_k = \begin{pmatrix} 1 & 0 & \mathrm{d}t \cdot \cos x_3 \cdot \cos x_5 \\ 0 & 1 & \mathrm{d}t \cdot \sin x_3 \cdot \cos x_5 \\ 0 & 0 & 1 \end{pmatrix} \\ \quad \Gamma_\beta = \emptyset; y = \emptyset; \mathbf{C}_k = \emptyset \\ \quad (\hat{\mathbf{z}}, \mathbf{\Gamma}_{\mathbf{z}}) := \text{KALMAN}(\hat{\mathbf{z}}, \mathbf{\Gamma}_{\mathbf{z}}, \mathbf{u}_z, y, \mathbf{\Gamma}_{\mathbf{z}}, \Gamma_\beta, \mathbf{A}_k, \mathbf{C}_k) \\ \quad \mathbf{x} := \mathbf{x} + \mathrm{d}t \cdot \mathbf{f}(\mathbf{x}, \mathbf{u}) + \text{randn}(\mathbf{\Gamma}_{\boldsymbol{\alpha}}) \\ \hline \end{array}$$

4）如果有一个里程计，它能够以 0.01 的方差给出速度的近似值，那么就可取以下的观测值：

$$\Gamma_\beta = 0.01;\; y = x_4 + \text{randn}(\Gamma_\beta);\; \mathbf{C} = (0,\, 0,\, 1)$$

习题 7.18 参考答案（测角定位）

1）已知：

$$\begin{pmatrix}\dot{z}_1\\ \dot{z}_2\\ \dot{z}_3\end{pmatrix}=\begin{pmatrix}\dot{x}_1\\ \dot{x}_2\\ \dot{x}_4\end{pmatrix}=\begin{pmatrix}x_4\cos x_5\cos x_3\\ x_4\cos x_5\sin x_3\\ u_1\end{pmatrix}$$
$$=\begin{pmatrix}0&0&\cos x_5\cos x_3\\ 0&0&\cos x_5\sin x_3\\ 0&0&0\end{pmatrix}\begin{pmatrix}z_1\\ z_2\\ z_3\end{pmatrix}+\begin{pmatrix}0\\ 0\\ u_1\end{pmatrix}$$

当机器人以角度 δ_i 探测地标 $\mathbf{m}(i)=(x_m(i),y_m(\text{i}))$ 时，有：

$$(x_m(i)-x_1)\sin(x_3+\delta_i)-(y_m(i)-x_2)\cos(x_3+\delta_i)=0$$

即

$$\underbrace{-x_m(i)\sin(x_3+\delta_i)+y_m(i)\cos(x_3+\delta_i)}_{\text{已知}}$$
$$=\underbrace{\begin{pmatrix}-\sin(x_3+\delta_i) & \cos(x_3+\delta_i)\end{pmatrix}}_{\text{已知}}\begin{pmatrix}x_1\\ x_2\end{pmatrix}+\beta_i$$

318

式中，β_i 为噪声，在此假设为方差是 1 的高斯白噪声。根据该噪声可考虑到测量角（主要是 δ_i）的不确定性。如果 $\{i_1,i_2,\cdots\}$ 是机器人检测到的地标数，那么便可得到如下的观测方程：

$$\mathbf{y}(k)=\underbrace{\begin{pmatrix}0&0&1\\ -\sin(x_3+\delta_{i_1})&\cos(x_3+\delta_{i_1})&0\\ -\sin(x_3+\delta_{i_2})&\cos(x_3+\delta_{i_2})&0\\ \vdots&\vdots&\vdots\end{pmatrix}}_{\mathbf{C}(k)}\cdot\mathbf{z}(k)$$

注意到 $\mathbf{y}$ 的维度依赖于 k。第一个方程由测速里程计给出。其他的方程对应于地标的测角测量。

2）欧拉法离散化可得：

$$\mathbf{z}(k+1)=\underbrace{\begin{pmatrix}1&0&\mathrm{d}t\cdot\cos x_5\cdot\cos x_3\\ 0&1&\mathrm{d}t\cdot\cos x_5\cdot\sin x_3\\ 0&0&1\end{pmatrix}}_{\mathbf{A}(k)}\cdot\mathbf{z}(k)+\begin{pmatrix}0\\ 0\\ \mathrm{d}t\cdot u_1\end{pmatrix}+\boldsymbol{\alpha}(k)$$

它是线性的。

3）为了设计该仿真器，需回顾习题 7.19 所述仿真器，在此基础上添加一个观测函数。为了满足卡尔曼滤波器，该函数必须返回测量值的向量 $\mathbf{y}$、相关的协方差矩阵以及观测矩阵 $\mathbf{C}(k)$。该观测函数为：

```
函数 g(x)
1  C_k := (0,0,1); y := x_4; Γ_β := 1
2  a(1) := (0; 25); a(2) := (15; 30); a(3) := (30; 15); a(4) := (15; 20)
3  For i := 1 : 4,
4        δ̃ := angle(a(i) − x_{1:2})
5        If ‖a(i) − x_{1:2}‖ < 15
6              y_i := −a_1 · sin δ̃ + a_2 · cos δ̃
7              C_ki := (− sin δ̃, cos δ̃, 0)
8              y := [y; y_i]; C_k := [C_k; C_ki]; Γ_β := diag(Γ_β, 1)
9  y := y + randn(Γ_β)
10 Return (y, Γ_β, C_k)
```

319

4）主程序包括如下所述的仿真器和卡尔曼滤波：

```
u := (0; 0); x := (0; −20; π/3; 20; 0.1); ẑ := (0; 0; 0); dt := 0.01
Γ_z := 10^3.I_{3×3}; Γ_α := dt · 0.01 · I_{3×3}
For t := 0 : dt : 10
      (y, Γ_β, C_k) = g(x)
      A_k := ( 1  0  dt · cos x_5 cos x_3 ;
               0  1  dt · cos x_5 sin x_3 ;
               0  0  1 )
      u_k := (0, 0, dt · u_1)^T
      (ẑ, Γ_z) := KALMAN (ẑ, Γ_z, u_k, y, Γ_α, Γ_β, A_k, C_k)
      α := randn(Γ_α)
      x := x + f(x, u) · dt + (α_1, α_2, 0, α_3, 0)^T
```

5）在此可以将这两个机器人视为一个单独系统，其状态向量为：

$$\mathbf{x} = (x_{a1}, x_{a2}, x_{a3}, x_{a4}, x_{a5}, x_{b1}, x_{b2}, x_{b3}, x_{b4}, x_{b5})$$

向量：

$$\mathbf{z} = (x_{a1}, x_{a2}, x_{a4}, x_{b1}, x_{b2}, x_{b4})$$

满足如下所述的线性演化方程：

$$\underbrace{\begin{pmatrix} \dot{x}_{a1} \\ \dot{x}_{a2} \\ \dot{x}_{a4} \\ \dot{x}_{b1} \\ \dot{x}_{b1} \\ \dot{x}_{b1} \end{pmatrix}}_{=\dot{\mathbf{z}}} = \begin{pmatrix} 0 & 0 & \cos x_{a5} \cos x_{a3} & 0 & 0 & 0 \\ 0 & 0 & \cos x_{a5} \sin x_{a3} & 0 & 0 & 0 \\ 0 & 0 & 0 & 0 & 0 & 0 \\ 0 & 0 & 0 & 0 & 0 & \cos x_{b5} \cos x_{b3} \\ 0 & 0 & 0 & 0 & 0 & \cos x_{b5} \sin x_{b3} \\ 0 & 0 & 0 & 0 & 0 & 0 \end{pmatrix} \underbrace{\begin{pmatrix} x_{a1} \\ x_{a2} \\ x_{a4} \\ x_{b1} \\ x_{b1} \\ x_{b1} \end{pmatrix}}_{=\mathbf{z}}$$

$$+ \begin{pmatrix} 0 \\ 0 \\ u_{a1} \\ 0 \\ 0 \\ u_{b1} \end{pmatrix}$$

320

当两个机器人能够互相观测时，可得如下关系：

$$(x_{b1}-x_{a1})\sin(x_{a3}+\varphi_a)-(x_{b2}-x_{a2})\cos(x_{a3}+\varphi_a)=0$$

即

$$\begin{aligned}0=&(-\sin(x_{a3}+\varphi_a),\cos(x_{a3}+\varphi_a),0,\sin(x_{a3}+\varphi_a),\\&-\cos(x_{a3}+\varphi_a),0)\cdot\mathbf{z}+\beta(k)\end{aligned}$$

其中，$\beta(k)$ 对应于一个测量噪声，假设其为高斯白噪声。等式左边的 0 对应于测量值。相关的观测函数可通过如下方式编写：

函数 $g_{ab}(\mathbf{x}_a,\mathbf{x}_b)$
1 $\mathbf{d}:=\mathbf{x}_{b,1:2}-\mathbf{x}_{a,1:2}$; $\tilde{\varphi}:=\text{atan2}(\mathbf{d})$
2 $y_{ab}:=\emptyset$; $\Gamma_{\boldsymbol{\beta}ab}:=\emptyset$; $\mathbf{C}_{ab}:=\emptyset$
3 If $\lVert\mathbf{d}\rVert<20$
4 $\quad\mathbf{C}_{ab}:=[-\sin\tilde{\varphi},\ \cos\tilde{\varphi},\ 0,\ \sin\tilde{\varphi},\ -\cos\tilde{\varphi},\ 0]$
5 $\quad\Gamma_{\boldsymbol{\beta}ab}:=1$; $y_{ab}:=\text{randn}(\Gamma_{\boldsymbol{\beta}ab})$
6 Return $(y_{ab},\Gamma_{\boldsymbol{\beta}ab},\mathbf{C}_{ab})$

对于该交互机器人观测函数，需要加入类似前一习题所述的地标检测。将交互机器人观测函数和地标检测函数融合为一个独立函数，如下所示：

函数 $\mathbf{g}_{\text{all}}(\mathbf{x}_a,\mathbf{x}_b)$
1 $(\mathbf{y}_a,\boldsymbol{\Gamma}_{\boldsymbol{\beta}a},\mathbf{C}_a):=\mathbf{g}(\mathbf{x}_a)$; $(\mathbf{y}_b,\boldsymbol{\Gamma}_{\boldsymbol{\beta}b},\mathbf{C}_b):=\mathbf{g}(\mathbf{x}_b)$
2 $(y_{ab},\Gamma_{\boldsymbol{\beta}ab},\mathbf{C}_{ab}):=g_{ab}(\mathbf{x}_a,\mathbf{x}_b)$;
3 $\mathbf{y}:=\begin{pmatrix}\mathbf{y}_a\\\mathbf{y}_b\\y_{ab}\end{pmatrix}$; $\mathbf{C}_k:=\begin{pmatrix}\text{diag}(\mathbf{C}_a,\mathbf{C}_b)\\\mathbf{C}_{ab}\end{pmatrix}$
4 $\boldsymbol{\Gamma}_{\boldsymbol{\beta}}:=\text{diag}(\boldsymbol{\Gamma}_{\boldsymbol{\beta}a},\boldsymbol{\Gamma}_{\boldsymbol{\beta}b},\Gamma_{\boldsymbol{\beta}ab})$
5 Return $(\mathbf{y},\boldsymbol{\Gamma}_{\boldsymbol{\beta}},\mathbf{C}_k)$

321

进而使用卡尔曼滤波器进行定位。如下所示：

$\mathbf{u}_a:=\begin{pmatrix}0\\0\end{pmatrix}$; $\mathbf{u}_b:=\begin{pmatrix}0\\0\end{pmatrix}$; $\mathbf{x}_a:=\begin{pmatrix}-13\\-22\\\frac{\pi}{3}\\15\\0.1\end{pmatrix}$;
$\mathbf{x}_b:=\begin{pmatrix}20\\-10\\\frac{\pi}{3}\\18\\0.2\end{pmatrix}$; $\hat{\mathbf{z}}:=\begin{pmatrix}0\\0\\0\\0\\0\\0\end{pmatrix}$
$\boldsymbol{\Gamma}_{\mathbf{z}}:=10^3.\mathbf{I}_{6\times6}$; $\boldsymbol{\Gamma}_{\boldsymbol{\alpha}_a}:=\text{d}t\cdot\text{diag}(0.1,0.1,0.5)$;
$\boldsymbol{\Gamma}_{\boldsymbol{\alpha}_b}:=\boldsymbol{\Gamma}_{\boldsymbol{\alpha}_a}$; $\boldsymbol{\Gamma}_{\boldsymbol{\alpha}}:=\text{diag}(\boldsymbol{\Gamma}_{\boldsymbol{\alpha}_a},\boldsymbol{\Gamma}_{\boldsymbol{\alpha}_b})$
For $t=0:\text{d}t:10$
$\quad(\mathbf{y},\boldsymbol{\Gamma}_{\boldsymbol{\beta}},\mathbf{C}_k)=\mathbf{g}_{\text{all}}(\mathbf{x}_a,\mathbf{x}_b)$

$$\mathbf{A}_k = \begin{pmatrix} 1 & 0 & \mathrm{d}t\cdot\cos x_{a5}\cos x_{a3} & 0 & 0 & 0 \\ 0 & 1 & \mathrm{d}t\cdot\cos x_{a5}\sin x_{a3} & 0 & 0 & 0 \\ 0 & 0 & 1 & 0 & 0 & 0 \\ 0 & 0 & 0 & 1 & 0 & \mathrm{d}t\cdot\cos x_{b5}\cos x_{b3} \\ 0 & 0 & 0 & 0 & 1 & \mathrm{d}t\cdot\cos x_{b5}\sin x_{b3} \\ 0 & 0 & 0 & 0 & 0 & 1 \end{pmatrix}$$
$\mathbf{u}_k = (0,0,\mathrm{d}t\cdot u_{a1},0,0,\mathrm{d}t\cdot u_{b1})^{\mathrm{T}}$
$(\hat{\mathbf{z}},\mathbf{\Gamma_z}) :=\mathrm{KALMAN}\,(\hat{\mathbf{z}},\mathbf{\Gamma_z},\mathbf{u}_k,\mathbf{y},\mathbf{\Gamma}_{\boldsymbol{\alpha}},\mathbf{\Gamma}_{\boldsymbol{\beta}},\mathbf{A}_k,\mathbf{C}_k)$
$\boldsymbol{\alpha}_a := \mathrm{randn}(\mathbf{\Gamma}_{\boldsymbol{\alpha}_a});\ \boldsymbol{\alpha}_b := \mathrm{randn}(\mathbf{\Gamma}_{\boldsymbol{\alpha}_b});$
$\mathbf{x}_a := \mathbf{x}_a + \mathbf{f}(\mathbf{x}_a,\mathbf{u}_a)\cdot\mathrm{d}t + (\alpha_{a1},\alpha_{a2},0,\alpha_{a3},0)^{\mathrm{T}}$
$\mathbf{x}_b := \mathbf{x}_b + \mathbf{f}(\mathbf{x}_b,\mathbf{u}_b)\cdot\mathrm{d}t + (\alpha_{b1},\alpha_{b2},0,\alpha_{b3},0)^{\mathrm{T}}$

习题 7.19 参考答案 （双雷达跟踪船只）

1）（略）

2）给定：

$$\mathbf{g}(\mathbf{x}) = \begin{pmatrix} (p_x-a_x)^2+(p_y-a_y)^2 \\ (p_x-b_x)^2+(p_y-b_y)^2 \end{pmatrix}$$

可得：

$$\frac{\mathrm{d}\mathbf{g}}{\mathrm{d}\mathbf{x}}(\hat{\mathbf{x}}) = \begin{pmatrix} 2(\hat{p}_x-a_x) & 0 & 2(\hat{p}_y-a_y) & 0 \\ 2(\hat{p}_x-b_x) & 0 & 2(\hat{p}_y-b_y) & 0 \end{pmatrix}$$

因此，观测方程可通过其正切方程来进行近似：

322

$$\mathbf{y} \simeq \mathbf{g}(\hat{\mathbf{x}}) + \frac{\mathrm{d}\mathbf{g}}{\mathrm{d}\mathbf{x}}(\hat{\mathbf{x}})\cdot(\mathbf{x}-\hat{\mathbf{x}})$$

等效地：

$$\underbrace{\mathbf{y}-\mathbf{g}(\hat{\mathbf{x}})+\frac{\mathrm{d}\mathbf{g}}{\mathrm{d}\mathbf{x}}(\hat{\mathbf{x}})\cdot\hat{\mathbf{x}}}_{\mathbf{z}} \simeq \underbrace{\frac{\mathrm{d}\mathbf{g}}{\mathrm{d}\mathbf{x}}(\hat{\mathbf{x}})}_{\mathbf{C}}\cdot\mathbf{x}$$

3）为了实现卡尔曼滤波器，取：

$$\mathbf{A}_k = \begin{pmatrix} 1 & \mathrm{d}t & 0 & 0 \\ 0 & 1-\mathrm{d}t & 0 & 0 \\ 0 & 0 & 1 & \mathrm{d}t \\ 0 & 0 & 0 & 1-\mathrm{d}t \end{pmatrix},\ \mathbf{C}_k = \begin{pmatrix} 2(\hat{p}_x-a_x) & 0 & 2(\hat{p}_y-a_y) & 0 \\ 2(\hat{p}_x-b_x) & 0 & 2(\hat{p}_y-b_y) & 0 \end{pmatrix}$$

4）相应的主程序如下：

$\mathbf{x} := \begin{pmatrix} 0\\0\\2\\0 \end{pmatrix};\ \mathbf{a} := \begin{pmatrix} 0\\0 \end{pmatrix};\ \mathbf{b} := \begin{pmatrix} 1\\0 \end{pmatrix};\ \mathrm{d}t := 0.01;\ \mathbf{u} := \begin{pmatrix} 0\\0\\0\\0 \end{pmatrix}$
$\mathbf{A} := \begin{pmatrix} 1 & \mathrm{d}t & 0 & 0 \\ 0 & 1-\mathrm{d}t & 0 & 0 \\ 0 & 0 & 1 & \mathrm{d}t \\ 0 & 0 & 0 & 1-\mathrm{d}t \end{pmatrix};\ \mathbf{\Gamma}_{\boldsymbol{\alpha}} := \mathrm{d}t\cdot\begin{pmatrix} 0&0&0&0\\0&1&0&0\\0&0&0&0\\0&0&0&1 \end{pmatrix}$

$$\hat{\mathbf{x}} := \begin{pmatrix} 1 \\ 0 \\ 3 \\ 0 \end{pmatrix}; \boldsymbol{\Gamma_x} := 10^5 \cdot \mathbf{I}_4; \boldsymbol{\Gamma_\beta} := \frac{1}{\mathrm{d}t} \cdot 10^{-2} \cdot \mathbf{I}_2$$

For $t = 0 : \mathrm{d}t : 10$

$\mathbf{y} := \mathbf{g}(\mathbf{x}) + \mathrm{randn}(\boldsymbol{\Gamma_\beta})$

$$\mathbf{C}_k := \begin{pmatrix} 2(\hat{x}_1 - a_x) & 0 & 2(\hat{x}_3 - a_y) & 0 \\ 2(\hat{x}_1 - b_x) & 0 & 2(\hat{x}_3 - b_y) & 0 \end{pmatrix}$$

$\mathbf{z}_k := \mathbf{y} - \mathbf{g}(\hat{\mathbf{x}}) + \mathbf{C}_k \cdot \hat{\mathbf{x}}$

$(\hat{\mathbf{x}}, \boldsymbol{\Gamma}_\mathbf{x}) := \mathrm{KALMAN}(\hat{\mathbf{x}}, \boldsymbol{\Gamma}_\mathbf{x}, \mathbf{u}, \mathbf{z}_k, \boldsymbol{\Gamma_\alpha}, \boldsymbol{\Gamma_\beta}, \mathbf{A}, \mathbf{C}_k)$

$\mathbf{x} := \mathbf{A} \cdot \mathbf{x} + \mathrm{randn}(\boldsymbol{\Gamma_\alpha})$

习题 7.20 参考答案 （水池中的机器人定位）

1）当声呐面对一面墙时，返回的距离 l 满足：

$$a = \ell \cdot \cos\beta \tag{7.14}$$

323

式中，β 为墙的法线与声呐束之间的夹角；a 为声呐到墙的距离。假设该机器人是静止不动的，只有声呐在旋转（这就等同于假设该机器人的切向速度 v 和角速度 $\dot{\theta}$ 相对于声呐的旋转速度 $\dot{\alpha}$ 而言是可忽略不计的）。首先，考虑在 t 时刻，声呐在墙的法线上，如果 τ 是一个足够小的正实数，即在 $t-\tau$ 时刻，声呐指向同一面墙，然后根据式（7.14）则有：

$$a = \ell(t-\tau) \cdot \cos(-\dot{\alpha}\tau)$$

注意，在此假设声呐的旋转速度 $\dot{\alpha}$ 是已知常数。取 $\tau=k\delta, k\in\{0,1,2,\cdots,N-1\}$，其中，$\delta$ 是指声呐两次探测之间的时间间隔，N 是一个整数，并满足在 $t-N\delta$ 时刻，声呐必须是指向墙的，该墙便是 t 时刻垂直于声呐束的那面墙。取：

$$\widetilde{a}_k = \ell(t-k\delta) \cdot \cos(-k\delta\dot{\alpha})$$

变量 $\tilde{a}_k$ 对应于墙到机器人的距离 a。然而，考虑到测量噪声是存在的，那么利用平均值来获取距离 a 的方差 $\hat{a}$ 则更为可取，有：

$$\hat{a} = \frac{1}{N}\sum_{k=0}^{N-1}\widetilde{a}_k$$

可以通过验证 $\tilde{a}_k$ 的方差较小，来证明声呐是垂直指向墙的，即

$$\frac{1}{N}\sum_{k=1}^{N-1}(\widetilde{a}_k - \hat{a})^2 < \varepsilon$$

式中，ε 是一个接近 0 的固定阈值。这是一个*方差检验*。然而，在实际应用中，这种方法会存在大量的错误数据，因此，需要改变方法。一种鲁棒性更好的方法就是之前所提到的计算中值而不是计算均值。为此必须将 $\tilde{a}_k$ 归类于一个递增的序列中，然后提取出序列的中值 $\bar{a}$，并将序列中离 $\bar{a}$ 最远的数移除。假设移除了其中的一半。这些元素是容易找到的，因为它们要么在序列的开端，要么在序列的结尾。进而将剩余元素的平均值用来求解得到 $\hat{a}$。为了验证声呐在墙面的法线方向上，在剩余元素中进行方差检验。注意，如果机器人有一个可靠的罗盘，方差检验则变得毫无用处。的确，罗盘能够给出 θ，而且 α 是已知的，这样就可以知

324

道声呐是否是垂直指向墙的，同时也可知道是哪一面墙。

2）对于前面最后两个方程，利用加速计测得的加速度值 $(a_{\mathrm{T}}, a_{\mathrm{N}})$ 通过一个简单 θ 角度的旋转便足以获得绝对加速度：

$$\begin{pmatrix} \ddot{x} \\ \ddot{y} \end{pmatrix} = \begin{pmatrix} \cos\theta & -\sin\theta \\ \sin\theta & \cos\theta \end{pmatrix} \begin{pmatrix} a_{\mathrm{T}} \\ a_{\mathrm{N}} \end{pmatrix}$$

3）为了使用卡尔曼滤波器，首先需要离散时间。注意，当 $\alpha+\theta$ 是 $\frac{\pi}{2}$ 的倍数时，声呐束指向水池的某一拐角（假设水池为一个矩形）。在这种情形下，根据所测得的长度可以计算 x 或者 y。在本题中，不论何时声呐束指向某一池壁时，该离散时间 k 均是增加的，当 $k=E(\frac{\alpha+\theta}{\pi/2})$，其中 E 表示实数的整数部分。系统状态方程的欧拉离散如下所示：

$$\begin{cases} x(k+1) &= x(k) + v_x(k) \cdot T(k) \\ y(k+1) &= y(k) + v_y(k) \cdot T(k) \\ v_x(k+1) &= v_x(k) + (a_{\mathrm{T}}(k)\cos\theta(k) - a_{\mathrm{N}}(k)\sin\theta(k)) \cdot T(k) \\ v_y(k+1) &= v_y(k) + (a_{\mathrm{T}}(k)\sin\theta(k) + a_{\mathrm{N}}(k)\cos\theta(k)) \cdot T(k) \end{cases}$$

式中，$T(k)$ 为两个连续时间增量 k 之间的所消耗的时间。用矩阵形式表示这些状态方程为：

$$\begin{aligned} \mathbf{x}(k+1) &= \begin{pmatrix} 1 & 0 & T(k) & 0 \\ 0 & 1 & 0 & T(k) \\ 0 & 0 & 1 & 0 \\ 0 & 0 & 0 & 1 \end{pmatrix} \mathbf{x}(k) \\ &+ \begin{pmatrix} 0 & 0 \\ 0 & 0 \\ -T(k)\sin\theta(k) & T(k)\cos\theta(k) \\ T(k)\cos\theta(k) & T(k)\sin\theta(k) \end{pmatrix} \mathbf{u}(k) \\ r(k) &= C(k) \cdot \mathbf{x}(k) \end{aligned} \qquad (7.15)$$

式中：

$$\mathbf{x}(k) = (x(k), y(k), v_x(k), v_y(k))$$
$$\mathbf{u}(k) = (a_{\mathrm{N}}(k), a_{\mathrm{T}}(k))$$

325

关于测量方程，则需要区分为如下四种情形：

①情形 0，墙在右侧 $(\theta(k)+a(k)=2k\pi)$。在这种情形下，x 的测量值为 x:$r(k)=x(k)\simeq R_x-d(k)$，其中 $d(k)$ 是指声呐所返回的距离。因此，观测矩阵为 $C(k)=(1\ 0\ 0\ 0)$；

②情形 1，墙在底部 $(\theta(k)+a(k)=2k\pi+\frac{\pi}{2})$。在这情形下，$\mathbf{y}$ 的测量值为 y:$r(k)=y(k)\simeq R_y-d(k)$。因此 $C(k)=(0\ 1\ 0\ 0)$；

③情形 2，墙在左测 $(\theta(k)+a(k)=2k\pi+\pi)$。$\mathbf{x}$ 的测量值为 x:$r(k)=x(k)\simeq R_x+d(k)$。因此，观测矩阵为 $C(k)=(1\ 0\ 0\ 0)$；

④情形 3，墙在前方 $(\theta(k)+a(k)=2k\pi+\frac{3\pi}{2})$，$\mathbf{y}$ 的测量值为 y:$r(k)=y(k)\simeq R_y+d(k)$。因此，$C(k)=(0\ 1\ 0\ 0)$；

如果已知 $\theta+a$ 的值，为了找到对应是在哪种情形下，则需要求解：

$$\exists k \in \mathbb{N}, \theta(k)+\alpha(k)=2k\pi+\frac{i\pi}{2}$$

即

$$\exists k \in \mathbb{N}, \frac{2}{\pi}\left(\theta(k)+\alpha(k)\right)=i+4k$$

因此，为了获得最有利的情形，计算最接近 $\frac{2}{\pi}\left(\theta(k)+a(k)\right)$ 的整数，并审视该整数以 4 为除数的欧几里得除法所得余数：

$$i=\operatorname{mod}(\operatorname{round}(\frac{2}{\pi}\left(\theta(k)+\alpha(k)\right), 4))$$

值得注意的是，式（7.15）所述系统的目的不是在控制层面复现系统动态特性，而是允许使用卡尔曼滤波器估计机器人的位置和速度。在此确保得到一个由如下形式的线性状态方程所描述的离散系统：

$$\begin{cases} \mathbf{x}(k+1) &= \mathbf{A}(k)\mathbf{x}(k)+\mathbf{B}(k)\mathbf{u}(k)+\boldsymbol{\alpha}(k) \\ r(k) &= C(k)\mathbf{x}(k)+\beta(k) \end{cases}$$

之前已添加两个协方差分别为 $\mathbf{\Gamma}_\alpha$ 和 $\mathbf{\Gamma}_\beta$（在此注意，$\mathbf{\Gamma}_\beta$ 是一个标量）的白噪声信号 $\boldsymbol{\alpha}$ 和 β。加入这两个矩阵的目的是模型的不确定性和对测量噪声进行建模。进而一个卡尔曼滤波器便能够帮助机器人实现定位，图 7.30 表示 t 时刻，机器人相关的声呐束和一系列由卡尔曼滤波器所产生的置信椭圆，最大的环代表了初始置信椭圆。 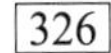

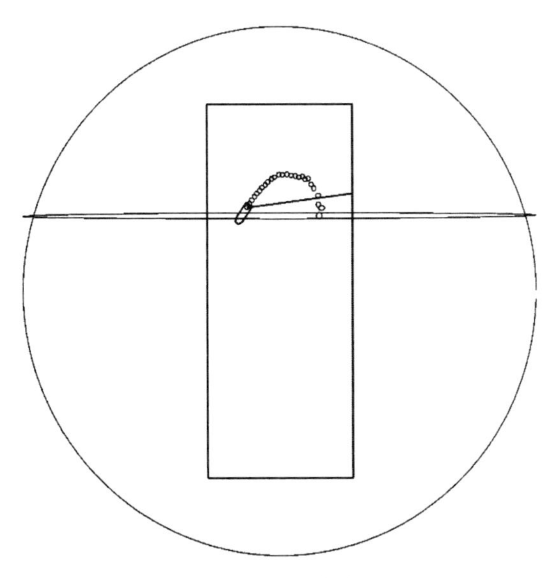

图 7.30　卡尔曼滤波器定位水下机器人 327

贝叶斯滤波器

8.1 引言

本章提出将卡尔曼滤波推广到函数为非线性且噪声为非高斯的情况。将所得观测器称为贝叶斯滤波器。贝叶斯滤波器直接计算状态向量的概率密度函数，而不是计算每个时间 k 的协方差和状态估计。至于卡尔曼滤波器，它由预测和修正两部分组成。在线性和高斯情况下，贝叶斯滤波等价于卡尔曼滤波。通过提高抽象程度，贝叶斯滤波将使我们对卡尔曼滤波有更好的理解，使一些证明变得更容易和更直观。作为说明，我们将考虑平滑问题，在该问题中，通过获取所有后续测量（如果可用），可以使估计更加准确。当然，平滑主要用于离线应用程序。

8.2 概率的基本概念

边际密度。如果 $\mathbf{x}\in\mathbb{R}^n$，$\mathbf{y}\in\mathbb{R}^m$ 是具有联合概率密度函数 $\pi(\mathbf{x},\mathbf{y})$ 的两个随机向量，注：$\pi(\mathbf{x},\mathbf{y})$ 是与 $\mathbb{R}^+$ 中的一个元素 $(\tilde{\mathbf{x}},\tilde{\mathbf{y}})\in\mathbb{R}^n\times\mathbb{R}^m$ 相关的函数，由 $\pi(\mathbf{x}=\tilde{\mathbf{x}},\mathbf{y}=\tilde{\mathbf{y}})$ 表示。$\mathbf{x}$ 的边际密度为：

$$\pi(\mathbf{x})=\int\pi(\mathbf{x},\mathbf{y})\cdot\mathrm{d}\mathbf{y} \tag{8.1}$$

注意：更为严谨地说，应该写成

$$\pi(\mathbf{x}=\tilde{\mathbf{x}})=\int_{\tilde{\mathbf{y}}\in\mathbb{R}^m}\pi(\mathbf{x}=\tilde{\mathbf{x}},\mathbf{y}=\tilde{\mathbf{y}})\cdot\mathrm{d}\tilde{\mathbf{y}}$$

329

但是对于我们的应用程序来说，这个符号会变得过于笨重。以同样的方式，$\mathbf{y}$ 的边际密度为：

$$\pi(\mathbf{y})=\int\pi(\mathbf{x},\mathbf{y})\cdot\mathrm{d}\mathbf{x}$$

如果满足以下条件，则两个随机向量 $\mathbf{x}$ 和 $\mathbf{y}$ 是独立的，有：

$$\pi(\mathbf{x},\mathbf{y})=\pi(\mathbf{x})\cdot\pi(\mathbf{y})$$

条件密度。给定 $\mathbf{y}$ 的 $\mathbf{x}$ 的条件密度为：

$$\pi(\mathbf{x}|\mathbf{y})=\frac{\pi(\mathbf{x},\mathbf{y})}{\pi(\mathbf{y})} \tag{8.2}$$

同样，变量 $\pi(\mathbf{x}|\mathbf{y})$ 是与 $(\tilde{\mathbf{x}},\tilde{\mathbf{y}})\in\mathbb{R}^n\times\mathbb{R}^m$ 正实数对相关联的函数。但是，$\mathbf{y}$ 为 $\mathbf{x}$ 的密度的一个参数。可有：

$$\pi(\mathbf{y}|\mathbf{x})=\frac{\pi(\mathbf{x},\mathbf{y})}{\pi(\mathbf{x})} \tag{8.3}$$

贝叶斯法则。把式（8.2）和式（8.3）两个方程式结合起来，可得：

$$\pi(\mathbf{x},\mathbf{y})=\pi(\mathbf{y}|\mathbf{x})\cdot\pi(\mathbf{x})=\pi(\mathbf{x}|\mathbf{y})\cdot\pi(\mathbf{y})$$

从前面的方程式中获得的贝叶斯规则为：

$$\pi(\mathbf{x}|\mathbf{y})=\frac{\pi(\mathbf{y}|\mathbf{x})\cdot\pi(\mathbf{x})}{\pi(\mathbf{y})}=\eta\cdot\pi(\mathbf{y}|\mathbf{x})\cdot\pi(\mathbf{x}) \tag{8.4}$$

式中，量 $\eta=\dfrac{1}{\pi(\mathbf{y})}$ 称为标准化器，以此对 $\mathbf{x}$ 可得一个等于 1 的积分。有时，也使用以下符号：

$$\pi(\mathbf{x}|\mathbf{y})\propto\pi(\mathbf{y}|\mathbf{x})\cdot\pi(\mathbf{x})$$

来表示两个函数 $\pi(\mathbf{x}|\mathbf{y})$ 和 $\pi(\mathbf{y}|\mathbf{x})\cdot\pi(\mathbf{x})$ 与给定的 $\mathbf{y}$ 成比例关系。

全概率定律。$\mathbf{x}$ 的边际密度为：

$$\pi(\mathbf{x})\overset{式(8.1)(8.2)}{=}\int\pi(\mathbf{x}|\mathbf{y})\cdot\pi(\mathbf{y})\cdot\mathrm{d}\mathbf{y} \tag{8.5}$$

330

这符合全概率定律。

参数情况。如果 $\mathbf{z}$ 是参数（可以是随机向量和任何其他确定性的量），则参数全概率律由下式给出：

$$\pi(\mathbf{x}|\mathbf{z})\overset{式(8.5)}{=}\int\pi(\mathbf{x}|\mathbf{y},\mathbf{z})\cdot\pi(\mathbf{y}|\mathbf{z})\cdot\mathrm{d}\mathbf{y} \tag{8.6}$$

参数贝叶斯规则为：

$$\pi(\mathbf{x}|\mathbf{y},\mathbf{z})\overset{式(8.4)}{=}\frac{\pi(\mathbf{y}|\mathbf{x},\mathbf{z})\cdot\pi(\mathbf{x}|\mathbf{z})}{\pi(\mathbf{y}|\mathbf{z})} \tag{8.7}$$

贝叶斯网络。贝叶斯网络表示一组随机向量及其条件依赖性的概率图形模型。形式上，贝叶斯网络是有向无环图，其节点表示随机向量弧线的依赖关系。更准确地说，这两个向量 $\mathbf{x}$，$\mathbf{y}$ 由圆弧连接，并且存在连接它们的关系。没有连接的节点（在贝叶斯网络中没有从一个变量到另一个变量的路径）表示独立的变量。为了更好地理解，考虑由如下关系连接的五个向量 $\mathbf{a}$，$\mathbf{b}$，$\mathbf{c}$，$\mathbf{d}$，$\mathbf{e}$：

$$\begin{aligned}\mathbf{b}&=\mathbf{a}+\boldsymbol{\alpha}_1\\\mathbf{e}&=\mathbf{a}+2\mathbf{b}+\boldsymbol{\alpha}_2\\\mathbf{c}&=\mathbf{e}+\boldsymbol{\alpha}_3\\\mathbf{d}&=3\mathbf{c}+\boldsymbol{\alpha}_4\end{aligned}$$

式中，$\boldsymbol{\alpha}_i$ 都是具有已知密度的独立向量，例如 $\mathcal{N}(0,1)$ 表示以高斯为中心，具有单位方差。很明显，如果知道 $\mathbf{a}$ 的密度 $\pi(\mathbf{A})$，就可以计算所有其他向量的概率。等同地，可以很容易地编写一个为所有向量生成一些实现结果的程序。例如，在标量情况下，如果 $\pi(a)=\mathcal{N}(1,9)$，则程序可以是：

```
1 a := 1+randn(9)
2 b := a + randn(1)
3 e := a + 2 · b + randn(1)
4 c := e + randn(1);
5 d := 3 · c + randn(1)
```

从这个程序中，我们很容易看到，$\pi(\mathbf{c}|\mathbf{a},\mathbf{e},\mathbf{b})=\pi(\mathbf{c}|\mathbf{e})$，这意味着给定 $\mathbf{e}$，向量 $\mathbf{c}$ 与 $\mathbf{a}$ 和 $\mathbf{b}$ 无关。相应的网络如图 8.1a 所示。该网络将帮助我们简化条件密度。例如，从 $\mathbf{a}$ 到 $\mathbf{c}$ 的所有路径和从 $\mathbf{b}$ 到 $\mathbf{c}$ 的所有路径都必须经过 $\mathbf{e}$，因此，从网络我们可以得出，$\pi(\mathbf{c}|\mathbf{a},\mathbf{e},\mathbf{b})=\pi(\mathbf{c}|\mathbf{e})$。等同地，这意味着如果我们知道 $\mathbf{e}$，关于 $\mathbf{a}$ 和 $\mathbf{b}$ 的知识不会带来关于 $\mathbf{c}$ 的任何新信息。

331

考虑由如下关系的三个向量 $\mathbf{x}$，$\mathbf{y}$，$\mathbf{z}$，有：

$$\begin{aligned}\mathbf{y} &= 2\mathbf{x} + \boldsymbol{\alpha}_1 \\ \mathbf{z} &= 3\mathbf{y} + \boldsymbol{\alpha}_2 \\ \mathbf{x} &= 4\mathbf{z} + \boldsymbol{\alpha}_3\end{aligned}$$

式中，$\boldsymbol{\alpha}_i$ 都是独立的向量。该图（见图 8.1b）有一个圈，不再视其为贝叶斯网络。现在要计算边际密度或构建生成与概率假设一致的点云的程序要困难得多（甚至不可能）。

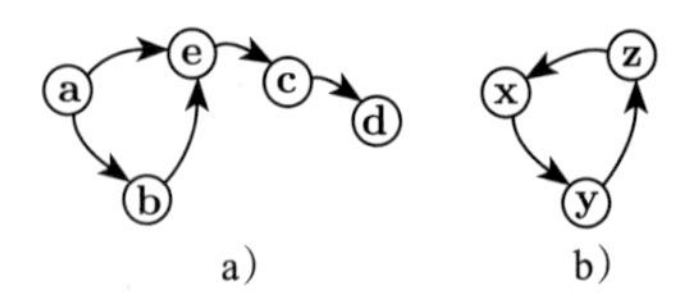

图 8.1　a）贝叶斯网络；b）有圈的图，不是贝叶斯网络

8.3　贝叶斯滤波器

考虑由以下状态方程描述的系统：

$$\begin{cases}\mathbf{x}_{k+1} = \mathbf{f}_k(\mathbf{x}_k) + \boldsymbol{\alpha}_k \\ \mathbf{y}_k = \mathbf{g}_k(\mathbf{x}_k) + \boldsymbol{\beta}_k\end{cases} \tag{8.8}$$

式中，$\boldsymbol{\alpha}_k$ 和 $\boldsymbol{\beta}_k$ 是白的且相互独立的随机向量。通过函数 $\mathbf{f}_k$ 和 $\mathbf{g}_k$ 来考虑相对于一些已知输入 $\mathbf{U}_k$ 的依赖性。我们这里有一个满足马尔可夫假设的随机过程，这告诉我们，系统的未来只取决于过去通过当前时间 t 的状态。可将其写为：

$$\begin{aligned}\pi(\mathbf{y}_k|\mathbf{x}_k,\mathbf{y}_{0:k-1}) &= \pi(\mathbf{y}_k|\mathbf{x}_k) \\ \pi(\mathbf{x}_{k+1}|\mathbf{x}_k,\mathbf{y}_{0:k}) &= \pi(\mathbf{x}_{k+1}|\mathbf{x}_k)\end{aligned} \tag{8.9}$$

必须将符号 $\mathbf{y}_{0:k}$ 理解为：

332

$$\mathbf{y}_{0:k} = (\mathbf{y}_0, \mathbf{y}_1, \cdots, \mathbf{y}_k)$$

图 8.2 中的贝叶斯网络说明了这一点。此图的一条弧线对应于一个依赖关系。例如，$\mathbf{x}_k$ 和 $\mathbf{x}_{k+1}$ 之间的弧对应于该依赖关系，即 $\mathbf{x}_{k+1}-\mathbf{f}_k(\mathbf{x}_k)$ 对应于 $\boldsymbol{\alpha}_k$ 的密度。

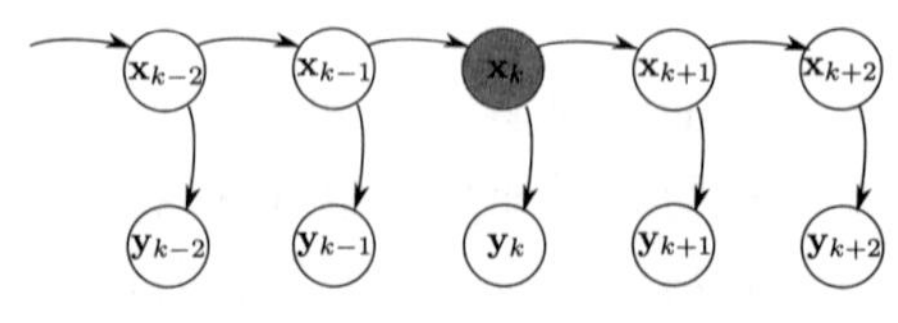

图 8.2　与状态方程相关的贝叶斯网络

定理：两个密度

$$\begin{array}{ll}\text{pred}(\mathbf{x}_k) & \stackrel{\text{def}}{=} \pi(\mathbf{x}_k|\mathbf{y}_{0:k-1}) \\ \text{bel}(\mathbf{x}_k) & \stackrel{\text{def}}{=} \pi(\mathbf{x}_k|\mathbf{y}_{0:k})\end{array} \quad (8.10)$$

满足：

$$\begin{array}{llll}\text{(i)} & \text{pred}(\mathbf{x}_{k+1}) & = \int \pi(\mathbf{x}_{k+1}|\mathbf{x}_k) \cdot \text{bel}(\mathbf{x}_k) \cdot \mathrm{d}\mathbf{x}_k & \text{（预测）} \\ \text{(ii)} & \text{bel}(\mathbf{x}_k) & = \frac{\pi(\mathbf{y}_k|\mathbf{x}_k) \cdot \text{pred}(\mathbf{x}_k)}{\pi(\mathbf{y}_k|\mathbf{y}_{0:k-1})} & \text{（修正）}\end{array} \quad (8.11)$$

注释　这些关系对应于贝叶斯观测器或贝叶斯滤波器。预测方程称为 Chapman-Kolmogorov 方程。

证明：证明关系 (ii)。已知：

$$\begin{aligned}\text{bel}(\mathbf{x}_k) &\stackrel{\text{式}(8.10)}{=} \pi(\mathbf{x}_k|\mathbf{y}_{0:k}) \\ &= \pi(\mathbf{x}_k|\mathbf{y}_k, \mathbf{y}_{0:k-1}) \\ &\stackrel{\text{式}(8.7)}{=} \frac{1}{\pi(\mathbf{y}_k|\mathbf{y}_{0:k-1})} \cdot \underbrace{\pi(\mathbf{y}_k|\mathbf{x}_k, \mathbf{y}_{0:k-1})}_{\stackrel{(8.9)}{=} \pi(\mathbf{y}_k|\mathbf{x}_k)} \cdot \underbrace{\pi(\mathbf{x}_k|\mathbf{y}_{0:k-1})}_{\stackrel{(8.10)}{=} \text{pred}(\mathbf{x}_k)} \\ &\left\{\pi(\mathbf{x}|\mathbf{y}, \mathbf{z}) = \frac{\pi(\mathbf{y}|\mathbf{x},\mathbf{z}) \cdot \pi(\mathbf{x}|\mathbf{z})}{\pi(\mathbf{y}|\mathbf{z})}\right\}\end{aligned}$$

现在证明 (i)。从全概率规则方程式（8.6）中，可得：

$$\begin{aligned}\text{pred}(\mathbf{x}_{k+1}) &\stackrel{\text{式}(8.10)}{=} \pi(\mathbf{x}_{k+1}|\mathbf{y}_{0:k}) \\ &\stackrel{\text{式}(8.6)}{=} \int \underbrace{\pi(\mathbf{x}_{k+1}|\mathbf{x}_k, \mathbf{y}_{0:k})}_{\stackrel{\text{式}(8.9)}{=} \pi(\mathbf{x}_{k+1}|\mathbf{x}_k)} \cdot \underbrace{\pi(\mathbf{x}_k|\mathbf{y}_{0:k})}_{\stackrel{(8.10)}{=} \text{bel}(\mathbf{x}_k)} \mathrm{d}\mathbf{x}_k \\ &\left\{ \pi(\mathbf{x}|\mathbf{z}) = \int \pi(\mathbf{x}|\mathbf{y}, \mathbf{z}) \cdot \pi(\mathbf{y}|\mathbf{z}) \cdot \mathrm{d}\mathbf{y} \right\}\end{aligned}$$

333

这对应于关系 (i)。 ■

注释　从（8.11，(i i)），有：

$$\underbrace{\int \text{bel}(\mathbf{x}_k) \cdot \mathrm{d}\mathbf{x}_k}_{=1} = \int \frac{\pi(\mathbf{y}_k|\mathbf{x}_k) \cdot \text{pred}(\mathbf{x}_k)}{\pi(\mathbf{y}_k|\mathbf{y}_{0:k-1})} \cdot \mathrm{d}\mathbf{x}_k$$

因此：

$$\pi(\mathbf{y}_k|\mathbf{y}_{0:k-1}) = \int \pi(\mathbf{y}_k|\mathbf{x}_k) \cdot \text{pred}(\mathbf{x}_k) \cdot \mathrm{d}\mathbf{x}_k$$

是可以直接从 $\pi(\mathbf{y}_k|\mathbf{x}_k)$ 和 $\text{pred}(\mathbf{x}_k)$ 计算的归一化系数。

关系式（8.11）可以解释为其中变量 $\text{pred}(\mathbf{x}_k)$ 和 $\text{bel}(\mathbf{x}_k)$ 是密度的算法，即从 $\mathbb{R}^n \to \mathbb{R}$ 的函数。这种算法在一般情况下不能在计算机上实现，并且只能很弱的近似得到。在实践中，可以使用不同的方法来实现贝叶斯滤波器。

1）如果随机向量 $\mathbf{x}$ 是离散的，则该过程可以由马尔可夫链来表示，并且密度 $\text{pred}(\mathbf{x}_k)$ 和 $\text{bel}(\mathbf{x}_k)$ 可以由 $\mathbb{R}^n$ 的向量来表示，便可以准确地实现贝叶斯滤波器。

2）如果密度 $\text{pred}(\mathbf{x}_k)$ 和 $\text{bel}(\mathbf{x}_k)$ 是高斯的，则它们可以用期望和协方差矩阵精确地表示，便可得到卡尔曼滤波器 [KAL 60]。

3）可以用具有不同权重的点云（称为粒子）来近似 $\mathrm{pred}(\mathbf{x}_k)$ 和 $\mathrm{bel}(\mathbf{x}_k)$。相应的观测器称为粒子滤波器。

4）可以用包含对密度支持的 $\mathbb{R}^n$ 的子集来表示密度 $\mathrm{pred}(\mathbf{x}_k)$ 和 $\mathrm{bel}(\mathbf{x}_k)$，便可得到一个称为集员滤波器的观测器。

8.4 贝叶斯平滑器

滤波器是因果的。即意味着估计 $\hat{\mathbf{x}}_{k|k-1}$ 仅仅考虑过去状态。平滑过程包括当所有测量值（未来、现在和过去）都可用时的状态估计。用 N 表示最大时间 k。例如，这个时间可以对应于机器人执行任务的结束日期，该任务为当前正在尝试估计其路径。为了执行平滑，我们只需要在反向再运行一次卡尔曼滤波器，对于每个 k，将来自未来的信息与过去的信息合并。

334

定理：三个密度

$$\begin{aligned}\mathrm{pred}(\mathbf{x}_k) &\stackrel{\text{def}}{=} \pi(\mathbf{x}_k|\mathbf{y}_{0:k-1})\\ \mathrm{bel}(\mathbf{x}_k) &\stackrel{\text{def}}{=} \pi(\mathbf{x}_k|\mathbf{y}_{0:k})\\ \mathrm{back}(\mathbf{x}_k) &\stackrel{\text{def}}{=} \pi(\mathbf{x}_k|\mathbf{y}_{0:N})\end{aligned} \tag{8.12}$$

可以按如下方式递归定义：

$$\begin{array}{llll}\text{(i)} & \mathrm{pred}(\mathbf{x}_k) = \int \pi(\mathbf{x}_k|\mathbf{x}_{k-1})\cdot\mathrm{bel}(\mathbf{x}_{k-1})\cdot d\mathbf{x}_{k-1} & \text{（预测）}\\ \text{(ii)} & \mathrm{bel}(\mathbf{x}_k) = \frac{\pi(\mathbf{y}_k|\mathbf{x}_k)\cdot\mathrm{pred}(\mathbf{x}_k)}{\pi(\mathbf{y}_k|\mathbf{y}_{0:k-1})} & \text{（修正）}\\ \text{(iii)} & \mathrm{back}(\mathbf{x}_k) = \mathrm{bel}(\mathbf{x}_k)\int \frac{\pi(\mathbf{x}_{k+1}|\mathbf{x}_k)\cdot\mathrm{back}(\mathbf{x}_{k+1})}{\mathrm{pred}(\mathbf{x}_{k+1})}\cdot d\mathbf{x}_{k+1} & \text{（平滑）}\end{array} \tag{8.13}$$

证明：预测方程 (i) 和修正方程 (ii) 已经得到验证。尚待证明 (iii)。则有：

$$\begin{aligned}&\mathrm{back}(\mathbf{x}_k)\\ =\;&\pi(\mathbf{x}_k|\mathbf{y}_{0:N})\\ \stackrel{\text{式(8.6)}}{=}\;&\int \underbrace{\pi(\mathbf{x}_k|\mathbf{x}_{k+1},\mathbf{y}_{0:N})}_{\|}\cdot\pi(\mathbf{x}_{k+1}|\mathbf{y}_{0:N})\cdot d\mathbf{x}_{k+1}\;\{\pi(a|c)\\ =\;&\int\pi(a|b,c)\cdot\pi(b|c)\cdot db\}\\ \stackrel{\text{（马尔可夫）}}{=}\;&\int \overbrace{\underbrace{\pi(\mathbf{x}_k|\mathbf{x}_{k+1},\mathbf{y}_{0:k})}_{\|}}\cdot\mathrm{back}(\mathbf{x}_{k+1})\cdot d\mathbf{x}_{k+1}\\ \stackrel{\text{（贝叶斯）}}{=}\;&\int \overbrace{\frac{\pi(\mathbf{x}_{k+1}|\mathbf{x}_k,\mathbf{y}_{0:k})\cdot\pi(\mathbf{x}_k|\mathbf{y}_{0:k})}{\pi(\mathbf{x}_{k+1}|\mathbf{y}_{0:k})}}\cdot\mathrm{back}(\mathbf{x}_{k+1})\cdot d\mathbf{x}_{k+1}\\ &\left\{\pi(a|b,c)=\pi(b|a,c)\cdot\frac{\pi(a|c)}{\pi(b|c)}\right\}\\ \stackrel{\text{（马尔可夫）}}{=}\;&\int\frac{\pi(\mathbf{x}_{k+1}|\mathbf{x}_k)\cdot\pi(\mathbf{x}_k|\mathbf{y}_{0:k})}{\mathrm{pred}(\mathbf{x}_{k+1})}\cdot\mathrm{back}(\mathbf{x}_{k+1})\cdot d\mathbf{x}_{k+1}\\ =\;&\underbrace{\pi(\mathbf{x}_k|\mathbf{y}_{0:k})}_{\mathrm{bel}(\mathbf{x}_k)}\int\frac{\pi(\mathbf{x}_{k+1}|\mathbf{x}_k)}{\mathrm{pred}(\mathbf{x}_{k+1})}\cdot\mathrm{back}(\mathbf{x}_{k+1})\cdot d\mathbf{x}_{k+1}\end{aligned}$$

■

8.5 卡尔曼平滑器

8.5.1 卡尔曼平滑器的方程

考虑由状态方程描述的线性离散时间系统：

$$\begin{cases} \mathbf{x}_{k+1} = \mathbf{A}_k\mathbf{x}_k + \mathbf{u}_k + \boldsymbol{\alpha}_k \\ \mathbf{y}_k = \mathbf{C}_k\mathbf{x}_k + \boldsymbol{\beta}_k \end{cases}$$

335

式中，α_k 和 β_k 为独立的高斯白噪声。

在所有密度均为高斯且所有函数均为线性的情况下，贝叶斯平滑器的优化版本称为卡尔曼平滑器（或劳赫 – 董 – 斯特里贝尔平滑器）。然后，可以通过将下列定理的平滑方程添加到卡尔曼滤波器的平滑方程来应用。

定理：平滑密度

$$\text{back}\left(\mathbf{x}_k\right) = \pi\left(\mathbf{x}_k|\mathbf{y}_{0:N}\right) = \mathcal{N}\left(\mathbf{x}_k \left\| \hat{\mathbf{x}}_{k|N}, \boldsymbol{\Gamma}_{k|N}\right.\right)$$

式中，

$$\begin{array}{ll} \mathbf{J}_k & = \boldsymbol{\Gamma}_{k|k} \cdot \mathbf{A}_k^{\mathrm{T}} \cdot \boldsymbol{\Gamma}_{k+1|k}^{-1} \\ \hat{\mathbf{x}}_{k|N} & = \hat{\mathbf{x}}_{k|k} + \mathbf{J}_k \cdot \left(\hat{\mathbf{x}}_{k+1|N} - \hat{\mathbf{x}}_{k+1|k}\right) \\ \boldsymbol{\Gamma}_{k|N} & = \boldsymbol{\Gamma}_{k|k} - \mathbf{J}_k \cdot \left(\boldsymbol{\Gamma}_{k+1|k} - \boldsymbol{\Gamma}_{k+1|N}\right) \cdot \mathbf{J}_k^{\mathrm{T}} \end{array} \tag{8.14}$$

证明：见习题 8.6。 ■

8.5.2 实现

为了执行平滑过程，首先需要对 k（从 0 到 N 的范围）进行卡尔曼滤波，然后再反方向（从 N 到 0）运行方程（7.14）。注意，所有的变量 $\hat{\mathbf{x}}_{k+1|k}, \hat{\mathbf{x}}_{k|k}, \boldsymbol{\Gamma}_{k+1|k}, \boldsymbol{\Gamma}_{k|k}, \hat{\mathbf{x}}_{k|N}$ 保存于列表 $\hat{\mathbf{x}}_k^{\text{pred}}, \hat{\mathbf{x}}_k^{\text{up}}, \hat{\mathbf{x}}_k^{\text{back}}, \boldsymbol{\Gamma}_k^{\text{pred}}, \boldsymbol{\Gamma}_k^{\text{up}}, \boldsymbol{\Gamma}_k^{\text{back}}$ 中，其中 pred，up，back 分别表示向前，向上，向后。变量 $\mathbf{u}(k), \mathbf{y}(k), \boldsymbol{\Gamma}_{\alpha_k}, \boldsymbol{\Gamma}_{\beta_k}, \mathbf{A}_k$ 也保存于该列表中。平滑器的直接或向前部分由下面的滤波算法给出。它使用 7.4 节中给出的卡尔曼函数。

函数 FILTER$(\hat{\mathbf{x}}_0^{\text{pred}}, \boldsymbol{\Gamma}_0^{\text{pred}}, \mathbf{u}(k), \mathbf{y}(k), \boldsymbol{\Gamma}_{\boldsymbol{\alpha}_k}, \boldsymbol{\Gamma}_{\boldsymbol{\beta}_k}, \mathbf{A}_k, \mathbf{C}_k, k = 0, \ldots, N)$
1 For $k = 0$ to N
2 $\quad\left(\hat{\mathbf{x}}_{k+1}^{\text{pred}}, \boldsymbol{\Gamma}_{k+1}^{\text{pred}}, \hat{\mathbf{x}}_k^{\text{up}}, \boldsymbol{\Gamma}_k^{\text{up}}\right) =$
3 $\qquad$ KALMAN$\left(\hat{\mathbf{x}}_k^{\text{pred}}, \boldsymbol{\Gamma}_k^{\text{pred}}, \mathbf{u}(k), \mathbf{y}(k), \boldsymbol{\Gamma}_{\boldsymbol{\alpha}_k}, \boldsymbol{\Gamma}_{\boldsymbol{\beta}_k}, \mathbf{A}_k, \mathbf{C}_k\right)$
4 Return $\left(\hat{\mathbf{x}}_{k+1}^{\text{pred}}, \boldsymbol{\Gamma}_{k+1}^{\text{pred}}, \hat{\mathbf{x}}_k^{\text{up}}, \boldsymbol{\Gamma}_k^{\text{up}}, k = 0, \ldots, N\right)$

平滑器的后半部分由下面的 SMOOTHER 函数算法给出：

336

函数 SMOOTHER $(\hat{\mathbf{x}}_{k+1}^{\text{pred}}, \boldsymbol{\Gamma}_{k+1}^{\text{pred}}, \hat{\mathbf{x}}_k^{\text{up}}, \boldsymbol{\Gamma}_k^{\text{up}}, \mathbf{A}_k, k = 0, \ldots, N)$
1 $\hat{\mathbf{x}}_N^{\text{back}} = \hat{\mathbf{x}}_N^{\text{up}}$
2 $\boldsymbol{\Gamma}_N^{\text{back}} = \boldsymbol{\Gamma}_N^{\text{up}}$
3 For $k = N - 1$ downto 0
4 $\quad\mathbf{J} = \boldsymbol{\Gamma}_k^{\text{up}} \cdot \mathbf{A}_k^{\mathrm{T}} \cdot \left(\boldsymbol{\Gamma}_{k+1}^{\text{pred}}\right)^{-1}$
5 $\quad\hat{\mathbf{x}}_k^{\text{back}} = \hat{\mathbf{x}}_k^{\text{up}} + \mathbf{J} \cdot \left(\hat{\mathbf{x}}_{k+1}^{\text{back}} - \hat{\mathbf{x}}_{k+1}^{\text{pred}}\right)$
6 $\quad\boldsymbol{\Gamma}_k^{\text{back}} = \boldsymbol{\Gamma}_k^{\text{up}} - \mathbf{J} \cdot \left(\boldsymbol{\Gamma}_{k+1}^{\text{pred}} - \boldsymbol{\Gamma}_{k+1}^{\text{back}}\right) \cdot \mathbf{J}^{\mathrm{T}}$
7 Return $\left(\hat{\mathbf{x}}_k^{\text{back}}, \boldsymbol{\Gamma}_k^{\text{back}}, k = 0, \ldots, N\right)$

8.6 习题

习题 8.1　条件密度和边际密度

考虑属于集合 {1，2，3} 的两个随机变量 x，y。下表给出了 $\pi(x,y)$：

$\pi(x,y)$	$x=1$	$x=2$	$x=3$
$y=1$	0.1	0.2	0
$y=2$	0.1	0.3	0.1
$y=3$	0	0.1	0.1

1）计算 x 和 y 的边际密度 $\pi(x)$ 和 $\pi(y)$。

2）计算条件密度 $\pi(x|y)$ 和 $\pi(y|x)$。

习题 8.2　天气预测

马尔可夫链。马尔可夫链是称为状态变量的离散随机变量 $x_0, x_1, \cdots, x_k, \cdots$ 的序列，其中 k 是时间，使得系统的未来仅取决于当前状态。更准确地说，如果准确地知道了当前的状态，那么即便全面掌握过去信息也不会对未来的预测带来任何帮助。可以把马尔可夫性质写成：

$$\pi\left(x_{k+1}=j \mid x_k=i_k, x_{k-1}=i_{k-1}, \cdots\right)=\pi\left(x_{k+1}=j \mid x_k=i_k\right)$$

x_k 的所有可行值的集合是状态空间。

这个概率定义与本书中使用的状态空间的所有概念完全一致。马尔可夫链可以用有向图来描述，有向图的标号对应于从一种状态到另一种状态的概率。我们将向量 $\mathbf{p}_k$ 与每个 k 相关联，向量 $\mathbf{p}_k$ 的第 i 个分量由下式定义：

337

$$p_{k,i}=\pi(x_k=i)$$

请注意，$\mathbf{p}_k$ 的所有分量都是正的，并且总和等于 1。

天气预测。在布雷斯特镇，可能有两种天气：晴天由 1 编码，雨天由 2 编码。白天天气不变。用 x_k 表示第 k 天的天气。我们假设状态 x_k 对应于马尔可夫链，其条件密度 $\pi(x_{k+1}|x_k)$ 由下式给出：

$\pi(x_{k+1}\|x_k)$	$x_k=1$	$x_k=2$
$x_{k+1}=1$	0.9	0.5
$x_{k+1}=2$	0.1	0.5

这可以用图 8.3 来表示。

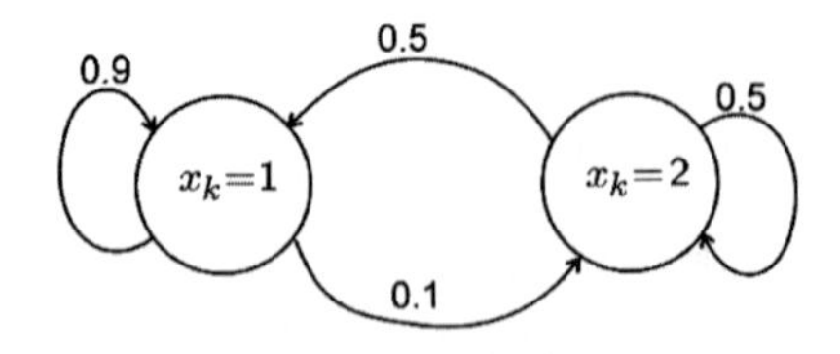

图 8.3　描述布雷斯特天气演变的马尔可夫链

1）用二维的向量 $\mathbf{p}_k$ 来表示 $\pi(x_k)$。使用贝叶斯滤波器，证明 $\mathbf{p}_k$ 的演化可以用形式 $\mathbf{p}_{k+1}=\mathbf{A}\cdot\mathbf{p}_k$ 的状态方程来表示。

2）在 k 天，天气晴朗。$k+\ell$ 天晴天的概率是多少？

3）当 ℓ 趋于无穷大时，这个概率是多少？

习题 8.3　门禁机器人

在本习题中，将演示状态 $x\in\{0,1\}$ 系统中的贝叶斯滤波器。它对应于 [THR 05] 可以关闭 $(x=0)$ 或打开 $(x=1)$ 的门和用于打开和关闭的执行器。该系统还有一个传感器用来测量该状态。输入 u 可以是 $u=-1$、0 或 1，表示“关闭”、“什么也不做”或“打开”。所需的输入可能会失败（例如，如果有人停车）。可以用下表来表示 u 对状态演变的影响：

$\pi(x_{k+1}\|x_k,u_k)$	$u_k=-1,$	$u_k=0$	$u_k=1$
$x_k=0$	δ_0	δ_0	$0.2\,\delta_0+0.8\,\delta_1$
$x_k=1$	$0.8\,\delta_0+0.2\,\delta_1$	δ_1	δ_1

为简单起见，省略了 δ_i 相对于 x_{k+1} 的依赖性。读表时可得： 338

$$\pi(x_{k+1}|x_k=0,u_k=1)=0.2\,\delta_0+0.8\,\delta_1$$

这意味着，如果 $x_k=0$，则在时间 $k+1$ 处有 0.8 的概率处于状态 1，如果我们应用输入，$u_k=1$。给我们提供门状态的传感器也是不确定的。由以下条件密度表示：

$\pi(y_k\|x_k)$	$x_k=0$	$x_k=1$
$y_k=0$	0.8	0.4
$y_k=1$	0.2	0.6

该系统可以用图 8.4 所示图形表示。

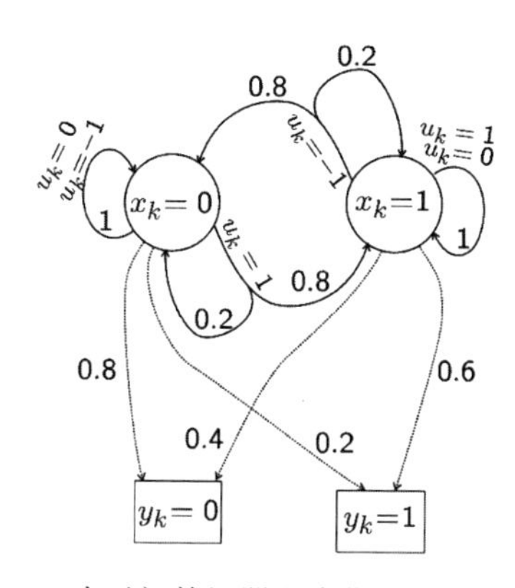

图 8.4　表示门禁机器人演化和观察的图形

1）假设在时间 $k=0$ 时的置信由 $\text{bel}(x_0)=0.5\cdot\delta_0+0.5\cdot\delta_1$ 给出，且 $u_0=1$，计算 $\text{pred}(x_1)$。

2）在时间 1 时，测得 $y_1=1$，请计算 $\text{bel}(x_1)$。

3）如果 $\mathbf{p}_k^{\text{pred}}$ 和 $\mathbf{p}_k^{\text{bel}}$ 是与 $\text{pred}(x_k)$ 和 $\text{bel}(x_k)$ 相关联的随机向量，请给出贝叶斯滤波器的状态方程。 339

习题 8.4　森林里的机器人

本练习的目的是以图形方式解释贝叶斯过滤器。回想一下，贝叶斯滤波器由以下公式给出：

$$\begin{array}{lll}\text{pred}\left(\mathbf{x}_{k+1}\right) & = & \int\pi\left(\mathbf{x}_{k+1}|\mathbf{x}_k,\mathbf{u}_k\right)\cdot\text{bel}\left(\mathbf{x}_k\right)\cdot\text{d}\mathbf{x}_k\\ \text{bel}\left(\mathbf{x}_k\right) & = & \frac{\pi(\mathbf{y}_k|\mathbf{x}_k)\cdot\text{pred}(\mathbf{x}_k)}{\int\pi(\mathbf{y}_k|\mathbf{x}_k)\cdot\text{pred}(\mathbf{x}_k)\cdot\text{d}\mathbf{x}_k}\end{array}$$

图 8.5 表示具有标量状态 x 的机器人，该状态对应于其在水平线上的位置。

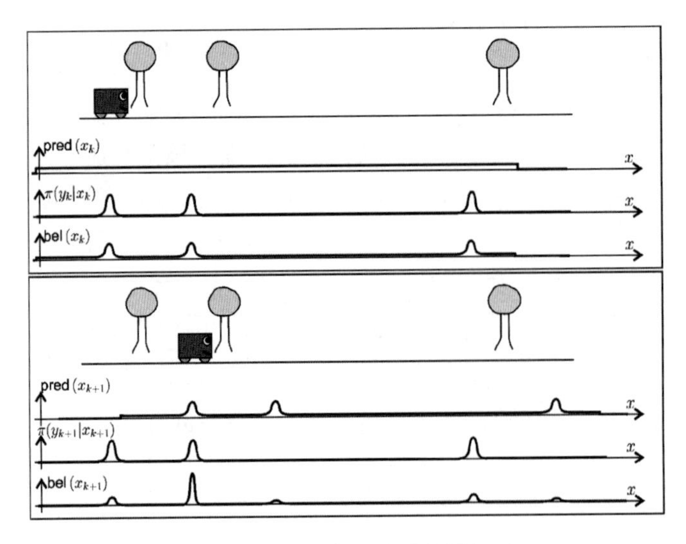

图 8.5 贝叶斯滤波器的图解

步骤 k。假设在时间 k，从过去知道预测 $\text{pred}(x_k)$，它在很大的间隔内是一致的。机器人知道，在它的环境中，有三棵完全相同的树。现在，在时间 k，机器人看到它前面有一棵树。这对应于测量值 y_k，它推导出 x 的概率 $\pi(y_k|x_k)$。因此，可以通过简单地将密度 340 $\text{pred}(x_k)$ 和概率 $\pi(y_k|x_k)$ 相乘，然后进行归一化来获得置信 $\text{bel}(x_k)$。

步骤 k+1。机器人向前移动几米，计数器 k 加 1。根据时间 k 时的置信和对运动的了解，可以通过 $\text{pred}(x_{k+1})$ 预测时间 k+1 的状态。可以类似于之前 k 时刻的相同的方式找到 $\text{bel}(x_{k+1})$

步骤 k+2。现在假设机器人再次向前移动了几米，但没有看到任何树木。请绘制 $\text{pred}(x_{k+2})$,$\pi(y_{k+2}|x_{k+2})$ 和 $\text{bel}(x_{k+2})$。

习题 8.5 卡尔曼贝叶斯规则

考虑两个高斯随机变量，$x \sim \mathcal{N}(1,1)$ 和 $b \sim \mathcal{N}(0,1)$，即 x,b 的期望值为 $\bar{x}=1,\bar{b}=0$。x，b 的方差（即标量情况下的协方差矩阵）是 $\sigma_x^2=1$，$\sigma_b^2=1$。

1）定义 $y=x+b$，请给出 y 的概率密度函数的表达式。

2）我们收集以下测量值 $y=3$。利用卡尔曼滤波的修正方程，计算 x 的后验密度。

3）请给出带有贝叶斯规则的关系。

习题 8.6 卡尔曼平滑器的推导

1）考虑两个法向量 $\mathbf{a}$ 和 $\mathbf{b}$。证明：

$$\left.\begin{array}{ll}\pi(\mathbf{a}) & =\mathcal{N}(\mathbf{a}\|\hat{\mathbf{a}},\mathbf{\Gamma_a}) \\ \pi(\mathbf{b}|\mathbf{a}) & =\mathcal{N}(\mathbf{b}\|\mathbf{Ja}+\mathbf{u},\mathbf{R})\end{array}\right\} \\ \Longrightarrow \pi(\mathbf{b})=\mathcal{N}\left(\mathbf{b}\left\|\mathbf{J}\hat{\mathbf{a}}+\mathbf{u},\mathbf{R}+\mathbf{J}\cdot\mathbf{\Gamma_a}\cdot\mathbf{J}^{\mathrm{T}}\right.\right) \tag{8.15}$$

2）考虑由状态方程描述的线性离散时间系统：

$$\left\{\begin{array}{lll}\mathbf{x}_{k+1} & = & \mathbf{A}_k\mathbf{x}_k+\mathbf{u}_k+\boldsymbol{\alpha}_k \\ \mathbf{y}_k & = & \mathbf{C}_k\mathbf{x}_k+\boldsymbol{\beta}_k\end{array}\right.$$

式中，$\boldsymbol{\alpha}_k$ 和 $\boldsymbol{\beta}_k$ 是高斯、白色和独立的。利用卡尔曼滤波的方程，证明：

$$\pi\left(\mathbf{x}_k|\mathbf{x}_{k+1},\mathbf{y}_{0:N}\right)=\mathcal{N}\left(\mathbf{x}_k\left\|\hat{\mathbf{x}}_{k|k}+\mathbf{J}_k\left(\mathbf{x}_{k+1}-\hat{\mathbf{x}}_{k+1|k}\right)\right.\right.\\ \left.\boldsymbol{\Gamma}_{k|k}-\mathbf{J}_k\cdot\boldsymbol{\Gamma}_{k+1|k}\cdot\mathbf{J}_k^{\mathrm{T}}\right) \tag{8.16}$$

式中，

$$\mathbf{J}_k=\boldsymbol{\Gamma}_{k|k}\cdot\mathbf{A}_k^{\mathrm{T}}\cdot\boldsymbol{\Gamma}_{k+1|k}^{-1}$$

341

3）从前面两个问题可以看出，平滑密度为：

$$\operatorname{back}\left(\mathbf{x}_k\right)=\pi\left(\mathbf{x}_k|\mathbf{y}_{0:N}\right)=\mathcal{N}\left(\mathbf{x}_k\left\|\hat{\mathbf{x}}_{k|N},\boldsymbol{\Gamma}_{k|N}\right.\right)$$

式中，

$$\begin{aligned}\hat{\mathbf{x}}_{k|N}&=\hat{\mathbf{x}}_{k|k}+\mathbf{J}_k\cdot\left(\hat{\mathbf{x}}_{k+1|N}-\hat{\mathbf{x}}_{k+1|k}\right)\\ \boldsymbol{\Gamma}_{k|N}&=\boldsymbol{\Gamma}_{k|k}-\mathbf{J}_k\cdot\left(\boldsymbol{\Gamma}_{k+1|k}-\boldsymbol{\Gamma}_{k+1|N}\right)\cdot\mathbf{J}_k^{\mathrm{T}}\end{aligned}$$

习题 8.7 SLAM

Redermor（由水下大西洋研究小组（GESMA）制造的水下机器人）在杜瓦尔纳内兹海湾 (Douarnenez) 执行了 2h 的任务（见图 8.6）。在其任务期间，从其惯性单元采集数据（给出欧拉角 φ,θ,ψ），其多普勒计程仪（给出了在机器人坐标系下的机器人速度 v_{r}），其压力传感器（给出机器人的深度 p_z）及其高度传感器（声呐给出高度 a），其采样周期为 $\mathrm{d}t$=0.1s。这些数据可见文件 `slam_data.txt`[⊖]。该文件由 59,996 行（每个采样周期一行）和九列组成，这九列分别为：

图 8.6 下水之前的 Redermor

$$(t,\varphi,\theta,\psi,v_x,v_y,v_z,p_z,a)$$

式中，p_z 为机器人的深度，a 为其高度（即机器人到海床的距离）。

342

1）假定机器人在 t=0 时，从位置 $\mathbf{p}$=(0,0,0) 开始，利用欧拉法推导出路径的估计。为此，所用状态方程如下：

$$\dot{\mathbf{p}}(t)=\mathbf{R}(\varphi\left(t\right),\theta\left(t\right),\psi\left(t\right))\cdot\mathbf{v}_{\mathrm{r}}(t)$$

式中，$\mathbf{R}(\varphi,\theta,\psi)$ 是欧拉矩阵（参见 1.2.1 节中的式（1.7）），其表达式如下：

$$\mathbf{R}(\varphi,\theta,\psi)=\begin{pmatrix}\cos\psi & -\sin\psi & 0\\ \sin\psi & \cos\psi & 0\\ 0 & 0 & 1\end{pmatrix}\begin{pmatrix}\cos\theta & 0 & \sin\theta\\ 0 & 1 & 0\\ -\sin\theta & 0 & \cos\theta\end{pmatrix}\begin{pmatrix}1 & 0 & 0\\ 0 & \cos\varphi & -\sin\varphi\\ 0 & \sin\varphi & \cos\varphi\end{pmatrix}$$

2）在此以标准差 $(2\times10^{-4},2\times10^{-4},5\times10^{-3})$ 测量角度 ψ,θ,φ。v_{r} 的分量以标准差 σ_v=lms^{-1} 测量。假定机器人满足方程：

$$\mathbf{p}_{k+1}=\mathbf{p}_k+(\mathrm{d}t\cdot\mathbf{R}(k))\cdot\bar{\mathbf{v}}_{\mathrm{r}}(k)+\boldsymbol{\alpha}_k$$

⊖ 网址：https://www.ensta-bretagne.fr/jaulin/islerob.html。

式中，α_k 为白噪声；$\bar{\mathbf{v}}_{\mathrm{r}}(k)$ 为在相应的采样周期上的平均速度的测量值。证明 $\boldsymbol{\alpha}_k$ 的实际协方差矩阵为：

$$\boldsymbol{\Gamma}_{\boldsymbol{\alpha}} = \mathrm{d}t^2\sigma_v^2 \cdot \begin{pmatrix} 1 & 0 & 0 \\ 0 & 1 & 0 \\ 0 & 0 & 1 \end{pmatrix}$$

注释　我们不处于第 7.5 节或练习 7.6 中描述的情况，其中状态噪声的协方差应与 $\frac{1}{\mathrm{d}t}$ 具有相同的阶数。这里，系统不是一个连续随机过程的离散化，它的行为应该独立于 $\mathrm{d}t$。相反，$\mathrm{d}t$ 是速度传感器的采样时间。$\mathrm{d}t$ 越小，积分就越精确。

3）使用卡尔曼滤波器作为预测器，计算在每个时刻 $t=k\cdot\mathrm{d}t$ 的机器人的定位精度。给出位置误差的标准差，并将其写为关于 t 的函数。说明过 1h 后该标准差的变化如何？ 2h 后呢？通过编程实现卡尔曼预测器实验验证上述计算结果。

4）在机器人执行任务期间，机器人可以使用侧面的声呐检测多个地标（在此为地雷）。当机器人检测到地标时，它将在机器人右侧并与机器人垂直的平面中。假设海床是水平的平面。下表给出了检测时间，地标的数量 i 和机器人与地标之间的距离 r_i：

343

t	1054	1092	1374	1748	3038	3688	4024	4817	5172	5232	5279	5688
i	1	2	1	0	1	5	4	3	3	4	5	1
$r_i(t)$	52.4	12.47	54.4	52.7	27.73	27.0	37.9	36.7	37.37	31.03	33.5	15.05

SLAM 试图利用这些重复检测来提高路径估计的精度。为此，形成一个大的状态向量 $\mathbf{x}$，其维度为 $3+2\cdot 6=15$，该向量包含机器人的位置 $\mathbf{p}$，也包含一个 12 维的向量 $\mathbf{q}$，该向量中包含六个地标的坐标（x 和 y）。注意，由于地标是不动的，则有 $\dot{\mathbf{q}}=0$。请给出对应于该观测的 $(\mathbf{y},\mathbf{C}_k,\boldsymbol{\Gamma}_{\beta})=\mathbf{g}(k)$。该函数返回测量向量 $\mathbf{y}$、矩阵 $\mathbf{C}(k)$ 和测量噪声的协方差矩阵。对于测量噪声 β_k 的标准差，取深度为 0.1、机器人到地标距离为 1。

5）使用卡尔曼滤波器，找出地标的位置及其相关不确定性。说明机器人是如何能够重新调整其位置的。

6）使用卡尔曼滤波器并考虑到过去和未来的位置信息，以提高地标位置的检测精度。

习题 8.8　先验 SLAM

一个携带导航系统的水下机器人（惯性单元和多普勒测计程仪）以每小时 100m 的速度漂流，该导航系统可以给出机器人的位置坐标 x,y。这就意味着，如果机器人在 t 时刻以 rm 的精度测得其自身位置信息，则在 1h 之前和 1h 之后，机器人将以小于 r+100m 的误差获得其自身位置信息。

刚开始，机器人通过 GPS 以 10m 的精度进行自身定位，进而在平坦海底区域继续潜水。该机器人以恒定的深度（可用压力传感器来测量）游动 8h 左右。当机器人重新浮出水面时，在此使用 GPS 以 10m 的精度进行自身定位。每小时机器人会在一个明显的地标（例如，具有特定形状的小岩石）上方通过，该地标可以由放置在机器人下方的相机进行探测。下表给出了不同时间测到的地标关于时间的函数关系，以小时表示：

t/h	1	2	3	4	5	6	7
地标	1	2	1	3	2	1	4

从这个表中可以得出，机器人总共遇到了四个明显的地标，并且它在时间 t=1h，t=3h 和 t=6h 时遇到地标 1 三次。请问机器人以什么精度能够定位地标 1，2，3 和 4？

344

8.7 习题参考答案

习题 8.1 参考答案 （条件密度和边际密度）

1）x 的边际密度为：

$$\begin{aligned}\pi(x) &\overset{\text{式}(8.1)}{=} \int \pi(x,y)\cdot \mathrm{d}y \\ &= \sum\nolimits_{j\in\{1,2,3\}} \pi(x,y=j) \\ &= \underbrace{\pi(x,y=1)}_{0.1\delta_1(x)+0.2\delta_2(x)} + \underbrace{\pi(x,y=2)}_{0.1\delta_1(x)+0.3\delta_2(x)+0.1\delta_3(x)} + \underbrace{\pi(x,y=3)}_{0.1\delta_2(x)+0.1\delta_3(x)} \\ &= 0.2\,\delta_1(x)+0.6\,\delta_2(x)+0.2\,\delta_3(x)\end{aligned}$$

式中，$\delta_i(x)$ 是函数，该函数当 x=i 时为 1，当 $x\neq i$ 时为 0。y 的边际密度为：

$$\pi(y)=\int\pi(x,y)\cdot \mathrm{d}x= 0.3\,\delta_1(y)+0.5\,\delta_2(y)+0.2\,\delta_3(y)$$

2）给定 x 的 y 的条件密度为：

$$\begin{aligned}\pi(y|x) \overset{\text{式}(8.3)}{=} \frac{\pi(x,y)}{\pi(x)} &= \sum_{i\in\{1,2,3\}}\sum_{j\in\{1,2,3\}} \frac{\pi(x=i,y=j)}{\pi(x=i)}\cdot\delta_i(x)\cdot\delta_j(y) \\ &= \frac{1}{2}\,\delta_1(x)\delta_1(y)+\frac{1}{2}\,\delta_1(x)\delta_2(y)+\frac{1}{3}\,\delta_2(x)\delta_1(y) \\ &+\frac{1}{2}\,\delta_2(x)\delta_2(y)+\frac{1}{6}\,\delta_2(x)\delta_3(y)+\frac{1}{2}\,\delta_3(x)\delta_2(y) \\ &+\frac{1}{2}\,\delta_3(x)\delta_3(y)\end{aligned}$$

它可以用下表来表示：

$\pi(y\|x)$	x=1	x=2	x=3
y=1	$\frac{1}{2}$	$\frac{1}{3}$	0
y=2	$\frac{1}{2}$	$\frac{1}{2}$	$\frac{1}{2}$
y=3	0	$\frac{1}{6}$	$\frac{1}{2}$

同样，我们可以根据 $\pi(x, y)$ 计算 $\pi(x|y)$：

$\pi(y\|x)$	x=1	x=2	x=3
y=1	$\frac{1}{3}$	$\frac{2}{3}$	0
y=2	$\frac{1}{5}$	$\frac{3}{5}$	$\frac{1}{5}$
y=3	0	$\frac{1}{2}$	$\frac{1}{2}$

345

这个结果也可以使用贝叶斯规则直接从 $\pi(y|x)$ 获得。

习题 8.2 参考答案 （天气预测）

1）在没有输入 u 和输出 y 的情况下，贝叶斯滤波器：

$$\begin{aligned}\text{bel}(x_{k+1}) &= \int \pi(x_{k+1}|x_k)\cdot \text{bel}(x_k)\cdot \mathrm{d}x_k \\ &= \sum_{i\in\{1,2\}} \pi(x_{k+1}|x_k=i)\cdot \text{bel}(x_k=i)\end{aligned}$$

因此：

$$\underbrace{\pi(x_{k+1}=j)}_{p_{k+1,j}} = \sum_{i\in\{1,2\}} \underbrace{\pi(x_{k+1}=j|x_k=i)}_{a_{ij}} \cdot \underbrace{\pi(x_k=i)}_{p_{k,i}}$$

或等效地，

$$\mathbf{p}_{k+1} = \mathbf{A}\cdot\mathbf{p}_k$$

式中，

$$\mathbf{A} = \begin{pmatrix} 0.9 & 0.5 \\ 0.1 & 0.5 \end{pmatrix}$$

请注意，每列所有条目的总和等于 1。a_{ij} 量对应于假设今天的时间是 i 的情况下明天天气为 j 的概率。

2）如果 k 天是晴天，那么 ℓ 天后是晴天的概率由如下向量的第一个分量给出：

$$\mathbf{p}_{k+\ell} = \begin{pmatrix} 0.9 & 0.5 \\ 0.1 & 0.5 \end{pmatrix}^{\ell} \begin{pmatrix} 1 \\ 0 \end{pmatrix}$$

3）矩阵 $\mathbf{A}$ 具有特征值 $\lambda_1=0.4$ 和 $\lambda_2=1$。特征值 $\lambda_1=0.4$ 是稳定的，而 $\lambda_2=1$ 对应于平稳行为。这是因为 $\mathbf{p}_k$ 是随机的（即其分量之和等于 1）。与 λ_2 相关的随机特征向量为（0.833，0.167）。因此，对于任何最初的天气，在足够长的时间后，出现晴天的可能性为 0.833。

习题 8.3 参考答案 （门禁机器人）

1）已知：

$$\begin{aligned}\text{pred}(x_{k+1}) &= \int \pi(x_{k+1}|x_k,u_k)\cdot \text{bel}(x_k)\cdot \mathrm{d}x_k \\ &= \pi(x_{k+1}|x_k=0,u_k)\cdot \text{bel}(x_k=0) \\ &\quad +\pi(x_{k+1}|x_k=1,u_k)\cdot \text{bel}(x_k=1)\end{aligned}$$

346

如果 $u_0=1$ 且 $\text{bel}(x_0)=0.5\cdot\delta_0+0.5\cdot\delta_1$，则可得：

$$\begin{aligned}\text{pred}(x_1) &= \underbrace{\pi(x_1|x_0=0,u_0=1)}_{0.2\,\delta_0+0.8\,\delta_1}\cdot\underbrace{\text{bel}(x_0=0)}_{0.5} \\ &\quad + \underbrace{\pi(x_1|x_0=1,u_0=1)}_{0\,\delta_0+1\,\delta_1}\cdot\underbrace{\text{bel}(x_0=1)}_{0.5} \\ &= 0.1\,\delta_0(x_1)+0.9\,\delta_1(x_1)\end{aligned}$$

2）如果 $y_1=1$，则有：

$$\begin{aligned}\text{bel}(x_1) &\overset{(8.11)}{=} \frac{\pi(y_1=1|x_1)\cdot\text{pred}(x_1)}{\int \pi(y_1=1|x_1)\cdot\text{pred}(x_1)\cdot\mathrm{d}x_1} \\ &\propto \pi(y_1=1|x_1)\cdot\text{pred}(x_1) \\ &= (0.2\,\delta_0(x_1)+0.6\,\delta_1(x_1))\cdot(0.1\,\delta_0(x_1)+0.9\,\delta_1(x_1))\end{aligned}$$

因此：

$$\text{bel}\left(x_1\right)=\frac{0.02\cdot\delta_0\left(x_1\right)+0.54\cdot\delta_1\left(x_1\right)}{0.56}$$

3）对于预测，有：

$$\begin{aligned}\mathbf{p}_{k+1}^{\text{pred}}&=\delta_{-1}\left(u_k\right)\cdot\begin{pmatrix}1&0.8\\0&0.2\end{pmatrix}\cdot\mathbf{p}_k^{\text{bel}}+\delta_0\left(u_k\right)\cdot\begin{pmatrix}1&0\\0&1\end{pmatrix}\cdot\mathbf{p}_k^{\text{bel}}\\&+\delta_1\left(u_k\right)\cdot\begin{pmatrix}0.2&0\\0.8&1\end{pmatrix}\cdot\mathbf{p}_k^{\text{bel}}\end{aligned}$$

对于置信，有：

$$\begin{aligned}\text{bel}\left(x_k\right)\overset{(8.11)}{\propto}&\left(\delta_0(y_k)\cdot\pi(y_k=0|x_k)\cdot\text{pred}\left(x_k\right)\right.\\&\left.+\delta_1(y_k)\cdot\pi(y_k=1|x_k)\cdot\text{pred}\left(x_k\right)\right)\end{aligned}$$

或等效地，

$$\mathbf{p}_k^{\text{bel}}\propto\underbrace{\left(\delta_0(y_k)\cdot\begin{pmatrix}0.8&0\\0&0.4\end{pmatrix}\cdot\mathbf{p}_k^{\text{pred}}+\delta_1(y_k)\cdot\begin{pmatrix}0.2&0\\0&0.6\end{pmatrix}\cdot\mathbf{p}_k^{\text{pred}}\right)}_{\overset{\text{def}}{=}\mathbf{q}_k}$$

[347]

因此：

$$\mathbf{p}_k^{\text{bel}}=\frac{\mathbf{q}_k}{q_{k,1}+q_{k,2}}$$

贝叶斯滤波器为：

$$\begin{aligned}\mathbf{p}_{k+1}^{\text{pred}}&=\left(\delta_{-1}\left(u_k\right)\cdot\begin{pmatrix}1&0.8\\0&0.2\end{pmatrix}+\delta_0\left(u_k\right)\cdot\begin{pmatrix}1&0\\0&1\end{pmatrix}\right.\\&\left.+\delta_1\left(u_k\right)\cdot\begin{pmatrix}0.2&0\\0.8&1\end{pmatrix}\right)\cdot\mathbf{p}_k^{\text{bel}}\\\mathbf{q}_k&=\left(\delta_0(y_k)\cdot\begin{pmatrix}0.8&0\\0&0.4\end{pmatrix}+\delta_1(y_k)\cdot\begin{pmatrix}0.2&0\\0&0.6\end{pmatrix}\right)\cdot\mathbf{p}_k^{\text{pred}}\\\mathbf{p}_k^{\text{bel}}&=\frac{\mathbf{q}_k}{q_{k,1}+q_{k,2}}\end{aligned}$$

该滤波器以 u_k 和 y_k 为输入，输出为置信 $\mathbf{p}_k^{\text{bel}}$。

习题 8.4 参考答案 （森林里的机器人）

量 $\text{pred}(x_{k+2})$，$\pi(y_{k+2}|x_{k+2})$ 和 $\text{bel}(x_{k+2})$ 如图 8.7 所示。除了在状态空间中机器人看到树的概率很高的部分，概率 $\pi(y_{k+2}|x_{k+2})$ 是最大的。因此，机器人利用树的不可见性信息来改进其定位。

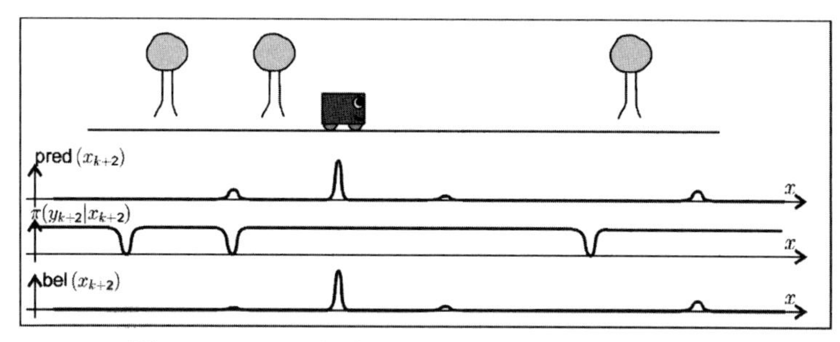

图 8.7　机器人利用树的不可见性信息来改进其定位

习题 8.5 参考答案 （卡尔曼贝叶斯规则）

1）已知 $\bar{y}=1$ 且 $\sigma_y^2=\sigma_x^2+\sigma_b^2=2$，因此：

348

$$\pi_y(y)=\frac{1}{\sqrt{4\pi}}\cdot\exp\left(-\frac{1}{4}(y-1)^2\right)$$

2）定义随机变量 $v=x|y$.

回想一下，卡尔曼滤波器的校正方程为：

$$\begin{array}{llll}\hat{\mathbf{x}}_{k|k} & = \hat{\mathbf{x}}_{k|k-1}+\mathbf{K}_k\cdot\widetilde{\mathbf{y}}_k & \text{(i)}\\ \mathbf{\Gamma}_{k|k} & = \mathbf{\Gamma}_{k|k-1}-\mathbf{K}_k\cdot\mathbf{C}_k\mathbf{\Gamma}_{k|k-1} & \text{(ii)}\\ \widetilde{\mathbf{y}}_k & = \mathbf{y}_k-\mathbf{C}_k\hat{\mathbf{x}}_{k|k-1} & \text{(iii)}\\ \mathbf{S}_k & = \mathbf{C}_k\mathbf{\Gamma}_{k|k-1}\mathbf{C}_k^{\mathrm{T}}+\mathbf{\Gamma}_{\boldsymbol{\beta}_k} & \text{(iv)}\\ \mathbf{K}_k & = \mathbf{\Gamma}_{k|k-1}\mathbf{C}_k^{\mathrm{T}}\mathbf{S}_k^{-1} & \text{(v)}\end{array}$$

在本题中，可得：

$$\begin{array}{llll}\bar{v} & = \bar{x}+K_k\cdot\widetilde{y}_k=1+\frac{1}{2}.2=2 & \text{(i)}\\ \sigma_v^2 & = \sigma_x^2-K_k\cdot\sigma_x^2=1-\frac{1}{2}=\frac{1}{2} & \text{(ii)}\\ \widetilde{y}_k & = y-\bar{x}=3-1=2 & \text{(iii)}\\ S_k & = \sigma_x^2+\sigma_b^2=1+1=2 & \text{(iv)}\\ K_k & = \sigma_x^2S_k^{-1}=\frac{1}{2} & \text{(v)}\end{array}$$

因此，$\bar{v}=2$，$\sigma_v^2=\dfrac{1}{2}$。由此：

$$\begin{aligned}\pi_v(v) &= \frac{1}{\sqrt{(2\pi)\det(\frac{1}{2})}}\cdot\exp\left(-\frac{1}{2}(v-2)\cdot 2\cdot(v-2)\right)\\ &= \frac{1}{\sqrt{\pi}}\cdot\exp\left(-(v-2)^2\right)\end{aligned}$$

3）已知 $v=(x|y)$，卡尔曼滤波器所做的校正实现了贝叶斯规则：

$$\pi(x|y)=\frac{\pi(y|x)\cdot\pi(x)}{\pi(y)}$$

在高斯情况下。

习题 8.6 参考答案 （卡尔曼平滑器的推导）

1）取 $\mathbf{b}=\mathbf{Ja}+\mathbf{u}+\mathbf{r}$，其中 $\mathbf{r}\sim\mathcal{N}(\mathbf{0},\mathbf{R})$。则正如假设的那样，$\pi(\mathbf{b}|\mathbf{a})=\mathcal{N}(\mathbf{b}||\mathbf{Ja}+\mathbf{u},\mathbf{R})$，现在，根据贝叶斯规则，我们知道从 $\pi(\mathbf{b}|\mathbf{a})$ 和 $\pi(\mathbf{a})$，存在一种独特的方式来编写 $\pi(\mathbf{b})$。可得 $E(\mathbf{b})=\hat{\mathbf{b}}=\mathbf{J}\hat{\mathbf{a}}+\mathbf{u}$，$\mathbf{b}$ 的协方差矩阵为：

$$E\left(\left(\mathbf{b}-\hat{\mathbf{b}}\right)^{\mathrm{T}}\left(\mathbf{b}-\hat{\mathbf{b}}\right)\right)=E\left(\left(\mathbf{J}\left(\mathbf{a}-\hat{\mathbf{a}}\right)+\mathbf{r}\right)^{\mathrm{T}}\left(\mathbf{J}\left(\mathbf{a}-\hat{\mathbf{a}}\right)+\mathbf{r}\right)\right)=\mathbf{R}+\mathbf{J}\cdot\mathbf{\Gamma}_{\mathbf{a}}\cdot\mathbf{J}^{\mathrm{T}}$$

2）从马尔可夫性质来看，有：

349

$$\pi\left(\mathbf{x}_k|\mathbf{x}_{k+1},\mathbf{y}_{0:N}\right)=\pi\left(\mathbf{x}_k|\mathbf{x}_{k+1},\mathbf{y}_{0:k}\right)$$

现在，让我们引入一个虚拟步骤，如图 8.8 中的贝叶斯网络所示，并应用卡尔曼滤波的一个步骤来获得 $\pi(\mathbf{x}_k|\mathbf{x}_{k+1},\mathbf{y}_{0:k})$。量 $\mathbf{x}_{k+1}-\mathbf{u}_k$ 起着测量的作用。

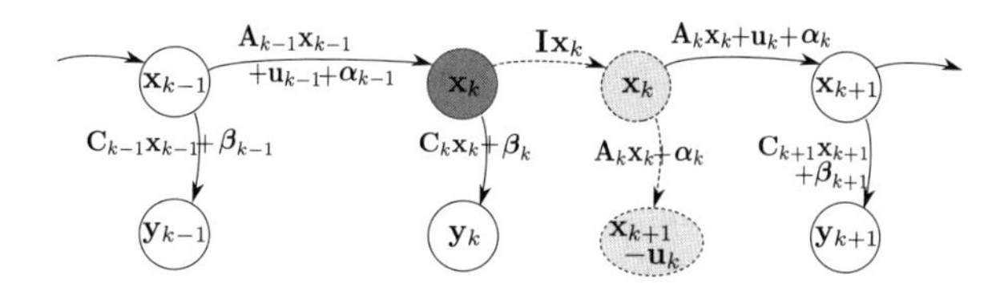

图 8.8　添加了一个虚拟步骤以使用卡尔曼方程

这个表达式是直接从卡尔曼滤波器得到的。在这种情况下，创新之处在于 $\mathbf{x}_{k+1}-\hat{\mathbf{x}}_{k+1|k}$，卡尔曼增益对应于 $\mathbf{J}_k$。与卡尔曼滤波器的校正方程（见式（7.11））的对应关系，或者与线性估计器等价（参见式（7.10））如下：

$$\left\{\begin{array}{rcl}\hat{\mathbf{x}}_{k|k} &=& \hat{\mathbf{x}}_{k|k-1}+\mathbf{K}_k\cdot\widetilde{\mathbf{y}}_k\\ \mathbf{\Gamma}_{k|k} &=& (\mathbf{I}-\mathbf{K}_k\mathbf{C}_k)\,\mathbf{\Gamma}_{k|k-1}\\ \widetilde{\mathbf{y}}_k &=& \mathbf{y}_k-\mathbf{C}_k\hat{\mathbf{x}}_{k|k-1}\\ \mathbf{S}_k &=& \mathbf{C}_k\mathbf{\Gamma}_{k|k-1}\mathbf{C}_k^{\mathrm{T}}+\mathbf{\Gamma}_{\boldsymbol{\beta}}\\ \mathbf{K}_k &=& \mathbf{\Gamma}_{k|k-1}\mathbf{C}_k^{\mathrm{T}}\mathbf{S}_k^{-1}\end{array}\right. \longrightarrow \left\{\begin{array}{rcl}\hat{\mathbf{x}}_{k|\mathbf{x}_{k+1},\mathbf{y}_{0:k}} &=& \hat{\mathbf{x}}_{k|k}+\mathbf{J}_k\cdot\widetilde{\mathbf{z}}_k\\ \mathbf{\Gamma}_{k|\mathbf{x}_{k+1},\mathbf{y}_{0:k}} &=& (\mathbf{I}-\mathbf{J}_k\mathbf{A}_k)\,\mathbf{\Gamma}_{k|k}\\ \widetilde{\mathbf{z}}_k &=& (\mathbf{x}_{k+1}-\mathbf{u}_k)-\mathbf{A}_k\hat{\mathbf{x}}_{k|k}\\ \mathbf{S}_k &=& \mathbf{A}_k\mathbf{\Gamma}_{k|k}\mathbf{A}_k^{\mathrm{T}}+\mathbf{\Gamma}_{\boldsymbol{\alpha}}\\ \mathbf{J}_k &=& \mathbf{\Gamma}_{k|k}\mathbf{A}_k^{\mathrm{T}}\mathbf{S}_k^{-1}\end{array}\right.$$

此时，从卡尔曼滤波器的预测方程出发，由下式给出：

$$\left\{\begin{array}{rcll}\hat{\mathbf{x}}_{k+1|k} &=& \mathbf{A}_k\hat{\mathbf{x}}_{k|k}+\mathbf{u}_k & \text{(i)}\\ \mathbf{\Gamma}_{k+1|k} &=& \mathbf{A}_k\cdot\mathbf{\Gamma}_{k|k}\cdot\mathbf{A}_k^{\mathrm{T}}+\mathbf{\Gamma}_{\boldsymbol{\alpha}} & \text{(ii)}\end{array}\right.$$

则有：

$$\left\{\begin{array}{lcl}\hat{\mathbf{x}}_{k|\mathbf{x}_{k+1},\mathbf{y}_{0:k}} &=& \hat{\mathbf{x}}_{k|k}+\mathbf{J}_k\cdot\left(\mathbf{x}_{k+1}-\mathbf{u}_k-\mathbf{A}_k\hat{\mathbf{x}}_{k|k}\right)\overset{(i)}{=}\hat{\mathbf{x}}_{k|k}+\mathbf{J}_k\left(\mathbf{x}_{k+1}-\hat{\mathbf{x}}_{k+1|k}\right)\\ \mathbf{\Gamma}_{k|\mathbf{x}_{k+1},\mathbf{y}_{0:k}} &=& \mathbf{\Gamma}_{k|k}-\mathbf{J}_k\cdot\mathbf{A}_k\mathbf{\Gamma}_{k|k} \qquad\qquad\qquad = \mathbf{\Gamma}_{k|k}-\mathbf{J}_k\cdot\mathbf{\Gamma}_{k+1|k}\cdot\mathbf{J}_k^{\mathrm{T}}\\ \mathbf{J}_k &\overset{(ii)}{=}& \mathbf{\Gamma}_{k|k}\cdot\mathbf{A}_k^{\mathrm{T}}\cdot\mathbf{\Gamma}_{k+1|k}^{-1}\end{array}\right.$$

3）因为：

$$\begin{array}{rcl}\pi\left(\mathbf{x}_{k+1}|\mathbf{y}_{0:N}\right) &=& \mathcal{N}\left(\mathbf{x}_{k+1}\left\|\hat{\mathbf{x}}_{k+1|N},\mathbf{\Gamma}_{k+1|N}\right.\right)\\ \pi\left(\mathbf{x}_k|\mathbf{x}_{k+1},\mathbf{y}_{0:N}\right) &\overset{\text{式(8.16)}}{=}& \mathcal{N}(\mathbf{x}_k\left\|\mathbf{J}_k\mathbf{x}_{k+1}+\left(\hat{\mathbf{x}}_{k|k}-\mathbf{J}_k\hat{\mathbf{x}}_{k+1|k}\right)\right.\\ && \mathbf{\Gamma}_{k|k}-\mathbf{J}_k\cdot\mathbf{\Gamma}_{k+1|k}\cdot\mathbf{J}_k^{\mathrm{T}})\end{array}$$

350

然后，以 $\mathbf{y}_{0:N}$ 为参数，给出了相应的对应关系：

$$\begin{array}{ccc}\mathbf{a} & \longrightarrow & \mathbf{x}_{k+1}\\ \hat{\mathbf{a}} & \longrightarrow & \hat{\mathbf{x}}_{k+1|N}\\ \mathbf{\Gamma}_{\mathbf{a}} & \longrightarrow & \mathbf{\Gamma}_{k+1|N}\\ \mathbf{b} & \longrightarrow & \mathbf{x}_k\\ \mathbf{R} & \longrightarrow & \mathbf{\Gamma}_{k|k}-\mathbf{J}_k\cdot\mathbf{\Gamma}_{k+1|k}\cdot\mathbf{J}_k^{\mathrm{T}}\\ \mathbf{J} & \longrightarrow & \mathbf{J}_k\\ \mathbf{u} & \longrightarrow & \hat{\mathbf{x}}_{k|k}-\mathbf{J}_k\hat{\mathbf{x}}_{k+1|k}\end{array}$$

由式（8.15）可得：

$$\begin{array}{l}\pi\left(\mathbf{x}_k|\mathbf{y}_{0:N}\right)\\ =\mathcal{N}\left(\mathbf{x}_k\left\|\underbrace{\hat{\mathbf{x}}_{k|k}+\mathbf{J}_k\left(\hat{\mathbf{x}}_{k+1|N}-\hat{\mathbf{x}}_{k+1|k}\right)}_{\hat{\mathbf{x}}_{k|N}},\underbrace{\mathbf{\Gamma}_{k|k}-\mathbf{J}_k\cdot\left(\mathbf{\Gamma}_{k+1|k}-\mathbf{\Gamma}_{k+1|N}\right)\cdot\mathbf{J}_k^{\mathrm{T}}}_{\mathbf{\Gamma}_{k|N}}\right.\right)\end{array}$$

习题 8.7 参考答案 （SLAM）

1）使用欧拉法的仿真程序如下：

$$\left(\overrightarrow{t}, \overrightarrow{\varphi}, \overrightarrow{\theta}, \overrightarrow{\psi}, \overrightarrow{\mathbf{v}}_r, \overrightarrow{d}, \overrightarrow{d}\right) := \text{readfile('slam\_data.txt')}$$

$$\mathrm{d}t := 0.1; N := \text{size}(\overrightarrow{t}); \hat{\mathbf{x}} := \begin{pmatrix} 0 \\ 0 \\ 0 \end{pmatrix}$$

For $k = 1 : N$

$$\mathbf{u} := \mathrm{d}t \cdot \mathbf{R}\left(\overrightarrow{\varphi}(k), \overrightarrow{\theta}(k), \overrightarrow{\psi}(k)\right) \cdot \overrightarrow{\mathbf{v}}_r(k)$$

$$\hat{\mathbf{x}} := \hat{\mathbf{x}} + \mathbf{u}$$

2）考虑到惯性单元，则欧拉角是已知的。因此有：

$$\begin{aligned} \mathbf{p}_{k+1} &= \mathbf{p}_k + \mathrm{d}t \cdot \mathbf{R}(\varphi_k, \theta_k, \psi_k) \cdot (\bar{\mathbf{v}}_\mathrm{r}(k) + \boldsymbol{\alpha}_v(k)) \\ &= \mathbf{p}_k + \mathrm{d}t \cdot \underbrace{\mathbf{R}(\varphi_k, \theta_k, \psi_k) \cdot \bar{\mathbf{v}}_\mathrm{r}(k)}_{\mathbf{u}_k} + \underbrace{\mathrm{d}t \cdot \mathbf{R}(\varphi_k, \theta_k, \psi_k) \cdot \boldsymbol{\alpha}_v(k)}_{=\boldsymbol{\alpha}_k} \end{aligned}$$

可以用一个高斯白噪声来近似 α_k，其协方差矩阵为：

$$\begin{aligned} \boldsymbol{\Gamma}_{\boldsymbol{\alpha}} &= \mathrm{d}t^2 \cdot \mathbf{R}(\varphi_k, \theta_k, \psi_k)\boldsymbol{\Gamma}_{\boldsymbol{\alpha}_v}\mathbf{R}^\mathrm{T}(\varphi_k, \theta_k, \psi_k) \\ &= \mathrm{d}t^2\sigma_v^2 \cdot \mathbf{I} \qquad \text{当 } \mathbf{R}\mathbf{R}^\mathrm{T} = \mathbf{I} \text{ 时} \\ &= 10^{-2} \cdot \mathbf{I} \end{aligned}$$

351

注意，这里没有考虑离散化和单元转角的误差。

3）当在卡尔曼滤波器处于预测模式时，则有：

$$\boldsymbol{\Gamma}_{k+1|k} = \mathbf{A}_k \cdot \boldsymbol{\Gamma}_{k|k} \cdot \mathbf{A}_k^\mathrm{T} + \boldsymbol{\Gamma}_{\boldsymbol{\alpha}_k} = \mathbf{A}_k \cdot \boldsymbol{\Gamma}_{k|k-1} \cdot \mathbf{A}_k^\mathrm{T} + \boldsymbol{\Gamma}_{\boldsymbol{\alpha}}$$

当预测模式中没有任何测量值可用时，则有：

$$\boldsymbol{\Gamma}_{k|k} = \boldsymbol{\Gamma}_{k|k-1} = \boldsymbol{\Gamma}_k$$

那么方程变为：

$$\boldsymbol{\Gamma}_{k+1} = \mathbf{A}_k \cdot \boldsymbol{\Gamma}_k \cdot \mathbf{A}_k^\mathrm{T} + \boldsymbol{\Gamma}_{\boldsymbol{\alpha}}$$

因此：

$$\begin{aligned} &\boldsymbol{\Gamma}_1 = \mathbf{A}_0 \cdot \boldsymbol{\Gamma}_0 \cdot \mathbf{A}_0^\mathrm{T} + \boldsymbol{\Gamma}_{\boldsymbol{\alpha}} \\ &\boldsymbol{\Gamma}_2 = \mathbf{A}_1 \cdot \boldsymbol{\Gamma}_1 \cdot \mathbf{A}_1^\mathrm{T} + \boldsymbol{\Gamma}_{\boldsymbol{\alpha}} = \mathbf{A}_1\mathbf{A}_0 \cdot \boldsymbol{\Gamma}_0 \cdot \mathbf{A}_0^\mathrm{T}\mathbf{A}_1^\mathrm{T} + \mathbf{A}_1\boldsymbol{\Gamma}_{\boldsymbol{\alpha}}\mathbf{A}_1^\mathrm{T} + \boldsymbol{\Gamma}_{\boldsymbol{\alpha}} \\ &\boldsymbol{\Gamma}_3 = \mathbf{A}_2 \cdot \boldsymbol{\Gamma}_2 \cdot \mathbf{A}_2^\mathrm{T} + \boldsymbol{\Gamma}_{\boldsymbol{\alpha}} = \mathbf{A}_2\mathbf{A}_1\mathbf{A}_0 \cdot \boldsymbol{\Gamma}_0 \cdot \mathbf{A}_0^\mathrm{T}\mathbf{A}_1^\mathrm{T}\mathbf{A}_2^\mathrm{T} + \mathbf{A}_2\mathbf{A}_1\boldsymbol{\Gamma}_{\boldsymbol{\alpha}}\mathbf{A}_1^\mathrm{T}\mathbf{A}_2^\mathrm{T} \\ &\quad + \mathbf{A}_2\boldsymbol{\Gamma}_{\boldsymbol{\alpha}}\mathbf{A}_2^\mathrm{T} + \boldsymbol{\Gamma}_{\boldsymbol{\alpha}} \end{aligned}$$

然而，在本题中，矩阵 $\mathbf{A}_i$ 等于单位矩阵。因此，可得：

$$\boldsymbol{\Gamma}_k = k \cdot \boldsymbol{\Gamma}_{\boldsymbol{\alpha}} = k\mathrm{d}t^2\sigma_v^2\mathbf{I}$$

注意，这就意味着协方差矩阵随着时间 k 是线性增加的，那么标准差则以 $\sqrt{k}$ 增长，这是在随机漫步理论中的一个已知现象。因为 $t{=}k{\cdot}\mathrm{d}t$，则预测状态的协方差为：

$$\boldsymbol{\Gamma}_{\mathbf{x}}(t) = \frac{t}{\mathrm{d}t} \cdot \boldsymbol{\Gamma}_{\boldsymbol{\alpha}} = \frac{t}{\mathrm{d}t}\mathrm{d}t^2\sigma_v^2\mathbf{I} = t \cdot \mathrm{d}t \cdot \sigma_v^2 \cdot \mathbf{I}$$

对应的标准差（或漂移）为：

$$\sigma_x(t) = \sigma_v \sqrt{t \cdot \mathrm{d}t} = 0.3\sqrt{t}$$

1h 之后，这个误差等于 $\sigma_x(3600) = 0.3\sqrt{3600} = 18$ m，2h 后，误差为 $\sigma_x(2\times 3600) = 0.3\sqrt{2\times 3600} = 25$ m。

该预测器的程序代码如下： 352

$\left(\overrightarrow{t}, \overrightarrow{\varphi}, \overrightarrow{\theta}, \overrightarrow{\psi}, \overrightarrow{\mathbf{v}}_r, \overrightarrow{d}, \overrightarrow{a}\right)$:=readfile('slam_data.txt')
$\mathrm{d}t := 0.1; N := \mathrm{size}(\overrightarrow{t});$
$\hat{\mathbf{x}} := \begin{pmatrix} 0 \\ 0 \\ 0 \end{pmatrix}; \mathbf{\Gamma_x} := \mathbf{0}_{3\times 3}; \mathbf{\Gamma_\alpha} := 10^{-2} \cdot \mathbf{I}_{3\times 3}; \mathbf{A} := \mathbf{I}_{3\times 3}; y := \emptyset; \mathbf{\Gamma}_\beta := \emptyset; \mathbf{C} := \emptyset$
For $k := 1 : N$
  $\mathbf{u} := \mathrm{d}t \cdot \mathbf{R}\left(\overrightarrow{\varphi}(k), \overrightarrow{\theta}(k), \overrightarrow{\psi}(k)\right) \cdot \overrightarrow{\mathbf{v}}_r(k)$
  $(\hat{\mathbf{x}}, \mathbf{\Gamma_x})$:=KALMAN $(\hat{\mathbf{x}}, \mathbf{\Gamma_x}, \mathbf{u}, y, \mathbf{\Gamma_\alpha}, \mathbf{\Gamma_\beta}, \mathbf{A}, \mathbf{C})$

值得注意是，因为没有测量值，则变量 y, C, Γ_β 是空的。然而，在卡尔曼函数的参数中，它们处在调用命令 `eye(0,n)` 的开始位置，因此仍然需要注意其维度。所得预测器如图 8.9 所示。

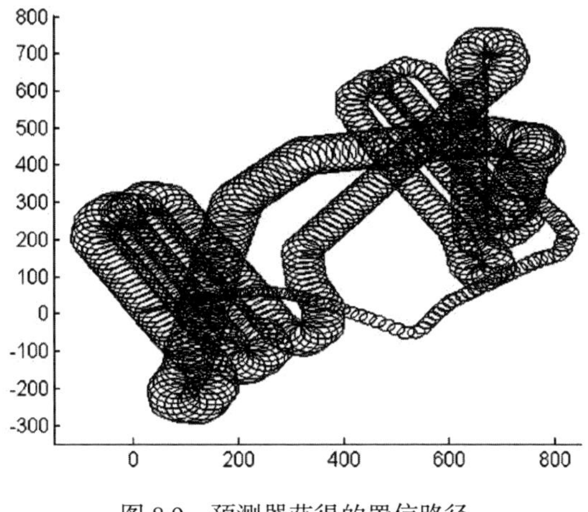

图 8.9　预测器获得的置信路径

4）用 n_p 表示空间维度（这里等于 3），n_p 表示地标的数量，n_x 表示状态向量的维数，观测方程为：

$$\underbrace{\left(y_1\right)}_{\mathbf{y}_k} = \underbrace{\left(0\;0\;1\;0\;0\;0\;0\;0\;0\;0\;0\;0\;0\;\ldots\;0\;0\right)}_{\mathbf{C}(k)} \underbrace{\begin{pmatrix} \mathbf{p}_k \\ \mathbf{q}_k \end{pmatrix}}_{\mathbf{x}_k} + \beta_k$$

353

如果没有检测到地标，则该观测方程为：

$$\underbrace{\begin{pmatrix} y_1 \\ y_2 \\ y_3 \end{pmatrix}}_{\mathbf{y}_k} = \underbrace{\begin{pmatrix} 1\;0\;0\;0\;0\;\ldots\;0\;0 & -1 & 0\;\;0\;0\;\ldots\;0\;0 \\ 0\;1\;0\;0\;0\;\ldots\;0\;0 & 0 & -1\;0\;0\;\ldots\;0\;0 \\ 0\;0\;1\;0\;0\;\ldots\;0\;0 & 0 & 0\;\;0\;0\;\ldots\;0\;0 \end{pmatrix}}_{\mathbf{C}(k)} \underbrace{\begin{pmatrix} \mathbf{p}_k \\ \mathbf{q}_k \end{pmatrix}}_{\mathbf{x}_k} + \boldsymbol{\beta}_k$$

在这种情形下，检测到了第 i 个地标 $\boldsymbol{m}_i$。在第二种情形下，子向量 (y_1,y_2) 代表了向量的前两个部分：

$$\mathbf{p}-\mathbf{m}_i=\mathbf{R}(k)\cdot\begin{pmatrix}0\\-\sqrt{r_i^2(k)-a^2(k)}\\-a(k)\end{pmatrix}$$

y_3 对应于压力传感器所测得的深度。演化函数如下：

```
函数 g(k)
1   y := d⃗(k); C := (0 0 1 0 0 0 0 ... 0); Γ_β := 0.01
3   T := ( 10540  10920  13740  ...  56880
             1      2      1    ...    1
           52.42  12.47  54.40  ...  15.05 )
8   For j := 1 : 2n_m
        (k_0, m, r)^T = T(:, j)
        if k_0 = k
            e := R(φ⃗(k), θ⃗(k), ψ⃗(k)) · (0, −sqrt(r² − d⃗²(k)), −d⃗(k))^T
            y := (e_1, e_2, y)^T; C = ( 1 0 0 0 0 ... 0 0 −1  0 0 0 ... 0 0
                                        0 1 0 0 0 ... 0 0  0 −1 0 0 ... 0 0
                                        0 0 1 0 0 ... 0 0  0  0 0 0 ... 0 0 )
            Γ_β := 10^−2 · I_{3×3}
10  Return (y, C_k, Γ_β)
```

注意，输出的维度依赖于检测到的（或未检测到的）地标数。

5）可用下式描述机器人—地标系统的演化：

$$\underbrace{\begin{pmatrix}\mathbf{p}_{k+1}\\\mathbf{q}_{k+1}\end{pmatrix}}_{\mathbf{x}_{k+1}}=\underbrace{\begin{pmatrix}\mathbf{I}_3&\mathbf{0}\\\mathbf{0}&\mathbf{I}_{12}\end{pmatrix}}_{\mathbf{A}}\underbrace{\begin{pmatrix}\mathbf{p}_k\\\mathbf{q}_k\end{pmatrix}}_{\mathbf{x}_k}+\underbrace{\begin{pmatrix}dt\cdot\mathbf{R}(k)\cdot\mathbf{v}_\mathrm{r}\\\mathbf{0}_{12\times1}\end{pmatrix}}_{\mathbf{u}_k}+\boldsymbol{\alpha}_k$$

354

为了能够继续进行平滑化（下一个问题），用列表将所有中间结果记载下来。相关的置信路径绘制在图 8.10 中。

卡尔曼滤波器所对应的程序如下：

```
(t⃗, φ⃗, θ⃗, ψ⃗, v⃗_r, d⃗, a⃗) :=readfile('slam_data.txt')
n_p := 3; n_m := 6; n_x := n_p + 2n_m
dt := 0.1; N := size(t⃗)
x̂_1^pred := 0_{n_x}; Γ_1^pred := diag(I_3, 10^6.I_{2n_m})
Γ_{α_k} :=diag(0.01 · I_{n_p}, 0_{2n_m})
For k := 1 : N
    A := I_{n_x}; u(k) :=dt · ( R(φ⃗(k), θ⃗(k), ψ⃗(k)) · v⃗_r(k)
                                0_{2n_m} )
    (y(k), C_k, Γ_{β_k}) := g(k)
    (x̂_{k+1}^pred, Γ_{k+1}^pred, x̂_k^up, Γ_k^up) := KALMAN(x̂_k^pred, Γ_k^pred, u(k), y(k),
Γ_{α_k}, Γ_{β_k}, A_k, C_k)
```

355

6）在此为卡尔曼滤波器附加如下指令：

$$\hat{\mathbf{x}}_N^{\text{back}} := \hat{\mathbf{x}}_N^{\text{up}};\ \mathbf{\Gamma}_N^{\text{back}} := \mathbf{\Gamma}_N^{\text{up}}$$

For $k = N-1$ downto 0

$$\mathbf{J} := \mathbf{\Gamma}_k^{\text{up}} \cdot \mathbf{A}_k^{\text{T}} \cdot \left(\mathbf{\Gamma}_{k+1}^{\text{pred}}\right)^{-1}$$

$$\hat{\mathbf{x}}_k^{\text{back}} := \hat{\mathbf{x}}_k^{\text{up}} + \mathbf{J} \cdot \left(\hat{\mathbf{x}}_{k+1}^{\text{back}} - \hat{\mathbf{x}}_{k+1}^{\text{pred}}\right)$$

$$\mathbf{\Gamma}_k^{\text{back}} := \mathbf{\Gamma}_k^{\text{up}} - \mathbf{J} \cdot \left(\mathbf{\Gamma}_{k+1}^{\text{pred}} - \mathbf{\Gamma}_{k+1}^{\text{back}}\right) \cdot \mathbf{J}^{\text{T}}$$

相关的路径可见图 8.11。注意当使用滤波器时，置信椭圆才会变小，尤其到任务结束部分。

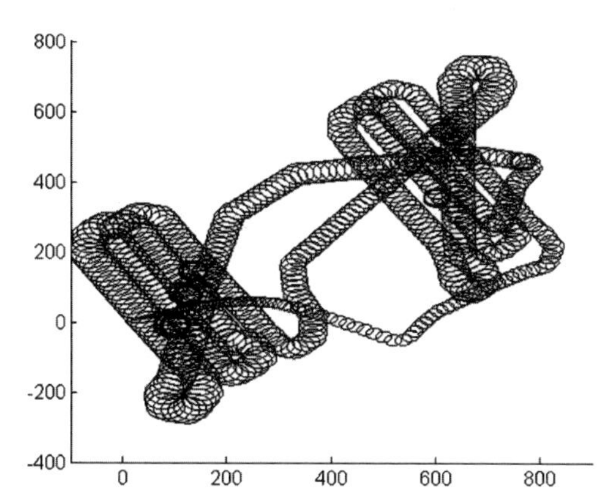

图 8.10　由卡尔曼滤波器得到的置信路径和六个地标的置信椭圆

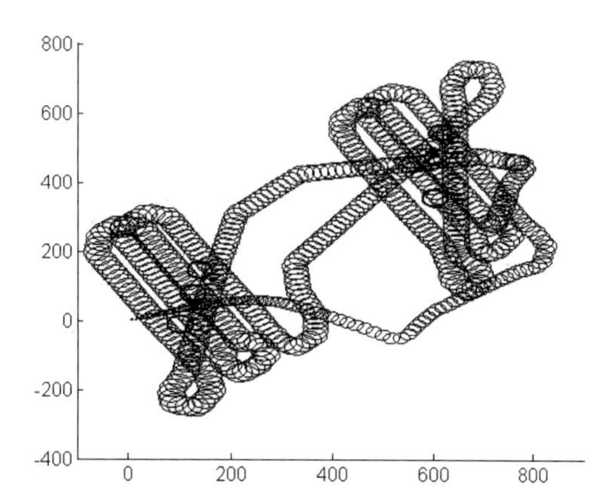

图 8.11　由卡尔曼平滑器获得的置信路径和六个地标的置信椭圆

习题 8.8 参考答案 （先验 SLAM）

推理如下表所示：

t/h	0	1	2	3	4	5	6	7	8
地标	0	1	2	1	3	2	1	4	0
(a)①	10	110	210	310	410	510	610	710	810
(b)②	10	710	610	510	410	310	210	110	10
(c)③	10	110	210	310	410	310	210	110	10
(d)④	10	110	210	110	310	210	110	110	10
(e)⑤	10	110	210	110	210	210	110	110	10

①：在时间正方向上传播得到的精度；

②：在时间反方向上传播得到的精度；

③：行（a）和行（b）的最小值；

④：地标间的一致性；

⑤：时间正反方向上的传播

356～357

参考文献

[BEA 12] BEARD R., MCLAIN T., *Small Unmanned Aircraft, Theory and Practice*, Princeton University Press, 2012.

[BOY 06] BOYER F., ALAMIR M., CHABLAT D. *et al.*, "Robot anguille sous-marin en 3D", *Techniques de l'Ingénieur*, 2006.

[CHE 08] CHEVALLEREAU C., BESSONNET G., ABBA G. *et al.* (eds), *Bipedal Robots: Modeling, Design and Walking Synthesis*, ISTE Ltd, London and John Wiley & Sons, New York, 2008.

[COR 11] CORKE P., *Robotics, Vision and Control*, Springer, Berlin, Heidelberg, 2011.

[CRE 14] CREUZE V., "Robots marins et sous-marins ; perception, modélisation, commande", *Techniques de l'Ingénieur*, 2014.

[DEL 93] DE LARMINAT P., *Automatique, Commande des Systèmes Linéaires*, Hermès, Paris, France, 1993.

[DRE 11] DREVELLE V., Etude de Méthodes Ensemblistes Robustes Pour une Localisation Multisensorielle Intègre, Application à la Navigation des Véhicules en Milieu Urbain, PhD dissertation, Université de Technologie de Compiègne, Compiègne, France, 2011.

[DUB 57] DUBINS L.E., "On curves of minimal length with a constraint on average curvature, and with prescribed initial and terminal positions and tangents", *American Journal of Mathematics*, vol. 79, no. 3, pp. 497–516, 1957.

[FAN 01] FANTONI I., LOZANO R., *Non-linear Control for Underactuated Mechanical Systems*, Springer-Verlag, 2001.

[FAR 08] FARRELL J., *Aided Navigation: GPS with High Rate Sensors*, McGraw-Hill, 2008.

[FLI 13] FLIESS M., JOIN C., "Model-free control", *International Journal of Control*, vol. 86, no. 12, pp. 2228–2252, 2013.

[FOS 02] FOSSEN T., *Marine Control Systems: Guidance, Navigation and Control of Ships, Rigs and Underwater Vehicles*, Marine Cybernetics, 2002.

[GOR 11] GORGUES T., MÉNAGE O., TERRE T. *et al.*, "An innovative approach of the surface layer sampling", *Journal des Sciences Halieutique et Aquatique*, vol. 4, pp. 105–109, 2011.

[HER 10] HERRERO P., JAULIN L., VEHI J. *et al.*, "Guaranteed set-point computation with application to the control of a sailboat", *International Journal of Control Automation and Systems*, vol. 8, no. 1, pp. 1–7, 2010.

[JAU 05] JAULIN L., *Représentation D'état Pour la Modélisation et la Commande des Systèmes (Coll. Automatique de base)*, Hermès, London, 2005.

[JAU 10] JAULIN L., "Commande d'un skate-car par biomimétisme", *CIFA 2010*, Nancy, France, 2010.

[JAU 12] JAULIN L., LE BARS F., "An interval approach for stability analysis; application to sailboat robotics", *IEEE Transaction on Robotics*, vol. 27, no. 5, 2012.

[JAU 15] JAULIN L., *Automation for Robotics*, ISTE Ltd, London and John Wiley & Sons, New York, 2015.

[JAU 02] JAULIN L., KIEFFER M., WALTER E. *et al.*, "Guaranteed robust nonlinear estimation with application to robot localization", *IEEE Transactions on Systems, Man and Cybernetics: Part C Applications and Reviews*, vol. 32, 2002.

[KAI 80] KAILATH T., *Linear Systems*, Prentice Hall, Englewood Cliffs, 1980.

[KAL 60] KALMAN E.R., "Contributions to the theory of optimal control", *Bol. Soc. Mat. Mex.*, vol. 5, pp. 102–119, 1960.

[KHA 02] KHALIL H.K., *Nonlinear Systems*, Third Edition, Prentice Hall, 2002.

[KLE 06] KLEIN E.M.V., *Aircraft System Identification: Theory And Practice*, American Institute of Aeronautics and Astronautics, 2006.

[LAR 03] LAROCHE B., MARTIN P., PETIT N., *Commande par Platitude, Equations Différentielles Ordinaires et aux Dérivées Partielles*, Available at: http://cas.ensmp.fr/~petit/ensta/main.pdf, 2003.

[LAT 91] LATOMBE J., *Robot Motion Planning*, Kluwer Academic Publishers, Boston, 1991.

[LAU 01] LAUMOND J., *La Robotique Mobile*, Hermès, Paris, France, 2001.

[LAV 06] LAVALLE S., *Planning Algorithm*, Cambridge University Press, 2006.

[MUR 89] MURATA T., "Petri Nets: Properties, Analysis and Applications", *Proceedings of the IEEE*, vol. 77, no. 4, 1989.

[ROM 12] ROMERO-RAMIREZ M., Contribution à la commande de voiliers robotisés, PhD dissertation, Université Pierre et Marie Curie, France, 2012.

[SLO 91] SLOTINE J.J., LI W., *Applied Nonlinear Control*, Prentice Hall, 1991.

[SPO 01] SPONG M., CORKE P., LOZANO R., "Nonlinear control of the Reaction Wheel Pendulum", *Automatica*, vol. 37, pp. 1845–1851, 2001.

[THR 05] THRUN S., BUGARD W., FOX D., *Probabilistic Robotics*, MIT Press, Cambridge, 2005.

[WAL 14] WALTER E., *Numerical Methods and Optimization; a Consumer Guide*, Springer, London, 2014.

索　　引

索引中的页码为英文原书页码，与书中页边标注的页码一致。

H, I

J, K

L

M

N, O

P

Q, R

S

T, V

W, Y, Z